Frank Beichelt

Stochastische Prozesse für Ingenieure

Stochastische Prozesse für Ingenieure

Von Prof. Dr. sc. techn. Dr. rer. nat. Frank Beichelt
University of the Witwatersrand Johannesburg

Springer Fachmedien Wiesbaden GmbH 1997

Prof. Dr. Dr. Frank Beichelt

Geboren 1942 in Hilbersdorf, Kreis Freiberg. Von 1961 bis 1966 Studium der Mathematik, Spezialrichtung Wahrscheinlichkeitstheorie und Mathematische Statistik, an der Friedrich-Schiller-Universität Jena. 1972 Promotion zum Dr. rer. nat. an der Bergakademie Freiberg über mathematische Modelle der optimalen Inspektion und Erneuerung technischer Systeme. 1978 Promotion zum Dr. sc. techn. an der Hochschule für Verkehrswesen „Friedrich List" Dresden über stochastische Modelle der optimalen Instandsetzung technischer Systeme. Mitglied der New York Academy of Sciences und der IEEE Reliability Society.

Die Deutsche Bibliothek – CIP-Einheitsaufnahme

Beichelt, Frank:
Stochastische Prozesse für Ingenieure / von Frank Beichelt. –

ISBN 978-3-519-02989-2   ISBN 978-3-663-11529-8 (eBook)
DOI 10.1007/978-3-663-11529-8

© Springer Fachmedien Wiesbaden 1997
Ursprünglich erschienen bei B. G. Teubner Stuttgart 1997

Vorwort

Das Buch ist eine Einführung in die Theorie der stochastischen Prozesse für Studierende technischer und technomathematischer Studienrichtungen an Fach- und Technischen Hochschulen. Es liefert theoretische Grundlagen für die Modellierung von zeit- und zufallsabhängigen Vorgängen, wie sie in der Physik, Elektrotechnik, Elektronik, Kommunikations- und Systemtheorie sowie Informatik auftreten. Gleichrangig berücksichtigt das Buch Anwendungen von stochastischen Prozessen im Operations Research, insbesondere in der Bedienungs-, Instandhaltungs- und Zuverlässigkeitstheorie. Daher wird es auch Technologen und Wirtschaftswissenschaftlern von Interesse sein. Der Stoff wird anhand zahlreicher Beispiele anschaulich und anwendungsorientiert dargestellt. Die leicht faßliche Darstellung ermöglicht auch dem Autodidakten, sich im Selbststudium das benötigte Grundwissen über stochastische Prozesse anzueignen. Das Buch bildet inhaltlich und formal eine Einheit mit dem Lehrbuch des Autors *Stochastik für Ingenieure - Eine Einführung in die Wahrscheinlichkeitstheorie und Mathematische Statistik*, das 1995 im gleichen Verlag erschienen ist. Trotzdem ist es unabhängig von diesem Werk lesbar, wenn der Leser die Grundausbildung zur Wahrscheinlichkeitstheorie abgeschlossen hat. Es wird ihm dann im Bedarfsfalle leicht fallen, das erforderliche Basiswissen anhand von Kapitel 1 wieder aufzufrischen, eventuell mit einigen Ergänzungen über mehrdimensionale Verteilungen sowie Summen und Folgen von Zufallsgrößen. Eine mathematisch genaue Behandlung, insbesondere der in den Kapiteln 7 und 8 behandelten Gegenstände, ist ohne Nutzung von Grundlagen aus der Maß- und Funktionentheorie sowie aus der Theorie verallgemeinerter Funktionen nicht möglich. Andererseits hat der dort vermittelte Stoff eminente Bedeutung für zahlreiche technische Anwendungen. Der anvisierte Leserkreis wird es wohl als angenehm empfinden, wenn vor allem in diesen Kapiteln an die Stelle genauer mathematischer Ableitungen und Begriffsbildungen gelegentlich heuristisch motivierte Ausführungen treten. Einem Hauptanliegen des Buches, zur selbständigen Modellierung eigener Fachprobleme zu befähigen, tut dies ebensowenig Abbruch wie der Verzicht auf das Studium der Beweise. Mit dem Symbol * markierte Teile des Texts oder Aufgaben sind entweder theoretisch etwas anspruchsvoller oder für praktische Anwendungen weniger von Bedeutung. Auf Schätzprobleme wird in diesem Buch im allgemeinen nicht eingegangen; denn für die Bearbeitung numerischer Probleme wird der Leser ohnehin mit entsprechenden Programmpaketen arbeiten. Er verfügt jedoch nach dem Studium dieses Bandes über die wichtigsten Voraussetzungen, um mit diesen Programmpaketen nicht schablonenhaft, sondern auf solider Grundlage schöpferisch zu arbeiten.

Große Teile des Manuskripts sind während der mehrmonatigen Arbeit des Autors im Institut für Informatik der Universität Fribourg sowie im Department of Industrial and Management Systems Engineering der Arizona State University in Tempe entstanden. Für ausgezeichnete Arbeitsbedingungen und anregende Diskussionen dankt der Autor vor allem den Professoren *B. Keats, J. Kohlas* und *D. C. Montgomery.* Besonderer Dank gebührt Herrn Professor *E. von Collani* für gute Zusammenarbeit und vielfältige Unterstützung des Autors in den letzten Jahren.

Johannesburg, im Oktober 1996 *Frank Beichelt*

Inhaltsverzeichnis

4 Erneuerungsprozesse

5 Diskrete Markovsche Ketten

6 Stetige Markovsche Ketten

1 Wahrscheinlichkeitstheorie

1.1 Zufällige Ereignisse und ihre Wahrscheinlichkeit

Zufällige Ereignisse treten im Zusammenhang mit *Zufallsexperimenten* auf. Ein solches liegt vor, wenn

1) auch unter identischen Bedingungen durchgeführte Wiederholungen ein und desselben Experiments unterschiedliche Ergebnisse aufweisen können, und

2) die Menge aller möglichen Ergebnisse des Experiments bekannt ist.

Die Durchführung von Zufallsexperimenten hat daher nur dann Sinn, wenn sie unter gleichbleibenden Bedingungen hinreichend oft wiederholt werden, um auf diese Weise *stochastische (statistische) Gesetzmäßigkeiten* erkennen und quantifizieren zu können. Zufallsexperimente sind zum Beispiel:

1) Wurf einer Münze. Die möglichen Ergebnisse sind *Zahl* und *Wappen*.

2) Wurf eines Würfels. Die möglichen Ergebnisse sind die Zahlen 1, 2, ..., 6.

3) Ermittlung der Anzahl der Fahrzeuge, die je Tag an einer bestimmten Tankstelle Treibstoff zapfen.

4) Ermittlung der Anzahl der E-mail-Sendungen, die je Tag in einer Firma eintreffen.

5) Ermittlung der Anzahl der Störungen, die sich je Tag in einem Rechnernetz ereignen. Die möglichen Ergebnisse sind wie auch in den beiden vorangegangenen Zufallsexperimenten 0, 1, 2, ...

6) Ermittlung der Lebensdauer eines elektronischen Bauteils.

7) Ermittlung der maximalen Kursschwankung einer Aktie je Jahr. Die möglichen Ergebnisse sind wie im vorangegangenen Zufallsexperiment Zahlen aus dem Intervall $[0, \infty)$.

Ein mögliches Ergebnis a eines Zufallsexperiments heißt *Elementarereignis*. Die Menge Elementarereignisse eines Zufallsexperiments bildet den *Raum der Elementarereignisse*. Dieser wird hier und im folgenden mit **M** bezeichnet. Ein *zufälliges Ereignis* (kurz: *Ereignis*) A ist eine Teilmenge von **M**. Man sagt, daß *Ereignis A ist eingetreten,* wenn als Ergebnis des Zufallsexperiments ein Elementarereignis eingetreten ist, das Element von A ist. Sind A und B zwei zufällige Ereignisse, dann lassen sich die bekannten mengentheoretischen Operationen *Durchschnitt* und *Vereinigung* folgendermaßen interpretieren: $A \cap B$ ist das Ereignis, daß sowohl A als auch

B eintreten, und $A \cup B$ ist das Ereignis, daß entweder A oder B bzw. beide eintreten. Gilt $A \subseteq B$, ist also A eine Teilmenge von B, so folgt aus dem Eintreten von A das Eintreten von B. $A \setminus B$ ist die Menge derjenigen Elementarereignisse, die zwar in A, aber nicht in B enthalten sind. Daher ist $A \setminus B$ das Ereignis, daß A, aber nicht B eintritt. Das Ereignis $\bar{A} = \mathbf{M} \setminus A$ ist das *Komplement zu A*. Tritt also A ein, so tritt $\bar{A}$ nicht ein und umgekehrt.

Ist $A_1, A_2, ..., A_n$ eine Folge zufälliger Ereignisse, so gelten die

de Morganschen Regeln:

$$\overline{\bigcup_{i=1}^{n} A_i} = \bigcap_{i=1}^{n} \bar{A}_i, \quad \overline{\bigcap_{i=1}^{n} A_i} = \bigcup_{i=1}^{n} \bar{A}_i. \tag{1.1}$$

Insbesondere lauten die de Morganschen Regeln für $A_1 = A$ und $A_2 = B$

$$\overline{A \cup B} = \bar{A} \cap \bar{B}, \quad \overline{A \cap B} = \bar{A} \cup \bar{B}. \tag{1.2}$$

Die leere Menge $\emptyset$ ist das *unmögliche Ereignis*, da sie keine Elementarereignisse enthält und demzufolge nicht eintreten kann. $\mathbf{M}$ ist das *sichere Ereignis*; denn es enthält alle Elementarereignisse und tritt infolgedessen bei jedem beliebigen Ausgang des Zufallsexperiments ein. Zwei Ereignisse A und B sind *disjunkt* bzw. *einander ausschließend*, wenn $A \cap B = \emptyset$ ist. In diesem Fall folgt aus dem Eintreten von A, daß B nicht eintritt und umgekehrt.

Es sei $\mathcal{M}$ die Menge aller zufälligen Ereignisse, die im Ergebnis eines Zufallsexperiments eintreten können, und es existiere eine Funktion $P = P(\cdot)$ auf $\mathcal{M}$ mit folgenden Eigenschaften:

I) $P(\emptyset) = 0, \quad P(\mathbf{M}) = 1$.

II) Für ein beliebiges zufälliges Ereignis A gilt $0 \le P(A) \le 1$.

III) Für eine beliebige Folge disjunkter Ereignisse $A_1, A_2, ...$ (das heißt, es ist

$A_i \cap A_j = \emptyset$ für $i \ne j$), gilt

$$P\left(\bigcup_{i=1}^{\infty} A_i\right) = \sum_{i=1}^{\infty} P(A_i). \tag{1.3}$$

Die Zahl $P(A)$ heißt *Wahrscheinlichkeit* des zufälligen Ereignisses A. Sie gibt die Chance bzw. den Grad der Gewißheit dafür an, mit der bzw. mit dem im Ergebnis des Zufallsexperiments das Ereignis A zu erwarten ist. Aus den Eigenschaften I) bis III) können einige Folgerungen gezogen werden, die die gegebene inhaltliche Deutung der Wahrscheinlichkeit rechtfertigen:

1) $P(\bar{A}) = 1 - P(A)$.

2) Aus $A \subseteq B$ folgt $P(A) \le P(B)$.

3) Sind A und B disjunkt, gilt also $A \cap B = \emptyset$, ist

$$P(A \cup B) = P(A) + P(B).$$

4) Für beliebige A und B gilt

$$P(A \cup B) = P(A) + P(B) - P(A \cap B).$$

Hinweis: Es wird stillschweigend vorausgesetzt, daß für beliebige zufällige Ereignisse $A_1, A_2, \dots$ auch beliebig durch die mengentheoretischen Operationen $\cap$, $\cup$, $\subseteq$ und $\setminus$ verknüpfte A_i ebenfalls zufällige Ereignisse, also Elemente von $\mathcal{M}$, sind.

Die Wahrscheinlichkeiten zufälliger Ereignisse sind zunächst unbekannte theoretische Größen. Sie können jedoch prinzipiell durch hinreichend viele Wiederholungen des zugrunde liegenden Zufallsexperiments mit beliebiger Genauigkeit bestimmt (*geschätzt*) werden: Wird das Zufallsexperiment n mal unter identischen Bedingungen durchgeführt und tritt dabei $m = m(A)$ mal das Ereignis A ein, so ist die *relative Häufigkeit*

$$\hat{p}_n(A) = \frac{m(A)}{n}$$

für das Eintreten von A bei n Wiederholungen des Zufallsexperiments ein geeigneter *Schätzwert* (Näherungswert) für $P(A)$, der mit wachsendem n durchschnittlich immer besser wird. Im allgemeinen gilt nämlich

$$\lim_{n \to \infty} \hat{p}_n(A) = P(A).$$

Zwei zufällige Ereignisse A und B sind *voneinander unabhängig*, wenn

$$P(A \cap B) = P(A)P(B) \tag{1.4}$$

gilt. Die zufälligen Ereignisse $A_1, A_2, \dots, A_n$ sind *voneinander (vollständig) unabhängig*, wenn für jede Auswahl $\{i_1, i_2, \cdots, i_k\}$ von k, $k \le n$, voneinander verschiedenen Zahlen aus $\{1, 2, \cdots, n\}$ die Beziehung

$$P(A_{i_1} \cap A_{i_2} \cap \dots \cap A_{i_k}) = P(A_{i_1})P(A_{i_2}) \cdots P(A_{i_k})$$

gilt. Insbesondere folgt für $k = n$ aus der Unabhängigkeit der A_i

$$P(A_1 \cap A_2 \cap \dots \cap A_n) = P(A_1)P(A_2) \cdots P(A_n). \tag{1.5}$$

Sind A und B zwei zufällige Ereignisse mit $P(B) > 0$, dann versteht man unter der *bedingten Wahrscheinlichkeit von A unter der Bedingung B* den Quotienten

$$P(A|B) = \frac{P(A \cap B)}{P(B)}. \tag{1.6}$$

Die zufälligen Ereignisse $A_1, A_2, \dots, A_n$ bilden ein *vollständiges Ereignissystem*, wenn folgende Bedingungen erfüllt sind:

$$\bigcup_{i=1}^{n} A_i = \mathbf{M}, \qquad A_i \cap A_j = \emptyset \text{ für } i \ne j.$$

In diesem Fall gelten für ein beliebiges zufälliges Ereignis B die *Formel der totalen Wahrscheinlichkeit*

$$P(B) = \sum_{i=1}^{n} P(B|A_i)P(A_i) \qquad (1.7)$$

sowie die *Formel von Bayes*:

$$P(A_i|B) = \frac{P(B|A_i)}{\sum_{i=1}^{n} P(B|A_i)P(A_i)}, \quad i = 1, 2, \cdots, n.$$

1.2 Zufallsgrößen

Eine *Zufallsgröße* X ist eine reelle Funktion auf dem Raum $\mathbf{M}$ der Elementarereignisse eines Zufallsexperiments: $X = X(a)$, $a \in \mathbf{M}$. Die Werte, die eine Zufallsgröße annehmen kann, heißen *Realisierungen* von X. Da es zufällig ist, welches Elementarereignis im Ergebnis des Zufallsexperiments eintritt, ist es auch zufällig, welche Realisierung eine Zufallsgröße annimmt. Durch Einführung einer Zufallsgröße X geht man also vom Raum der Elementarereignisse $\mathbf{M}$ eines Zufallsexperiments zur Menge der Realisierungen $\{X(a), a \in \mathbf{M}\}$ von X über. Dieser Übergang ist vor allem dann sinnvoll, wenn die Elementarereignisse keine reelle Zahlen sind und somit keine direkte quantitative Auswertung von Ergebnissen des Zufallsexperiments möglich ist. In den meisten Fällen sind die Elementarereignisse jedoch reelle Zahlen, so daß sie gleichermaßen als Realisierungen einer Zufallsgröße X interpretiert werden können. Somit ist eine Zufallsgröße als Ergebnis eines Zufallsexperiments mit reellen Elementarereignissen interpretierbar.

Eine Zufallsgröße X ist vollständig durch ihre *Verteilungsfunktion* $F(x)$ charakterisiert. Diese ist definiert durch

$$F(x) = P(X \leq x).$$

$F(x)$ ist also die Wahrscheinlichkeit dafür, daß X eine Realisierung annimmt, die kleiner oder gleich x ist. Insbesondere gilt für $a < b$

$$P(a < X \leq b) = F(b) - F(a). \qquad (1.8)$$

Nach Definition hat jede Verteilungsfunktion folgende Eigenschaften:

1) $F(-\infty) = 0, \quad F(+\infty) = 1.$

2) $F(x)$ ist nichtfallend in x.

Umgekehrt kann jede Funktion, die diese beiden Eigenschaften erfüllt, als Verteilungsfunktion einer Zufallsgröße interpretiert werden. Die Verteilungsfunktion charakterisiert die *Wahrscheinlichkeitsverteilung* einer Zufallsgröße.

1.2.1 Diskrete Zufallsgrößen

Eine *diskrete Zufallsgröße* hat nur endlich oder abzählbar unendlich viele Realisierungen. Beispiele hierfür sind die Anzahlen, die in den Zufallsexperimenten 2) bis 5) von Abschn. 1.1 zu ermitteln sind.

Es sei $\{x_0, x_1, x_2, \cdots\}$ die Menge der der Größe nach geordneten Realisierungen von X. Die *Einzelwahrscheinlichkeiten* von X sind definiert durch

$$p_i = P(X = x_i), \quad i = 0, 1, 2, \cdots$$

Somit ist p_i die Wahrscheinlichkeit dafür, daß X die Realisierung x_i annimmt. Da X irgendeine ihrer Realisierungen annehmen muß, gilt stets

$$\sum_{i=0}^{\infty} p_i = 1$$

Umgekehrt läßt sich jede Folge nichtnegativer Zahlen, die dieser Bedingung genügt, als Wahrscheinlichkeitsverteilung einer diskreten Zufallsgröße deuten.

Die Verteilungsfunktion von X lautet

$$F(x) = \begin{cases} 0 & \text{für } x < x_0 \\ \sum_{i=0}^{k} p_i & \text{für } x_k \leq x < x_{k+1}, \quad k = 0, 1, 2, \cdots \end{cases}.$$

Hat X nur endlich viele Realisierungen und ist x_n die größte, so ist zusätzlich noch $F(x) = 1$ für $x_n \leq x$ zu setzen. $F(x)$ ist also eine stückweise konstante Funktion, die an den Stellen $x = x_i$ Sprünge der Höhe p_i hat. Infolgedessen gilt

$$p_i = F(x_i + 0) - F(x_i - 0); \quad i = 0, 1, 2, \cdots$$

Hierbei ist $F(x_i + 0)$ der Funktionswert von $F(x)$ unmittelbar rechts von x_i und $F(x_i - 0)$ der Funktionswert von $F(x)$ unmittelbar links von x_i. Daher kann man die Wahrscheinlichkeitsverteilung einer diskreten Zufallsgröße auch durch die Menge ihrer Einzelwahrscheinlichkeiten $\{p_0, p_1, p_2, \cdots\}$ charakterisieren.

Erwartungswert $E(X)$ und *Varianz $Var(X)$* von X sind definiert durch

$$E(X) = \sum_{i=0}^{\infty} x_i p_i \quad \text{und} \quad Var(X) = \sum_{i=0}^{\infty} (x_i - E(X))^2 p_i \; ;$$

vorausgesetzt, daß die Summen existieren. Seiner anschaulichen Bedeutung entsprechend heißt $E(X)$ auch *Mittelwert* von X. Die Varianz $Var(X)$ ist inhaltlich die mittlere quadratische Abweichung der Zufallsgröße X von ihrem Erwartungswert. Speziell gilt für eine *binäre Zufallsgröße X* mit $P(X = 1) = p$ und $P(X = 0) = 1 - p$

$$E(X) = p \quad \text{und} \quad Var(X) = p(1 - p). \tag{1.9}$$

Das *n-te Moment μ_n* von X ist der Erwartungswert von X^n:

$$\mu_n = E(X^n) = \sum_{i=0}^{\infty} x_i^n p_i; \quad n = 0, 1, 2, \ldots \; .$$

Tafel 1.1 Wahrscheinlichkeitsverteilungen diskreter Zufallsgrößen

Verteilungstyp	Realisierungen	$p_i = P(X = x_i)$	$E(X)$	$Var(X)$
Gleichverteilung	$x_1, x_2, \cdots, x_n$	$p_i = \frac{1}{n}, \quad n < \infty$	$\frac{1}{n} \sum_{i=1}^{n} x_i$	$\frac{1}{n} \sum_{i=1}^{n} (x_i - E(X))^2$
geometrische Verteilung	$x_i = i$ $(i = 1, 2, \cdots)$	$p(1-p)^{i-1}$ $(0 < p < 1)$	$\frac{1}{p}$	$\frac{1-p}{p^2}$
Binomial- verteilung	$x_i = i$ $(i = 0, 1, \cdots, n)$	$\binom{n}{i} p^i (1-p)^{n-i}$ $(0 < p < 1)$	np	$np(1-p)$
negative Bino- mialverteilung	$x_i = i$ $(i = r, r+1, \cdots)$	$\binom{i-1}{r-1} p^r (1-p)^{i-r}$ $(r < \infty, \ 0 < p < 1)$	$\frac{r}{p}$	$\frac{r(1-p)}{p^2}$
Poisson- verteilung	$x_i = i$ $(i = 0, 1, \cdots)$	$\frac{\lambda^i}{i!} e^{-\lambda}$ $(0 < \lambda < \infty)$	λ	λ

1.2.2 Stetige Zufallsgrößen

Eine Zufallsgröße X heißt *stetig*, wenn ihre Verteilungsfunktion $F(x)$ differenzierbar ist. Die erste Ableitung $f(x)$ der Verteilungsfunktion heißt *Wahrscheinlichkeitsdichte* bzw. *Verteilungsdichte* oder einfach *Dichte* von X. Dementsprechend ist $f(x)$ definiert durch

$$f(x) = \frac{dF(x)}{dx} \quad \text{bzw.} \quad F(x) = \int_{-\infty}^{x} f(u)\, du.$$

Insbesondere hat jede Verteilungsdichte die Eigenschaft

$$\int_{-\infty}^{+\infty} f(x)\, dx = 1.$$

Umgekehrt kann jede nichtnegative Funktion $f(x)$, die dieser Bedingung genügt, als Verteilungsdichte einer stetigen Zufallsgröße angesehen werden. Eine stetige Zufallsgröße ist also sowohl durch ihre Verteilungsfunktion als auch durch ihre Verteilungsdichte vollständig charakterisiert.

Erwartungswert $E(X)$ und *Varianz $Var(X)$* von X sind definiert durch

$$E(X) = \int_{-\infty}^{+\infty} x f(x)\, dx \quad \text{und} \quad Var(X) = \int_{-\infty}^{+\infty} (x - E(X))^2 f(x)\, dx;$$

vorausgesetzt, daß die Integrale existieren.

Das *n-te Moment* von X lautet

$$\mu_n = E(X^n) = \int_{-\infty}^{+\infty} x^n\, f(x)\, dx; \quad n = 0, 1, 2, \ldots$$

Zwischen der Varianz und den ersten beiden Momenten besteht wie auch bei den diskreten Zufallsgrößen der Zusammenhang

$$Var(X) = E(X^2) - (E(X))^2 = \mu_2 - \mu_1^2. \tag{1.10}$$

Die Wahrscheinlichkeit (1.8) läßt sich für stetige Zufallsgrößen X in der Form

$$P(a < X \le b) = \int_a^b f(x)\, dx$$

schreiben. Daher fällt die Menge der Realisierungen einer stetigen Zufallsgröße mit der Menge derjenigen x zusammen, für die $f(x) > 0$ gilt. Diese Menge kann ein endliches Intervall der reellen Achse, eine Halbachse oder die ganze reelle Achse sein.

Tafel 1.2 Wahrscheinlichkeitsverteilungen stetiger Zufallsgrößen

Verteilungstyp	Realisierungen	$f(x)$	$E(X)$	$Var(X)$
Gleichverteilung im Intervall [c,d]	$c \le x \le d$ $(c < d)$	$\dfrac{1}{d-c}$	$\dfrac{c+d}{2}$	$\dfrac{1}{12}(d-c)^2$
Exponential- verteilung	$x \ge 0$	$\lambda e^{-\lambda x}$ $(\lambda > 0)$	$\dfrac{1}{\lambda}$	$\dfrac{1}{\lambda^2}$
Gamma- verteilung	$x \ge 0$	$\dfrac{\lambda^\alpha}{\Gamma(\alpha)} x^{\alpha-1} e^{-\lambda x}$ $(\alpha > 0,\ \lambda > 0)$	$\dfrac{\alpha}{\lambda}$	$\dfrac{\alpha}{\lambda^2}$
Betaverteilung im Intervall [0,1]	$0 \le x \le 1$	$\dfrac{1}{B(\alpha,\beta)} x^{\alpha-1}(1-x)^{\beta-1}$ $(\alpha > 0,\ \beta > 0)$	$\dfrac{\alpha}{\alpha+\beta}$	$\dfrac{\alpha\beta}{(\alpha+\beta+1)(\alpha+\beta)^2}$
Erlang- verteilung	$x > 0$	$\lambda \dfrac{(\lambda x)^{n-1}}{(n-1)!} e^{-\lambda x}$ $(\lambda > 0,\ n = 1, 2, \cdots)$	$\dfrac{n}{\lambda}$	$\dfrac{n}{\lambda^2}$
Normal- (Gauß-) verteilung	$-\infty < x < +\infty$	$\dfrac{1}{\sqrt{2\pi}\,\sigma} e^{-\frac{(x-\mu)^2}{2\sigma^2}}$ $(-\infty < \mu < +\infty,\ \sigma > 0)$	μ	σ^2

Hinweis: Die Dichten haben die angegebenen funktionellen Strukturen in den Bereichen, in denen Realisierungen auftreten können. Ansonsten sind sie identisch 0. Gammafunktion $\Gamma(x)$ und Betafunktion $B(x,y)$ sind definiert durch

$$\Gamma(x) = \int_0^\infty u^{x-1} e^{-u}\, du \quad \text{und} \quad B(x,y) = \int_0^1 u^{x-1}(1-u)^{y-1}\, du.$$

1.2.3 Nichtnegative Zufallsgrößen

Ist X eine nichtnegative diskrete Zufallsgröße mit den Realisierungen $i = 0, 1, \ldots$, den Einzelwahrscheinlichkeiten $p_i = P(X = i)$ und dem endlichen Erwartungswert

$$E(X) = \sum_{i=1}^{\infty} i\, p_i \,,$$

dann läßt sich $E(X)$ in der Form

$$E(X) = \sum_{i=1}^{\infty} \sum_{k=i}^{\infty} p_k = \sum_{i=1}^{\infty} P(X \geq i) \tag{1.11}$$

schreiben.

Im folgenden Teil dieses Abschnitts wird stets eine nichtnegative stetige Zufallsgröße X mit der Verteilungsfunktion $F(x)$ und Verteilungsdichte $f(x)$ betrachtet. (Da sowohl $F(x)$ als auch $f(x)$ identisch 0 für $x < 0$ sind, genügt es, beide Funktionen nur für $x \geq 0$ anzugeben.) Das Analogon zu Formel (1.11) für den Erwartungswert von X erhält man durch partielle Integration:

$$E(X) = \int_0^{\infty} x\, f(x)\, dx = \lim_{t \to \infty} \left[t F(t) - \int_0^t F(x)\, dx \right]$$

$$= \lim_{t \to \infty} \left[-t\,[1 - F(t)] + \int_0^t (1 - F(x))\, dx \right].$$

Unter der Voraussetzung $E(X) < \infty$ gilt $\lim_{t \to \infty} [t(1 - F(t)] = 0$, so daß folgt

$$E(X) = \int_0^{\infty} (1 - F(x))\, dx. \tag{1.12}$$

Wichtige Beispiele für nichtnegative stetige Zufallsgrößen sind die zufälligen Lebensdauern technischer Systeme bzw. Bauteile, also die Zeiten bis zu ihrem Ausfall. (Ein Ausfall wird in diesem Zusammenhang als ein augenblicklicher Vorgang vorausgesetzt.) Im folgenden soll daher der damit verbundene Sprachgebrauch verwendet werden. Man bezeichnet $F(x)$ als *Ausfallwahrscheinlichkeit* und

$$\overline{F}(x) = 1 - F(x)$$

als *Überlebenswahrscheinlichkeit*; denn sie sind die Wahrscheinlichkeiten dafür, daß ein System im Intervall $[0, x]$ ausfällt bzw. nicht ausfällt.

Von besonderem Interesse ist die *Verteilungsfunktion der restlichen Lebensdauer* eines Systems, das bereits t Zeiteinheiten ohne Ausfall gearbeitet hat (Bild 1.1). Diese *bedingte Ausfallwahrscheinlichkeit* wird mit $F_t(x)$ bezeichnet. Analytisch ist sie durch

$$F_t(x) = P(X - t \leq x \mid X > t)$$

definiert. Daher gilt gemäß (1.6)

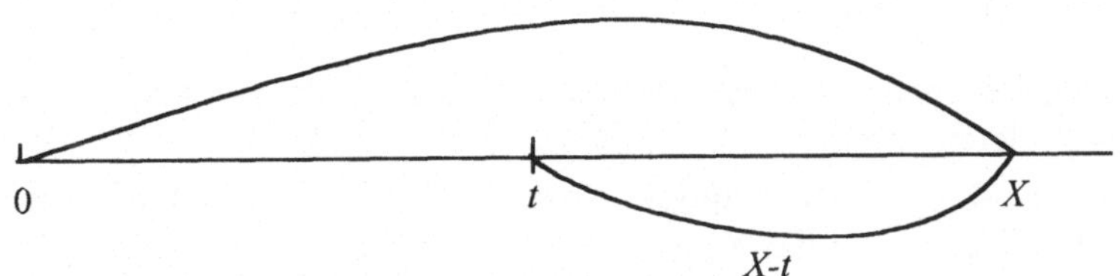

Bild 1.1 Veranschaulichung der restlichen Lebensdauer

$$F_t(x) = \frac{P(\text{''}X - t \leq x\text{''} \cap \text{''}X > t)}{P(X > t)} = \frac{P(t < X \leq t + x)}{P(X > t)}.$$

Die Anwendung von (1.8) liefert die gewünschte Beziehung:

$$F_t(x) = \frac{F(t+x) - F(t)}{\overline{F}(t)}. \tag{1.13}$$

Sinngemäß bezeichnet man $\overline{F}_t(x) = 1 - F_t(x)$ als *bedingte Überlebenswahrscheinlichkeit*:

$$\overline{F}_t(x) = \frac{\overline{F}(t+x)}{\overline{F}(t)}. \tag{1.14}$$

Beispiel 1.1 (*Gleichverteilung*) Die Zufallsgröße X sei im Intervall $[0, T]$ gleichverteilt. Ihre Dichte und Verteilungsfunktion sind gegeben durch (Tafel 1.2)

$$f(x) = \begin{cases} 1/T & \text{für} \quad 0 \leq x \leq T, \\ 0, & \text{sonst,} \end{cases} \qquad F(x) = \begin{cases} 0 & \text{für} \quad x < 0, \\ x/T & \text{für} \quad 0 \leq x \leq T, \\ 1 & \text{für} \quad T < x. \end{cases}$$

Daher beträgt die bedingte Ausfallwahrscheinlichkeit

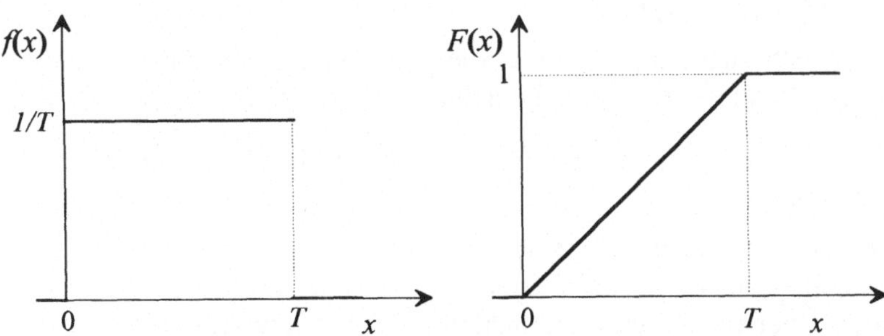

Bild 1.2 Verteilungsdichte und -funktion einer in $[0, T]$ gleichverteilten Zufallsgröße

$$F_t(x) = \frac{x}{T-t}; \quad 0 \le t < T, \ 0 \le x \le T-t.$$

Die "restliche Lebensdauer" des Systems nach dem Zeitpunkt t ist somit im Intervall $[0, \, T-t]$ gleichverteilt.

Erwartungsgemäß nimmt die bedingte Ausfallwahrscheinlichkeit mit wachsendem t zu. Beispielsweise versagt das System für $T = 100$ im Intervall $(50, 60]$ mit Wahrscheinlichkeit 1/10. Ist aber bekannt, daß es im Intervall $[0, 40]$ nicht ausgefallen ist, dann fällt es im Intervall $[50, 60]$ mit Wahrscheinlichkeit

$$F_{40}(20) - F_{40}(10) = \frac{20}{100 - 40} - \frac{10}{100 - 40} \approx 0,17$$

aus. $\square$

Beispiel 1.2 (*Exponentialverteilung*) Die zufällige Lebensdauer X eines Systems genüge einer Exponentialverteilung mit dem Parameter λ. Dann sind ihre Dichte und Verteilungsfunktion gegeben durch

$$f(x) = \lambda\, e^{-\lambda x}, \quad x \ge 0, \quad F(x) = 1 - e^{-\lambda x}, \quad x \ge 0.$$

Daher beträgt die bedingte Ausfallwahrscheinlichkeit

$$F_t(x) = \frac{(1 - e^{-\lambda(t+x)}) - (1 - e^{-\lambda t})}{e^{-\lambda t}} = 1 - e^{-\lambda x}, \quad x \ge 0. \tag{1.15}$$

Die restliche Lebensdauer des Systems hat also die gleiche Verteilungsfunktion wie die Lebensdauer des neuen Systems: sie ist ebenfalls exponentialverteilt mit dem Parameter λ. Die bereits abgelaufene Lebensdauer hat demnach keinen Einfluß auf das künftige Ausfallverhalten des Systems. Falls also das System zu einem beliebigen Zeitpunkt t noch arbeitet, so ist es bezüglich seines Ausfallverhaltens im Intervall $[t, \infty)$ zum Zeitpunkt t "so gut wie neu"; das System altert also nicht. Diese Eigenschaft haben vor allem langlebige elektronische Bauteile nach dem Abklingen der Frühfehler ("Kinderkrankheiten"). Man spricht in diesem Zusammenhang auch von der *Gedächtnislosigkeit* der Exponentialverteilung.

Die Beziehung (1.15) kann man gemäß (1.14) auch in der Form

$$\overline{F}(t + x) = \overline{F}(t)\,\overline{F}(x) \tag{1.16}$$

schreiben. Es läßt sich zeigen, daß Verteilungsfunktion der Exponentialverteilung die einzige ist, die dieser Funktionalgleichung genügt. $\square$

Die inhaltliche Bedeutung der bedingten Ausfallwahrscheinlichkeit motiviert die folgende Definition.

Definition 1.1 Ein System *altert* im Intervall $[t_1, t_2]$, $t_1 < t_2$, genau dann, wenn für ein beliebiges, aber festes x die bedingte Ausfallwahrscheinlichkeit $F_t(x)$ bzw. die bedingte Überlebenswahrscheinlichkeit $\overline{F}_t(x)$ mit wachsendem t, $t_1 \le t \le t_2$, monoton wächst bzw. fällt.   ■

Eine weitere Möglichkeit, über das Alterungsverhalten eines Systems Auskunft zu erhalten, resultiert aus den folgenden Überlegungen: Bezieht man die bedingte Ausfallwahrscheinlichkeit $F_t(\Delta t)$ eines Systems im Intervall $[t, t+\Delta t]$ auf die Länge Δt dieses Intervalls, so erhält man die bedingte Ausfallwahrscheinlichkeit je Zeiteinheit $F_t(\Delta t)/\Delta t$, also eine "Ausfallwahrscheinlichkeitsrate". Diese strebt nun, falls die Dichte $f(x) = F'(x)$ existiert, für $\Delta t \to 0$ gegen eine Funktion $\lambda(t)$, die über die momentane Ausfallneigung des Systems zum Zeitpunkt t Auskunft gibt:

$$\lambda(t) = \lim_{\Delta t \to 0} \frac{1}{\Delta t} F_t(\Delta t) = \lim_{\Delta t \to 0} \frac{F(t+\Delta t) - F(t)}{\Delta t} \Big/ \overline{F}(t). \qquad (1.17)$$

Es folgt

$$\lambda(t) = f(t)\big/\overline{F}(t).$$

Durch Integration auf beiden Seiten dieser Beziehung und anschließendem Entlogarithmieren erhält man für $F(x)$ die Darstellung

$$F(x) = 1 - e^{-\int_0^x \lambda(u)\,du}.$$

Die Funktion $\lambda(t)$ wird *Ausfallrate* genannt. Als *integrierte Ausfallrate* oder *Hasardfunktion* bezeichnet man das Integral

$$\Lambda(x) = \int_0^x \lambda(u)\,du.$$

Mit seiner Hilfe lassen sich die eingeführten Kenngrößen folgendermaßen schreiben:

$$F(x) = 1 - e^{-\Lambda(x)}, \qquad \overline{F}(x) = e^{-\Lambda(x)}, \qquad\qquad (1.18)$$

$$F_t(x) = 1 - e^{-[\Lambda(t+x)-\Lambda(t)]}, \qquad \overline{F}_t(x) = e^{-[\Lambda(t+x)-\Lambda(t)]} \qquad (1.19)$$

Aus (1.18) resultiert eine wichtige Eigenschaft der Ausfallrate:

> *Ein System altert im Intervall* $[t_1, t_2]$, $t_1 < t_2$, *genau dann, wenn seine Ausfallrate dort monoton wächst.*

Beispiel 1.3 (*Weibullverteilung*) Eine Zufallsgröße X ist *weibullverteilt mit den Parametern* β *und* θ, wenn sie die Verteilungsdichte

$$f(x) = \left(\frac{x}{\theta}\right) e^{-(x/\theta)^\beta}; \quad x \geq 0; \quad \beta > 0, \ \theta > 0.$$

hat (Bild 1.3). Dementsprechend lautet ihre Verteilungsfunktion

$$F(x) = 1 - e^{-(x/\theta)^\beta}, \quad x \geq 0.$$

Hierbei ist θ ein *Maßstabsparameter*. Er ist gleich 1, wenn θ als Maßeinheit für die Messung von x dient. In diesem Sinne ist der Parameter θ für die Charakterisierung

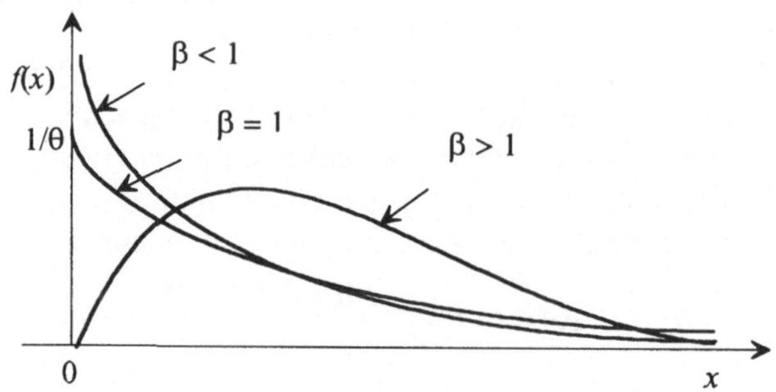

Bild 1.3 Qualitativer Verlauf der Dichte der Weibullverteilung

der Weibullverteilung unwesentlich. Aus der Struktur der Verteilungsfunktion resultiert sofort die der Hasardfunktion:

$$\Lambda(x) = \left(\frac{x}{\theta}\right)^{\beta}, \quad x \geq 0.$$

Differentiation liefert die Ausfallrate

$$\lambda(x) = \beta \left(\frac{x}{\theta}\right)^{\beta-1}.$$

Als Folgerung ergibt sich: *Ein System mit weibullverteilter Lebensdauer altert genau dann, wenn β > 1 ist.*

Der Erwartungswert lautet gemäß (1.12)

$$E(X) = \int_0^{\infty} e^{-\left(\frac{x}{\theta}\right)^{\beta}} dx = \theta\, \Gamma\left(\frac{1}{\beta} + 1\right).$$

Die Tatsache, daß θ hier als Faktor auftritt, folgt aus seiner Eigenschaft als Maßstabsparameter. Spezialfälle der Weibullverteilung sind die *Exponentialverteilung* (β = 1) und die *Rayleighverteilung* (β = 2). In Anlehnung an die Exponentialverteilung wird die Verteilungsfunktion einer weibullverteilten Zufallsgröße auch häufig in folgender Form geschrieben:

$$F(x) = 1 - e^{-\lambda x^{\beta}}, \quad x \geq 0.$$

Es wird also $\lambda = (1/\theta)^{\beta}$ gesetzt. Der Nachteil dieser Schreibweise ist, daß λ kein Maßstabsparameter ist.   □

In den Anwendungen nutzt man die durch (1.17) gegebene Definition der Ausfallrate $\lambda(x)$ häufig in der äquivalenten Form

$$P(X - x \leq \Delta x \,|\, X > x) = \lambda(x)\,\Delta x + o(\Delta x). \tag{1.20}$$

Hierbei ist $o(x)$ das *Landausche Ordnungssymbol*, also eine beliebige Funktion von x, von der nur verlangt wird, daß sie der Bedingung

$$\lim_{x \to 0} \frac{o(x)}{x} = 0$$

genügt (siehe Anhang 1 wegen einer ausführlicheren Diskussion des Landauschen Ordnungssymbols). Demnach ist $\lambda(x)\,\Delta x$ für hinreichend kleine Δx in guter Näherung die Wahrscheinlichkeit für den Ausfall des Systems in $(x,\ x+\Delta x]$, wenn es ohne auszufallen bis zum Zeitpunkt x gearbeitet hat. Diese Eigenschaft der Ausfallrate kann man nutzen, um sie unmittelbar auf der Grundlage von Lebensdauerdaten aus einer einfachen Stichprobe zu schätzen: Wurde zum Zeitpunkt $t = 0$ eine Anzahl von statistisch äquivalenten Systemen in Betrieb genommen, dann ist deren Ausfallrate im Intervall $(x,\ x+\Delta x]$ näherungsweise gleich dem Quotienten aus der Anzahl der in $(x,\ x+\Delta x]$ ausgefallenen Systeme und der Anzahl der zum Zeitpunkt x noch funktionstüchtigen Systeme.

1.3 Zufällige Vektoren

Ergebnisse von Zufallsexperimenten müssen häufig durch mehr als eine Zufallsgröße beschrieben werden, um Information über die gewünschten Details zu erhalten. Die Ergebnisse sind dann Vektoren $(X_1, X_2, ..., X_n)$, deren Komponenten X_i zufällige Größen sind. Man spricht daher von *zufälligen Vektoren* bzw. von *mehrdimensionalen Zufallsgrößen*. Hat im Ergebnis des Zufallsexperiments X_i die Realisierung x_i angenommen, so bezeichnet man $(x_1, x_2, ..., x_n)$ als *Realisierung* des zufälligen Vektors $(X_1, X_2, ..., X_n)$. Die wahrscheinlichkeitstheoretische Behandlung zufälliger Vektoren kann im allgemeinen nicht dadurch erfolgen, daß ihre Komponenten separat voneinander betrachtet werden, sondern sie müssen im Zusammenhang untersucht werden. Das erfordert die Einführung der *gemeinsamen Wahrscheinlichkeitsverteilung* zufälliger Vektoren. Die gemeinsame Wahrscheinlichkeitsverteilung enthält neben der vollständigen Infomation über die Verteilungen der einzelnen Komponenten auch Information über deren statistische Abhängigkeit.

1.3.1 Zweidimensionale zufällige Vektoren

In diesem Abschnitt werden zufällige Vektoren mit den zwei Komponenten $X_1 = X$ und $X_2 = Y$ betrachtet. Dabei wird zwischen zufälligen Vektoren (X, Y) mit diskreten und mit stetigen Komponenten unterschieden, obwohl -wie auch bei den (eindimensionalen) Zufallsgrößen- wichtige Sachverhalte und Beziehungen in beiden Fällen formal und inhaltlich identisch sind.

Diskrete Komponenten X und Y seien zwei diskrete Zufallsgrößen mit den Realisierungen $\{x_0, x_1, \ldots\}$ bzw. $\{y_0, y_1, \ldots\}$ sowie den Einzelwahrscheinlichkeiten $p_i = P(X = x_i)$ bzw. $q_j = P(Y = y_j)$; $i, j = 0, 1, \ldots$ Ferner sei

$$r_{ij} = P(\text{"}X = x_i\text{"} \cap \text{"}Y = y_j\text{"}).$$

Die Menge der Wahrscheinlichkeiten $\{r_{ij};\ i, j = 0, 1, \ldots\}$ ist die *gemeinsame Wahrscheinlichkeitsverteilung* des zufälligen Vektors (X, Y). Die Wahrscheinlichkeitsverteilungen $\{p_0, p_1, \ldots\}$ und $\{q_0, q_1, \ldots\}$ von X bzw. Y bilden die *Randverteilung* von (X, Y). Zwischen der Randverteilung und der gemeinsamen Verteilung besteht der Zusammenhang

$$p_i = \sum_{j=0}^{\infty} r_{ij}, \quad q_j = \sum_{i=0}^{\infty} r_{ij}; \quad i, j = 0, 1, \ldots \tag{1.21}$$

Die bedingte Wahrscheinlichkeit von $X = x_i$ unter der Bedingung $Y = y_j$ beträgt gemäß (1.6)

$$P(X = x_i \,|\, Y = y_j) = \frac{r_{ij}}{q_j}.$$

Die Menge $\left\{\frac{r_{ij}}{q_j};\ i = 0, 1, \ldots\right\}$ bzw. $\left\{\frac{r_{ij}}{p_i};\ j = 0, 1, \ldots\right\}$ ist die *bedingte Verteilung von X unter der Bedingung* $Y = y_j$ bzw. *von Y unter der Bedingung* $X = x_i$. Dementsprechend lauten die bedingten Erwartungswerte von X unter der Bedingung $Y = y_j$ bzw. von Y unter der Bedingung $X = x_i$

$$E(X | Y = y_j) = \sum_{i=0}^{\infty} x_i \frac{r_{ij}}{q_j} \quad \text{bzw.} \quad E(Y | X = x_i) = \sum_{j=0}^{\infty} y_j \frac{r_{ij}}{p_i}.$$

Daher ist der Erwartungswert des bedingten Erwartungswerts von X unter der zufälligen Bedingung Y gegeben durch

$$E(E(X|Y)) = \sum_{j=0}^{\infty} E(X | Y = y_j) P(Y = y_j) = \sum_{j=0}^{\infty} \sum_{i=0}^{\infty} x_i \frac{r_{ij}}{q_j} q_j.$$

Da X und Y vertauschbar sind, gelten wegen (1.21)

$$E(E(X|Y)) = E(X) \quad \text{und} \quad E(E(Y|X)) = E(Y) \tag{1.22}$$

Der Erwartungswert der Summe $X + Y$ beträgt

$$E(X + Y) = \sum_{i=0}^{\infty} \sum_{j=0}^{\infty} (x_i + y_j) r_{ij} = \sum_{i=0}^{\infty} x_i \sum_{j=0}^{\infty} r_{ij} + \sum_{j=0}^{\infty} y_j \sum_{i=0}^{\infty} r_{ij}.$$

Somit ist wegen (1.21)

$$E(X + Y) = E(X) + E(Y). \tag{1.23}$$

Die Zufallsgrößen X und Y sind voneinander *unabhängig,* wenn gilt

$$r_{ij} = p_i \cdot q_j; \quad i,j = 0, 1, \dots$$

Somit sind X und Y unabhängig, wenn die zufälligen Ereignisse "$X = x_i$" und "$Y = y_j$" für alle $i,j = 0,1,\dots$ im Sinne der im Abschn. 1.1 gegebenen Erklärung voneinander unabhängig sind.

Bei Unabhängigeit von X und Y gilt für alle $i,j = 0,1,\dots$

$$E(X|Y = y_j) = E(X) \quad \text{und} \quad E(Y|X = x_i) = E(Y).$$

Der Erwartungswert des Produkts XY beträgt

$$E(XY) = \sum_{i=0}^{\infty} \sum_{j=0}^{\infty} x_i y_j r_{ij}.$$

Insbesondere folgt für unabhängige Zufallsgrößen

$$E(XY) = E(X)E(Y). \tag{1.24}$$

Stetige Komponenten Die Komponenten X und Y des zufälligen Vektors (X, Y) seien stetige Zufallsgrößen mit den Verteilungsfunktionen

$$F_X(x) = P(X \le x) \quad \text{und} \quad F_Y(y) = P(Y \le y)$$

sowie den Verteilungsdichten

$$f_X(x) = \frac{dF_X(x)}{dx} \quad \text{und} \quad f_Y(y) = \frac{dF_Y(y)}{dy}.$$

Unter der *gemeinsamen* oder *zweidimensionalen Verteilungsfunktion* des zufälligen Vektors (X, Y) versteht man die Wahrscheinlichkeit

$$F_{X,Y}(x,y) = P(\text{"}X \le x\text{"} \cap \text{"}Y \le y\text{"})$$

als Funktion von x und y; $x,y \in (-\infty, +\infty)$. Die gemeinsame Verteilungsfunktion des zufälligen Vektors (X, Y) charakterisiert seine *gemeinsame Wahrscheinlichkeitsverteilung.* (Die gemeinsame Verteilungsfunktion ist auch für zufällige Vektoren mit diskreten Komponenten definiert.) $F_{X,Y}(x,y)$ hat folgende Eigenschaften:

1) $F_{X,Y}(-\infty, -\infty) = 0, \quad F_{X,Y}(+\infty, +\infty) = 1,$

2) $0 \le F_{X,Y}(x,y) \le 1,$

3) $F_{X,Y}(x, +\infty) = F_X(x); \quad F_{X,Y}(+\infty, y) = F_Y(y),$ $\qquad\qquad$ (1.25)

4) Für $x_1 \le x_2$ und $y_1 \le y_2$ gelten

$$F_{X,Y}(x_1,y_1) \le F_{X,Y}(x_2,y_1) \le F_{X,Y}(x_2,y_2),$$

$$F_{X,Y}(x_1,y_1) \le F_{X,Y}(x_1,y_2) \le F_{X,Y}(x_2,y_2).$$

Umgekehrt kann jede Funktion von zwei Veränderlichen x und y, die diesen Bedingungen genügt, als gemeinsame Verteilungsfunktion eines zufälligen Vektors (X, Y) angesehen werden.

Existiert die gemischte partielle Ableitung zweiter Ordnung der gemeinsamen Verteilungsfunktion

$$f_{X,Y}(x,y) = \frac{\partial^2 F_{X,Y}(x,y)}{\partial x\, \partial y},$$

so heißt sie *gemeinsame* oder *zweidimensionale Verteilungsdichte* von (X, Y). Also gilt

$$F_{X,Y}(x,y) = \int\limits_{-\infty}^{x} \int\limits_{-\infty}^{y} f_{X,Y}(u, v)\, du\, dv. \tag{1.26}$$

Jede gemeinsame Verteilungsdichte hat die Eigenschaft

$$\int\limits_{-\infty}^{+\infty} \int\limits_{-\infty}^{+\infty} f_{X,Y}(x,y)\, dx\, dy = 1.$$

Umgekehrt kann jede nichtnegative Funktion von zwei Veränderlichen x und y, die dieser Bedingung genügt, als gemeinsame Verteilungsdichte eines zufälligen Vektors (X, Y) angesehen werden.

Die Wahrscheinlichkeit dafür, daß der zufällige Vektor (X, Y) eine Realisierung aus dem Bereich B der (x,y)-Ebene annimmt, ist durch das Bereichsintegral

$$P((X, Y) \in B) = \iint\limits_{B} f_{X,Y}(x,y)\, dx\, dy \tag{1.27}$$

gegeben.

Betrachtet man, wie bereits in (1.25) geschehen, die gemeinsame Verteilungsfunktion $F_{X,Y}(x,y)$ an den "Rändern" $y = +\infty$ bzw. $x = +\infty$ ihres Definitionsbereichs, so gelangt man zu den *Randverteilungsfunktionen*:

$$F_{X,Y}(x,\infty) = P(X \le x, Y \le \infty) = P(X \le x) = F_X(x),$$

$$F_{X,Y}(\infty,y) = P(X \le \infty, Y \le y) = P(Y \le y) = F_Y(x).$$

Die zu $F_{X,Y}(x,y)$ gehörigen Randverteilungsfunktionen sind also weiter nichts als die Verteilungsfunktionen von X und Y selbst. Dementsprechend sind die Verteilungsdichten von X und Y die zu $f_{X,Y}(x,y)$ gehörigen *Randverteilungsdichten*. Wegen (1.26) gelten

$$f_X(x) = \int_{-\infty}^{+\infty} f_{X,Y}(x,y)\, dy, \qquad f_Y(y) = \int_{-\infty}^{+\infty} f_{X,Y}(x,y)\, dx. \tag{1.28}$$

Die beiden Verteilungsfunktionen $F_X(x)$ und $F_Y(y)$ bzw. die beiden Dichten $f_X(y)$ und $f_Y(y)$ charakterisieren die *Randverteilung* des zufälligen Vektors (X, Y).

Zwei Zufallsgrößen X und Y mit der gemeinsamen Verteilungsfunktion $F_{X,Y}(x,y)$ sind *voneinander unabhängig,* wenn für alle x und y

$$P(X \leq x, \, Y \leq y) = P(X \leq x)\,P(Y \leq y)$$

bzw., damit gleichbedeutend,

$$F_{X,Y}(x,y) = F_X(x)\,F_Y(y)$$

gilt. Die Unabhängigkeit von X und Y beinhaltet, daß für alle x und y die zufälligen Ereignisse ''$X \leq x$'' und ''$Y \leq y$'' im Sinne der im Abschn. 1.1 gegebenen Definition voneinander unabhängig sind. Existiert die gemeinsame Verteilungsdichte $f_{X,Y}(x,y)$ des zufälligen Vektors $(X,\,Y)$, so ist die Unabhängigkeit von X und Y damit gleichbedeutend, daß $f_{X,Y}(x,y)$ gleich dem Produkt der Randverteilungsdichten ist:

$$f_{X,Y}(x,y) = f_X(x)f_Y(y).$$

Im Falle der Abhängigkeit von X und Y interessieren neben der gemeinsamen Verteilungsfunktion von $(X,\,Y)$ auch die *bedingte Verteilungsfunktion von X unter der Bedingung $Y = y$*

$$F_X(x|y) = P(X \leq x\,|\,Y = y)$$

sowie die zugehörige, durch

$$f_X(x|y) = \frac{dF_X(x|y)}{dx} \quad \text{bzw.} \quad F_X(x|y) = \int_{-\infty}^{x} f_X(u|y)\,du$$

definierte *bedingte Verteilungsdichte von X unter der Bedingung $Y = y$.* Es läßt sich zeigen, daß letztere gegeben ist durch

$$f_X(x|y) = \frac{f_{X,Y}(x,y)}{f_Y(y)}. \tag{1.29}$$

Daher gilt wegen (1.28)

$$F_X(x) = \int_{-\infty}^{+\infty} F_X(x|y)f_Y(y)\,dy.$$

Somit läßt sich $F_X(x)$ für jedes x als Erwartungswert der bedingten Verteilungsfunktion von X unter der zufälligen Bedingung Y interpretieren:

$$F_X(x) = E(F_X(x|Y)). \tag{1.30}$$

Der *bedingte Erwartungswert von X unter der Bedingung $Y = y$* beträgt

$$E(X|Y = y) = \int_{-\infty}^{+\infty} xf_X(x|y)\,dx.$$

Daher ist der Erwartungswert des bedingten Erwartungswerts von X unter der zufälligen Bedingung Y gegeben durch

$$E(E(X|Y)) = \int_{-\infty}^{+\infty} \int_{-\infty}^{+\infty} xf_X(x|y)\,dx\,f_Y(y)\,dy.$$

Aus (1.29) folgen die zu (1.22) analogen Beziehungen

$$E(E(X|Y)) = E(X) \quad \text{bzw.} \quad E(E(Y|X)) = E(Y).$$ (1.31)

Die Erwartungswerte der Summe und des Produkts von X und Y betragen

$$E(X + Y) = \int_{-\infty}^{+\infty} \int_{-\infty}^{+\infty} (x + y) f_{X,Y}(x,y)\, dx\, dy,$$

$$E(X Y) = \int_{-\infty}^{+\infty} \int_{-\infty}^{+\infty} xy f_{X,Y}(x,y)\, dx\, dy.$$

Unter Ausnutzung von (1.28) erhält man die gleichen Beziehungen wie bei den zufälligen Vektoren mit diskreten Komponenten:

$$E(X + Y) = E(X) + E(Y)$$ (1.32)

und bei Unabhängigkeit von X und Y

$$E(X Y) = E(X) E(Y).$$ (1.33)

Unter der *Kovarianz Cov(X, Y)* zweier Zufallsgrößen X und Y versteht man den Erwartungswert

$$Cov(X, Y) = E\{[X - E(X)] [Y - E(Y)]\}.$$

Eine äquivalente Darstellung der Kovarianz ist

$$Cov(X, Y) = E(X Y) - E(X) E(Y).$$

Speziell ergibt sich für $X = Y$

$$Cov(X, X) = Var(X).$$

Wegen (1.33) folgt sofort: *Sind X und Y unabhängig, so ist ihre Kovarianz* 0. Die Umkehrung gilt im allgemeinen nicht.

Unter dem *Korrelationskoeffizienten* von X und Y versteht man den Quotienten

$$\rho(X, Y) = \frac{Cov(X, Y)}{\sqrt{Var(X)}\ \sqrt{Var(Y)}}.$$ (1.34)

Der Korrelationskoeffizient hat folgende Eigenschaften:

1) Für unabhängige Zufallsgrößen X und Y gilt $\rho = (X, Y)$.

2) Für linear abhängige Zufallsgrößen X und Y gilt $\rho(X, Y) = \pm 1$.

3) Für beliebige Zufallsgrößen X und Y gilt $-1 \leq \rho(X, Y) \leq 1$.

Somit kann der Korrelationskoeffizient als Maßzahl für die Stärke des linearen Zusammenhangs zweier Zufallsgrößen dienen. Zwei Zufallsgrößen X und Y heißen *unkorreliert,* wenn $\rho = (X, Y)$ ist. Da die Unkorreliertheit von X und Y der Gültigkeit der Beziehung (1.33) äquivalent ist, folgt aus der Unabhängigkeit von X und Y stets ihre Unkorreliertheit, aber die Umkehrung gilt im allgemeinen nicht.

Beispiel 1.4 (*zweidimensionale Normalverteilung*) Der zufällige Vektor (X, Y) genügt einer *zweidimensionalen Normalverteilung mit den Parametern*

$$\mu_x, \mu_y, \sigma_x, \sigma_y \text{ und } \rho; \quad -\infty < \mu_x, \mu_y < \infty, \ \sigma_x > 0, \sigma_y > 0, \ -1 < \rho < 1,$$

wenn er folgende gemeinsame Verteilungsdichte hat (Bild 1.4):

$$f_{X,Y}(x,y) = \frac{1}{2\pi\sigma_x\sigma_y \sqrt{1-\rho^2}} \exp\left(-\frac{1}{2(1-\rho^2)}\left[\frac{(x-\mu_x)^2}{\sigma_x^2} - 2\rho\frac{(x-\mu_x)(y-\mu_y)}{\sigma_x\sigma_y} + \frac{(y-\mu_y)^2}{\sigma_y^2}\right]\right),$$

$$-\infty < x, y < +\infty.$$

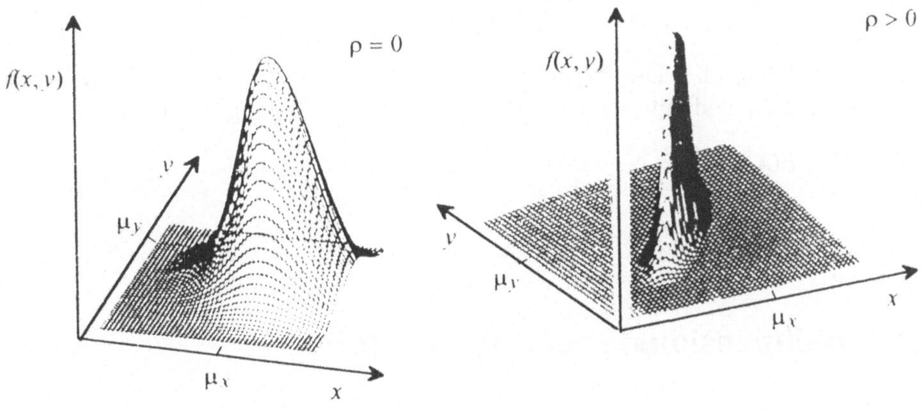

Bild 1.4 Verteilungsdichten der zweidimensionalen Normalverteilung

Die Randverteilungsdichten errechnen sich zu

$$f_X(x) = \frac{1}{\sqrt{2\pi}\,\sigma_x} \exp\left(-\frac{(x-\mu_x)^2}{2\sigma_x^2}\right), \quad -\infty < x < +\infty;$$

$$f_Y(y) = \frac{1}{\sqrt{2\pi}\,\sigma_y} \exp\left(-\frac{(y-\mu_y)^2}{2\sigma_y^2}\right), \quad -\infty < y < +\infty.$$

Als Folgerungen ergeben sich:

1) X und Y sind jeweils normalverteilt mit den Parametern μ_x und σ_x bzw. μ_y und σ_y.

2) X und Y sind genau dann unabhängig (d. h., es gilt $f_{X,Y}(x,y) = f_X(x)f_Y(y)$), wenn $\rho = 0$ ist.

Da sich zeigen läßt, daß der Parameter ρ gleich dem Korrelationskoeffizienten von X und Y ist ($\rho = \rho(X,Y)$), ist Folgerung 2) der folgenden Aussage äquivalent: *Genügt der zufällige Vektor (X, Y) einer zweidimensionalen Normalverteilung, so sind X und Y genau dann unabhängig, wenn sie unkorreliert sind.*

Die bedingte Verteilungsdichte von X unter der Bedingung $Y = y$ errechnet sich gemäß (1.29) zu

$$f_X(x|y) = \frac{1}{\sqrt{2\pi}\,\sigma_x\sqrt{1-\rho^2}} \exp\left\{-\frac{1}{2\sigma_x^2(1-\rho^2)}\left[x - \rho\frac{\sigma_x}{\sigma_y}(y-\mu_y)-\mu_x\right]^2\right\}.$$

Das ist aber die Verteilungsdichte einer normal gemäß

$$N\left(\rho\frac{\sigma_x}{\sigma_y}(y-\mu_y)+\mu_x,\ \sigma_x^2(1-\rho^2)\right)$$

verteilten Zufallsgröße. Die Parameter dieser Verteilung sind der bedingte Erwartungswert und die bedingte Varianz von X unter der Bedingung $Y = y$:

$$E(X|Y=y) = \rho\frac{\sigma_x}{\sigma_y}(y-\mu_y)+\mu_x,$$

$$Var(X|Y=y) = \sigma_x^2(1-\rho^2). \qquad\qquad \square$$

1.3.2 *n*-dimensionale zufällige Vektoren

$X_1, X_2, \ldots, X_n$ seien stetige Zufallsgrößen mit den Verteilungsfunktionen bzw. Verteilungsdichten

$$F_{X_1}(x_1), F_{X_2}(x_2), \ldots, F_{X_n}(x_n) \ \text{bzw.}\ f_{X_1}(x_1),\ f_{X_2}(x_2),\ \ldots,\ f_{X_n}(x_n).$$

Die *gemeinsame Verteilungsfunktion* des zufälligen Vektors $\mathbf{X} = (X_1, X_2, \ldots, X_n)$ ist

$$F_{\mathbf{X}}(x_1, x_2, \ldots, x_n) = P(X_1 \le x_1, X_2 \le x_2, \ldots, X_n \le x_n).$$

Existiert die *n*-te gemischte partielle Ableitung von $F_{\mathbf{X}}(x_1, x_2, \ldots, x_n)$ nach den x_i, so bezeichnet man sie als *gemeinsame Verteilungsdichte* von $\mathbf{X}$:

$$f_{\mathbf{X}}(x_1, x_2, \ldots, x_n) = \frac{\partial^n F_{\mathbf{X}}(x_1, x_2, \ldots, x_n)}{\partial x_1 \partial x_2 \cdots \partial x_n}.$$

Die Eigenschaften von zweidimensionalen Verteilungsfunktionen bzw. Verteilungsdichten übertragen sich analog auf die *n*-dimensionalen, so daß sie hier nicht explizit aufgelistet werden sollen.

Die Verteilungsfunktionen und -dichten der X_i lassen sich wie im zweidimensionalen Fall aus der gemeinsamen Verteilungsfunktion bzw. -dichte von $\mathbf{X}$ gewinnen. Zum Beispiel gilt für $i = 1, 2, \ldots, n$

$$F_{X_i}(x_i) = F_{\mathbf{X}}(\infty, ..., \infty, x_i, \infty, ..., \infty),$$

$$f_{X_i}(x_i) = \int\limits_{-\infty}^{+\infty} \cdots \int\limits_{-\infty}^{+\infty} f_{\mathbf{X}}(x_1, ..., x_i, ..., x_n)\, dx_1 \cdots dx_{i-1} dx_{i+1} \cdots dx_n ; \qquad (1.35)$$

Die $X_1, X_2, ..., X_n$ sind *voneinander unabhängig,* wenn gilt

$$F_{\mathbf{X}}(x_1, x_2, ..., x_n) = F_{X_1}(x_1) F_{X_2}(x_2) \cdots F_{X_n}(x_n).$$

Diese Definition der Unabhängigkeit ist bei Existenz der Dichten äquivalent zu

$$f_{\mathbf{X}}(x_1, x_2, ..., x_n) = f_{X_1}(x_1) f_{X_2}(x_2) \cdots f_{X_n}(x_n). \qquad (1.36)$$

Bedingte Verteilungsdichten werden analog zum zweidimensionalen Fall gebildet. Zum Beispiel lautet die bedingte Verteilungsdichte von X unter der Bedingung $X_i = x_i$ $(i = 1, 2, ..., n)$;

$$f_{(X_1, ..., X_{i-1}, X_{i+1}, ..., X_n)}(x_1, ..., x_{i-1}, x_{i+1}, ..., x_n | x_i) = \frac{f_{\mathbf{X}}(x_1, x_2, ..., x_n)}{f_{X_i}(x_i)},$$

während die bedingte Verteilungsdichte von $\mathbf{X}$ unter der Bedingung "$X_1 = x_1$, $X_2 = x_2$" gegeben ist durch

$$f_{(X_3, X_4, ..., X_n)}(x_3, x_4, ..., x_n | x_1, x_2) = \frac{f_{\mathbf{X}}(x_1, x_2, ..., x_n)}{f_{(X_1, X_2)}(x_1, x_2)}.$$

Hierbei ist

$$f_{(X_1, X_2)}(x_1, x_2) = \int\limits_{-\infty}^{+\infty} \int\limits_{-\infty}^{+\infty} \cdots \int\limits_{-\infty}^{+\infty} f_{\mathbf{X}}(x_1, x_2, \cdots, x_n)\, dx_3\, dx_4 ... dx_n$$

die gemeinsame Verteilungsdichte des zufälligen Vektors (X_1, X_2). Der Erwartungswert des Produkts $X_1 X_2 \cdots X_n$ ist gegeben durch

$$E(X_1 X_2 \cdots X_n) = \int\limits_{-\infty}^{+\infty} \int\limits_{-\infty}^{+\infty} \cdots \int\limits_{-\infty}^{+\infty} x_1 x_2 \cdots x_n f_{\mathbf{X}}(x_1, x_2, ..., x_n)\, dx_1 dx_2 \cdots dx_n.$$

Wegen (1.35) und (1.36) folgt bei Unabhängigeit der X_i:

$$E(X_1 X_2 \cdots X_n) = E(X_1) E(X_2) \cdots E(X_n). \qquad (1.37)$$

Der Erwartungswert des Produkts unabhängiger Zufallsgrößen ist gleich dem Produkt der Erwartungswerte dieser Zufallsgrößen.

Diesen Sachverhalt beweist man ausgehend von der Formel (1.33) noch einfacher induktiv. Wegen (1.24) gilt er demnach auch für diskrete Zufallsgrößen X_i.

Es seien

$$k_{ij} = Cov(X_i, X_j) \text{ bzw. } \rho_{ij} = \rho(X_i, X_j); \quad i, j = 1, 2, ..., n,$$

die Kovarianz bzw. der Korrelationskoeffizient von X_i und X_j. Diese Kenngrößen werden zweckmäßigerweise in der *Kovarianzmatrix* $\mathbf{K} = \mathbf{K}(X_1, X_2, \cdots, X_n)$ bzw. in der *Matrix der Korrelationskoeffizienten* $\rho = \rho(X_1, X_2, \cdots, X_n)$ zusammengefaßt:

$$\mathbf{K} = ((k_{ij})) \quad \text{und} \quad \rho = ((\rho_{ij})); \quad i, j = 1, 2, \ldots, n.$$

In diesen quadratischen Matrizen sind $k_{ii} = Var(X_i)$ und $\rho_{ii} = 1$; $i = 1, 2, \ldots, n$.

Beispiel 1.5 (*n-dimensionale Normalverteilung*) $X_1, X_2, \cdots, X_n$ seien zufällige Größen mit den Erwartungswerten $\mu_1, \mu_2, \cdots, \mu_n$ und der Kovarianzmatrix $\mathbf{K}$. Deren Determinante $|\mathbf{K}|$ sei positiv, so daß insbesondere die inverse Matrix $\mathbf{K}^{-1}$ existiert. Werden $\mu = (\mu_1, \mu_2, \cdots, \mu_n)$ und $\mathbf{x} = (x_1, x_2, \cdots, x_n)$ gesetzt, dann genügt der zufällige Vektor $\mathbf{X} = (X_1, X_2, \cdots, X_n)$ einer *n-dimensionalen Normalverteilung,* wenn er die gemeinsame Verteilungsdichte

$$f_{\mathbf{X}}(\mathbf{x}) = \frac{1}{\sqrt{(2\pi)^n |\mathbf{K}|}} \exp\left(-\frac{1}{2}(\mathbf{x} - \mu)\mathbf{K}^{-1}(\mathbf{x} - \mu)^T\right)$$

hat. Hierbei ist $\mathbf{x} - \mu = (x_1 - \mu_1, x_2 - \mu_2, \ldots, x_n - \mu_n)$ und $(\mathbf{x} - \mu)^T$ der zu $\mathbf{x} - \mu$ transponierte Vektor. Ausführlich geschrieben lautet diese Dichte:

$$f_{\mathbf{X}}(x_1, x_2, \cdots, x_n) = \frac{1}{\sqrt{(2\pi)^n |\mathbf{K}|}} \exp\left(-\frac{1}{2|\mathbf{K}|} \sum_{i=1}^{n} \sum_{j=1}^{n} K_{ij}(x_i - \mu_i)(x_j - \mu_j)\right),$$

wobei K_{ij} das algebraische Komplement von k_{ij} bezeichnet. Als Spezialfall erhält man für $n = 2$ mit $x_1 = x$ und $x_2 = y$ die Dichte der zweidimensionalen Normalverteilung (Beispiel 1.4). Wie im zweidimensionalen Fall sind die X_i normalverteilt mit dem Erwartungswert μ_i und der Varianz $k_{ii} = \sigma_i^2$; $i = 1, 2, \ldots, n$; (Übergang zur Randverteilung). Für unkorrelierte X_i ist $\mathbf{K}$ eine Diagonalmatrix ($k_{ij} = 0$ für $i \ne j$), so daß die Produktdarstellung (1.36) und damit die Unabhängigkeit der X_i folgt:

$$f_{\mathbf{X}}(x_1, x_2, \cdots, x_n) = \prod_{i=1}^{n} \left[\frac{1}{\sqrt{2\pi}\,\sigma_i} \exp\left(-\frac{1}{2}\left(\frac{x_i - \mu_i}{\sigma_i}\right)^2\right)\right]. \qquad \square$$

Satz 1.1 Genügt der zufällige Vektor $(X_1, X_2, \ldots, X_n)$ einer *n*-dimensionalen Normalverteilung und sind die zufälligen Größen $Y_1, Y_2, \ldots, Y_m$ als Linearkombinationen der X_i gemäß

$$Y_i = \sum_{j=1}^{m_i} a_{ij} X_j; \quad i = 1, 2, \ldots, m;$$

darstellbar, so genügt der zufällige Vektor $(Y_1, Y_2, \ldots, Y_m)$ einer *m-dimensionalen Normalverteilung.* $\blacksquare$

1.4 Summen und Folgen zufälliger Größen

Es sei $X_1, X_2, \cdots, X_n$ eine endliche Folge zufälliger Größen mit den Verteilungsfunktionen $F_{X_i}(x_i)$, den Verteilungsdichten $f_{X_i}(x_i)$ sowie den endlichen Erwartungswerten $E(X_i)$ und Varianzen $Var(X_i)$; $i = 1, 2, \ldots, n$. Ferner sei $f_{\mathbf{X}}(x_1, x_2, \ldots, x_n)$ die gemeinsame Verteilungsdichte des zufälligen Vektors $\mathbf{X} = (X_1, X_2, \ldots, X_n)$.

Erwartungswert der Summe Der Erwartungswert von $X_1 + X_2 + \cdots + X_n$ ist

$$E\left(\sum_{i=1}^{n} X_i\right) = \int_{-\infty}^{+\infty} \int_{-\infty}^{+\infty} \cdots \int_{-\infty}^{+\infty} (x_1 + x_2 + \cdots + x_n) f_{\mathbf{X}}(x_1, x_2, \ldots, x_n)\, dx_1 dx_2 \cdots dx_n.$$

Wegen (1.35) folgt

$$E\left(\sum_{i=1}^{n} X_i\right) = \sum_{i=1}^{n} \int_{-\infty}^{+\infty} x_i\, f_{X_i}(x_i)\, dx_i.$$

Also gilt:

$$E\left(\sum_{i=1}^{n} X_i\right) = \sum_{i=1}^{n} E(X_i). \tag{1.38}$$

Der Erwartungswert einer Summe beliebiger Zufallsgrößen ist gleich der Summe der Erwartungswerte dieser Zufallsgrößen.

Diesen Sachverhalt beweist man ausgehend von der Formel (1.32) noch einfacher induktiv. Wegen (1.23) gilt er demnach auch für diskrete Zufallsgrößen X_i.

Varianz der Summe Die Varianz der Summe $X_1 + X_2 + \cdots + X_n$ ist

$$Var\left(\sum_{i=1}^{n} X_i\right) = \sum_{i=1}^{n} \sum_{j=1}^{n} Cov(X_i, X_j).$$

Wegen $Cov(X_i, X_i) = Var(X_i)$ und $Cov(X_i, X_j) = Cov(X_j, X_i)$ kann man diese Beziehung auch in folgender Form schreiben:

$$Var\left(\sum_{i=1}^{n} X_i\right) = \sum_{i=1}^{n} Var(X_i) + 2 \sum_{\substack{i,j=1 \\ i<j}}^{n} Cov(X_i, X_j).$$

Da bei Unkorreliertheit der X_i stets $Cov(X_i, X_j) = 0$; $i \neq j$; gilt, folgt für unkorrelierte X_i ein Analogon zu (1.38):

$$Var\left(\sum_{i=1}^{n} X_i\right) = \sum_{i=1}^{n} Var(X_i). \tag{1.39}$$

Die Varianz einer Summe unkorrelierter, insbesondere unabhängiger, Zufallsgrößen ist gleich der Summe der Varianzen dieser Zufallsgrößen.

Es seien nun $\alpha_1, \alpha_2, \cdots, \alpha_n$ beliebige, aber beschränkte reelle Zahlen. Dann gilt

$$E\left(\sum_{i=1}^{n} \alpha_i X_i\right) = \sum_{i=1}^{n} \alpha_i E(X_i),$$

$$Var\left(\sum_{i=1}^{n} \alpha_i X_i\right) = \sum_{i=1}^{n} \alpha_i^2 Var(X_i) + 2 \sum_{\substack{i,j=1 \\ i<j}}^{n} \alpha_i \alpha_j Cov(X_i, X_j).$$

Insbesondere ist bei Unkorreliertheit der X_i

$$Var\left(\sum_{i=1}^{n} \alpha_i X_i\right) = \sum_{i=1}^{n} \alpha_i^2 Var(X_i). \tag{1.40}$$

Die Zufallsgrößen $X_1, X_2, \ldots$ heißen **identisch verteilt** wie X, wenn sie der gleichen Wahrscheinlichkeitsverteilung wie X genügen. Identisch verteilte Zufallsgrößen habe also alle die gleiche Verteilungsfunktion. Vom wahrscheinlichkeitstheoretischen Standpunkt aus gibt es demnach keinen Unterschied zwischen identisch verteilten Zufallsgrößen. Im Falle unabhängiger, identisch wie X verteilter Zufallsgrößen vereinfachen sich die Formeln (1.38) und (1.39) zu

$$E\left(\sum_{i=1}^{n} X_i\right) = n\,E(X); \qquad Var\left(\sum_{i=1}^{n} X_i\right) = n\,Var(X).$$

Verteilung der Summe　Es sei $Z = X + Y$ die Summe zweier unabhängiger, diskreter Zufallsgrößen X und Y mit den Einzelwahrscheinlichkeiten

$$p_i = P(X=i) \quad \text{und} \quad q_j = P(Y=j); \quad i, j = 0, 1, \ldots$$

Dann gilt

$$P(Z=k) = P(X+Y=k) = \sum_{i=0}^{k} P(X=i)\,P(Y=k-i).$$

Wird $r_k = P(Z=k)$; $k = 0, 1, \ldots$; gesetzt, so folgt

$$r_k = \sum_{i=0}^{k} p_i q_{k-i} = p_0 q_k + p_1 q_{k-1} + \ldots + p_k q_0. \tag{1.41}$$

Eine diskrete Wahrscheinlichkeitsverteilung $\{r_k; k = 0, 1, \ldots\}$ dieser Struktur heißt *Faltung* der Wahrscheinlichkeitsverteilungen $\{p_i; i = 0, 1, \ldots\}$ und $\{q_j; j = 0, 1, \ldots\}$.

Es seien nun X und Y zwei unabhängige, stetige Zufallsgrößen mit den Verteilungsdichten $f_X(x)$ und $f_Y(y)$. Dann hat die Summe $Z = X + Y$ die Verteilungsdichte

$$f_Z(z) = \int_{-\infty}^{+\infty} f_Y(z-x) f_X(x)\, dx = \int_{-\infty}^{+\infty} f_X(z-y) f_Y(y)\, dy. \tag{1.42}$$

Durch Integration ergibt sich die entsprechende Beziehung für die Verteilungsfunktion $F_Z(z)$ von Z:

$$F_Z(z) = \int_{-\infty}^{+\infty} F_Y(z-x) f_X(x)\, dx = \int_{-\infty}^{+\infty} F_X(z-y) f_Y(y)\, dy. \tag{1.43}$$

Wegen $f(x) = dF(x)/dx$ bzw. $dF(x) = f(x)\, dx$ schreibt man diese Beziehung auch in der Form

$$F_Z(z) = \int_{-\infty}^{+\infty} F_Y(z-x)\, dF_X(x) = \int_{-\infty}^{+\infty} F_X(z-y)\, dF_Y(y).$$

Sind X und Y nichtnegativ, vereinfachen sich (1.42) und (1.43) zu

$$f_Z(z) = \int_0^z f_Y(z-x) f_X(x)\, dx = \int_0^z f_X(z-y) f_Y(y)\, dy, \quad z \geq 0, \tag{1.44}$$

$$F_Z(z) = \int_0^z F_Y(z-x) f_X(x)\, dx = \int_0^z F_X(z-y) f_Y(y)\, dy, \quad z \geq 0, \tag{1.45}$$

Die Integrale in (1.42) bzw. (1.43) heißen *Faltung* der Dichten f_X und f_Y bzw. der Verteilungsfunktionen F_X und F_Y. Daher gilt analog zu den diskreten Verteilungen

> *Die Verteilungsdichte (Verteilungsfunktion) der Summe zweier unabhängiger, stetiger Zufallsgrößen ist gleich der Faltung der Verteilungsdichten (Verteilungsfunktionen) dieser Zufallsgrößen.*

Die Verteilungsdichte bzw. -funktion der Summe $Z = X_1 + X_2 + \cdots + X_n$ von n unabhängigen, stetigen Zufallsgrößen X_i erhält man durch wiederholte Anwendung von (1.42) bzw. (1.43). Die entstehenden Funktionen sind die *Faltungen* der Verteilungsdichten f_{X_i} bzw. Verteilungsfunktionen F_{X_i}, $i = 1, 2, \ldots, n$. Sie werden mit

$$f_Z(z) = f_1 * f_2 * \cdots * f_n(z) \quad \text{bzw.} \quad F_Z(z) = F_1 * F_2 * \cdots * F_n(z)$$

bezeichnet. Sind insbesondere die X_i identisch wie X verteilt und hat X die Dichte $f(x)$, so ist die Verteilungsdichte der Summe $Z = X_1 + X_2 + \cdots + X_n$ durch die n-te *Faltungungspotenz* von $f(x)$ gegeben. Diese wird mit $f^{*(n)}(z)$ bezeichnet und kann rekursiv durch

$$f^{*(i)}(z) = \int_{-\infty}^{+\infty} f^{*(i-1)}(z-x) f(x)\, dx \tag{1.46}$$

berechnet werden; $i = 2, 3, \ldots, n$; $f^{*(1)}(x) \equiv f(x)$. Also gilt $f_Z(z) = f^{*(n)}(z)$.

Analog dazu ist für n unabhängige, identisch mit der Verteilungsfunktion $F(x)$ verteilte X_i die Verteilungsfunktion von Z durch die n-te *Faltungspotenz* von $F(z)$ gegeben. Diese wird mit $F^{*(n)}(z)$ bezeichnet und kann rekursiv durch

$$F^{*(i)}(z) = \int_{-\infty}^{+\infty} F^{*(i-1)}(z-x)\, dF(x) \tag{1.47}$$

berechnet werden; $i = 2, 3, ..., n$; $F^{*(1)}(x) \equiv F(x)$. Also gilt $F_Z(z) = F^{*(n)}(z)$.

Für nichtnegative X_i vereinfachen sich die Formeln (1.46) und (1.47) zu

$$f^{*(i)}(z) = \int_0^z f^{*(i-1)}(z-x)\,f(x)\,d(x), \quad z \geq 0, \tag{1.48}$$

$$F^{*(i)}(z) = \int_0^z F^{*(i-1)}(z-x)\,dF(x), \quad z \geq 0. \tag{1.49}$$

Beispiel 1.6 (*Erlangverteilung*) Die unabhängigen Zufallsgrößen X_1 und X_2 seien jeweils exponential mit den Parametern λ_1 bzw. λ_2 verteilt:

$$f_{X_i}(x) = \lambda_i e^{-\lambda_i x}, \quad F_{X_i}(x) = 1 - e^{-\lambda_i x}; \quad x \geq 0, \ i = 1, 2.$$

Gemäß (1.44) hat $Z = X_1 + X_2$ die Dichte

$$f_Z(z) = \int_0^z \lambda_2 e^{-\lambda_2(z-x)} \lambda_1 e^{-\lambda_1 x}\,dx = \lambda_1 \lambda_2 e^{-\lambda_2 z} \int_0^z e^{-(\lambda_1-\lambda_2)x}\,dx.$$

Für $\lambda_1 = \lambda_2 = \lambda$ ergibt sich hieraus

$$f_Z(z) = \lambda^2 z e^{-\lambda z}, \quad z \geq 0.$$

Das ist die Dichte einer Erlangverteilung der Ordnung 2 mit dem Parameter λ (siehe Tafel 1.2). Für $\lambda_1 \neq \lambda_2$ liefert die Integration

$$f_Z(z) = \frac{\lambda_1 \lambda_2}{\lambda_1 - \lambda_2} \left(e^{-\lambda_2 z} - e^{-\lambda_1 z} \right), \quad z \geq 0.$$

Nun seien $X_1, X_2, ..., X_n$ unabhängige, identisch exponential mit dem Parameter λ verteilte Zufallsgrößen. Induktiv soll bewiesen werden, daß $Z = X_1 + X_2 + \cdots + X_n$ einer Erlangverteilung der Ordnung n mit dem Parameter λ genügt: Für $n = 2$ wurde die Behauptung bereits bewiesen. Angenommen, $X_1 + X_2 + \cdots + X_{n-1}$ genügt einer Erlangverteilung der Ordnung n - 1 mit dem Parameter λ. Dann muß deren Verteilungsdichte mit der *(n-1)*-ten Faltungspotenz von $f(x) = \lambda e^{-\lambda x}$, $x \geq 0$, zusammenfallen. Diese lautet nach Tafel 1.2

$$f^{*(n-1)}(x) = \lambda \frac{(\lambda x)^{n-2}}{(n-2)!} e^{-\lambda x}, \quad x \geq 0, \ n > 2.$$

Gilt diese Behauptung, dann ist die Verteilungsdichte von $Z = X_1 + X_2 + \cdots + X_n$ gemäß (1.44) durch

$$f^{*(n)}(z) = \int_0^z \lambda \frac{[\lambda(z-x)]^{n-2}}{(n-2)!} e^{-\lambda(z-x)} \lambda e^{-\lambda x}\,dx$$

gegeben. Es folgt

$$f^{*(n)}(z) = \lambda \frac{\lambda^{n-1}}{(n-2)!} e^{-\lambda z} \int_0^z (z-x)^{n-2}\, dx$$

$$= \lambda \frac{\lambda^{n-1}}{(n-2)!} e^{-\lambda z} \left[-\frac{(z-x)^{n-1}}{n-1} \right]_0^z = \lambda \frac{(\lambda z)^{n-1}}{(n-1)!} e^{-\lambda z}, \quad z \geq 0.$$

Das ist aber die Dichte einer Erlangverteilung der Ordnung n mit dem Parameter λ. Die zugehörige Verteilungsfunktion ist

$$F(z) = 1 - e^{-\lambda z} \sum_{i=0}^{n-1} \frac{(\lambda z)^i}{i!}, \quad z \geq 0. \tag{1.50}$$

$\square$

Beispiel 1.7 (Normalverteilung) Die unabhängigen Zufallsgrößen X_i seien normalverteilt mit den Parametern μ_i und σ_i^2; $i = 1, 2$.

$$f_{X_i}(x) = \frac{1}{\sqrt{2\pi}\, \sigma_i} \exp\left(-\frac{1}{2} \frac{(x-\mu_i)^2}{\sigma_i^2} \right); \quad i = 1, 2.$$

Die Verteilungsdichte ihrer Summe $Z = X_1 + X_2$ ist daher gemäß (1.42) durch

$$f_Z(z) = \int_{-\infty}^{+\infty} \frac{1}{\sqrt{2\pi}\, \sigma_2} \exp\left(-\frac{1}{2} \frac{(z-x-\mu_2)^2}{\sigma_2^2} \right) \frac{1}{\sqrt{2\pi}\, \sigma_1} \exp\left(-\frac{1}{2} \frac{(x-\mu_1)^2}{\sigma_1^2} \right) dx$$

gegeben. Zur Vereinfachung werden nun $u = x - \mu_1$ und $v = z - \mu_1 - \mu_2$ gesetzt:

$$f_Z(z) = \frac{1}{2\pi\sigma_1\sigma_2} \int_{-\infty}^{+\infty} \exp\left[-\frac{1}{2}\left(\frac{(v-u)^2}{\sigma_2^2} + \frac{u^2}{\sigma_1^2} \right) \right] du.$$

Wird der Exponent des Integranden in der Form

$$\frac{(v-u)^2}{\sigma_2^2} + \frac{u^2}{\sigma_1^2} = \left(\frac{\sqrt{\sigma_1^2+\sigma_2^2}}{\sigma_1\sigma_2} u - \frac{\sigma_1}{\sigma_2\sqrt{\sigma_1^2+\sigma_2^2}} v \right)^2 + \frac{1}{\sigma_1^2+\sigma_2^2} v^2$$

geschrieben und anschließend die Substitution

$$t = \frac{\sqrt{\sigma_1^2+\sigma_2^2}}{\sigma_1\sigma_2} u - \frac{\sigma_1}{\sigma_2\sqrt{\sigma_1^2+\sigma_2^2}} v$$

vorgenommen, erhält $f_Z(z)$ die Form

$$f_Z(z) = \frac{1}{2\pi\sqrt{\sigma_1^2+\sigma_2^2}} \exp\left(-\frac{v^2}{2\left(\sigma_1^2+\sigma_2^2\right)} \right) \int_{-\infty}^{+\infty} e^{-t^2/2}\, dt.$$

Wegen

$$\int_{-\infty}^{+\infty} e^{-t^2/2}\, dt = \sqrt{2\pi}$$

ergibt sich die Verteilungsdichte der Summe in der gewünschten Form:

$$f_Z(z) = \frac{1}{\sqrt{2\pi(\sigma_1^2+\sigma_2^2)}}\, \exp\left(-\frac{(z-\mu_1-\mu_2)^2}{2\left(\sigma_1^2+\sigma_2^2\right)}\right); \quad -\infty < z < +\infty.$$

In Worten: *Die Summe zweier unabhängiger, normal mit den Parametern μ_1 und σ_1^2 bzw. μ_2 und σ_2^2 verteilter Zufallsgrößen ist wiederum normalverteilt und zwar mit den Parametern $\mu_1+\mu_2$ und $\sigma_1^2+\sigma_2^2$.*   □

Aus Beispiel 1.7 folgt induktiv:

> *Die Summe von n unabhängigen, normalverteilten Zufallsgrößen genügt einer Normalverteilung, wobei sich deren Parameter durch Addition der entsprechenden Parameter der Summanden ergeben.*

Bezeichnung Eine normal mit den Parametern μ und σ^2 verteilte Zufallsgröße X wird häufig mit $N(\mu,\sigma^2)$ bezeichnet oder man bezeichnet damit die Normalverteilung mit den angegebenen Parametern schlechthin . Man kann also $X = N(\mu,\sigma^2)$ setzen oder davon sprechen, daß X gemäß $N(\mu,\sigma^2)$ verteilt ist. Das Ergebnis des vorangegangenen Beispiels lautet somit in Kurzfassung: Für unabhängige gemäß $N(\mu_i,\sigma_i^2)$ verteilte Zufallsgrößen X_i gilt

$$\sum_{i=1}^{n} N\left(\mu_i,\sigma_i^2\right) = N\left(\sum_{i=1}^{n}\mu_i,\ \sum_{i=1}^{n}\sigma_i^2\right).$$

Standardisierte Zufallsgrößen

Eine Zufallsgröße X mit den Eigenschaften $E(X) = 0$ und $Var(X) = 1$ heißt *standardisiert*. Sind X eine beliebige Zufallsgröße mit endlichem Erwartungswert und endlicher Varianz und

$$Y = \frac{X-E(X)}{\sqrt{Var(X)}},$$

dann gelten $E(Y) = 0$ und $Var(Y) = 1$. Die Zufallsgröße Y is t die *zu X gehörige standardisierte Zufallsgröße.*

Ist X normalverteilt, dann genügt die zugehörige standardisierte Zufallsgröße Y ebenfalls einer Normalverteilung: $Y = N(0,1)$. Verteilungsdichte und -funktion einer $N(0,1)$-verteilten Zufallsgröße werden mit $\phi(x)$ bzw. $\Phi(x)$ bezeichnet:

$$\phi(x) = \frac{1}{\sqrt{2\pi}}\, e^{-x^2/2}, \quad \Phi(x) = \frac{1}{\sqrt{2\pi}} \int_{-\infty}^{x} e^{-u^2/2}\, du. \tag{1.51}$$

Satz 1.2 (*Zentraler Grenzwertsatz der Wahrscheinlichkeitstheorie*) $X_1, X_2, \ldots$ sei eine unendliche Folge unabhängiger, identisch wie X mit $E(X) = \mu$ und $Var(X) = \sigma^2$ verteilter Zufallsgrößen. Ferner seien $Z_n = X_1 + X_2 + \cdots + X_n$ und

$$Y_n = \frac{Z_n - n\mu}{\sigma\sqrt{n}}\,.$$

Dann gilt für beliebige beschränkte μ und σ

$$\lim_{n\to\infty} P(Y_n \le x) = \Phi(x). \qquad\blacksquare$$

Somit strebt die Verteilungsfunktion der standardisierten Summe Y_n für wachsende n gegen die Verteilungsfunktion einer standardisiert normalverteilten Zufallsgröße. Diese Tatsache wird bei der Lösung praktischer Probleme häufig in folgender Form genutzt:

> *Für hinreichend große n ist Z_n näherungsweise normalverteilt mit dem Erwartungswert $n\mu$ und der Varianz $n\sigma^2$: $Z_n \approx N(n\mu, n\sigma^2)$.*

Satz 1.3 beschäftigt sich mit der Summe einer zufälligen Anzahl von Zufallsgrößen. Seine Formulierung macht die Einführung eines weiteren Begriffs erforderlich.

Definition 1.2 (*Stoppzeit*) Eine ganzzahlige, positive Zufallsgröße N heißt *Stoppzeit* für die Folge unabhängiger Zufallsgrößen $X_1, X_2, \ldots$, wenn das zufällige Ereignis "$N = n$" unabhängig von allen $X_{n+1}, X_{n+2}, \ldots$ für alle $n = 1, 2, \ldots$ ist. ●

Hinweis Ein zufälliges Ereignis A ist *unabhängig* von einer Zufallsgröße X, wenn die zufälligen Ereignisse A und "$X \le x$" für alle x voneinander unabhängig sind.)

Intuitiv kann man die Bezeichnung "Stoppzeit" so erklären, daß die X_i der Reihe nach beobachtet werden. Wenn $N = n$ ist, wird dieser Vorgang nach der Beobachtung von $X_1, X_2, \ldots, X_n$ (noch vor dem Auftreten der $X_{n+1}, X_{n+2}, \ldots$) gestoppt. In diesem Sinne ist eine Stoppzeit eine *nicht von der Zukunft abhängende* Zeit.

Beispiel 1.8 Es seien $X_i = 1$, wenn beim i-ten Wurf mit einer Münze die Zahl nach oben zeigt und $X_i = 0$ anderenfalls. Ferner seien $P(X_i = 1) = P(X_i = 0) = 0,5$ für alle $i = 0, 1, \ldots$ Wird etwa

$$N = \min\{n;\ X_1 + X_2 + \cdots X_n = 8\}$$

gesetzt, so ist N eine Stoppzeit für die Folge $X_1, X_2, \ldots$. □

Satz 1.3 (*Waldsche Identität, Waldsches Lemma*) Es seien $X_1, X_2, \ldots$ eine Folge unabhängiger, identisch wie X verteilter Zufallsgrößen und N eine Stoppzeit für diese Folge. Dann gilt im Fall endlicher Erwartungswerte $E(X)$ und $E(N)$

$$E\!\left(\sum_{i=1}^{N} X_i\right) = E(X)\,E(N)\,. \qquad\qquad (1.52)$$

Beweis Die binäre Zufallsgröße Y_i sei wie folgt definiert:

$$Y_i = \begin{cases} 1, & \text{wenn} \quad N \geq i, \\ 0, & \text{wenn} \quad N < i, \end{cases} \quad i = 1, 2, \dots .$$

$Y_i = 1$ gilt genau dann, wenn nach Beobachtung der Zufallsgrößen $X_1, X_2, \dots, X_{i-1}$ noch nicht gestoppt wurde. Da N eine Stoppzeit ist, ist Y_i somit unabhängig von den $X_i, X_{i+1}, \dots$ Insbesondere ist Y_i unabhängig von X_i, so daß gemäß (1.33) die Beziehung $E(X_i Y_i) = E(X_i) E(Y_i)$ gilt. Daher sowie wegen $E(Y_i) = P(N \geq i)$ und (1.11) folgt

$$E\left(\sum_{i=1}^{N} X_i \right) = E\left(\sum_{i=1}^{\infty} X_i Y_i \right)$$

$$= \sum_{i=1}^{\infty} E(X_i) E(Y_i)$$

$$= E(X) \sum_{i=1}^{\infty} E(Y_i)$$

$$= E(X) \sum_{i=1}^{\infty} P(N \geq i)$$

$$= E(X) E(N),$$

also die Behauptung des Satzes.   ∎

Formel (1.52) gilt natürlich erst recht, wenn die zufällige Anzahl N der Summanden unabhängig von allen $X_1, X_2, \dots$ ist.

Wird die Waldsche Identität auf die Situation von Beispiel 1.8 angwendet, ergibt sich wegen $E(X_i) = 1/2$

$$E(X_1 + X_2 + \cdots + X_n) = \tfrac{1}{2} E(N) .$$

Da nach Definition von N stets $X_1 + X_2 + \cdots + X_n = 8$ ist, folgt (nicht sonderlich überraschend) $E(N) = 16$.

Bezeichnet andererseits X_i den zufälligen Gewinn bzw. Verlust eines Spielers beim i-ten Münzwurf, je nach dem, ob Zahl oder Wappen erscheint, und sind alle X_i identisch wie X gemäß $P(X = -1) = P(X = +1) = 1/2$; $i = 1, 2, \dots$; verteilt, dann ist

$$N = \min \{n, \ X_1 + X_2 + \cdots + X_n = 3\}$$

eine Stoppzeit bez. $X_1, X_2, \dots$ Die formale Anwendung der Waldschen Identität liefert

$$E(X_1 + X_2 + \cdots + X_N) = E(X) E(N).$$

Da die linke Seite dieser Beziehung stets gleich 3 ist, auf der rechten Seite aber der Faktor $E(X) = 0$ steht, ergibt sich eine Situation, die nur durch die Gültigkeit von $E(N) = \infty$ erklärbar ist. Also ist die Waldsche Identität auf den vorliegenden Fall gar nicht anwendbar.

1.5 Transformationen von Wahrscheinlichkeitsverteilungen

Die analytische Behandlung wahrscheinlichkeitstheoretischer Modelle kann häufig dadurch erleichtert werden, daß man von den Wahrscheinlichkeitsverteilungen der eingehenden Zufallsgrößen zu Transformierten dieser Verteilungen übergeht. In diesem Abschnitt wird für diskrete Verteilungen die *z-Transformation* und für stetige Verteilungen die *Laplace-Transformation* behandelt. Im Hinblick auf die in diesem Buch vorkommenden Anwendungen beschränkt sich die Darstellung auf Verteilungen nichtnegativer Zufallsgrößen. Wie üblich wird unter der Wahrscheinlichkeitsverteilung einer Zufallsgröße die Menge ihrer Einzelwahrscheinlichkeiten bzw. ihre Verteilungsfunktion bzw. -dichte verstanden.

Die Menge der transformierbaren Wahrscheinlichkeitsverteilungen bezüglich der genannten Transformationen wird *Urbildraum* genannt, während die Menge ihrer Transformierten als *Bildraum* bezeichnet wird. Die Elemente dieser Räume heißen entsprechend *Urbilder* und *Bilder*. Entscheidend ist der folgende Sachverhalt:

Zu zwei verschiedenen Urbildern gehören zwei verschiedene Bilder und umgekehrt.

Die Transformationen implizieren also eineindeutige Abbildungen zwischen Urbild- und Bildraum. Diese Tatsache ist Grundlage des folgenden Lösungsschemas für die unterschiedlichsten Aufgabenstellungen: Die Aufgabe ist im Urbildraum gestellt. Durch Anwendung einer Transformation wird sie in den Bildraum übertragen und dort gelöst. Durch Aufsuchen des Urbilds der im Bildraum gefundenen Lösung (*Rücktransformation*) erhält man die Lösung des Ausgangsproblems. Die Anwendung der Transformationen sollte daher bei solchen Problemklassen in Erwägung gezogen werden, wo Aufgaben im Bildraum a priori leichter zu lösen sind als im Urbildraum. Liegt zum Beispiel ein lineares Differentialgleichungssystem erster Ordnung mit konstanten Koeffizienten für die zeitabhängigen Einzelwahrscheinlichkeiten einer diskreten Zufallsgröße vor, so kann es vermittels der *z*-Transformation in ein lineares algebraisches Gleichungssystem mit konstanten Koeffizienten überführt werden. Gewöhnliche lineare Differentialgleichungen mit konstanten Koeffizienten erscheinen im Bildraum der Laplace-Transformation als leicht lösbare lineare algebraische Gleichungen. Die Rücktransformation ist im allgemeinen der schwierigste Schritt bei der Anwendung des vorgeschlagenen Lösungsprinzips. Aber auch ohne Rücktransformation lassen sich aus der Bildfunktion in vielen Fällen schon wichtige bzw. praktisch ausreichende Informationen über das Urbild gewinnen. Beispielsweise erlauben sowohl die *z*- als auch die Laplace-Transformierten von Wahrscheinlichkeitsverteilungen eine einfache Berechnung der Momente dieser Verteilungen, so daß sie auch *momenterzeugende Funktionen* genannt werden. Insbesondere können also unmittelbar auf der Basis der Bilder Erwartungswert und Varianz der unterliegenden Zufallsgröße berechnet werden.

1.5.1 z-Transformation

Es sei X eine diskrete Zufallsgröße mit der Menge der Realisierungen $\{0, 1, 2, ...\}$ und der Wahrscheinlichkeitsverteilung

$$\{p_i = P(X_i = i);\ i = 0, 1, 2, ...\}.$$

Definition 1.3 Unter der *z-Transformierten* der Zufallsgröße X bzw. ihrer Wahrscheinlichkeitsverteilung $\{p_0, p_1, p_2, ...\}$ versteht man die unendliche Reihe

$$M(z) = \sum_{i=0}^{\infty} p_i z^i. \qquad \bullet$$

Offenbar ist $M(z)$ weiter nichts als der Erwartungswert von z^X:

$$M(z) = E(z^X). \tag{1.53}$$

$M(z)$ konvergiert absolut für $|z| \le 1$:

$$|M(z)| \le \sum_{i=0}^{\infty} p_i \left| z^i \right| \le \sum_{i=0}^{\infty} p_i = 1.$$

Daher kann man $M(z)$ gliedweise differenzieren (und integrieren):

$$M'(z) = \sum_{i=0}^{\infty} i p_i\, z^{i-1}.$$

Wird nun $z = 1$ gesetzt, erhält man

$$M'(1) = \sum_{i=0}^{\infty} i p_i = E(X).$$

Zweimalige Differentiation von $M(z)$ liefert:

$$M''(z) = \sum_{i=0}^{\infty} (i-1) i p_i\, z^{i-2}.$$

Für $z = 1$ ergibt sich

$$M''(1) = \sum_{i=0}^{\infty} (i-1) i p_i = \sum_{i=0}^{\infty} i^2 p_i - \sum_{i=0}^{\infty} i p_i = E(X^2) - E(X).$$

Insgesamt erhält man also für die ersten beiden Momente von X die Darstellungen

$$E(X) = M'(1), \quad E(X^2) = M''(1) + M'(1). \tag{1.54}$$

So fortfahrend lassen sich mit Hilfe von $M(z)$ prinzipiell alle Momente von X erzeugen. Da die Beziehung (1.10) auch für diskrete Zufallsgrößen gilt, hat man für die Varianz von X die Darstellung

$$Var(X) = M''(1) + M'(1) - [M'(1)]^2.$$

Es seien nun X und Y zwei unabhängige Zufallsgrößen mit den Wahrscheinlichkeitsverteilungen $\{p_i = P(X = i); \; i = 0, 1, \dots \}$ und $\{q_j = P(Y = j); \; j = 0, 1, \dots \}$. Wie im Abschn. 1.4 gezeigt wurde, ist die Faltung $\{r_k; \; k = 0, 1, \dots \}$ dieser Verteilungen die Wahrscheinlichkeitsverteilung der Summe $Z = X + Y$. Sind $M_Z(z)$, $M_X(z)$ und $M_Y(z)$ die zugehörigen erzeugenden Funktionen, dann gilt gemäß (1.41)

$$M_Z(z) = \sum_{k=0}^{\infty} r_k z^k = \sum_{k=0}^{\infty} \left(\sum_{i=0}^{k} p_i q_{k-i} \right) z^k .$$

Wird von der bekannten Beziehung

$$\sum_{k=0}^{\infty} \sum_{i=0}^{k} a_{ik} = \sum_{i=0}^{\infty} \sum_{k=i}^{\infty} a_{ik} \tag{1.55}$$

Gebrauch gemacht, so folgt durch Vertauschung der Summationsreihenfolge

$$M_Z(z) = \sum_{i=0}^{\infty} \sum_{k=i}^{\infty} p_i q_{k-i} z^k = \sum_{i=0}^{\infty} p_i z^i \left(\sum_{k=i}^{\infty} q_{k-i} z^{k-i} \right)$$

$$= \left(\sum_{i=0}^{\infty} p_i z^i \right) \left(\sum_{j=0}^{\infty} q_j z^j \right) .$$

Also gilt

$$M_Z(z) = M_X(z) \, M_Y(z) .$$

> *Die z-Transformierte zweier unabhängiger diskreter Zufallsgrößen ist gleich dem Produkt der z-Transformierten dieser Zufallsgrößen.*

Allgemeiner folgt induktiv: Sind X_1, X_2, $\dots$, X_n voneinander unabhängige diskrete Zufallsgrößen und $M_1(z)$, $M_2(z), \dots, M_n(z)$ ihre z-Transformierten, dann ist die z-Transformierte der Summe $Z = X_1 + X_2 + \dots + X_n$ gegeben durch

$$M_Z(z) = M_1(z) \, M_2(z) \, \cdots \, M_n(z) .$$

Beispiel 1.9 (*Poissonverteilung*) X sei poissonverteilt mit dem Parameter λ. Es gilt also

$$p_i = \frac{\lambda^i}{i!} e^{-\lambda}; \quad i = 0, 1, \dots$$

Die zugehörige z-Transformation lautet wegen $e^x = \sum_{i=0}^{\infty} \frac{x^i}{i!}$:

$$M(z) = \sum_{i=0}^{\infty} \frac{\lambda^i}{i!} e^{-\lambda} z^i = e^{-\lambda} \sum_{i=0}^{\infty} \frac{\lambda^i}{i!} z^i = e^{-\lambda} \sum_{i=0}^{\infty} \frac{(z\lambda)^i}{i!} = e^{-\lambda} e^{+\lambda z} .$$

Es folgt

$$M(z) = e^{\lambda(z-1)} .$$

Die beiden ersten Ableitungen sind

$$M'(z) = \lambda\, e^{\lambda(z-1)}, \quad M''(z) = \lambda^2\, e^{\lambda(z-1)}.$$

Wird $z = 1$ gesetzt, erhält man

$$M'(1) = \lambda, \quad M''(1) = \lambda^2.$$

Damit ergeben sich für Erwartungswert, Varianz und zweites Moment von X:

$$E(X) = \lambda, \quad Var(X) = \lambda, \quad E(X^2) = \lambda(\lambda + 1).$$

Es seien nun $X_1, X_2, \ldots, X_n$ voneinander unabhängige, poissonsch mit den Parametern $\lambda_1, \lambda_2, \ldots, \lambda_n$ verteilte Zufallsgrößen. Dann hat die z-Transformierte der Verteilung der Summe $Z = X_1 + X_2 + \ldots + X_n$ die Produktform

$$M_Z(z) = e^{\lambda_1(z-1)} \cdot e^{\lambda_2(z-1)} \cdots e^{\lambda_n(z-1)}$$

$$= e^{(\lambda_1 + \lambda_2 + \ldots + \lambda_n)(z-1)}.$$

Als Fazit ergibt sich: *Die Summe von unabhängigen, poissonverteilten Zufallsgrößen genügt wieder einer Poissonverteilung, wobei sich deren Parameter durch Addition der Parameter der Summanden ergibt.* (Man beachte die eineindeutige Zuordnung zwischen Urbildern und Bildern, also zwischen Wahrscheinlichkeitsverteilungen und z-Transformierten, auf die eingangs hingewiesen wurde!)   □

1.5.2 Laplace-Transformation

$f(x)$ sei eine reellwertige Funktion mit folgenden Eigenschaften:

1) $f(x)$ ist auf $[0, \infty)$ definiert und dort stückweise stetig.

2) Es existieren Konstante a und b derart, daß $f(x) \leq b\, e^{\alpha x}$ für alle $x > 0$ gilt.

Definition 1.4   Unter der *Laplace-Transformierten* $L\{f\} = \hat{f}(s)$ von $f(x)$ versteht man das Parameterintegral

$$\hat{f}(s) = \int_0^\infty e^{-sx} f(x)\, dx$$

als Funktion der komplexen Variablen s mit $Re(s) > a$.   ●

Aufgrund der Voraussetzungen existiert das Integral in der durch $Re(s) > a$ gegebenen komplexen Halbebene.

Ist speziell $f(x)$ die Wahrscheinlichkeitsdichte einer nichtnegativen Zufallsgröße, so hat man analog zu (1.53) für $\hat{f}(s)$ eine einfache wahrscheinlichkeitstheoretische Interpretation:

$$\hat{f}(s) = E\!\left(e^{-sX}\right). \tag{1.56}$$

Gilt

$$F(x) = \int\limits_0^x f(u)\, du \quad \text{bzw.} \quad f(x) = \frac{dF(x)}{dx},$$

so schreibt man die Laplace-Transformierte von $f(x)$ auch in der Form

$$\hat{f}(s) = \int\limits_0^\infty e^{-sx}\, dF(x).$$

Partielle Integration liefert den *Integrationssatz*:

$$L\left\{\int\limits_0^x f(u)\, du\right\} = \hat{F}(s) = \frac{1}{s}\,\hat{f}(s).$$

Ebenfalls durch partielle Integration erhält man den *Differentiationssatz*:

$$L\{f'\} = \hat{f}'(s) = s\,\hat{f}(s) - f(0).$$

Bezeichnet $f^{(n)}(x) = \dfrac{d^n f(x)}{dx^n}$ die n-te Ableitung von $f(x)$, dann lautet die *allgemeine Form des Differentiationssatzes*:

$$\hat{f}^{(n)}(s) = s^n\,\hat{f}(s) - s^{n-1} f(0) - s^{n-2} f'(0) - \cdots - s^1 f^{(n-2)}(0) - f^{(n-1)}(0).$$

Es seien nun $f_1(x)$ und $f_2(x)$ zwei Funktionen, die den Bedingungen 1) und 2) genügen. Dann gilt der *Additionssatz*:

$$L\{f_1 + f_2\} = L\{f_1\} + L\{f_2\} = \hat{f}_1(s) + \hat{f}_2(s).$$

Die *Faltung* von $f_1(x)$ und $f_2(x)$ ist definiert durch

$$(f_1 * f_2)(x) = \int\limits_0^x f_2(x-u) f_1(u)\, du .$$

Von besonderer Bedeutung ist der *Faltungssatz*:

$$L\{f_1 * f_2\} = L\{f_1\} L\{f_2\} = \hat{f}_1(s)\, \hat{f}_2(s).$$

Der Beweis dieser Beziehung ist leicht erbracht:

$$L\{f_1 * f_2\} = \int\limits_0^\infty e^{-sx} \int\limits_0^x f_2(x-u) f_1(u)\, du\, dx$$

$$= \int\limits_0^\infty e^{-su} f_1(u) \int\limits_u^\infty e^{-s(x-u)} f_2(x-u)\, dx\, du$$

$$= \int\limits_0^\infty e^{-su} f_1(u) \int\limits_0^\infty e^{-sy} f_2(y)\, dy\, du = \hat{f}_1(s)\hat{f}_2(s).$$

Bei der Vertauschung der Integrationsreihenfolge wurde die *Dirichletsche Formel* benutzt:

$$\int_0^z \int_0^y f(x,y)\,dx\,dy = \int_0^z \int_x^z f(x,y)\,dy\,dx\,. \tag{1.57}$$

In Worten lautet der Faltungssatz: *Die Laplace-Transformierte der Faltung zweier Funktionen ist gleich dem Produkt der Laplace-Transformierten dieser Funktionen.*

Die wahrscheinlichkeitstheoretische Bedeutung dieses Sachverhalts liegt wegen (1.44) in folgendem:

> *Die Laplace-Transformierte der Wahrscheinlichkeitsdichte der Summe*
> *zweier unabhängiger Zufallsgrößen ist gleich gleich dem Produkt der*
> *Laplace-Transformierten der Dichten dieser Zufallsgrößen.*

Dieser Sachverhalt überträgt sich entsprechend auf die Dichte der Summe von $n > 2$ unabhängigen Zufallsgrößen. (Die Analogie zur z-Transformation ist evident.)

Additions- und Faltungssatz legen nahe, die Lösungsfunktionen im Bildraum so weit wie möglich in Summanden und Faktoren zu zerlegen (etwa Partialbruchzerlegung bei in s rationalen Bildfunktionen); denn deren Rücktransformation ist im allgemeinen wegen ihrer einfacheren funktionellen Struktur leichter zu bewerkstelligen als die der Bildfunktion im ganzen. Hierbei kann sich die Nutzung von sogenannten *Kontingenztabellen* als sehr hilfreich erweisen. Diese enthalten für die wichtigsten Funktionsklassen die zugehörigen Bilder bzw. Urbilder. Hat man Glück, findet man unmittelbar das gewünschte Urbild. Natürlich ist die Durchführung der Rücktransformation prinzipiell auch auf analytischem Wege möglich. Jedoch sind dazu Kenntnisse aus der Funktionentheorie erforderlich.

Die k-te Ableitung von $\hat{f}(s)$ nach s lautet

$$\frac{d^k \hat{f}(s)}{ds^k} = (-1)^k \int_0^\infty x^k e^{-sx} f(x)\,dx\,.$$

Ist daher $f(x)$ die Verteilungsdichte der nichtnegativen Zufallsgröße X, dann lassen sich die k-ten Momente von X vermittels $\hat{f}(s)$ wie folgt berechnen

$$E(X^k) = (-1)^k \left. \frac{d^k \hat{f}(s)}{ds^k} \right|_{s=0}\,. \tag{1.58}$$

Beispiel 1.10 Die Zufallsgröße X sei exponentialverteilt mit dem Parameter λ:

$$f(x) = \lambda\, e^{-\lambda x},\ x \geq 0.$$

Dann gilt

$$\hat{f}(s) = \int_0^\infty e^{-sx} \lambda\, e^{-\lambda x}\,dx = \lambda \int_0^\infty e^{-(s+\lambda)x}\,dx = \frac{\lambda}{s+\lambda}\,.$$

Die k-te Ableitung von $\hat{f}(s)$ ist

$$\frac{d^k \hat{f}(s)}{ds^k} = (-1)^k \frac{\lambda\, k!}{(s+\lambda)^{k+1}}.$$

Daher lautet das k-te Moment

$$E(X^k) = \frac{k!}{\lambda^k}.$$

Ist $Z_n = X_1 + X_2 + \cdots + X_n$ die Summe von n unabhängigen, identisch exponential mit dem Parameter λ verteilten Zufallsgrößen, dann genügt Z_n einer Erlangverteilung der Ordnung n mit dem Parameter λ (Beispiel 1.6). Die Laplace-Transformierte ihrer Dichte $f(x; \lambda, n)$ beträgt nach den obigen Ausführungen

$$\hat{f}(s; \lambda, n) = \left(\frac{\lambda}{s+\lambda}\right)^n.$$

Die k-te Ableitung von $\hat{f}(s; \lambda, n)$ nach s ist

$$\frac{d^k \hat{f}(s; \lambda, n)}{ds^k} = (-1)^k \frac{\lambda^n n(n+1)\cdots(n+k-1)}{(s+\lambda)^{n+k}}.$$

Daher ist das k-te Moment von Z_n gegeben durch

$$E(Z_n^k) = \frac{n(n+1)\cdots(n+k-1)}{\lambda^k}. \qquad\qquad \Box$$

Aufgaben

1.1) Vier Bauteile werden getestet und drei zufällige Ereignisse A, B und C wie folgt definiert:
$A = \{\text{mindestens eines der Bauteile ist defekt}\}$
$B = \{\text{alle vier Bauteile sind in Ordnung}\}$
$C = \{\text{höchstens drei Bauteile sind defekt}\}$
Man charakterisiere die Ereignisse $A \cap B$, $A \cup B$, $A \cap C$, $A \cup C$ und $A \cap B \cap C$ sowohl verbal als auch durch Mengen von Elementarereignissen!

1.2) Gußstücke werden in den vier Gewichtsklassen 1, 5, 10 und 20 kg produziert. Es seien A_1, A_2, A_3 und A_4 die Ereignisse, daß ein Bauteil nicht mehr als 1, 5, 10 bzw. 20 kg wiegt.
Man charakterisiere verbal die Ereignisse $\bigcup_{i=1}^{4} A_i$, $A_1 \cap A_3$ sowie $A_2 \cap \overline{A}_4$!

1.3) Es seien $P(A) = 0{,}3$; $P(B) = 0{,}5$ und $P(A \cap B) = 0{,}2$.
Man berechne $P(A \cup B)$, $P(\overline{A} \cap B)$ und $P(\overline{A} \cup \overline{B})$!

1.4) 200 Disketten eines Herstellers wurden auf Bruchfestigkeit und Oberflächenhärte geprüft. Folgende Ergebnisse wurden erzielt:

		Bruchfestigkeit	
		hoch	*niedrig*
Härte	*hoch*	170	15
	niedrig	8	7

Wird von diesen 200 Disketten eine auf gut Glück ausgewählt, so sei A das Ereignis, daß sie hohe Oberflächenhärte aufweist und B sei das Ereignis, daß sie sich durch hohe Bruchfestigkeit auszeichnet.
1) Welche Wahrscheinlichkeiten haben jeweils die zufälligen Ereignisse
$A, B, A \cap B, A \cup B$ und $\bar{A} \cup \bar{B}$?
2) Sind A und B voneinander unabhängig?

1.5) Ein Computerproduzent liefert seinen neuentwickelten PC *Ibson* wahlweise mit/ohne Koprozessor bzw. mit/ohne Zusatzspeicher aus. Er analysiert die ersten 1000 Bestellungen:

		mit Koprozessor	
		ja	*nein*
mit Zusatzspeicher	*ja*	360	90
	nein	70	480

A bzw. B seien die Ereignisse, daß ein auf gut Glück aus den 1000 Erstauslieferungen ausgewählter *PC* über einen Koprozessor bzw. über einen Zusatzspeicher verfügt.
Man berechne die Wahrscheinlichkeiten
$P(A \cup B), \ P(A \cap B), \ P(A|B), \ P(B|A), \ P(A \cup B|\bar{B})$ und $P(\bar{A}|\bar{B})$!

1.6) Bei einer großen Anzahl von Wiederholungen eines Zufallsexperiments wird registriert, wie häufig die zufälligen Ereignisse A und B eintreten. Wie sollte man nachprüfen, ob A und B voneinander unabhängig sind?

1.7) 1000 Bits werden unabhängig voneinander über einen binären Kommunikationskanal übertragen. Die Wahrscheinlichkeit der fehlerhaften Übertragung eines Bits sei 0,0005. Mit welcher Wahrscheinlichkeit werden mindestens zwei Bits fehlerhaft übertragen?

1.8) Für die Konstruktion eines Schaltkeises benötigt ein Student 12 Chips eines Typs. Ihm ist bekannt, daß durchschnittlich 4% dieser Chips defekt sind. Wieviel Chips muß er sich mindestens beschaffen, um mit Wahrscheinlichkeit 0,90 über genügend intakte Chips für die Konstruktion des Schaltkreises zu verfügen?

1.9) Es kostet 50 *DM*, um festzustellen, ob ein für Reparaturarbeiten vorgesehenes Bauteil defekt ist oder nicht. Der Einbau eines defekten Bauteils in eine Maschine verursacht einen Schaden, dessen Behebung Kosten in Höhe von 1000 *DM* verursacht. Ist es durchschnittlich kostengünstiger, ein Bauteil ohne Prüfung zu installieren, wenn bekannt ist, daß
1)   1% aller Bauteile des betreffenden Typs,
2)   3% aller Bauteile des betreffenden Typs,
3) 10% aller Bauteile des betreffenden Typs defekt sind?

1.10) Von einem Prüfverfahren zur Fehlerdiagnose von Schaltkreisen weiß man, daß es mit Wahrscheinlichkeit 0,99 keinen Fehler anzeigt, wenn der Schaltkreis fehlerfrei ist und mit Wahrscheinlichkeit 0,90 einen Fehler anzeigt, wenn der Schaltkreis einen hat. Die Wahrscheinlichkeit dafür, daß ein Schaltkreis nicht fehlerfrei ist, sei 0,02.
1) Mit welcher Wahrscheinlichkeit ist ein Schaltkreis tatsächlich fehlerhaft, wenn das Prüfverfahren einen Fehler unterstellt?
2) Mit welcher Wahrscheinlichkeit ist ein Schaltkreis tatsächlich fehlerfrei, wenn das Prüfverfahren Fehlerfreiheit behauptet?

1.11) Eine Telefonverbindung zwischen s und t kann hergestellt werden, wenn im dargestellten Schaltkreis mindestens ein geschlossener Weg zwischen s und t existiert. Im Bild wird die mögliche Unterbrechung eines Wegstücks durch einen geöffneten Schalter symbolisiert. (Praktisch kann es sich hierbei um technische Defekte wie Kabelriß oder um Überschreitung der Übertragungskapazität handeln.) Die Schalter 1 bis 5 sind unabhängig voneinander mit Wahrscheinlichkeit p geschlossen und mit Wahrscheinlichkeit $1 - p$ geöffnet.

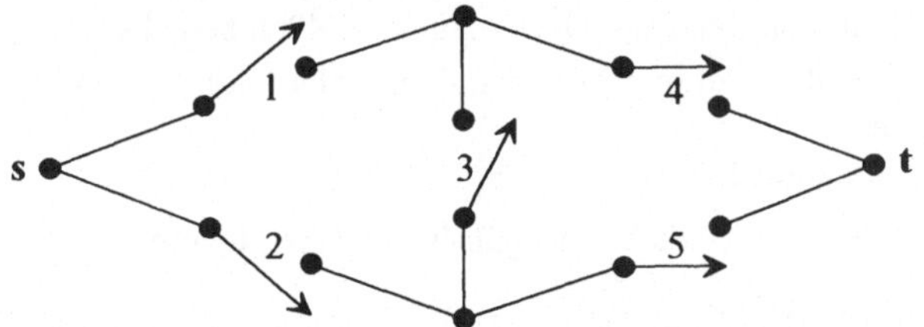

1) Man berechne die Wahrscheinlichkeit $w(p)$ dafür, daß eine Telefonverbindung zwischen s und t möglich ist!
2) Man stelle $w(p)$ in Abhängigkeit von p, $0 \leq p \leq 1$, graphisch dar!

1.12) Die Symbole 0 und 1 werden unabhängig voneinander im Verhältnis 1: 4 gesendet. Infolge von Übertragungsstörungen treten Kommunikationsfehler auf. Wird eine 0 gesendet, so erscheint sie beim Empfänger mit Wahrscheinlichkeit 0,1 als 1, während eine gesendete 1 beim Empfänger mit Wahrscheinlichkeit 0,05 als 0 erscheint.

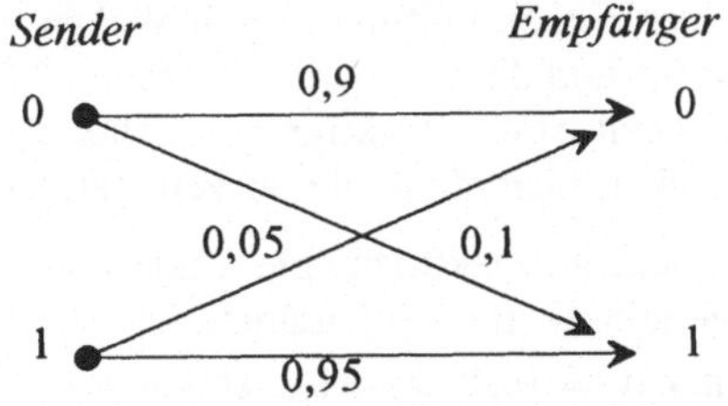

1) Mit welcher Wahrscheinlichkeit ist ein empfangenes Symbol eine 1?
2) Eine 1 wurde empfangen. Mit welcher Wahrscheinlichkeit wurde sie gesendet?
3) Eine 0 wurde empfangen. Mit welcher Wahrscheinlichkeit wurde eine 1 gesendet?

1.13) Die zufällige Anzahl von Knacklauten, die ein älterer Radioempfänger je Stunde produziert, genüge einer Poissonverteilung mit dem Parameter $\lambda = 12$.
Mit welcher Wahrscheinlichkeit wird während einer 4-minütigen Übertragung des Lieblingshits eines Hörers kein Knacken das Vergnügen beeinträchtigen?

1.14) Eine Vorlesung beginnt laut Plan 7^{15} Uhr. Der Ankunftszeitpunkt des Professors *Unbeliebt* im Hörsaal ist gleichverteilt zwischen 7^{13} und 7^{20}, während der Ankunftszeitpunkt des Studenten *Lässig* im Hörsaal gleichverteilt ist zwischen 7^{05} und 7^{30} Uhr. Mit welcher Wahrscheinlichkeit erscheint *Lässig* nach *Unbeliebt* im Hörsaal?

1.15) Eine Lichtsignalanlage des Straßenverkehrs wird früh um 5^{00} Uhr in Betrieb genommen. Sie beginnt mit "rot", zeigt diese Farbe 2 Minuten, wechselt dann zu "grün" und zeigt diese Farbe 4 Minuten. Dieser Zyklus wiederholt sich bis Mitternacht. Jemand fährt an diese Kreuzung wochentags zwischen 9^{00} und 9^{10} Uhr heran. Sein Ankunftszeitpunkt an der Kreuzung ist in diesem Intervall gleichverteilt.
1) Mit welcher Wahrscheinlichkeit muß er an der Kreuzung warten?
2) Mit welcher Wahrscheinlichkeit muß er an der Kreuzung warten, wenn sein Ankunftszeitpunkt dort im Intervall $[8^{58}, 9^{08}$ Uhr] gleichverteilt ist?

1.16) Die Brenndauern von Glühlampen eines Typs sind exponentialverteilt mit dem Parameter $\lambda\left[h^{-1}\right]$. Zum Zeitpunkt $t = 0$ werden 5 Glühlampen dieses Typs eingeschaltet. Mit welcher Wahrscheinlichkeit brennen nach dem Ablauf von $1/\lambda$ Stunden noch
1) alle 5 Glühlampen,
2) mindestens 3 Glühlampen?

1.17) Die Wahrscheinlichkeitsdichte des jährlichen Energieverbrauchs eines Betriebes [in $10^8 kwh$] ist

$$f(x) = 30(x-2)^2\left[1 - 2(x-2) + (x-2)^2\right], \quad 2 \le x \le 3.$$

1) Man berechne die Verteilungsfunktion des jährlichen Energieverbrauchs!
2) Mit welcher Wahrscheinlichkeit liegt der jährliche Energieverbrauch bei mindestens 2,8?

1.18) Die Zeiten zwischen dem Eintreffen von Taxis an einem Stand sind identisch exponentialverteilt mit dem Parameter $\lambda = 4\left[h^{-1}\right]$. Zum Zeitpunkt des Eintreffens eines Kunden ist kein Taxi verfügbar. Das letzte hatte den Stand 4 Minuten vorher verlassen. Mit welcher Wahrscheinlichkeit muß der Kunde mindestens 5 Minuten auf das nächste Taxi warten?

1.19) Die Reaktionszeit eines durchschnittlichen männlichen Autofahrers ist normalverteilt mit dem Erwartungswert 0,5 und der Standardabweichung 0,06 (in Sekunden).
1) Mit welcher Wahrscheinlichkeit ist die Reaktionszeit höher als 0,6?
2) Mit welcher Wahrscheinlichkeit liegt die Reaktionszeit zwischen 0,5 und 0,55?

1.20) Die jährlichen Verbräuche an Elektroenergie X und Y zweier Abnehmer unterliegen einer gemeinsamen Normalverteilung mit den Parametern $\left[$in $10^4 kwh\right]$
$$\mu_x = 7,2; \quad \sigma_x = 0,8 \quad \text{und} \quad \mu_y = 10,8; \sigma_y = 1,2 \quad \text{sowie} \quad \rho = 0,5.$$
1) Man berechne die Wahrscheinlichkeit dafür, daß der jährliche Gesamtbedarf beider Abnehmer zwischen 17 und 19 $\left[10^4 kwh\right]$ liegt!
2) Man berechne die gleiche Wahrscheinlichkeit unter sonst gleichen Vorausetzungen, aber unter der Bedingung, daß X und Y unabhängig sind!

1.21) Ein Unternehmen beschäftigt 24 Verkäufer. Davon erzielen 20 einen mittleren täglichen Umsatz von 800 *DM*, während 4 einen mittleren täglichen Umsatz von 1000 *DM* erreichen. Die Standardabweichung der täglichen Umsätze ist bei der größeren Gruppe von Verkäufern gleich 240 und bei der kleineren gleich 300. Die täglichen Umsätze aller Verkäufer sind voneinander unabhängig und genügen einer Normalverteilung. Der tägliche Gesamtumsatz aller Verkäufer sei Z.

1) Man berechne Erwartungswert und Varianz von Z!

2) Man berechne Erwartungswert und Varianz von $\bar{Z} = Z/24$, also des arithmetischen Mittels der täglichen Umsätze aller Verkäufer!

3) Mit welcher Wahrscheinlichkeit ist der tägliche Gesamtumsatz Z größer als 19600 DM?

1.22) Ein Autohändler verkauft je Tag X Autos des Typs **1** und Y Autos des Typs **2**. Die Tabelle zeigt die gemeinsame Verteilung $\left\{ r_{ij} = P(X=i,\ Y=j);\ i,j = 0, 1, 2 \right\}$ von (X, Y):

<table>
<tr><td rowspan="2"></td><td rowspan="2"></td><td colspan="3" align="center">Y</td></tr>
<tr><td align="center">0</td><td align="center">1</td><td align="center">2</td></tr>
<tr><td></td><td>0</td><td align="center">0,1</td><td align="center">0,1</td><td align="center">0</td></tr>
<tr><td>X</td><td>1</td><td align="center">0,1</td><td align="center">0,3</td><td align="center">0,1</td></tr>
<tr><td></td><td>2</td><td align="center">0</td><td align="center">0,2</td><td align="center">0,1</td></tr>
</table>

1) Man berechne die Wahrscheinlichkeitsverteilungen von X und Y!

2) Sind X und Y unabhängig?

3) Man berechne $E(X)$, $E(Y)$, $Var(X)$ sowie $Var(Y)$!

4) Man berechne die bedingten Erwartungswerte $E(X|Y=1)$ und $E(Y|X=0)$!

1.23) Die gemeinsame Verteilungsdichte des zufälligen Vektors (X, Y) sei
$$f_{X,Y}(x,y) = x+y;\ \ 0 \le x, y \le 1.$$

1) Man berechne die Randverteilungsdichten $f_X(x)$ und $f_Y(y)$!

2) Man berechne die bedingten Verteilungsdichten $f_X(x|y)$ und $f_Y(y|x)$ sowie die bedingten Erwartungswerte $E(X|Y=0,5)$ und $E(Y|X=1)$!

3) Sind X und Y korreliert?

1.24) Der zufällige Vektor (X, Y) habe die gemeinsame Verteilungsdichte
$$f_{X,Y}(x,y) = \frac{1}{16}xy;\ \ \ 0 \le x \le 2,\ 0 \le y \le 4.$$
Man prüfe, ob X und Y unkorreliert sind!

1.25) Die Zeiten zwischen den Entnahmen von Bauteilen eines Typs aus einem Lager (es wird stets nur ein Teil entnommen) sind unabhängig voneinander und identisch exponential verteilt mit dem Parameter $\lambda = 0,01\ [h^{-1}]$. Im Lager sind noch 3 Teile des Typs vorrätig. Mit welcher Wahrscheinlichkeit kann damit der Bedarf in den folgenden 200 Stunden befriedigt werden (erst danach ist wieder mit Nachschub zu rechnen)?

1.26) Ein Hubschrauber für touristische Rundflüge kann maximal 8 Fluggäste aufnehmen. Das totale Gewicht dieser Personen darf jedoch 620 kg nicht überschreiten. Die Gewichte der Fluggäste sind voneinander unabhängig und normal gemäß $N(76, 324)$ [in kg] verteilt.

1) Mit welcher Wahrscheinlichkeit wird bei 8 Personen die zulässige Belastung von 620 kg überschritten?

2) Wie hoch müßte die zulässige Belastung mindestens sein, damit sie bei 8 Personen mit Wahrscheinlichkeit 0,99 nicht überschritten wird?

1.27) X genüge einer diskreten Gleichverteilung mit $P(X = i) = \frac{1}{n}$; $i = 1, 2, \ldots, n$.

1) Man berechne die z-Transformierte dieser Verteilung und mit ihrer Hilfe die ersten drei Momente von X!

2) X_1 und X_2 seien voneinander unabhängig und identisch verteilt wie X. Genügt dann die Summe $X_1 + X_2$ ebenfalls einer diskreten Gleichverteilung?

1.28) X sei geometrisch verteilt mit dem Parameter p (Tafel 1.1).
Man berechne die z-Transformierte dieser Verteilung und mit ihrer Hilfe die ersten drei Momente von X!

1.29) 1) Man berechne die z-Transformierte der binären zufälligen Indikatorvariablen

$$X = \begin{cases} 1 & \text{mit Wahrscheinlichkeit } p \\ 0 & \text{mit Wahrscheinlichkeit } 1 - p \end{cases} !$$

2) $X_1, X_2, \ldots, X_n$ seien voneinander unabhängige, identisch wie X verteilte Zufallsgrößen. Man berechne die z-Transformierte der Summe $X_1 + X_2 + \ldots + X_n$!

1.30) X sei binomialverteilt mit den Parametern p und n.

1) Man berechne die z-Transformierte dieser Verteilung und mit ihrer Hilfe Erwartungswert und Varianz von X!

2) Man vergleiche die z-Transformierte mit dem in der vorangegangen Aufgabe unter 2) erzielten Ergebnis und interpretiere das Resultat!

3) $X_1, X_2, \ldots, X_m$ seien voneinander unabhängige, binomial mit den Parametern p_1 und n_1, p_2 und $n_2, \ldots, p_m$ und n_m verteilte Zufallsgrößen. Unter welcher Bedingung genügt die Summe $X_1 + X_2 + \ldots + X_m$ ebenfalls einer Binomialverteilung?

1.31) 1) X sei gleichverteilt im Intervall $[0, T]$. Man berechne die Laplace-Transformierte dieser Verteilung und mit ihrer Hilfe die ersten drei Momente von X!

2) X_1 und X_2 seien voneinander unabhängig und identisch verteilt wie X. Genügt dann die Summe $X_1 + X_2$ einer Gleichverteilung im Intervall $[0, 2\,T]$?

1.32) Die Zufallsgröße X habe die Dichte

$$f(x) = \begin{cases} 6x(1 - x) & \text{für} \quad 0 \leq x \leq 1 \\ 0 & \text{sonst} \end{cases} .$$

Man berechne die Laplace-Transformierte von X und mit ihrer Hilfe $E(X)$ und $Var(X)$!

2 Stochastische Prozesse

2.1 Einführung

Eine Zufallsgröße X ist das Ergebnis eines Zufallsexperiments unter vorgegebenen Bedingungen. Ändern sich diese Bedingungen, so kann dies Einfluß auf das Ergebnis des Zufallsexperiments, also auf die Wahrscheinlichkeitsverteilung von X, haben. Die Berücksichtigung der sich ändernden Bedingungen durch Betrachtung von Zufallsgrößen $X = X(t)$, die von einem deterministischen Parameter t abhängen, führt zu allgemeineren Zufallsexperimenten als den bisher betrachteten. Dies soll an zwei einfachen Beispielen erläutert werden.

Beispiel 2.1 a) Täglich wird an ein und demselben Meßpunkt und stets um 7^{00} Uhr die Temperatur gemessen. Neben den zufallsbedingten Schwankungen der Temperatur hängen die Messergebnisse auch von einem deterministischen Parameter, nämlich der Zeit, ab. Es ist völlig klar, daß es sich bei den Ergebnissen von Temperaturmessungen in Mitteleuropa etwa am 1.1. und am 1.7. eines Jahres um Realisierungen verschieden verteilter Zufallsgrößen handelt. Die am i-ten Tag eines Jahres gemessene Temperatur bezeichnet man daher genauer mit X_i. Erstrecken sich die Temperaturmessungen aber nur über einen relativ kurzen Zeitraum, etwa auf die ersten 5 Tage eines Jahres, so kann man in ausreichender Näherung davon ausgehen, daß die an den 5 Tagen gemessenen Temperaturen Realisierungen identisch wie X verteilter Zufallsgrößen $X_1, X_2, ..., X_5$ sind. Trotzdem kann auf die Indizierung der an den Wochentagen gemessenen Temperaturen nicht verzichtet werden, da die wahrscheinlichkeitstheoretische Modellierung der ohne Zweifel vorhandenen Abhängigkeiten zwischen den X_i die Kenntnis bzw. die Bestimmung der gemeinsamen Wahrscheinlichkeitsverteilung des zufälligen Vektors $(X_1, X_2, ..., X_5)$ erfordert.

b) Werden die Temperaturen nicht nur an diskreten Zeitpunkten erfaßt, sondern während eines ganzen Jahres durch einen Sensor kontinuierlich gemessen und in Form eines Graphs aufgezeichnet, so führt dies zu einer Zufallsgröße, die von einem stetigen Parameter t abhängt und die im folgenden mit $X(t)$ bezeichnet wird. Jedes Jahr erhält man so den Temperaturverlauf als deterministische Funktion der Zeit: $x = x(t)$, $0 \leq t \leq 1$. In dieser Schreibweise ist $x(t)$ für gegebens t als Realisierung der Zufallsgröße $X(t)$ zu verstehen. Man wird in jedem Jahr einen anderen Verlauf beobachten. Diese unterschiedlichen Verläufe sind jedoch rein zufallsbedingt (wenn der Einfluß längerfristiger zyklischer Klimaschwankungen vernachlässigt wird). Es liegt daher nahe, das verallgemeinerte Zufallsexperiment "Kontinuierliches Messen der Temperatur über ein Jahr" einzuführen und mit $\{X(t), \ 0 \leq t \leq 1\}$ zu bezeichnen. Die Notwendigkeit der Kenntnis der gemeinsamen Verteilungen aller zufälligen Vektoren $(X_{t_1}, X_{t_2}, ..., X_{t_n})$, $0 \leq t_1 < t_2 < ... < t_n \leq 1$; $n = 1, 2, ...$; zur

Charakterisierung des verallgemeinerten Zufallsexperiments ist hier besonders augenfällig, da für eng zusammenliegende Meßpunkte t_i und t_{i+1}, also für Differenzen $t_{i+1} - t_i$ im Minuten- oder gar Sekundenbereich, eine starke Abhängigkeit zwischen $X(t_i)$ und $X(t_{i+1})$ besteht. Im unter a) betrachteten Fall der einmaligen Messung der Temperatur je Tag, also bei größeren Zeitabständen zwischen den Messungen, ist die auch hier vorhandene Abhängigkeit zwischen den X_i vornehmlich auf die "Trägheit" einer Großwetterlage zurückzuführen.   □

Das folgende, recht einfache, aber instruktives Beispiel findet sich prinzipiell bereits bei *Cramer/Leadbetter* (1967). Es macht deutlich, daß der Parameter t nicht unbedingt die Zeit sein muß.

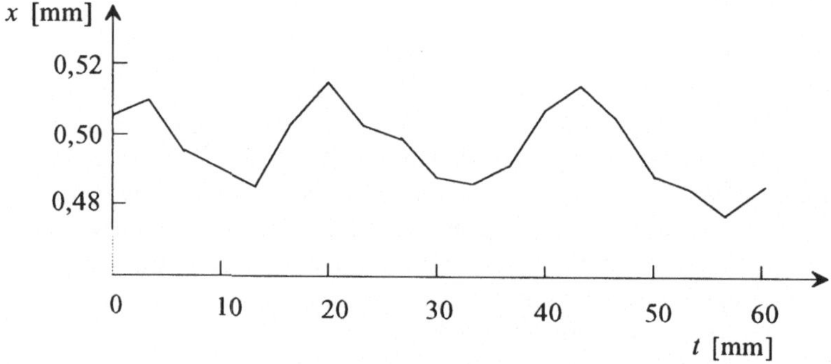

Bild 2.1 Durchmesserschwankungen eines Nylondrahtes

Beispiel 2.2 Betrachtet wurden Nylondrähte der Länge $L = 60$ *mm* mit vorgegebenem Solldurchmesser von 0,5 *mm*, die von ein und derselben Maschine unter gleichbleibenden Bedingungen produziert wurden. Mißt man nun in Abhängigkeit vom Abstand t vom Anfang eines Drahtes seinen Durchmesser, so erhält man für jeden Draht Funktionen $x = x(t)$, $0 \leq t \leq L$, die die Abhängigkeit des tatsächlichen Drahtdurchmessers x von t angibt. Diese Funktionen unterscheiden sich von Draht zu Draht, aber es gibt keine systematischen, signifikanten Unterschiede zwischen diesen Funktionsverläufen, sondern nur zufällige, da alle Drähte voraussetzungsgemäß unter stets gleichbleibenden Bedingungen produziert wurden. Die auftretenden zufälligen Schwankungen des Durchmessers von etwa ±0,02 *mm* sind technologisch nicht zu vermeiden (Bild 2.1). Bezeichnet $X(t)$ den zufälligen Drahtdurchmesser in Abhängigkeit von t, so kann man das verallgemeinerte Zufallsexperiment "Kontinuierliches Messen des Durchmessers eines Drahtes in Abhängigkeit vom Abstand t von seinem Anfang" einführen und formal mit $\{X(t),\ 0 \leq t \leq L\}$ bezeichnen. Die tatsächlich ermittelten Funktionsverläufe an den analysierten Drähten sind somit die Ergebnisse des verallgemeinerten Zufallsexperiments.   □

Im Unterschied zu den im Kapitel 1 betrachteten Zufallsexperimenten (Zufallsgrößen), deren Ergebnisse (Realisierungen) reelle Zahlen waren, traten in den vorangegangenen Beispielen verallgemeinerte Zufallsexperimente auf, deren Ergebnisse reelle Funktionen sind. Man nennt solche verallgemeinerten Zufallsexperimente daher auch *zufällige Funktionen*. Jedoch wird anstelle dieser inhaltlich und anschaulich hochgerechtfertigten Bezeichnung zumeist der Begriff *stochastischer Prozeß* bzw. *zufälliger Prozeß* verwendet. In diesem Buch wird generell nur von stochastischen Prozessen gesprochen. Zwecks ihrer genaueren Charakterisierung ist die Einführung einiger weiterer Bezeichnungen erforderlich. Die interessierende Zufallsgröße X hänge von einem Parameter t ab, der Werte aus einer vorgegebenen Menge **T** annehmen kann: $X = X(t)$, $t \in$ **T**. Zur Vereinfachung der Sprechweise und im Hinblick auf die übergroße Anzahl der Anwendungen wird im folgenden der Parameter t bei der Darstellung der theoretischen Grundlagen als Zeit interpretiert. Somit ist $X(t)$ die interessierende Zufallsgröße zum Zeitpunkt t, während **T** den gesamten Betrachtungszeitraum umfaßt. **Z** bezeichne die Menge aller Zustände (Realisierungen), die die $X(t)$, $t \in$ **T**, annehmen können.

Definition 2.1 (*stochastischer Prozeß*) Unter einem *stochastischen Prozeß* mit dem *Parameterraum* **T** und dem *Zustandsraum* **Z** versteht man die Menge der Zufallsgrößen $\{X(t), t \in$ **T** $\}$.   ●

Ist die Parametermenge endlich oder abzählbar unendlich, spricht man von einem *stochastischen Prozeß mit diskreter Zeit*. Derartige Prozesse lassen sich in Form einer Folge von Zufallsgrößen aufschreiben: $\{X_1, X_2, \ldots\}$ (Beispiel 2.1 a). Umgekehrt läßt sich jede Folge von Zufallsgrößen als stochastischer Prozeß mit diskreter Zeit interpretieren. Ist **T** ein Intervall, dann spricht man von einem *stochastischen Prozeß mit stetiger Zeit*. Der stochastische Prozeß $\{X(t), t \in$ **T** $\}$ heißt *diskret*, wenn sein Zustandsraum **Z** eine endliche oder eine abzählbar unendliche Menge ist. Dagegen liegt ein *stetiger stochastischer Prozeß* vor, wenn **Z** ein Intervall ist. (Mit Ausnahme von Kapitel 8 wird in diesem Buch stets vorausgesetzt, daß **Z** eine Teilmenge der reellen Achse ist.) Es gibt also diskrete stochastische Prozesse mit diskreter Zeit, diskrete stochastische Prozesse mit stetiger Zeit, stetige stochastische Prozesse mit diskreter Zeit sowie stetige stochastische Prozesse mit stetiger Zeit.

Beobachtet man den stochastischen Prozeß $\{X(t), t \in$ **T** über den gesamten Zeitraum **T**, erfaßt man also die Realisierungen von $X(t)$ für alle $t \in$ **T**, so erhält man eine reelle Funktion $x = x(t)$, $t \in$ **T**. Eine solche Funktion heißt *Trajektorie* des stochastischen Prozesses. Die Trajektorien eines stochastischen Prozesses mit diskreter Zeit sind somit Folgen reeller Zahlen, während die Trajektorien eines stochastischen Prozesses mit stetiger Zeit im allgemeinen stetige Funktionen von t sind (Bild 2.1). Bei einem diskreten stochastischen Prozeß mit stetiger Zeit kommen als Trajektorien nur Treppenfunktionen in Frage. Die Gesamtheit der Trajektorien eines stochastischen Prozesses mit der Parametermenge **T** ist also stets eine Teilmenge der Menge aller auf **T** definierten reellen Funktionen.

In den Technik- und Naturwissenschaften treten parameter- und insbesondere zeitabhängige zufällige Erscheinungen, die sich durch stochastische Prozesse modellieren lassen, sehr häufig auf. Mißt man etwa an einer fixierten Stelle in einer Erdöl-
leitung kontinuierlich den Druck, so wird man zufällige Schwankungen registrieren.
Die graphisch aufgezeichneten Meßergebnisse können somit als Trajektorie eines
zeitabhängigen stochastischen Prozesses aufgefaßt werden. In diesem Fall wäre es
theoretisch auch sinnvoll, die Drücke in der gesamten Leitung an einem fixierten
Zeitpunkt zu messen und als Funktion vom Abstand des Meßpunkts zum Leitungs-
anfang darzustellen. Man erhielte dann die Trajektorie eines stochastischen Prozesses, dessen unterliegender deterministischer Parameter eine Ortskoordinate ist.

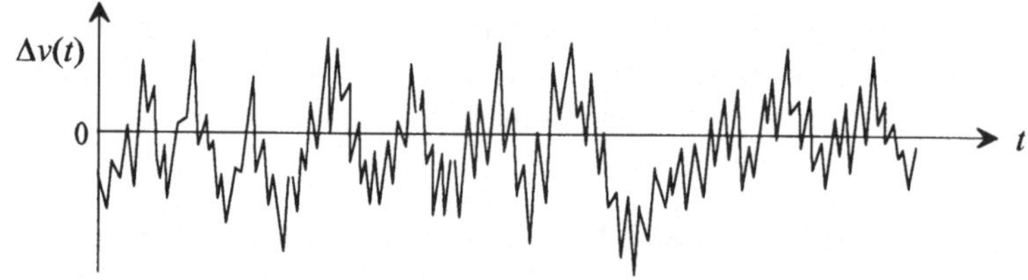

Bild 2.2 Spannungsschwankungen durch thermisches Rauschen bei hoher Temperatur

In einem elektrischen Schaltkreis ist es nicht möglich, die Spannung zeitlich absolut
konstant zu halten; denn sie unterliegt unvorhersehbaren Fluktuationen, die zum
Beispiel durch *thermisches Rauschen* hervorgerufen werden. Die zum Zeitpunkt t
gemessene Spannung $v(t)$ ist daher Realisierung der zufällig zum Zeitpunkt t anlie-
genden Spannung $V(t)$, so daß es sich bei der Funktion $v = v(t)$ um eine Trajektorie
des stochastischen Prozesses $\{V(t),\ t \geq 0\}$ handelt. Bild 2.2 zeigt einen typischen
Verlauf der Spannungsschwankungen $\Delta v(t)$ um einen Nennwert, wie er durch thermisches Rauschen erzeugt wird. Produzenten von Radar- bzw. satellitengestützten
Kommunikationssystemen haben das sogenannte *Fading* zu berücksichtigen. Damit
bezeichnet man die zufälligen Schwankungen der Energie empfangener Signale, die
in erster Linie durch Streuung der Radiowellen wegen Inhomogenitäten der Atmos-
sphäre sowie durch *metereologisches* und *industrielles Rauschen* verursacht werden.
(Metereologisches und industrielles Rauschen machen sich durch zufällig auftreten-
de elektrische Entladungen bemerkbar, was für die Dekodierung der so gestörten,
im allgemeinen ohnehin schwachen, Radarsignale zum Problem werden kann.)

Als Trajektorien ein und desselben stochastischen Prozesses können auch Flugbahnen von Granaten angesehen werden, wenn Granaten eines Typs in die gleiche
Richtung durch ein und dieselbe Haubitze abgeschossen werden. Zufällige Unterschiede zwischen den Flugbahnen der Granaten wird es trotzdem geben (Bild 2.3).
Diese sind bei der Abschätzung der Trefferwahrscheinlichkeit zu berücksichtigen.

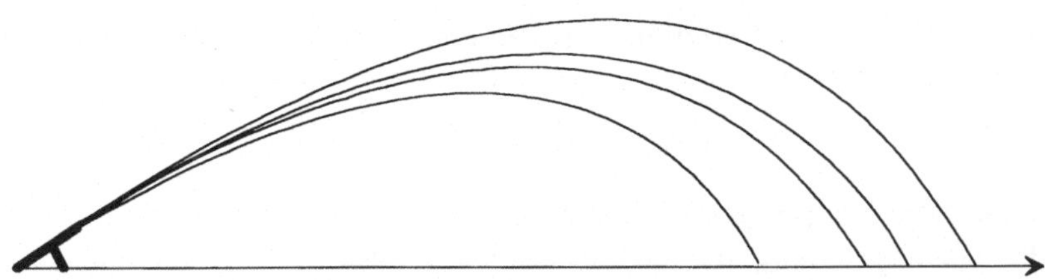

Bild 2.3 Flugbahnen von Granaten als Trajektorien eines stochastischen Prozesses

Stochastische Prozesse spielen auch in den Wirtschaftswissenschaften eine wichtige Rolle, insbesondere im *Operations Research*. Beispiele dafür finden sich in den Kapiteln 3 bis 7. Bereits "klassische" Beispiele sind die zeitliche Entwicklung von Aktienkursen und Renditen sowie die Fluktuation der Preise von Edelmetallen. Bekannt ist auch die von *Beveridge* (1921) veröffentlichte Entwicklung der Weizenpreise in West- und Mitteleuropa. Den Einfluß von Währungsschwankungen hat er dabei durch eine geeignete Normierung eliminiert (Bild 2.4).

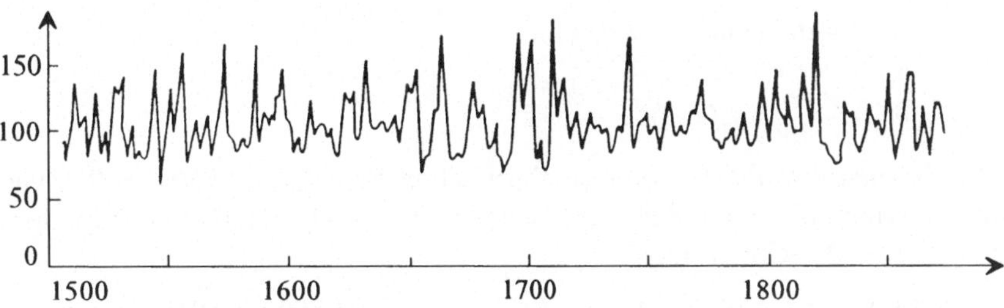

Bild 2.4 Fluktuation der Weizenpreise von 1500 bis 1869 nach Beveridge (1921)

2.2 Kenngrößen stochastischer Prozesse

Die wohl wichtigsten Funktionen in Verbindung mit stochastischen Prozessen sind die Verteilungsfunktionen der $X(t)$, $t \in \mathbf{T}$:

$$F_t(x) = P(X(t) \leq x). \tag{2.1}$$

Durch Vorgabe der Menge der Verteilungsfunktionen $\{F_t(x),\ t \in \mathbf{T}\}$ ist ein stochastischer Prozeß wegen der im allgemeinen vorhandenen Abhängigkeit der $X(t)$, $t \in \mathbf{T}$, nicht eindeutig bestimmt. Dieser Sachverhalt wurde bereits in den Beispielen 2.1 und 2.2 illustriert. Die vollständige Charakterisierung stochastischer Prozesse erfordert für alle $n = 1, 2, ...$ und für alle n-Tupel $\{t_1, t_2, ..., t_n\}$ mit $t_i \in \mathbf{T}$ die Angabe der gemeinsamen Verteilungsfunktion des n-dimensionalen zufälligen Vektors $(X(t_1), X(t_2), ..., X(t_n))$:

$$F_{t_1, t_2, ..., t_n}(x_1, x_2, ..., x_n) = P(X(t_1) \leq x_1, X(t_2) \leq x_2, ..., X(t_n) \leq x_n). \qquad (2.2)$$

Die Gesamtheit dieser gemeinsamen Verteilungsfunktionen bestimmt die *Wahrscheinlichkeitsverteilung* des stochastischen Prozesses. Für diskrete stochastische Prozesse ist es im allgemeinen einfacher, seine Wahrscheinlichkeitsverteilung durch Angabe der Wahrscheinlichkeiten

$$P(X(t_1) \in A_1, X(t_2) \in A_2, ..., X(t_n) \in A_n) \qquad (2.3)$$

für alle $t_1, t_2, ..., t_n$ mit $t_i \in \mathbf{T}$ und $A_i \subseteq \mathbf{Z}$; $i = 1, 2, ..., n$; $n = 1, 2, ...$; zu charakterisieren.

Unter dem *Trend* bzw. der *Trendfunktion* eines stochastischen Prozesses versteht man im Fall seiner Existenz den Erwartungswert von $X(t)$ als Funktion der Zeit:

$$m(t) = E(X(t)), \quad t \in \mathbf{T}. \qquad (2.4)$$

Die Trendfunktion beschreibt demnach die durchschnittliche Entwicklung des stochastischen Prozesses. Existieren die Dichten

$$f_t(x) = dF_t(x)/dx, \quad t \in \mathbf{T},$$

so gilt

$$m(t) = \int_{-\infty}^{\infty} x f_t(x)\, dx, \quad t \in \mathbf{T}. \qquad (2.5)$$

Unter der *Kovarianzfunktion* eines stochastischen Prozesses $\{X(t), t \in \mathbf{T}\}$ versteht man die Kovarianz zwischen den Zufallsgrößen $X(s)$ und $X(t)$ als Funktion der Zeitpunkte s und t (s. Abschn. 1.3.1):

$$K(s, t) = Cov(X(s), X(t)) = E([X(s) - m(s)][X(t) - m(t)]); \quad s, t \in \mathbf{T}$$

bzw.

$$K(s, t) = E(X(s) X(t)) - m(s)m(t); \quad s, t \in \mathbf{T}. \qquad (2.6)$$

Insbesondere ist

$$K(t, t) = Var(X(t)).$$

Die Kovarianzfunktion ist symmetrisch in s und t: $K(s, t) = K(t, s)$.

Analog bezeichnet man als *Korrelationsfunktion* von $\{X(t), t \in \mathbf{T}\}$ den Korrelationskoeffizienten $\rho(s, t) = \rho(X(s), X(t))$ zwischen $X(s)$ und $X(t)$ als Funktion von s und t. Gemäß (1.34) gilt

$$\rho(s, t) = \frac{Cov(X(s), X(t))}{\sqrt{Var(X(s)}\ \sqrt{Var(X(t)}} \qquad (2.7)$$

Da bei einem hinreichend großen zeitlichen Abstand $|t - s|$ keine Abhängigkeit zwischen $X(s)$ und $X(t)$ mehr erwartet wird, vermutet man die Gültigkeit der Beziehung

$$\lim_{|t-s|\to\infty} K(s,t) = \lim_{|t-s|\to\infty} \rho(s,t) = 0 . \tag{2.8}$$

Die Kovarianzfunktion eines stochastischen Prozesses heißt auch *Autokovarianzfunktion* und die Korrelationsfunktion dementsprechend *Autokorrelationsfunktion.*

2.3 Eigenschaften stochastischer Prozesse

Von besonderer Bedeutung sind diejenigen stochastischen Prozesse, bei denen die gemeinsamen Verteilungsfunktionen (2.2) nicht von den Absolutwerten der t_i abhängen, sondern nur von den Abständen zwischen den t_i bzw., mit anderen Worten, von der relativen Lage der t_i zueinander.

Definition 2.2 (*stationär im engeren Sinn*) Ein stochastischer Prozeß $\{X(t),\ t \in \mathbf{T}\}$ ist *stationär im engeren Sinn*, wenn für alle $n = 1, 2, \ldots$, für beliebige h und für alle n-Tupel $\{t_1, t_2, \ldots, t_n\}$ mit $t_i \in \mathbf{T}$ und $t_i + h \in \mathbf{T}$, $i = 1, 2, \ldots, n$; sowie für alle $\{x_1, x_2, \ldots, x_n\}$; gilt

$$F_{t_1, t_2, \ldots, t_n}(x_1, x_2, \ldots, x_n) = F_{t_1+h, t_2+h, \ldots, t_n+h}(x_1, x_2, \ldots, x_n). \tag{2.9}$$

●

Die Wahrscheinlichkeitsverteilung stationärer Prozesse ist also invariant gegen absolute Zeitverschiebungen. Insbesondere folgt für $n = 1$, daß die (eindimensionalen) Verteilungsfunktionen $F_t(x)$ der $X(t)$ von t überhaupt nicht abhängen:

$$F_t(x) \equiv F(x) . \tag{2.10}$$

Die $X(t)$ sind infolgedessen für alle t aus $\mathbf{T}$ identisch verteilt, so daß insbesondere die Trendfunktion stationärer Prozesse identisch konstant ist und auch die Varianzen der $X(t)$ nicht von t abhängen:

$$m(t) = E(X(t)) \equiv m , \tag{2.11}$$

$$Var(X(t)) \equiv \text{konstant.}$$

Die Trendfunktion stationärer Prozesse verläuft also parallel zur Zeitachse und die Fluktuation ihrer Trajektorien um die Trendfunktion wird mit wachsendem t keine signifikanten Änderungen erfahren. Die in den Bildern 2.1, 2.2 und 2.4 gezeigten Trajektorien haben in etwa diese Eigenschaften, während die Flugbahnen von Granaten (Bild 2.3) sicher keine Trajektorien stationärer Prozesse sind.

Ferner folgt aus (2.9) mit $n = 2$ sowie $t_1 = 0$, $t_2 = t - s$ und $h = s$, daß

$$F_{0, t-s}(x_1, x_2) = F_{s, t}(x_1, x_2) \tag{2.12}$$

für alle $s < t$ sowie x_1 und x_2 gilt. Die gemeinsamen Verteilungsfunktionen des zufälligen Vektors (X_s, X_t) hängt also von s und t nur über die Differenz $\tau = t - s$ ab.

Daher ist es nicht überraschend, daß die Kovarianzfunktion $K(s,t)$ die gleiche Eigenschaft hat: $K(s,t)$ läßt sich nämlich gemäß (2.6) und (2.11) für beliebige $s,t \in \mathbf{T}$ in der Form

$$K(s,t) = E[X(s)X(t)] - m^2$$

schreiben. Da aber die gemeinsame Wahrscheinlichkeitsverteilung des zufälligen Vektors $(X(s), X(t))$ nur von $\tau = t-s$ abhängt, muß auch $E[X(s)X(t)]$ und damit $K(s,t)$ diese Eigenschaft haben:

$$K(s,t) = K(s, s+\tau) = K(0, \tau)$$

Man setzt daher $K(\tau) = K(0,\tau)$ und erhält für alle $s \in \mathbf{T}$ und τ mit $s+\tau \in \mathbf{T}$

$$K(\tau) = Cov(X(s), X(s+\tau)). \tag{2.13}$$

Wegen der Symmetrie der Kovarianzfunktion in s und t gilt für stationäre Prozesse $K(\tau) = K(-\tau)$, bzw., damit gleichbedeutend,

$$K(\tau) = K(|\tau|) .$$

Ferner vereinfacht sich die Beziehung (2.8) für stationäre Prozesse zu

$$\lim_{|\tau| \to \infty} K(\tau) = 0 . \tag{2.14}$$

Bild 2.5 zeigt den typischen Verlauf der Kovarianzfunktion eines stationären stochastischen Prozesses.

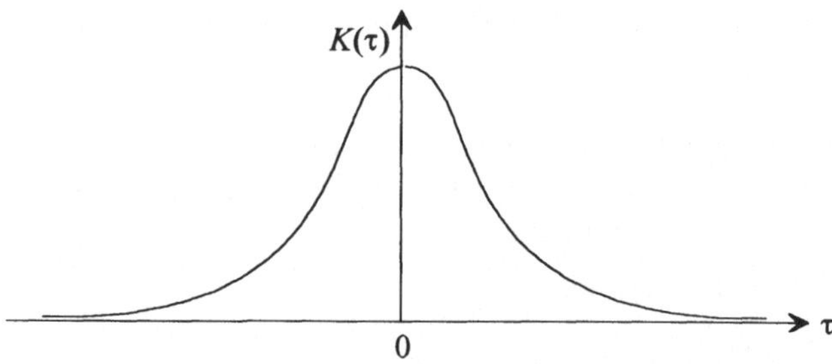

Bild 2.5 Typischer Verlauf der Kovarianzfunktion eines stationären Prozesses

In praktischen Situationen ist es im allgemeinen nicht oder nur mit unverhältnismäßig hohem Aufwand möglich, alle endlichdimensionalen Verteilungsfunktionen eines stochastischen Prozesses zu ermitteln, um dessen Stationärität im engeren Sinne nachzuprüfen. Man begnügt sich daher häufig mit dem Nachweis der Beziehungen (2.11) und (2.13) und definiert auf deren Grundlage einen teilweise abgeschwächten Stationaritätsbegriff. Die "teilweise Abschwächung" bezieht sich darauf, daß hierbei grundsätzlich ein *stochastischer Prozeß zweiter Ordnung* $\{X(t), t \in \mathbf{T}\}$ vorausgesetzt wird. Ein solcher liegt vor, wenn

$$E(X^2(t)) < \infty \quad \text{für alle } t \in \mathbf{T}$$

gilt. Es wird also die Existenz der zweiten Momente aller $X(t)$ vorausgesetzt. Damit existieren auch die Erwartungswerte $E(X(t))$, die Varianzen $Var(X(t))$ sowie die Kovarianzfunktion $K(s,t)$. (Bislang wurde die Existenz der zweiten Momente im Bedarfsfalle stillschweigend vorausgesetzt!)

Definition 2.3 (*stationär im weiteren Sinn*) Ein stochastischer Prozeß zweiter Ordnung ist *stationär im weiteren Sinn*, wenn er die Bedingungen (2.11) und (2.13) erfüllt. ●

Aus der Stationärität im engeren Sinn eines stochastischen Prozesses folgt nicht unbedingt, daß er auch stationär im weiteren Sinn ist; denn stationär im engeren Sinn können auch Prozesse sein, die nicht zweiter Ordnung sind. Jedoch ist, wie oben gezeigt wurde, ein stochastischer Prozeß zweiter Ordnung, der stationär im engeren Sinn ist, auch stationär im weiteren Sinn.

Neben der Stationarität beziehen sich weitere wichtige Eigenschaften stochastischer Prozesse auf ihre Zuwächse. Unter dem *Zuwachs* eines stochastischen Prozesses $\{X(t),\, t \in \mathbf{T}\}$ im Intervall $[t_1, t_2]$; $t_1 < t_2$; $t_1, t_2 \in \mathbf{T}$; versteht man die zufällige Differenz

$$X(t_2) - X(t_1).$$

Zuwächse können natürlich auch negativ sein.

Definition 2.4 Ein stochastischer Prozeß $\{X(t),\, t \in \mathbf{T}\}$ hat *homogene* oder *stationäre Zuwächse*, wenn die Zuwächse $X(t_2 + \tau) - X(t_1 + \tau)$ für alle τ mit $t_1 + \tau \in \mathbf{T}$ und $t_2 + \tau \in \mathbf{T}$ die gleiche Wahrscheinlichkeitsverteilung aufweisen; t_1, t_2 beliebig, aber fest. ●

Eine dazu äquivalente Erklärung von Prozessen mit homogenen Zuwächsen ist die folgende: $\{X(t),\, t \geq 0\}$ hat homogene Zuwächse, wenn die Wahrscheinlichkeitsverteilung von $X(t + \tau) - X(t)$ für beliebige, aber feste τ nicht von t abhängt.

Ein stochastischer Prozeß mit homogenen (stationären) Zuwächsen muß nicht unbedingt stationär sein!

Definition 2.5 Ein stochastischer Prozeß $\{X(t),\, t \in \mathbf{T}\}$ hat *unabhängige Zuwächse*, wenn für alle $n = 3,\, 4,\dots$ und alle n-Tupel $\{t_1, t_2, \dots, t_n\}$ mit $t_1 < t_2 < \dots < t_n$ und $t_i \in \mathbf{T}$ die Zuwächse

$$X(t_2) - X(t_1),\ X(t_3) - X(t_2),\dots,\ X(t_n) - X(t_{n-1})$$

voneinander unabhängig sind. ●

Der Zuwachs, den ein stochastischer Prozeß mit unabhängigen Zuwächsen in einem Intervall erfährt, beeinflußt also die Zuwächse des Prozesses in dazu disjunkten Intervallen nicht.

Definition 2.6 Ein stochastischer Prozeß $\{X(t), t \in \mathbf{T}\}$ hat die *Markov-Eigenschaft*, wenn für alle $n = 1, 2, \ldots$ und alle $(n + 1)$-Tupel $\{t_1, t_2, \ldots, t_{n+1}\}$ mit $t_i \in \mathbf{T}$ und $t_1 < t_2 < \ldots < t_{n+1}$ sowie für beliebige $B_i \subseteq \mathbf{Z}$ gilt:

$$P(X(t_{n+1}) \in B_{n+1} | X(t_n) \in B_n, X(t_{n-1}) \in B_{n-1}, \ldots, X(t_1) \in B_1)$$

$$= P(X(t_{n+1}) \in B_{n+1} | X(t_n) \in B_n). \qquad \bullet$$

Deutet man t_{n+1} als einen Zeitpunkt, der in der Zukunft liegt, t_n als die Gegenwart und dementsprechend für $n > 1$ die $t_1, t_2, \ldots, t_n$ als Zeitpunkte, die in der Vergangenheit liegen, so hängt die künftige Entwicklung eines Markov-Prozesses nur vom gegenwärtigen Zustand ab, aber nicht davon, wie sich der Prozeß in der Vergangenheit entwickelt hat. Stochastische Prozesse, die die Markov-Eigenschaft haben, werden *Markovsche Prozesse* genannt. Sie haben stets unabhängige Zuwächse.

Satz 2.1 Ein Markovscher Prozeß ist genau dann im engeren Sinne stationär, wenn seine eindimensionalen Wahrscheinlichkeitsverteilungen nicht von der Zeit abhängen; wenn also eine Verteilungsfunktion $F(x)$ existiert mit

$$F_t(x) = P(X(t) \le t) = F(x) \quad \text{für alle } t \in \mathbf{T}. \qquad \blacksquare$$

Markovsche Prozesse spielen in den Anwendungen eine herausragende Rolle; nicht zuletzt deshalb, weil der für ihre Anwendung notwendige Input im allgemeinen leichter zu beschaffen ist als bei anderen Prozeßklassen und Algorithmen zur Berechnung interessierender Kenngrößen zur Verfügung stehen. Markovsche Prozesse mit endlichem oder abzählbar unendlichem Zustandsraum heißen *Markovsche Ketten*. Ist auch der Parameterbereich endlich oder abzählbar unendlich, spricht man von *diskreten Markovschen Ketten* (Kapitel 5) und sonst von *stetigen Markovschen Ketten* (Kapitel 6). Die Bezeichnungsweise ist jedoch nicht einheitlich.

Definition 2.7 Ein stochastischer Prozeß zweiter Ordnung $\{X(t), t \in \mathbf{T}\}$ ist im Punkt t_0 *im Quadratmittel stetig*, wenn gilt

$$\lim_{h \to 0} E([X(t_0 + h) - X(t_0)]^2) = 0.$$

Der Prozeß $\{X(t), t \in \mathbf{T}\}$ ist im Bereich $\mathbf{T}_0 \subseteq \mathbf{T}$ *im Quadratmittel stetig*, wenn er für alle $t \in \mathbf{T}_0$ diese Eigenschaft hat. $\qquad \bullet$

(Das dieser Definition zugrunde liegende Konvergenzverhalten heißt *Konvergenz im Quadratmittel*.) Für die Stetigkeit im Quadratmittel gibt es ein einfaches Kriterium:

Satz 2.2 Ein stochastischer Prozeß zweiter Ordnung $\{X(t), t \in \mathbf{T}\}$ ist genau dann im Punkt t_0 im Quadratmittel stetig, wenn seine Kovarianzfunktion $K(s,t)$ im Punkt $(s,t) = (t_0, t_0)$ und seine Trendfunktion $m(t)$ im Punkt $t = t_0$ stetig sind. $\qquad \blacksquare$

Folgerung Ein im weiteren Sinne stationärer Prozeß $\{X(t), t \in \mathbf{T}\}$ ist genau dann für alle $t \in \mathbf{T}$ im Quadratmittel stetig, wenn er im Punkt $t = 0$ diese Eigenschaft hat.

2.4 Spezielle stochastische Prozesse

In diesem Abschnitt werden Beispiele für einfach strukturierte stochastische Prozesse gegeben, die aber in zahlreichen Anwendungen von Bedeutung sind. Aussagen zur Stationarität beziehen sich stets auf die Stationarität im weiteren Sinn!

2.4.1 Stochastische Prozesse mit stetiger Zeit

Beispiel 2.3 (*Prozeß mit linearen Realisierungen*) Zur Modellierung des Umfangs von Instandhaltungsaufwendungen sowie des Verschleißgrades von Bauteilen wird häufig der folgende einfache Ansatz gemacht (*Beichelt, Franken* (1984)):

$$X(t) = Vt + W.$$

Hierbei sind V und W Zufallsgrößen mit beschränkten Erwartungswerten und Varianzen. Die Trendfunktion des so definierten Prozesses $\{X(t),\, t \geq 0\}$ ist

$$m(t) = E(V)t + E(W).$$

Entsprechend (2.6) lautet die Kovarianzfunktion

$$K(s,t) = E([Vs + W][Vt + W]) - m(s)\,m(t).$$

Einfache Rechnungen ergeben

$$K(s,t) = st\,Var(V) + (s + t)\,Cov(V, W) + Var(W).$$

Ist W konstant, so vereinfacht sich die Kovarianzfunktion zu

$$K(s,t) = st\,Var(V). \qquad\qquad \Box$$

Beispiel 2.4 (*Kosinusschwingung mit zufälliger Amplitude*) Es sei

$$X(t) = A \cos \omega t,$$

wobei A eine nichtnegative Zufallsgröße mit $E(A) < \infty$ ist. Der Prozeß $\{X(t),\, t \geq 0\}$ kann etwa als Output eines Oszillators angesehen werden, wenn dieser aus einer Anzahl gleichartiger Oszillatoren zufällig ausgewählt wird, wobei deren Amplituden herstellungsbedingt zufällige Unterschiede aufweisen. Seine Trendfunktion ist:

$$m(t) = E(A) \cos \omega t.$$

Die Kovarianzfunktion dieses Prozesses lautet, wenn $\sigma^2 = Var(A)$ gesetzt wird,

$$K(s, t) = E([A \cos \omega s]\,[A \cos \omega t]) - m(s)\,m(t)$$

$$= \left[E(A^2) - (E(A))^2 \right] (\cos \omega s)\,(\cos \omega t).$$

Also ist

$$K(s, t) = \sigma^2 (\cos \omega s)\,(\cos \omega t). \qquad\qquad \Box$$

Die in den Beispielen 2.3 und 2.4 betrachteten Prozesse sind nicht stationär. Ihre Kovarianzfunktionen erfüllen auch nicht die Bedingung (2.8). Dies ist in beiden Fällen auf die streng lineare Abhängigkeit zwischen $X(s)$ und $X(t)$ zurückzuführen. Daher sind die Korrelationsfunktionen beider Prozesse identisch 1: $\rho(s, t) \equiv 1$.

In den Beispielen 2.5 und 2.6 werden zwei Additionstheoreme für trigonometrische Funktionen benötigt:

$$\cos\alpha \, \cos\beta = \frac{1}{2}[\cos(\beta - \alpha) + \cos(\alpha + \beta)]\,,$$

$$\cos(\beta - \alpha) = \cos\alpha \, \cos\beta + \sin\alpha \, \sin\beta\,.$$

Beispiel 2.5 (*Kosinusschwingung mit zufälliger Amplitude und zufälliger Phase*)
Es sei

$$X(t) = A\cos(\omega t + \Phi),$$

wobei A eine nichtnegative Zufallsgröße mit endlichem Erwartungswert und endlicher Varianz sowie Φ eine in $[0, 2\pi]$ gleichverteilte Zufallsgröße sind. A und Φ seien voneinander unabhängig. Der stochastische Prozeß $\{X(t),\, t \in (-\infty, +\infty)\}$ kann etwa als Output eines aus einer größeren Anzahl von gleichartigen Oszillatoren zufällig herausgegriffenen angesehen werden, wenn diese zu unterschiedlichen Zeitpunkten in Betrieb genommen worden sind. Wegen

$$E(\cos(\omega t + \Phi)) = \frac{1}{2\pi}\int_0^{2\pi}\cos(\omega t + \phi)\,d\phi = \frac{1}{2\pi}[\sin(\omega t + \phi)]_0^{2\pi} = 0$$

ist die Trendfunktion des Prozesses identisch 0: $m(t) \equiv 0$. Daher lautet seine Kovarianzfunktion

$$K(s, t) = E\{[A\cos(\omega s + \Phi)][A\cos(\omega t + \Phi)]\}$$

$$= E(A^2)\frac{1}{2\pi}\int_0^{2\pi}\cos(\omega s + \phi)\,\cos(\omega t + \phi)\,d\phi$$

$$= E(A^2)\frac{1}{2\pi}\int_0^{2\pi}\frac{1}{2}\{\cos\omega(t - s) + \cos[\omega(s + t) + 2\phi]\}\,d\phi\,.$$

Der erste Summand der letzten Zeile ist bezüglich der Integration eine Konstante. Da das Integral über den zweiten Summanden gleich 0 ist, hängt die Kovarianzfunktion nur von der Differenz $\tau = t - s$ ab:

$$K(\tau) = \frac{1}{2}E(A^2)\cos w\tau\,.$$

Der Prozeß ist somit stationär. $\square$

Beispiel 2.6 A und B seien zwei unkorrelierte Zufallsgrößen mit

$$E(A) = E(B) = 0 \quad \text{und} \quad Var(A) = Var(B) = \sigma^2 < \infty\,.$$

Der stochastische Prozeß $\{X(t),\, t \in (-\infty, +\infty)\}$ sei durch

$$X(t) = A\cos\omega t + B\sin\omega t$$

gegeben. Wegen $Var(X(t)) = \sigma^2 < \infty$ handelt es sich um einen Prozeß zweiter Ordnung. Seine Trendfunktion ist konstant 0:

$$m(t) = E(A)\cos\omega t + E(B)\sin\omega t = 0\cos\omega t + 0\sin\omega t$$
$$= 0,$$

so daß gemäß (2.6) $K(s,t) = E(X(s)X(t))$ gilt. Aus der Unkorreliertheit von A und B folgt ferner $E(AB) = E(A)E(B) = 0$. Daher ist

$$
\begin{aligned}
K(s,t) = \ & E(A^2\cos\omega s\,\cos\omega t + B^2\sin\omega s\,\sin\omega t) \\
& + E(AB\cos\omega s\,\sin\omega t + AB\sin\omega s\,\cos\omega t) \\
= \ & \sigma^2\,(\cos\omega s\,\cos\omega t + \sin\omega s\,\sin\omega t) \\
& + E(AB)\,(\cos\omega s\,\sin\omega t + \sin\omega s\,\cos\omega t) \\
= \ & \sigma^2\cos\omega(t-s)\,.
\end{aligned}
$$

Somit hängt die Korrelationsfunktion nur von der Differenz $\tau = t - s$ ab:

$$K(\tau) = \sigma^2\cos\omega\tau\,.$$

Der Prozeß ist also stationär. $\qquad\qquad\qquad\qquad\qquad\qquad\quad\Box$

Die in den Beispielen 2.3 bis 2.6 betrachteten stochastischen Prozesse haben eine wesentliche Gemeinsamkeit: Sind erst einmal die Realisierungen der eingehenden Zufallsgrößen V, A, Φ bzw. B "ausgewürfelt", dann entwickelt sich der Prozeß streng deterministisch weiter, der Zufall hat keine weitere Angriffsmöglichkeit. Praktisch bedeutet dies, daß bereits aus einer momentanen Analyse des Prozesses zu einem beliebigen Zeitpunkt mit absoluter Sicherheit auf seine künftige Entwicklung geschlossen werden kann. Unter dieser Bedingung ist es nicht möglich, daß $X(s)$ und $X(t)$ für $|\tau| = |t-s| \to \infty$ unabhängig werden. Daher wird auch verständlich, daß keiner der betrachteten Prozesse die naheliegende Eigenschaft (2.8) hat. (In den Beispielen 2.5 und 2.6 verschwindet die Kovarianzfunktion nur an solchen τ, die für ein $n = \pm 1, \pm 2,\ldots$ der Bedingung $\tau = \frac{\pi}{2\omega}n$ genügen.) Zu stochastischen Prozessen dieser Art gehört offenbar auch das im Abschn. 2.1 angeführte Beispiel der zufälligen Flugbahnen von Artilleriegeschossen (wenn man den Einfluß von Turbulenzen in der Atmossphäre vernachlässigt).
Die eigentlich interessanten Probleme entstehen dort, wo der Zufall kontinuierlich oder zumindest wiederholt in den Ablauf eines Prozesses eingreifen kann. Mit der genannten Ausnahme gehören alle im Abschn. 2.1 genannten Beispiele für das Auftreten stochastischer Prozesse zu dieser Kategorie.

Die in den beiden folgenden Beispielen auftretenden stochastischen Prozesse sind zwar auch von einer recht einfachen Struktur, der Zufall greift jedoch wiederholt in das Geschehen ein. Zudem sind diese Prozesse in der Physik, Elektrotechnik und Informationsübertragung von Bedeutung.

Beispiel 2.7 (*Pulskodemodulation*) Eine Quelle erzeugt nach jeweils T Zeiteinheiten unabhängig voneinander eines der Zeichen 1 bzw. 0 mit den Wahrscheinlichkeiten 1- p bzw. p. Die Übertragung einer 1 bzw. einer 0 erfolgt in der Weise, daß jeweils T Zeiteinheiten ein Puls mit der Amplitude A bzw. nichts gesendet wird. Dem so erzeugten zufälligen Signal kann ein stochastischen Prozeß $\{X(t),\ t \in (-\infty, +\infty)\}$ mit folgender Eigenschaft zugeordnet werden:

$$X(t) = \begin{cases} 0 & \text{mit Wahrscheinlichkeit} \quad p \\ A & \text{mit Wahrscheinlichkeit} \ 1-p \end{cases}.$$

Durch diese Eigenschaft ist der Prozeß allerdings noch nicht eindeutig bestimmt. Die Festlegung des prinzipiellen Verlaufs seiner Trajektorien geschieht jedoch in naheliegender Weise: Zum Beispiel entspricht die Teilfolge aus einem Signal

$$\dots 1\ 0\ 1\ 1\ 0\ 1 \dots$$

der im Bild 2.6 dargestellten Trajektorie $x = x(t)$ dieses Prozesses. Der Zeitpunkt $t = 0$ ist dabei so gewählt, daß dort mit dem Senden eines Zeichens begonnen wird.

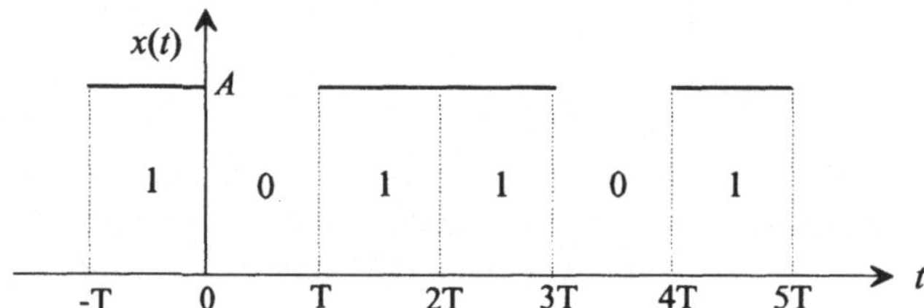

Bild 2.6 Pulskodemodulation - binäres System

Die Trendfunktion des Prozesses ist konstant:

$$m(t) = A\,P(X(t) = A) + 0\,P(X(t) = 0) = A(1-p).$$

Für $nT \le s, t < (n+1)T;\ n = 0, \pm1, \pm2, \dots$ gilt

$$\begin{aligned} E(X(s)X(t)) = \ & E(X(s)X(t)|X(s) = A)P(X(s) = A) \\ & +E(X(s)X(t)|X(s) = 0)P(X(s) = 0) \\ = \ & A^2(1-p). \end{aligned}$$

Für $mT \le s < (m+1)T$ und $nT \le t < (n+1)T$ mit $m \ne n$ sind $X(s)$ und $X(t)$ unabhängig. Daher lautet die Kovarianzfunktion des Prozesses

$$K(s,t) = \begin{cases} A^2 p(1-p) & \text{für } nT \le s, t < (n+1)T;\ n = 0, \pm1, \pm2, \dots \\ 0 & \text{sonst} \end{cases}.$$

Der Prozeß $\{X(t),\ t \in (-\infty, +\infty)\}$ ist also ungeachtet der Konstanz seiner Trendfunktion nicht stationär. $\qquad\qquad\square$

Beispiel 2.8 (*zufällig verzögerte Pulskodemodulation*) Ausgehend von dem im vorangegangenen Beispiel eingeführten stochastischen Prozeß $\{X(t),\ t \in (-\infty, +\infty)\}$ wird der Prozeß $\{Y(t),\ t \in (-\infty, +\infty)\}$ vermittels

$$Y(t) = X(t - D),$$

definiert, wobei D eine im Intervall $[0, T]$ gleichverteilte Zufallsgröße ist. Praktisch bedeutet dies, daß die um D Zeiteinheiten nach rechts verschobenen Trajektorien des Prozesses $\{X(t),\ t \in (-\infty, +\infty)\}$ die entsprechenden Trajektorien des Prozesses $\{Y(t),\ t \in (-\infty, +\infty)\}$ sind. Zum Beispiel ergibt die Rechtsverschiebung der Trajektorie von Bild 2.6 um $D = d$ Zeiteinheiten die im Bild 2.7 dargestellte Trajektorie des stochastischen Prozesses $\{Y(t),\ t \in (-\infty, +\infty)\}$. Sie entstünde bei Übertragung der Zeichenfolge ... 1 0 1 1 0 1 ... unter der Bedingung $D = d$.

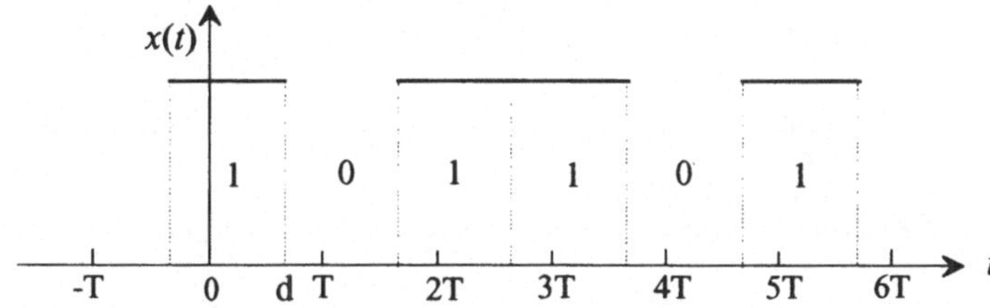

Bild 2.7 Zufällig verzögerte Pulskodemodulation - binäres System

Die Trendfunktion des Prozesses lautet wieder

$$m(t) = A(1 - p).$$

$X(s)$ und $X(t)$ sind genau dann unabhängig, wenn die Ungleichung $|t - s| > T$ erfüllt ist oder s und t durch einen Schaltpunkt $nT+D$; $n = 0, \pm1, \pm2,...$; getrennt sind. In diesen Fällen ist $K(s,t) = 0$.

Unter der Bedingung $|t - s| \leq T$ sind $X(s)$ und $X(t)$ nur dann unabhängig, wenn s und t durch einen Schaltpunkt $nT+D$; $n = 0, \pm1, \pm2,...$; getrennt sind. Dieses zufällige Ereignis wird mit B bezeichnet. Das dazu komplementäre Ereignis unter der gleichen Bedingung sei $\bar{B}$. Die zugehörigen Wahrscheinlichkeiten sind

$$P(B) = \frac{|t - s|}{T}, \quad P(\bar{B}) = 1 - \frac{|t - s|}{T}.$$

Also lautet die Kovarianzfunktion des Prozesses unter der Bedingung $|t - s| \leq T$

$$K(s,t) = E(X(s)X(t)|B)P(B) + E(X(s)X(t)|\bar{B})P(\bar{B}) - m(s)\,m(t)$$

$$= E(X(s))E(X(t))P(B) + E([X(s)]^2)P(\bar{B}) - m(s)\,m(t)$$

$$= [A(1-p)]^2 \frac{|t - s|}{T} + A^2(1-p)\left(1 - \frac{|t - s|}{T}\right) - [A(1-p)]^2.$$

Insgesamt ergibt sich die Kovarianzfunktion mit $\tau = t - s$ zu

$$K(\tau) = \begin{cases} A^2 p(1-p)\left(1 - \frac{|\tau|}{T}\right) & \text{für } |\tau| \leq T \\ 0 & \text{sonst} \end{cases}.$$

Der Prozeß zweiter Ordnung $\{Y(t),\, t \in (-\infty, +\infty)\}$ ist demnach stationär. Bild 2.8 zeigt den Verlauf der Kovarianzfunktion.

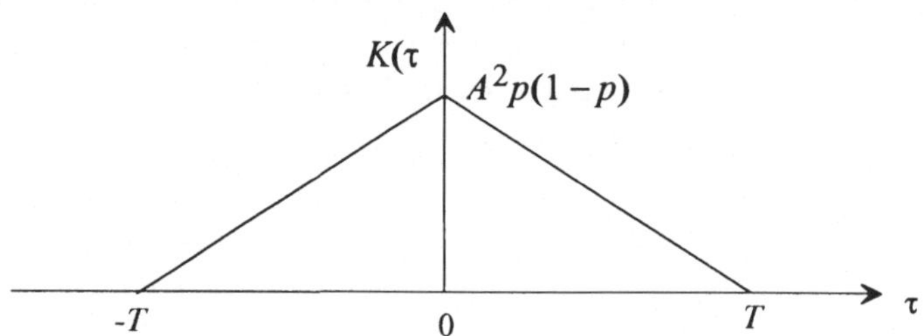

Bild 2.8 Kovarianzfunktion bei zufällig verzögerter Pulskodemodulation

Analog zu den Beispielen 2.5 und 2.6 wird auch bei der Pulskodemodulation durch Einführung einer zufälligen, gleichverteilten Phasenverschiebung Stationarität erreicht. $\square$

Beispiel 2.9 (*Schrotrauschen*) An den zufälligen Zeitpunkten T_n werden *Impulse* (*Pulse*) der zufälligen Stärke A_n ausgelöst. Die Folge der T_n sei unbeschränkt wachsend und die A_n seien unabhängige, identisch verteilter Zufallsgrößen mit beschränktem Erwartungswert. Die Folge $\{(T_n, A_n);\ n = 0, \pm 1, \pm 2, \ldots\}$ bildet einen *Impulsprozeß*. Sind die A_n identisch konstant, dann reduziert sich der Impulsprozeß auf die Folge $\{T_n;\ n = 0, \pm 1, \pm 2, \ldots\}$. Kann die *Antwort* (*Reaktion*) eines Systems auf einen Impuls durch eine reelle Funktion der Zeit $h(t)$ mit den Eigenschaften

$$h(t) = 0 \text{ für } t < 0 \quad \text{und} \quad \lim_{t \to \infty} h(t) = 0.$$

quantifiziert werden, dann heißt der durch

$$X(t) = \sum_{n=-\infty}^{\infty} A_n\, h(t - T_n) \tag{2.15}$$

definierte stochastische Prozeß $\{X(t),\, t \in (-\infty, +\infty)\}$ *Schrotrauschen*. Er modelliert die additive Überlagerung der Reaktionen des Systems auf die Impulse.

Das bekannteste Beispiel für das Auftreten des Schrotrauschens ist die Fluktuation des Anodenstroms in Vakuumröhren (Röhrenrauschen). Diese resultiert aus den zufälligen Stromimpulsen, die zu den Zeitpunkten T_n der Emission von Elektronen aus der Kathode initiiert werden. (In diesem Zusammenhang spricht man auch vom

Schottky-Effekt). Aber auch die Pulskodemodulation läßt sich formal vermittels eines Ansatzes der Struktur (2.15) darstellen. So ist der im Beispiel 2.7 eingeführte stochastische Prozeß $\{X(t), t \in (-\infty, +\infty)\}$, der das modulierte Signal charakterisiert, durch (2.15) mit $T_n = nT$ und

$$A_n = \begin{cases} 1 & \text{mit Wahrscheinlichkeit } 1-p \\ 0 & \text{mit Wahrscheinlichkeit } p \end{cases}$$

sowie

$$h(t) = \begin{cases} 1 & \text{für } 0 \le t < T \\ 0 & \text{sonst} \end{cases}$$

gegeben. Die Bezeichnung *Schrotrauschen* (*shot noise*) für den durch (2.15) charakterisierten Prozeß $\{X(t), t \in (-\infty, +\infty)\}$ rührt daher, daß man die Wirkung des Beschusses einer Metallplatte mit Schrotkörnern ebenfalls vermittels des Ansatzes (2.15) modellieren kann. □

Impulsprozesse werden im Abschn. 3.1 (Beispiel 3.4) unter speziellen Voraussetzungen an den zugrunde liegenden Impulsprozeß noch genauer untersucht.

2.4.2 Stationäre stochastische Prozesse mit diskreter Zeit

Stochastische Prozesse mit diskreter Zeit sind weiter nichts als Folgen von Zufallsgrößen. Sie werden daher auch *zufällige Folgen* genannt. In diesem Abschnitt werden nur *stationäre zufällige Folgen* auftreten. Sie spielen vor allem in der Informationsübertragung als stochastische Modelle für *zufällige Signale* sowie in der Zeitreihenanalyse zur Prognose der zeitlichen Entwicklung von stationären zufälligen Vorgängen eine wichtige Rolle.

Beispiel 2.10 (*rein zufällige Folge*) $\{...X_{-2}, X_{-1}, X_0, X_1, X_2, ...\}$ sei eine Folge unkorrelierter, identisch wie X verteilter Zufallsgrößen mit

$$E(X_i) = 0 \text{ und } Var(X_i) = \sigma^2 < \infty; \quad i = 0, \pm 1, \pm 2 \ldots \qquad (2.16)$$

(Der üblichen Bezeichnungsweise folgend, wird im Fall zufälliger Folgen der Parameter als Index geschrieben.) Wegen der beschränkten Varianzen der X_i liegt ein Prozeß zweiter Ordnung vor. Seine Trendfunktion ist konstant 0:

$$m(t) = 0 ; \quad t = 0, \pm 1, \pm 2, \ldots$$

Daher hat die Kovarianzfunktion für ganzzahlige s und t die Form $K(s,t) = E(X_s X_t)$, so daß $K(s,t) = E(X_s)E(X_t) = 0$ für $s \ne t$ und $K(s,t) = E(X^2) = \sigma^2$ für $s = t$ gilt. Insgesamt lautet die Kovarianzfunktion $K(s,t) = K(\tau)$ mit $\tau = t - s$:

$$K(\tau) = \begin{cases} \sigma^2 & \text{für } \tau = 0 \\ 0 & \text{für } \tau \ne 0 \end{cases} . \qquad (2.17)$$

Neben der Stationarität der rein zufälligen Folge ist auch klar, daß sie unabhängige Zuwächse hat.

Die Bezeichnung *rein zufällige Folge* für den betrachteten Prozeß bedarf keiner Begründung. Man nennt eine rein zufällige Folge aber auch *diskretes weißes Rauschen*. Die Motivation dafür kann erst im Kapitel 8 gegegeben werden.   □

Beispiel 2.11 (*Folge gleitender Summen der Ordnung n - MA(n)*) Ein zufälliges Signal Y_t sei gegeben durch

$$Y_t = \sum_{i=0}^{n} c_i X_{t-i}; \quad t = 0, \pm 1, \pm 2, \ldots;$$

wobei $\{X_i\}$ eine *rein zufällige Folge* unabhängiger Zufallsgrößen mit den Parametern (2.16) ist. Die natürliche Zahl n und die Folge beschränkter reeller Zahlen $c_0, c_1, \ldots, c_n$ sind vorgegeben. Zur Konstruktion von Y_t werden also neben dem "gegenwärtigen" X_t noch die n "vorangegangenen" $X_{t-1}, X_{t-2}, \ldots, X_{t-n}$ verwendet. Diese Konstruktionsvorschrift ist als *Prinzip der gleitenden Summen,* oder -obwohl nur in Spezialfällen präzis- als *Prinzip der gleitenden Mittelwerte* bekannt. Wegen (1.39) gilt

$$Var(Y_t) = \sigma^2 \sum_{i=0}^{n} c_i^2 < \infty; \quad t = 0, \pm 1, \pm 2, \ldots;$$

so daß $\{Y_t; \ t = 0, \pm 1, \pm 2, \ldots\}$ ein stochastischer Prozeß zweiter Ordnung ist. Seine Trendfunktion $m(t) = E(Y_t)$ ist identisch 0:

$$m(t) = 0 \quad \text{für } t = 0, \pm 1, \pm 2, \ldots$$

Ferner gilt für ganzzahlige s und t

$$K(s,t) = E(Y_s Y_t) = E\left(\left[\sum_{i=0}^{n} c_i X_{s-i}\right]\left[\sum_{j=0}^{n} c_j X_{t-j}\right]\right)$$

$$= E\left(\sum_{i=0}^{n} \sum_{j=0}^{n} c_i c_j X_{s-i} X_{t-j}\right).$$

Wegen $E(X_{s-i} X_{t-j}) = 0$ für $s - i \neq t - j$ ist die Doppelsumme stets 0, wenn die Ungleichung $|t - s| > n$ gilt. Anderenfalls existieren i und j, die $s - i = t - j$ erfüllen. Die Doppelsumme wird dann eine einfache Summe:

$$K(s,t) = E\left(\sum_{\substack{0 \le i \le n \\ 0 \le |t-s|+i \le n}} c_i c_{|t-s|+i} X_{s-i}^2\right)$$

$$= \sigma^2 \sum_{i=0}^{n-|t-s|} c_i c_{|t-s|+i}.$$

Insgesamt ergibt sich die Kovarianzfunktion $K(s,t) = K(\tau)$ mit $\tau = t - s$ zu

$$K(\tau) = \begin{cases} \sigma^2(c_0 c_{|\tau|} + c_1 c_{|\tau|+1} + \cdots + c_{n-|\tau|} c_n) & \text{für } 0 \le |\tau| \le n \\ 0 & \text{für } |\tau| > n \end{cases}. \qquad (2.18)$$

Die Folge der gleitenden Summen $\{Y_t;\ t = 0, \pm 1, \pm 2, \ldots\}$ ist somit stationär. $\qquad\Box$

Beispiel 2.12 (*Folge gleitender Mittel der Ordnung n - MA(n)*) Wird im Beispiel 2.11 speziell

$$c_i = \frac{1}{n+1}; \quad i = 0, 1, \ldots, n;$$

gesetzt, erhält man die *Folge der gleitenden Mittel*:

$$Y_t = \frac{1}{n+1} \sum_{i=0}^{n} X_{t-i}; \quad t = 0, \pm 1, \pm 2, \ldots$$

Ihre Kovarianzfunktion ergibt sich aus (2.18) zu

$$K(\tau) = \begin{cases} \dfrac{\sigma^2}{n+1}\left(1 - \dfrac{|\tau|}{n+1}\right) & \text{für } 0 \le |\tau| \le n \\ 0 & \text{sonst} \end{cases}; \quad \tau = 0, \pm 1, \pm 2, \ldots$$

Folgen gleitender Mittel -und manchmal auch Folgen gleitender Summen- werden in der Literatur mit *MA* bezeichnet (von *moving average*). Bei Berücksichtigung der Ordnung n der Folgen schreibt man auch *MA(n)*. $\qquad\Box$

Beispiel 2.13 (*Folgen gleitender Summen unbeschränkter Ordnung*) Es sei

$$Y_t = \sum_{i=0}^{\infty} c_i X_{t-i}; \quad t = 0, \pm 1, \pm 2, \ldots, \qquad (2.19)$$

wobei $\{X_i\}$ eine rein zufällige Folge mit den Parametern (2.16) ist und die c_i reelle Zahlen sind..

Die zufällige Folge $\{Y_t;\ t = 0,\ \pm 1,\ \pm 2, \ldots\}$ ist auch als *linearer Prozeß* bekannt, wobei aber Verwechslungen mit dem im Beispiel 2.3 eingeführten Prozeß mit stetigem Parameterbereich kaum zu erwarten sind.

Um die Konvergenz der Reihe (2.19) für alle beschränkten Realisierungen der X_i zu gewährleisten, müssen die c_i der Bedingung

$$\sum_{i=0}^{\infty} c_i^2 < \infty \qquad (2.20)$$

genügen. Die Kovarianzfunktion lautet

$$K(\tau) = \sigma^2 \sum_{i=0}^{\infty} c_i c_{|\tau|+i}; \quad \tau = 0, \pm 1, \pm 2, \ldots \qquad (2.21)$$

Speziell ist

$$Var(Y_t) = K(0) = \sigma^2 \sum_{i=0}^{\infty} c_i^2 \; ; \quad t = 0, \pm 1, \pm 2, \ldots$$

Ist eine doppelt unendliche Folge reeller Zahlen $\{\ldots c_{-2}, c_{-1}, c_0, c_1, c_2, \ldots\}$ gegeben, die der Bedingung

$$\sum_{i=-\infty}^{\infty} c_i^2 < \infty$$

genügt, so ist die vermittels

$$Y_t = \sum_{i=-\infty}^{\infty} c_i X_{t-i} \; ; \quad t = 0, \pm 1, \pm 2, \ldots \tag{2.22}$$

definierte doppelt unendliche zufällige Folge $\{\ldots Y_{-2}, Y_{-1}, Y_0, Y_1, Y_2, \ldots\}$ ebenfalls stationär und hat die Kovarianzfunktion

$$K(\tau) = \sigma^2 \sum_{i=-\infty}^{\infty} c_i c_{|\tau|+i} \; ; \quad \tau = 0, \pm 1, \pm 2, \ldots \tag{2.23}$$

Zur Unterscheidung bezeichnet man zufällige Folgen der Strukturen (2.19) und (2.22) auch als *einseitige* bzw. *zweiseitige Folgen gleitender Summen (Mittel)*.   □

Beispiel 2.14 (*autoregressive Folge erster Ordnung - AR(1)*) Es sei

$$Y_t = a Y_{t-1} + b X_t \; ; \quad t = 0, \pm 1, \pm 2, \ldots \tag{2.24}$$

mit $|a| < 1$ und b beschränkt sowie $\{X_i\}$ eine rein zufällige Folge mit den Parametern (2.16). Der "gegenwärtige" Zustand Y_t der Folge hängt also nur vom unmittelbar vorangegangenen Zustand Y_{t-1} und einer zufälligen Störgröße $b X_t$ mit dem Erwartungswert 0 und der Varianz $b^2 \sigma^2$ ab. Die n-fache Anwendung von (2.24) liefert

$$Y_t = a^n Y_{t-n} + b \sum_{i=0}^{n-1} a^i X_{t-i} \, . \tag{2.25}$$

Aus dieser Beziehung wird ersichtlich, daß der Einfluß des vergangenen Zustands Y_{t-n} auf den gegenwärtigen Y_t durchschnittlich umso geringer ausfällt, je größer der zeitliche Abstand n ist. Also ist zu erwarten, daß eine stationäre zufällige Folge existiert, die Lösung der rekursiven Beziehung (2.24) ist. Man erhält sie durch den Grenzübergang $n \to \infty$ in (2.25): Wegen $\lim_{n \to \infty} a^n = 0$ ergibt sich

$$Y_t = b \sum_{i=0}^{\infty} a^i X_{t-i} \; ; \quad t = 0, \pm 1, \pm 2, \ldots \tag{2.26}$$

Die so definierte zufällige Folge $\{Y_t \, ; \, t = 0, \pm 1, \pm 2, \ldots\}$ heißt *autoregressive Folge erster Ordnung* (Abkürzung: *AR* (1)). Offenbar handelt es sich um einen Spezialfall der durch (2.19) erzeugten zufälligen Folge; denn setzt man $c_i = b a^i$, so ist neben der formalen Übereinstimmung die Voraussetzung (2.20) erfüllt:

$$\sum_{i=0}^{\infty} (b a^i)^2 = b^2 \sum_{i=0}^{\infty} a^{2i} = \frac{b^2}{1 - a^2} < \infty \, .$$

Somit ist die autoregressiven Folge erster Ordnung eine stationäre zufällige Folge, deren Kovarianzfunktion mit $c_i = b\,a^i$ durch (2.21) gegeben ist:

$$K(\tau) = (b\,\sigma)^2 \sum_{i=0}^{\infty} a^i\, a^{|\tau|+i} = a^{|\tau|}(b\sigma)^2 \sum_{i=0}^{\infty} a^{2i}$$

bzw.

$$K(\tau) = \frac{(b\,\sigma)^2}{1-a^2}\, a^{|\tau|}; \quad \tau = 0, \pm 1, \pm 2, \ldots \qquad \square$$

Beispiel 2.15 (*autoregressive Folge der Ordnung r - AR(r)*) Ist in Verallgemeinerung von (2.24) eine zufällige Folge $\{Y_t\,;\ t = 0, \pm 1, \pm 2, \ldots\}$ für gegebene reelle Zahlen $a_1, a_2, \ldots, a_r$ durch

$$Y_t + a_1 Y_{t-1} + a_2 Y_{t-2} + \ldots + a_r Y_{t-r} = b X_t \qquad (2.27)$$

gegeben, wobei $\{X_i\}$ eine rein zufällige Folge mit den Parametern (2.16) ist, so heißt sie *autoregressive Folge der Ordnung r*. Analog zu (2.26) liegt es nahe zu prüfen, ob ein Ansatz der Form

$$Y_t = \sum_{i=0}^{\infty} c_i X_{t-i} \qquad (2.28)$$

mit

$$\sum_{i=0}^{\infty} c_i^2 < \infty$$

zu einer stationären zufälligen Folge führt, die Lösung von (2.27) ist. Wird (2.28) formal in (2.27) eingesetzt, ergibt sich ein lineares Gleichungssystem für die zu bestimmenden Konstanten c_i:

$$c_0 = b$$

$$c_1 + a_1 c_0 = 0$$

$$c_2 + a_1 c_1 + a_2 c_0 = 0$$

$$c_r + a_1 c_{r-1} + \ldots + a_r c_0 = 0$$

$$c_i + a_1 c_{i-1} + \ldots + a_r c_{i-r} = 0; \quad i = r+1, r+2, \ldots$$

Es läßt sich zeigen (*Anděl* (1984)), daß eine nichttriviale Lösung dieses Gleichungssystems existiert, wenn die $a_1, a_2, \ldots, a_r$ so beschaffen sind, daß die Lösungen $y_1, y_2, \ldots, y_r$ der algebraischen Gleichung

$$y^r + a_1 y^{r-1} + \ldots + a_{r-1} y + a_r = 0 \qquad (2.29)$$

dem Betrage nach alle kleiner als 1 sind. In diesem Fall ist die gemäß (2.28) gebildete zufällige Folge $\{Y_t\,;\ t = 0, \pm 1, \pm 2, \ldots\}$ eine stationäre Lösung von (2.27).

Liegt speziell eine autoregressive Folge zweiter Ordnung vor ($r = 2$) und sind λ_1 und λ_2 die Lösungen von

$$y^2 + a_1 y + a_2 = 0 , \tag{2.30}$$

so lautet ihre Kovarianzfunktion für $\lambda_1 \neq \lambda_2$

$$K(\tau) = K(0) \frac{(1 - \lambda_1^2)\lambda_2^{|\tau|+1} - (1 - \lambda_2^2)\lambda_1^{|\tau|+1}}{(\lambda_2 - \lambda_1)(1 + \lambda_1\lambda_2)} ; \quad \tau = 0, \pm 1, \pm 2, \ldots \tag{2.31}$$

und für $\lambda_1 = \lambda_2 = \lambda$

$$K(\tau) = K(0)\left(1 + \frac{1 - \lambda^2}{1 + \lambda^2}|\tau|\right)\lambda^{|\tau|} ; \quad \tau = 0, \pm 1, \pm 2, \ldots \tag{2.32}$$

Hierbei ist $K(0) = Var(Y_t)$ gegeben durch

$$K(0) = \frac{1 + a_2}{(1 - a_2)\left[(1 + a_2)^2 - a_1^2\right]}(b\sigma)^2 .$$

Sind λ_1 und λ_2 komplex, existieren λ und ω mit $\lambda_1 = \lambda e^{i\omega}$ und $\lambda_2 = \lambda e^{-i\omega}$. In diesem Fall hat man anstelle von (2.31) die praktikablere Darstellung

$$K(\tau) = K(0)\,\alpha\,\lambda^{|\tau|}\,\sin(\omega|\tau| + \beta); \quad \tau = 0, \pm 1, \pm 2, \ldots$$

mit

$$\alpha = \frac{1}{\sin\beta}, \quad \beta = \arctan\left(\frac{1 + \lambda^2}{1 - \lambda^2}\tan\omega\right) .$$

Für $\lambda_1 = \lambda_2 = \lambda$ fällt diese Darstellung mit (2.32) zusammen.

Als numerisches Beispiel wird eine autoregressive Folge der Form

$$Y_t - 0,6\,Y_{t-1} + 0,05\,Y_{t-2} = 2X_t; \quad t = 0, \pm 1, \pm 2, \ldots \tag{2.33}$$

mit $Var(X_t) = 1$ betrachtet. Man erkennt, daß der Einfluß des Zustands der Folge zum Zeitpunkt t-2 auf Y_t gering ist gegenüber dem Einfluß des Zustands der Folge zum Zeitpunkt t-1. Die zugehörige algebraische Gleichung (2.30) lautet

$$y^2 - 0,6\,y + 0,05 = 0 .$$

Die Lösungen sind $\lambda_1 = 0,1$ und $\lambda_2 = 0,5$. Sie sind betragsmäßig kleiner als 1, so daß die gemäß (2.33) erzeugte Folge stationär ist und die Kovarianzfunktion (2.31) hat. Diese errechnet sich leicht zu

$$K(\tau) = 7,017 \cdot (0,5)^{|\tau|} - 1,063 \cdot (0,1)^{|\tau|}; \quad \tau = 0, \pm 1, \pm 2, \ldots$$

Speziell ist

$$K(0) = Var(Y_t) = 5,954 . \qquad\qquad \square$$

ARMA (r,s) - Modelle In Verallgemeinerung des Ansatzes (2.27) interessieren auch stationäre zufällige Folgen $\{Y_t;\ t = 0, \pm 1, \pm 2, \dots\}$ der Struktur

$$Y_t + a_1 Y_{t-1} + a_2 Y_{t-2} + \dots + a_r Y_{t-r} = b_0 X_t + b_1 X_{t-1} + \dots + b_s X_{t-s}, \qquad (2.34)$$

wobei $\{X_i\}$ eine rein zufällige Folge mit den Parametern (2.16) ist. Offenbar handelt es sich um eine Kombination des Prinzips der gleitenden Summen mit dem autoregressiven Ansatz. Man nennt daher so erzeugte zufällige Folgen *autoregressive gleitende Summen der Ordnung (r,s)* (Abkürzung: *ARMA (r,s)*). Auch dieser verallgemeinerte Ansatz liefert stationäre Folgen, wenn die Lösungen der algebraischen Gleichung (2.29) betragsmäßig alle kleiner als 1 sind.

ARMA-Modelle dienen in der Praxis zur Modellierung von Zeitreihen. Dabei versteht man unter einer *Zeitreihe* (*time series*) eine Folge reeller Zahlen, die durch Beobachtung eines Vorgangs an diskreten Zeitpunkten gewonnen wird. Mit dem bisher verwendeten Sprachgebrauch ist also eine Zeitreihe weiter nichts als eine Realisierung eines stochastischen Prozesses mit diskretem Parameterbereich, also Realisierung einer zufälligen Folge. Aber auch die Beobachtung von stochastischen Prozessen mit stetigem Parameterbereich führt zu Zeitreihen, wenn die Trajektorien dieser Prozesse nur an diskreten Zeitpunkten "abgetastet" werden. Das Ziel einer Zeitreihenanalyse besteht im wesentlichen darin, ausgehend von endlich vielen Beobachtungswerten auf die Eigenschaften der unterliegenden Zeitreihe zu schließen, also etwa darauf, ob eine autoregressive Abhängigkeit besteht oder ob gleitende Summen der Entwicklung der Zeitreihe zugrunde liegen. Hat man darüber Information, so lassen sich statistisch gesicherte Aussagen über die künftige Entwicklung der Zeitreihe machen. Gleichzeitig hat man dadurch die Voraussetzung für eine Computersimulation der Zeitreihe geschaffen, womit sich weitere, eventuell aufwendige, direkte Beobachtungen des Vorgangs erübrigen oder zumindest reduzieren lassen.

Zeitreihen, die sich a priori nicht als Realisierungen stationärer zufälliger Folgen $\{Y_t, t = 0, \pm 1, \pm 2, \dots\}$ mit konstanter Trendfunktion $m = m(t)$ erweisen, können in vielen Fällen durch die Transformation

$$Z_t = Y_t - m(t),$$

in eine zumindest näherungsweise stationäre zufällige Folge $\{Z_t, t = 0, \pm 1, \pm 2, \dots\}$ überführt werden. Deren Trendfunktion ist auf jeden Fall konstant, nämlich gleich 0:

$$E(Z_t) = E[Y_t - m(t)] = m(t) - m(t) = 0 ; \quad t = 0, \pm 1, \pm 2, \dots$$

Für die numerische Arbeit mit *ARMA*-Modellen stehen Computerprogramme zur Verfügung. Diese finden sich in allen größeren Programmpaketen zur *Mathematischen Statistik*. Wichtige Aufgaben sind die Schätzung der Parameter a_i und b_i in den Ansätzen (2.27) bzw. (2.34), die Schätzung der Trendfunktion, die Erkennung und Quantifizierung eventuell auftretender periodischer (saisonaler) Schwankungen sowie Prognosen zur weiteren Entwicklung der Zeitreihe.

Aufgaben

2.1) Es sei $\{X(t),\ t > 0)\}$ ein stochastischer Prozeß mit

$$F_t(x) = P(X(t) \leq x) = 1 - e^{-\left(\frac{x}{t}\right)^2}\ ,\ x \geq 0.$$

1) Man berechne und skizziere die Trendfunktion dieses Prozesses!
2) Ist der Prozeß stationär im engeren oder weiteren Sinn?

2.2) Es sei $\{X(t),\ t > 0)\}$ ein stochastischer Prozeß mit

$$F_t(x) = P(X(t) \leq x) = \frac{1}{\sqrt{2\pi}} \int_{-\infty}^{x} e^{-\frac{(u-\mu t)^2}{2\sigma^2 t}}\ du\ ;\quad \mu > 0,\ \sigma > 0;\ x \in (-\infty + \infty).$$

1) Man berechne die Trendfunktion $m(t)$ dieses Prozesses!
2) Man berechne und skizziere für $\mu = 2$ und $\sigma = 0{,}5$ die Funktionen

$$y_1(t) = m(t) + \sqrt{Var(X(t))}\quad \text{sowie}\quad y_2(t) = m(t) - \sqrt{Var(X(t))}\ !$$

2.3) Es sei $X(t) = A\,\sin(\omega t + \Phi)$, wobei A und Φ unabhängige, nichtnegative Zufallsgrößen sind. Ferner seien $E(A) < \infty$ und Φ im Intervall $[0, 2\pi]$ gleichverteilt. Man berechne Kovarianz- und Korrelationsfunktion des stochastischen Prozesses $\{X(t),\ t \in (-\infty, +\infty)\}$!

2.4) Es sei $X(t) = A(t)\,\sin(\omega t + \Phi)$, wobei $A(t)$ und Φ für alle t unabhängige, nichtnegative Zufallsgrößen sind und Φ im Intervall $[0, 2\pi]$ gleichverteilt ist.
Man zeige: wenn $\{A(t),\ t \in (-\infty, +\infty)\}$ ein im weiteren Sinn stationärer Prozeß ist, dann ist auch der Prozeß $\{X(t),\ t \in (-\infty, +\infty)\}$ stationär im weiteren Sinn!

2.5) Es seien $\{a_1, a_2, ..., a_n\}$ eine Folge reeller Zahlen und $\{\Phi_1, \Phi_2, ..., \Phi_n\}$ eine Folge unabhängiger, im Intervall $[0, 2\pi]$ gleichverteilter Zufallsgrößen.
Man berechne Kovarianzfunktion und Korrelationsfunktion des stochastischen Prozesses $\{X(t),\ t \in (-\infty, +\infty)\}$ mit

$$X(t) = \sum_{i=1}^{n} a_i\,\sin(\omega t + \Phi_i)\ !$$

2.6) Ein moduliertes Signal (Pulskodemodulation) liege in Form des stochastischen Prozesses $\{X(t),\ t \in (-\infty, +\infty)\}$ mit

$$X(t) = \sum_{n=-\infty}^{\infty} A_n h(t - nT)$$

vor, wobei die A_n unabhängige, identisch verteilte Zufallsgrößen mit dem Erwartungswert 0 sind, die nur die Realisierungen -1 und +1 annehmen können. Ferner sei

$$h(t) = \begin{cases} 1 & \text{für } 0 \leq t < T/2 \\ 0 & \text{sonst} \end{cases}.$$

1) Man skizze eine mögliche Trajektorie dieses Prozesses!
2) Man berechne die Kovarianzfunktion des Prozesses!
3) Ausgehend vom stochastischen Prozeß $\{X(t),\ t \in (-\infty, +\infty)\}$ sei der phasenverschobene Prozeß $\{Y(t),\ t \in (-\infty, +\infty)\}$ definiert durch $Y(t) = X(t - D)$, wobei D eine in $[0, T]$ gleichverteilte Zufallsgröße ist.
Man prüfe, ob der so definierte Prozeß stationär im weiteren Sinn ist!

2.7) Es seien $\{X(t),\ t \in (-\infty, +\infty)\}$ und $\{Y(t),\ t \in (-\infty, +\infty)\}$ zwei unabhängige stochastische Prozesse mit der gleichen Kovarianzfunktion $K(s,t)$, deren Trendfunktionen beide konstant gleich 0 sind. Der stochastische Prozeß $\{Z(t),\ t \in (-\infty, +\infty)\}$ sei definiert durch

$$Z(t) = X(t)\cos\omega t - Y(t)\sin\omega t\,.$$

Man zeige: wenn die Prozesse $\{X(t),\ t \in (-\infty, +\infty)\}$ und $\{Y(t),\ t \in (-\infty, +\infty)\}$ stationär im weiteren Sinn sind, dann ist es auch der Prozeß $\{Z(t),\ t \in (-\infty, +\infty)\}$!

2.8) Es sei $X(t) = \sin\Phi t$, wobei Φ eine in $[0, 2\pi]$ gleichverteilte Zufallsgröße ist.
Man zeige:
(1) Die zufällige Folge $\{X(t),\ t = 1, 2, \dots\}$ ist stationär im weiteren, aber nicht im engeren Sinne!
(2) Der stochastische Prozeß $\{X(t),\ t \geq 0\}$ ist weder im engeren noch im weiteren Sinne stationär!

2.9) Es seien $\{X(t),\ t \in (-\infty, +\infty)\}$ und $\{Y(t),\ t \in (-\infty, +\infty)\}$ zwei unabhängige stochastische Prozesse mit den Trendfunktionen $m_X(t)$ und $m_Y(t)$ sowie den Kovarianzfunktionen $K_X(s,t)$ und $K_Y(s,t)$.
Man berechne die Kovarianzfunktionen $K_U(s,t)$ und $K_V(s,t)$ der Prozesse

$$U(t) = X(t) + Y(t) \quad \text{und} \quad V(t) = X(t) - Y(t),\quad t \in (-\infty, +\infty)!$$

2.10) Eine autoregressive Folge erster Ordnung sei durch
$$Y_t - 0,8\,Y_{t-1} = X_t\,;\quad t = 0,\ \pm 1,\ \pm 2,\dots$$
definiert, wobei $\{X_t\,;\ t = 0,\ \pm 1,\ \pm 2,\dots\}$ eine rein zufällige Folge mit den Parametern $E(X_t) = 0$ und $Var(X_t) = 1$ ist.
Man berechne Kovarianz- und Korrelationsfunktion und skizziere die Korrelationsfunktion!

2.11) Eine autoregressive Folge zweiter Ordnung sei durch
$$Y_t - 0,8\,Y_{t-1} - 0,09\,Y_{t-1} = X_t\,;\quad t = 0,\ \pm 1,\ \pm 2,\dots$$
definiert, wobei $\{X_t\,;\ t = 0,\ \pm 1,\ \pm 2,\dots\}$ eine rein zufällige Folge mit den gleichen Parametern wie in Aufgabe 2.10 ist.
1) Man weise nach, daß es sich um eine im weitern Sinne stationäre Folge handelt!
2) Man berechne ihre Kovarianz- und Korrelationsfunktion!
3) Man skizziere die Korrelationsfunktion, vergleiche ihren Verlauf mit dem der Korrelationsfunktion von Aufgabe 2.10 und kommentiere das Ergebnis!

2.12) Eine autoregressive Folge zweiter Ordnung sei durch
$$Y_t - 1,6\,Y_{t-1} + 0,68\,Y_t = 2X_t;\quad t = 0,\ \pm 1,\ \pm 2,\dots$$
gegeben, wobei $\{X_t\,;\ t = 0,\ \pm 1,\ \pm 2,\dots\}$ eine rein zufällige Folge mit den gleichen Parametern wie in Aufgabe 2.10 ist.
1) Man weise nach, daß es sich um eine im weiteren Sinne stationäre Folge handelt!
2) Man stelle ihre Kovarianzfunktion in der Form (2.32) dar!

2.13) Man zeige: das System der Differenzengleichungen (2.27) hat eine stationäre Lösung $\{Y_t\,;\ t = 0,\ \pm 1,\ \pm 2,\dots\}$, wenn die Lösungen der algebraische Gleichung

$$a_r y^r + a_{r-1} y^{r-1} + \dots + a_1 y + 1 = 0$$

dem Betrage nach alle größer als 1 sind!

3 Poissonsche Prozesse

3.1 Homogener Poissonprozeß

3.1.1 Definition und Eigenschaften

In zahlreichen praktischen Situationen ist man an der Häufigkeit und an den Zeitpunkten des Eintretens eines bestimmten Typs zufälliger Ereignisse in Zeit- oder geometrischen Bereichen interessiert. Insbesondere ist die zufällige Entwicklung dieser Häufigkeiten bei sich verändernden Bereichsgrößen von Interesse. Als Beispiele für Zeitbereiche mögen dienen: 1) Häufigkeit des Eintreffens von Kunden in einem Dienstleistungsbetrieb, 2) Anzahl von Störungen in einem technischen System, 3) Häufigkeit der Emission von α- Partikeln durch eine radioaktive Substanz. Beispiele bezüglich geometrischer Bereiche sind: 4) Häufigkeit von Bruchstellen in Gleisanlagen der Eisenbahn in Abhängigkeit von deren Länge, 5) Anzahl der Verkehrsunfälle in Abhängigkeit von der Größe des Bezugsterritoriums, 6) Anzahl von Fremdkörpereinschlüssen in Abhängigkeit vom Volumen eines Gußstücks, 7) Anzahl der Sterne bis zu einer vorgegebenen Größe in Abhängigkeit vom untersuchten Winkelbereich.

Das allgemeine Modell zur Beschreibung derartiger Situationen ist der Zählprozeß.

Definition 3.1 (*Zählprozeß*) Ein stochastischer Prozeß $\{N(t),\ t \ge 0\}$ mit dem Zustandsraum $\mathbf{Z} = \{0, 1, ...\}$ heißt *Zählprozeß,* wenn er folgende Eigenschaften hat:

1) $N(s) \le N(t)$ für $s \le t$,

2) Für $s < t$ ist der Zuwachs $N(t) - N(s)$ gleich der zufälligen Anzahl der Ereignisse des interessierenden Typs, die im Intervall $(s, t]$ eintraten. ●

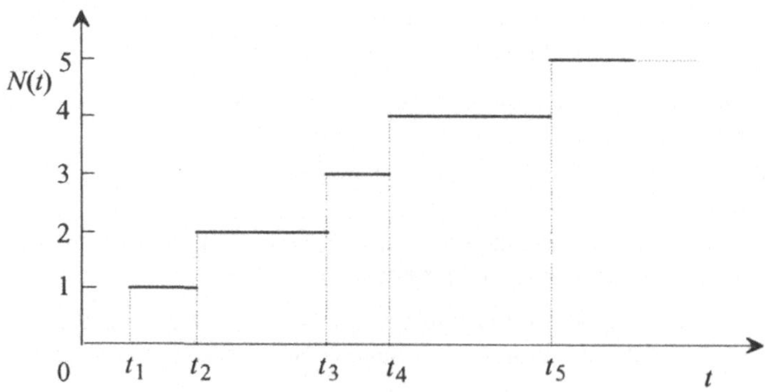

Bild 3.1 Trajektorie eines Zählprozesses

Die Trajektorien von Zählprozessen sind nichtfallende Treppenfunktionen. Sie haben die Sprunghöhe 1, wenn an einem Zeitpunkt höchstens ein Ereignis eintreten kann. Bild 3.1 veranschaulicht diesen Sachverhalt unter der Bedingung, daß zum Zeitpunkt t_i das i-te Ereignis stattfindet, $i = 0, 1, \dots$

Definition 3.2 (*homogener Poissonprozeß*) Ein Zählprozeß $\{N(t), t \geq 0\}$ ist ein *homogener Poissonscher Prozeß* mit der Intensität $\lambda > 0$, wenn er folgende Eigenschaften hat:

1) $N(0) = 0$,

2) $\{N(t), t \geq 0\}$ ist ein stochastischer Prozeß mit unabhängigen Zuwächsen.

3) Die Zuwächse des Prozesses in einem beliebigen Intervall $[s, t]$, $s < t$, genügen einer Poissonverteilung mit dem Parameter $\lambda(t - s)$. Es gilt also

$$P(N(t) - N(s) = i) = \frac{[\lambda(t - s)]^i}{i!} e^{-\lambda(t-s)}; \quad i = 0, 1, \dots, \tag{3.1}$$

oder, damit gleichbedeutend, wenn $\tau = t - s$ die Länge des Intervalls $[s, t]$ bezeichnet,

$$P(N(s + \tau) - N(s) = i) = \frac{(\lambda\tau)^i}{i!} e^{-\lambda\tau}; \quad i = 0, 1, \dots \tag{3.2}$$

●

Da s und τ beliebig sind, folgt aus Gleichung (3.2) sofort, daß ein homogener Poissonprozeß homogene Zuwächse hat.

Satz 3.1 Ein Zählprozeß $\{N(t), t \geq 0\}$ mit $N(0) = 0$ ist genau dann ein homogener Poissonprozeß mit der Intensität λ, wenn er folgende Eigenschaften hat:

(1) $\{N(t), t \geq 0\}$ hat homogene und unabhängige Zuwächse.

(2) $P(N(t + h) - N(t) = 1) = \lambda h + o(h)$.

(3) Der Prozeß ist *ordinär*, das heißt, es gilt $P(N(t + h) - N(t) \geq 2) = o(h)$.

Hinweis Wegen der Definition und der Eigenschaften des Landauschen Ordnungssymbols $o(x)$ wird auf Anhang 1 verwiesen. Dieses Symbol wird in diesem Buch nur im Zusammenhang mit dem Grenzübergang $x \to 0$ verwendet.

Beweis Zum Nachweis der Tatsache, daß aus Definition 3.1 die Eigenschaften (1) bis (3) folgen, ist nur noch zu zeigen, daß ein homogener Poissonprozeß die Eigenschaften (2) und (3) hat, da die Homogenität und Unabhängigkeit der Zuwächse in Definition 3.1 enthalten ist.

zu (2): Aus (3.2) folgt, wenn bereits die Ordinarität unterstellt wird,

$$P(N(t + h) - N(t) = 1) = 1 - P(N(t + h) - N(t) = 0) - P(N(t + h) - N(t) \geq 2)$$

$$= 1 - e^{-\lambda h} + o(h)$$

$$= 1 - (1 - \lambda h) + o(h) + o(h)$$

$$= \lambda h + o(h).$$

zu (3): Ebenfalls aus (3.2) folgt

$$P(N(t+h) - N(t) \geq 2) = e^{-\lambda h} \sum_{i=2}^{\infty} \frac{(\lambda h)^i}{i!} = \lambda^2 h^2 e^{-\lambda h} \sum_{i=0}^{\infty} \frac{(\lambda h)^i}{(i+2)!} = o(h),$$

da gilt

$$\lim_{h \to 0} \frac{P(N(t+h) - N(t) \geq 2)}{h} = \lim_{h \to 0} \lambda^2 h\, e^{-\lambda h} \sum_{i=0}^{\infty} \frac{(\lambda h)^i}{(i+2)!} = 0.$$

Damit ist auch die Ordinarität gezeigt.

Umgekehrt wird nun bewiesen, daß bei Erfüllung der Bedingungen (1) bis (3) dieses Satzes ein Poissonscher Prozeß vorliegt. Dazu genügt es, wegen der vorausgesetzten Homogenität der Zuwächse die Gültigkeit von (3.1) nur für $s = 0$ nachzuweisen. Mit der Bezeichnung

$$p_i(t) = P(N(t) - N(0) = i) = P(N(t) = i); \quad i = 0, 1, \ldots$$

ist also die Gültigkeit von

$$p_i(t) = \frac{(\lambda t)^i}{i!}\, e^{-\lambda t}; \quad i = 0, 1, \ldots, \tag{3.3}$$

zu zeigen. Wegen (1) gilt

$$p_0(t+h) = P(N(t+h) = 0)$$

$$= P(N(t) = 0,\ N(t+h) - N(t) = 0)$$

$$= P(N(t) = 0)\, P(\, N(t+h) - N(t) = 0)$$

$$= p_0(t) p_0(h),$$

woraus wegen (2) und (3) $p_0(t+h) = p_0(t)(1 - \lambda h) + o(h)$ bzw.

$$\frac{p_0(t+h) - p_0(t)}{h} = -\lambda p_o(t) + o(h)$$

folgt. Der Grenzübergang $h \to 0$ liefert

$$p_0'(t) = -\lambda p_0(t).$$

Die Lösung dieser Differentialgleichung ist

$$p_0(t) = e^{-\lambda t}, \quad t \geq 0,$$

so daß für $i = 0$ die Gültigkeit von (3.3) bewiesen ist.
Analog ergibt sich für $i \geq 1$

$$p_i(t+h) = P(N(t+h) = i)$$

$$= P(N(t) = i,\ P(N(t+h) - N(t) = 0) + P(N(t) = i - 1,\ P(N(t+h) - N(t) = 1)$$

$$+ \sum_{k=2}^{i} P(N(t) = k,\ P(N(t+h) - N(t) = i - k),$$

wobei wegen (3) die Summe in der letzten Zeile gleich $o(h)$ ist. Daher folgt wegen (1) und (2)

$$p_i(t+h) = p_i(t)p_0(h) + p_{i-1}(t)p_1(h) + o(h)0$$

$$= p_i(t)(1 - \lambda h) + p_{i-1}(t)\lambda h + o(h).$$

Identische Umformung ergibt

$$\frac{p_i(t+h) - p_i(t)}{h} = -\lambda[p_i(t) + p_{i-1}(t)] + o(h).$$

Der Grenzübergang $h \to 0$ liefert für die $p_i(t)$ das Differentialgleichungssystem

$$p_i'(t) = -\lambda[p_i(t) + p_{i-1}(t)]; \quad i = 1, 2, \dots \tag{3.4}$$

Ausgehend von $p_0(t) = e^{-\lambda t}$ erhält man hieraus induktiv die Lösung (3.3). ∎

Die praktische Bedeutung von Satz 3.1 liegt darin, daß über die Gültigkeit der Eigenschaften (1) bis (3) im allgemeinen ohne quantitative Untersuchungen allein aus der Natur des Prozesses befunden werden kann. Insbesondere besagt die *Ordinarität* des Prozesses, daß in hinreichend kleinen Zeitintervallen mehr als ein Ereignis des interessierenden Typs nur mit vernachlässigbar kleiner Wahrscheinlichkeit eintreten kann. Die Möglichkeit des gleichzeitigen Eintretens von mehr als einem Ereignis wird damit faktisch ausgeschlossen.

Hinweis Die durch einen Poissonprozeß $\{N(t),\ t \geq 0\}$ gezählten Ereignisse werden im folgenden, um sie von beliebigen zufälligen Ereignissen zu unterscheiden, *Poissonereignisse* genannt.

Es sei T_n; $n = 1, 2, \dots$; der zufällige Zeitpunkt, an dem das n-te Poissonereignis stattfindet. Diesen Zufallsgrößen kommt in den weiteren Ausführungen eine besondere Bedeutung zu. Da das zufällige Ereignis $T_n \leq t$ genau dann eintritt, wenn $N(t) \geq n$ ist, gilt

$$P(T_n \leq t) = P(N(t) \geq n).$$

Somit hat T_n die Verteilungsfunktion

$$F_{T_n}(t) = P(N(t) \geq n) = \sum_{i=n}^{\infty} \frac{(\lambda t)^i}{i!} e^{-\lambda t}; \quad n = 1, 2, \dots \tag{3.5}$$

Differentiation nach t liefert die Verteilungsdichte von T_n:

$$f_{T_n}(t) = \frac{dF_{T_n}(t)}{dt} = \lambda e^{-\lambda t} \sum_{i=n}^{\infty} \frac{(\lambda t)^{i-1}}{(i-1)!} - \lambda e^{-\lambda t} \sum_{i=n}^{\infty} \frac{(\lambda t)^i}{i!}.$$

Auf der rechten Seite heben sich bis auf einen Summanden alle anderen gegenseitig auf. Daher ist

$$f_{T_n}(t) = \lambda \frac{(\lambda t)^{n-1}}{(n-1)!} e^{-\lambda t}; \quad t \geq 0, \quad n = 1, 2, \ldots \tag{3.6}$$

Somit genügt T_n einer Erlangverteilung der Ordnung n mit dem Parameter λ.

Es sei $Y_i = T_i - T_{i-1}$; $i = 1, 2, \ldots$; $T_0 = 0$, die Zeitspanne zwischen dem Eintreffen des $(i-1)$-ten und des i- ten Poissonereignisses. Man nennt die Y_i *Pausenzeiten*. Wegen der Unabhängigkeit der Y_i und aufgrund von

$$T_n = \sum_{i=1}^{n} Y_i$$

folgt aus der Tatsache, daß T_n einer Erlangverteilung genügt, eine wichtige Eigenschaft Poissonscher Prozesse (siehe Beispiel 1.6):

Ein homogener Poissonscher Prozeß mit der Intensität λ hat unabhängige, identisch exponential mit dem Parameter λ verteilte Pausenzeiten.

Aufgrund der Gedächtnislosigkeit der Exponentialverteilung (siehe Beispiel 1.2) überlegt man sich leicht, daß ein homogener Poissonprozeß durch diese Eigenschaft sogar charakterisiert ist:

Satz 3.2 Ein Zählprozeß $\{N(t), \ t \geq 0\}$ ist genau dann ein homogener Poissonprozeß mit der Intensität λ, wenn seine Pausenzeiten unabhängige, identisch exponential mit dem Parameter λ verteilte Zufallsgrößen sind. ■

Wegen der statistischen Äquivalenz des Poissonprozesses $\{N(t), t \geq 0\}$ mit den zufälligen Folgen $\{T_1, T_2, \ldots\}$ und $\{Y_1, Y_2, \ldots\}$ werden die letzteren gelegentlich auch Poissonprozesse genannt. Daher ist der Poissonprozeß ein spezieller Impulsprozeß, wie er im Beispiel 2.9 eingeführt wurde.

Beispiel 3.1 Es sei bekannt, daß die Anzahl $N(t)$ der Störungen in einem Rechnernetz im Intervall $[0, t)$ einem homogenen Poissonprozeß mit der Intensität $\lambda = 0{,}25$ $[h^{-1}]$ folgt. (Es tritt also durchschnittlich aller 4 Stunden eine Störung auf.)
(1) Mit welcher Wahrscheinlichkeit treten im Intervall $[0, 8)$ höchstens eine, im Intervall $[8, 16)$ mindestens 2 und im Intervall $[16, 24)$ höchstens eine Störung auf?
(2) Mit welcher Wahrscheinlichkeit tritt die dritte Störung nach 8 Stunden auf?

zu (1) Es ist die Wahrscheinlichkeit

$$p = P(N(8) - N(0) \leq 1, \ N(16) - N(8) \geq 2, \ N(24) - N(16) \leq 1)$$

zu berechnen. Wegen der Unabhängigkeit und der Homogenität der Zuwächse läßt sich diese Wahrscheinlichkeit wesentlich vereinfachen:

$$p = P(N(8) - N(0) \leq 1)\, P(N(16) - N(8) \geq 2)\, P(N(24) - N(16) \leq 1)$$

$$= P(N(8) \leq 1)\, P(N(8) \geq 2)\, P(N(8) \leq 1).$$

Wegen

$$P(N(8) \leq 1) = P(N(8) = 0) + P(N(8) = 1)$$

$$= e^{-0,25 \cdot 8} + 0,25 \cdot 8 \cdot e^{-0,25 \cdot 8}$$

$$= 0,406$$

und

$$P(N(8) \geq 2) = 1 - P(N(8) \leq 1) = 0,594$$

beträgt die gesuchte Wahrscheinlichkeit

$$p = 0,098.$$

zu (2): Wegen (3.5) ist

$$P(T_3 > 8) = 1 - F_{T_3}(8) = e^{-0.25 \cdot 8}\left(\sum_{i=0}^{2} \frac{(0,25 \cdot 8)^i}{i!} \right)$$

$$= e^{-2}\left(1 + \frac{2^1}{1!} + \frac{2^2}{2!} \right) = 5\, e^{-2}.$$

Also ist $P(T_3 > 8) = 0,677.$ □

Im folgenden Beispiel werden die Hyperbelfunktionen *Sinus hyperbolicus* und *Cosinus hyperbolicus* benötigt:

$$\sinh x = \frac{e^x - e^{-x}}{2}, \quad \cosh x = \frac{e^x + e^{-x}}{2}, \quad x \in (-\infty, +\infty.)$$

Beispiel 3.2 (*zufälliges Telegraphensignal*) Das zufällige Signal $X(t)$ habe die Struktur

$$X(t) = Y(-1)^{N(t)}, \quad t \geq 0,$$

wobei $\{N(t),\ t \geq 0\}$ ein homogener Poissonprozeß mit der Intensität λ und Y eine von $N(t)$ unabhängige, binäre Zufallsgröße mit $P(Y = 1) = P(Y = -1) = 1/2$ sind. (Signale dieser Art spielen eine wichtige Rolle bei der Konstruktion von Zufallssignalgeneratoren.) Somit ist $X(t) = 1$ oder $X(t) = -1$ und Y bestimmt das Vorzeichen von 1 zum Zeitpunkt $t = 0$. Bild 3.2 zeigt eine Trajektorie $x = x(t)$ des stochastischen Prozesses $\{X(t),\ t \geq 0\}$ unter den Bedingungen $T_n = t_n$; $n = 1, 2, \dots$ und $Y = 1$. Es soll gezeigt werden, daß $\{X(t),\ t \geq 0\}$ im weiteren Sinn stationär ist. Wegen $|X(t)|^2 = 1 < \infty$ handelt es sich um einen Prozeß zweiter Ordnung. Wird

$$I(t) = (-1)^{N(t)}$$

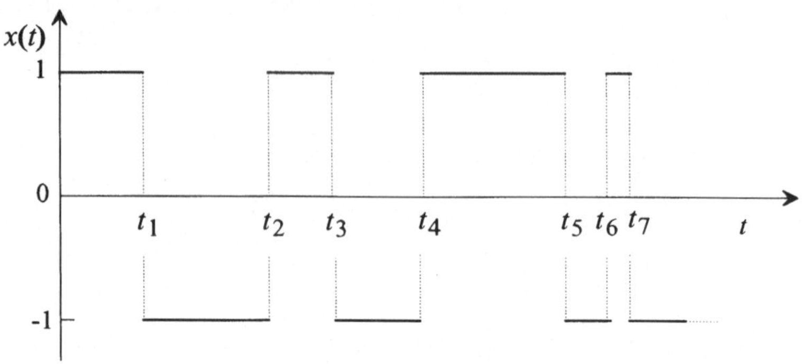

Bild 3.2 Trajektorie des zufälligen Telegraphensignals

gesetzt, läßt sich seine Trendfunktion in der Form $m(t) = E(X(t)) = E(Y)E(I(t))$ schreiben. Wegen $E(Y) = 0$ ist die Trendfunktion identisch 0:

$$m(t) \equiv 0.$$

Somit bleibt noch zu zeigen, daß die Kovarianzfunktion $K(s,t)$ des Prozesses von s und t nur über die absolute Differenz $|t - s|$ abhängt. Dazu ist zunächst die Wahrscheinlichkeitsverteilung von $I(t)$ zu berechnen. Ein Übergang von -1 zu +1 bzw. umgekehrt von +1 zu -1 findet an den Zeitpunkten statt, an denen Poissonereignisse eintreten, also dort, wo $N(t)$ Sprünge aufweist. Daher gelten

$$P(I(t) = 1) = P(\text{gerade Anzahl von Sprüngen in } [0,t])$$

$$= e^{-\lambda t} \sum_{i=0}^{\infty} \frac{(\lambda t)^{2i}}{(2i)!} = e^{-\lambda t} \cosh \lambda t,$$

$$P(I(t) = -1) = P(\text{ungerade Anzahl von Sprüngen in } [0,t])$$

$$= e^{-\lambda t} \sum_{i=0}^{\infty} \frac{(\lambda t)^{2i+1}}{(2i+1)!} = e^{-\lambda t} \sinh \lambda t.$$

Somit ergibt sich für den Erwartungswert von $I(t)$:

$$E[I(t)] = 1 \cdot P(I(t) = 1) + (-1) \cdot P(I(t) = -1)$$

$$= e^{-\lambda t}[\cosh \lambda t - \sinh \lambda t]$$

$$= e^{-2\lambda t}.$$

Wegen

$$K(s,t) = Cov[X(s), X(t)] = E[(X(s)X(t))] = E[YI(s)\,YI(t)]$$

$$= E\left[Y^2\,I(s)\,I(t)\right] = E(Y^2)\,E[I(s)\,I(t)]$$

und $E(Y^2) = 1$ gilt

$$K(s, t) = E[I(s)\,I(t)].$$

Daher ist die gemeinsame Verteilung des zufälligen Vektors $(I(s), I(t))$ zu berechnen: Für $s < t$ gilt gemäß (1.6) und wegen der Homogenität der Zuwächse des Prozesses $\{N(t),\ t \ge 0\}$

$$p_{1,1} = P(I(s) = 1,\ I(t) = 1) = P(I(s) = 1)P(I(t) = 1\,|\,I(s) = 1)$$

$$= e^{-\lambda s}\cosh \lambda s\, P(\text{gerade Anzahl von Sprüngen in } (s, t])$$

$$= e^{-\lambda s}\cosh \lambda s\, e^{-\lambda(t-s)}\cosh \lambda(t - s)$$

$$= e^{-\lambda t}\cosh \lambda s\, \cosh \lambda(t - s).$$

Analog erhält man

$$p_{1,-1} = P(I(s) = 1,\ I(t) = -1) \quad = e^{-\lambda t}\,\cosh \lambda s\,\sinh \lambda(t - s),$$

$$p_{-1,1} = P(I(s) = -1,\ I(t) = 1) \quad = e^{-\lambda t}\,\sinh \lambda s\,\sinh \lambda(t - s),$$

$$p_{-1,-1} = P(I(s) = -1,\ I(t) = -1) = e^{-\lambda t}\,\sinh \lambda s\,\cosh \lambda(t - s).$$

Wegen $E[I(s)I(t)] = p_{1,1} + p_{-1,-1} - p_{1,-1} - p_{-1,1}$ folgt

$$K(s, t) = e^{-2\lambda(t-s)},\quad s < t.$$

Da die Rollen von s und t vertauscht werden können, gilt generell

$$K(s, t) = e^{-2\lambda|t-s|}.$$

Somit ist der stochastische Prozeß $\{X(t),\ t \ge 0\}$ im weiteren Sinn stationär. $\qquad\square$

Beispiel 3.3 $\{N(t),\ t \ge 0\}$ sei ein Poissonprozeß mit der Intensität λ. Es sind die Wahrscheinlichkeiten dafür zu berechnen, daß im Intervall $[0, s]$ genau i Ereignisse stattfinden unter der Bedingung, daß im Intervall $[0, t]$ genau n Ereignisse eintreten; $s < t,\ i = 0, 1, \ldots, n$.

Gemäß (1.6) sowie wegen der Homogenität und Unabhängigkeit der Zuwächse eines homogenen Poissonprozesses gilt

$$P(N(s) = i\,|\,N(t) = n) = \frac{P(N(s) = i,\ N(t) = n)}{P(N(t) = n)}$$

$$= \frac{P(N(s) = i,\ N(t) - N(s) = n - i)}{P(N(t) = n)}$$

$$= \frac{P(N(s) = i)\,P(N(t) - N(s) = n - i)}{P(N(t) = n)}$$

$$= \frac{\frac{(\lambda s)^i}{i!} e^{-\lambda s} \frac{[\lambda(t-s)]^{n-i}}{(n-i)!} e^{-\lambda(t-s)}}{\frac{(\lambda s)^n}{n!} e^{-\lambda t}}$$

$$= \binom{n}{i}\left(\frac{s}{t}\right)^i \left(1-\frac{s}{t}\right)^{n-i}; \quad i = 0, 1, ..., n.$$

Das ist eine Binomialverteilung mit den Parametern $p = s/t$ und n.

Insbesondere impliziert dieses Ergebnis, daß unter der Bedingung "$N(t) = 1$" die zufällige Zeit T_1 bis zum Eintreten des ersten Ereignisses im Intervall $[0, t]$ gleichverteilt ist; denn für $n = i = 1$ ergibt sich im Fall $s < t$

$$P(T_1 \leq s \,|\, T_1 \leq t) = P(N(s) = 1 \,|\, N(t) = 1) = \frac{s}{t}. \qquad \square$$

3.1.2 Poissonprozeß und Gleichverteilung

Der im Beispiel 3.3 aufgezeigte Zusammenhang zwischen dem homogenen Poissonprozeß und der Gleichverteilung ist nur ein Spezialfall eines allgemeineren Sachverhalts. Um diesen beweisen zu können, ist zunächst die gemeinsame Verteilungsdichte des zufälligen Vektors $(T_1, T_2, ..., T_n)$ zu berechnen. (Wie im vorangegangenen Abschnitt ist T_i der Zeitpunkt, an dem das i-te Poissonereignis stattfindet.)

Satz 3.3 Die gemeinsame Verteilungsdichte des zufälligen Vektors $(T_1, T_2, ..., T_n)$ lautet

$$f(t_1, t_2, ..., t_n) = \begin{cases} \lambda^n e^{-\lambda t_n} & \text{für} \quad 0 \leq t_1 < t_2 < ... < t_n \\ 0 & \text{sonst} \end{cases}. \tag{3.7}$$

Beweis Die gemeinsame Verteilungsfunktion von (T_1, T_2) läßt sich für $0 \leq t_1 < t_2$ in der Form

$$P(T_1 \leq t_1, T_2 \leq t_2) = \int_0^{t_1} P(T_2 \leq t_2 \,|\, T_1 = t) f_{T_1}(t)\, dt$$

darstellen. Da gemäß Satz 3.2 die Pausenzeiten $Y_i = T_i - T_{i-1}$; $i = 1, 2, ...$ unabhängige, identisch exponential mit dem Parameter λ verteilte Zufallsgrößen sind, gilt wegen $T_1 = Y_1$

$$P(T_1 \leq t_1, T_2 \leq t_2) = \int_0^{t_1} P(T_2 \leq t_2 \,|\, T_1 = t) \lambda e^{\lambda t}\, dt .$$

Unter der Bedingung "$T_1 = t$" ist das zufällige Ereignis "$T_2 \leq t_2$" gleichbedeutend mit dem Ereignis "$Y_2 \leq t_2 - t$". Somit hat man für die gesuchte zweidimensionale Verteilungsfunktion die Darstellung

$$P(T_1 \le t_1,\ T_2 \le t_2) = \int_0^{t_1} (1 - e^{-\lambda(t_2 - t)})\,\lambda e^{\lambda t}\,dt$$

$$= 1 - e^{-\lambda t_1} - \lambda t_1 e^{-\lambda t_2},\quad t_1 < t_2.$$

Partielle Differentiation liefert die zugehörige zweidimensionale Verteilungsdichte:

$$f(t_1, t_2) = \begin{cases} \lambda^2 e^{-\lambda t_2} & \text{für}\quad 0 \le t_1 < t_2 \\ 0 & \text{sonst} \end{cases}.$$

Die Behauptung des Satzes erhält man nun leicht induktiv. ∎

Zur Formulierung des folgenden Satzes wird noch ein Resultat aus der Theorie der geordneten Stichproben benötigt: Ist $\{X_1, X_2, ..., X_n\}$ eine mathematische Stichprobe, also eine Folge unabhängiger, identisch verteilter Zufallsgrößen, und sind die X_i im Intervall $[0, x]$ gleichverteilt, dann lautet die gemeinsame Verteilungsdichte der zugehörigen geordneten Stichprobe $\{X_1^*, X_2^*, ..., X_n^*\}$, $\ 0 \le X_1^* < X_2^* < ... < X_n^* \le x$,

$$f^*(x_1^*, x_2^*, ..., x_n^*) = \begin{cases} n!/x^n, & 0 \le x_1^* < x_2^* < ... < x_n^* \le x, \\ 0, & \text{sonst.} \end{cases} \tag{3.8}$$

Zum Vergleich sei ergänzt, daß die gemeinsame Verteilungsdichte der (ungeordneten) Stichprobe $\{X_1, X_2, ..., X_n\}$ gemäß (1.36) durch

$$f(x_1, x_2, ..., x_n) = \begin{cases} 1/x^n, & 0 \le x_i \le x \\ 0, & \text{sonst} \end{cases} \tag{3.9}$$

gegeben ist. Damit sind nun die Voraussetzungen geschaffen, die Hauptproblematik dieses Abschnitts zu behandeln.

Satz 3.4 $\{N(t),\ t \ge 0\}$ sei ein homogener Poissonprozeß mit der Intensität λ und T_i sei der Zeitpunkt, an dem das i-te Poissonereignis stattfindet; $i = 1, 2, ...$; $T_0 = 0$. Unter der Bedingung $N(t) = n$ mit $t > 0$ und $n = 1, 2,...$ hat der zufällige Vektor $\{T_1, T_2, ..., T_n\}$ die gleiche gemeinsame Verteilungsdichte wie eine geordnete mathematische Stichprobe von n im Intervall $[0, t]$ gleichverteilten Zufallsgrößen.

Beweis Nach Definition der gemeinsamen Verteilungsdichte von $\{T_1, T_2, ..., T_n\}$ unter der Bedingung $N(t) = n$ gilt für sich nicht überschneidende, aber sonst beliebige Teilintervalle $[t_i,\ t_i + h_i]$; $i = 1, 2, ..., n$; aus $[0, t]$

$$f(t_1, t_2, ..., t_n \mid N(t) = n)$$

$$= \lim_{\substack{h_i \to 0 \\ i=1,2,...,n}} \frac{P(t_1 \le T_1 < t_1 + h_1, t_2 \le T_2 < t_2 + h_2, ..., t_n \le T_n < t_n + h_n \mid N(t) = n)}{h_1 h_2 \cdots h_n}. \tag{3.10}$$

Da das Ereignis ''$N(t) = n$'' äquivalent dem Ereignis ''$T_n \leq t < T_{n+1}$'' ist, gilt

$$P(t_1 \leq T_1 < t_1 + h_1, t_2 \leq T_2 < t_2 + h_2, \ldots, t_n \leq T_n < t_n + h_n | N(t) = n)$$

$$= \frac{P(t_i \leq T_i < t_i + h_i; i = 1, 2, \ldots, n;\ T_n \leq t < T_{n+1})}{P(N(t) = n)}$$

$$= \frac{\displaystyle\int_t^\infty \int_{t_n}^{t_n + h_n} \int_{t_{n-1}}^{t_{n-1} + h_{n-1}} \ldots \int_{t_1}^{t_1 + h_1} \lambda^{n+1} e^{-\lambda x_{n+1}}\, dx_1 \ldots dx_n\, dx_{n+1}}{\dfrac{(\lambda t)^n}{n!} e^{-\lambda t}}$$

$$= \frac{h_1 h_2 \ldots h_n\, \lambda^n e^{-\lambda t}}{\dfrac{(\lambda t)^n}{n!} e^{-\lambda t}} = \frac{h_1 h_2 \ldots h_n\, n!}{t^n}.$$

Daher hängt der Differenzenquotient in (3.10) gar nicht von den h_i ab, so daß die gesuchte bedingte Verteilungsdichte durch

$$f(t_1, t_2, \ldots, t_n | N(t) = n) = \begin{cases} n!/t^n, & 0 \leq t_1 < t_2 < \ldots < t_n \leq t, \\ 0, & \text{sonst,} \end{cases} \tag{3.11}$$

gegeben ist. Bis auf die Bezeichnung der Variablen ist das aber die Verteilungsdichte (3.8). ∎

Die in diesem Satz aufgezeigte Verbindung zwischen homogenen Poissonprozessen und der Gleichverteilung motiviert die häufig gebrauchte Phrase, daß ein homogener Poissonprozeß ein *rein zufälliger Prozeß* ist; denn bei gegebenem $N(t) = n$ sind die Zeitpunkte des Eintretens der n Poissonereignisse in $[0, t]$ "auf gut Glück" verteilt (nicht zu verwechseln mit der *rein zufälligen Folge* von Beispiel 2.10!).

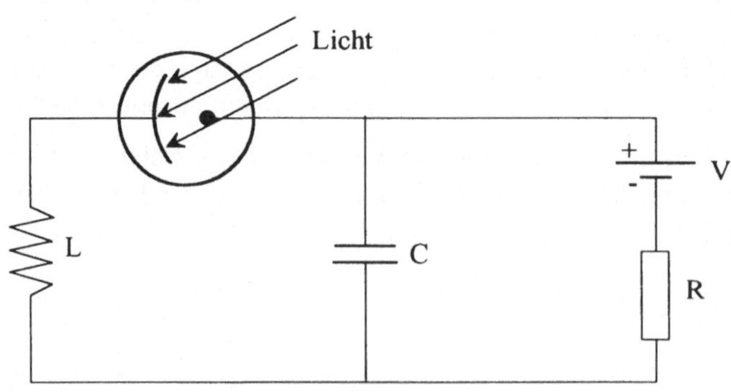

Bild 3.3 Lichtelektrischer Schaltkreis (Beispiel 3.4)

Beispiel 3.4 (*Schrotrauschen*) Neben den bereits im Beispiel 2.9 gegebenen Hinweis auf das Auftreten des Schrotrauschens soll hier noch eine andere Anwendung skizziert werden: Eine Lichtquelle beginne zum Zeitpunkt $t = 0$ mit der Strahlung auf die Kathode des Schaltkreises von Bild 3.3. Ein Stromstoß wird ausgelöst, sobald die Kathode infolge der Lichteinwirkung ein Fotoelektron freisetzt. Ein solcher Stromstoß kann durch eine Funktion $h(t)$ mit den Eigenschaften

$$h(t) \geq 0, \quad h(t) = 0 \text{ für } t < 0 \quad \text{sowie} \quad \int_0^\infty h(t)\,dt < \infty \tag{3.12}$$

beschrieben werden (Bild 3.4).

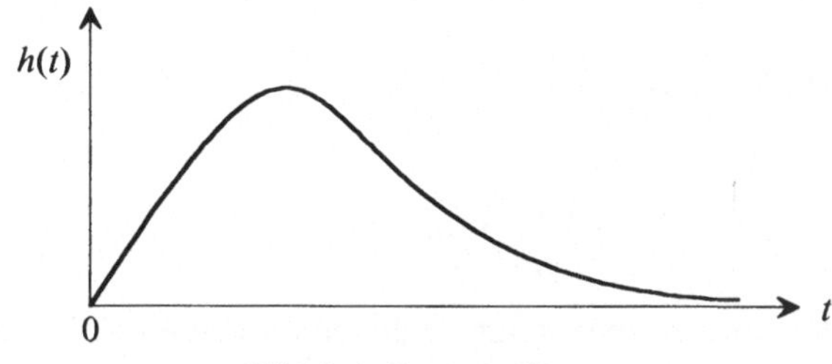

Bild 3.4 Stromstoß

Es seien $T_1, T_2, \ldots$ die zufällige Folge der Zeitpunkte, an denen Fotoelektronen freigesetzt werden, und $N(t) = \max(n; T_n \leq t)$. Dann beträgt der zum Zeitpunkt t im Schaltkreis fließende Strom

$$X(t) = \sum_{i=1}^{N(t)} h(t - T_i). \tag{3.13}$$

Wegen (3.12) kann man $X(t)$ auch in der Form

$$X(t) = \sum_{i=1}^{\infty} h(t - T_i)$$

schreiben. Der dem Schrotrauschen $\{X(t), t \geq 0\}$ zugrunde liegende Impulsprozeß $\{T_1, T_2, \ldots\}$ bzw. $\{N(t), t \geq 0\}$ wird im folgenden im Einklang mit den bei der Emission von Fotoelektronen beobachteten statistischen Gesetzmäßigkeiten als homogener Poissonprozeß mit dem Parameter λ vorausgesetzt. Gemäß 3.11 gilt

$$E(X(t)|N(t) = n) = E\left(\sum_{i=1}^{n} h(t - T_i) \,\middle|\, N(t) = n \right)$$

$$= \int_0^t \int_0^{t_{n-1}} \cdots \int_0^{t_3} \int_0^{t_2} \left(\sum_{i=1}^{n} h(t - t_i) \right) \frac{n!}{t^n}\, dt_1 dt_2 \ldots dt_n . \tag{3.14}$$

Da im Integranden von (3.14) die Reihenfolge der Summanden beliebig vertauscht werden kann, ist es nicht entscheidend, in welcher Reihenfolge die T_i auftreten. Infolgedessen kann bei der Berechnung des bedingten Erwartungswertes von n unabhängigen, in $[0, t]$ gleichverteilten, <u>ungeordneten</u> T_i ausgegangen werden. Somit läßt sich der bedingte Erwartungswert einfacher in der Form

$$E(X(t)|N(t) = n) = \int\limits_0^t \dots \int\limits_0^t \int\limits_0^t \left(\sum_{i=1}^n h(t - t_i) \right) \frac{1}{t^n} \, dt_1 \, dt_2 \dots dt_n$$

darstellen. Wie durch Ausintegration (= Übergang zur Randverteilung) deutlich wird, beinhaltet diese Beziehung weiter nichts als die Anwendung von (1.38):

$$E(X(t)|N(t) = n) = \sum_{i=1}^n E(h(t - T_i)) = \sum_{i=1}^n \frac{1}{t} \int\limits_0^t h(t - x) \, dx$$

$$= \left(\frac{1}{t} \int\limits_0^t h(x) \, dx \right) n \, .$$

Die Anwendung der Formel der totalen Wahrscheinlichkeit (1.7) liefert

$$E(X(t)) = \sum_{i=0}^\infty E(X(t)|N(t) = n)P(N(t) = n) = \frac{1}{t} \int\limits_0^t h(x) \, dx \sum_{i=1}^n n \frac{(\lambda t)^n}{n!} e^{-\lambda t}$$

$$= \left(\frac{1}{t} \int\limits_0^t h(x) \, dx \right) E(N(t)) = \left(\frac{1}{t} \int\limits_0^t h(x) \, dx \right) (\lambda t) \, .$$

Somit ist

$$m(t) = \lambda \int_0^t h(x) \, dx \tag{3.15}$$

die Trendfunktion des Impulsprozesses.

Zwecks Ermittlung der Kovarianzfunktion wird zunächst der Erwartungswert des Produkts $X(s)X(t)$ berechnet:

$$E(X(s)X(t)) = \sum_{i,j=1}^\infty E\left[h(s - T_i) h(t - T_j) \right]$$

$$= \sum_{i=1}^\infty E[h(s - T_i) h(t - T_i)]$$

$$+ \sum_{\substack{i,j=1 \\ i \neq j}}^\infty E\left[h(s - T_i) h(t - T_j) \right].$$

Unter der Bedingung "$N(t) = n$" können die T_k mit der gleichen Begründung wie bei der Berechnung der Trendfunktion als unabhängige, in $[0, t]$ gleichverteilte <u>ungeordnete</u> Zufallsgrößen behandelt werden. Infolgedessen ist

$$E(X(s)X(t)\,|\,N(t) = n) = \left(\frac{1}{t}\int_0^s h(s-x)h(t-x)dx\right)n$$

$$+\left(\frac{1}{t}\int_0^s h(s-x)dx\right)\left(\frac{1}{t}\int_0^t h(t-x)\,dx\right)(n-1)n\,.$$

Analog zur Berechnung der Trendfunktion folgt

$$E(X(s)\,X(t)) = \left(\frac{1}{t}\int_0^s h(x)\,h(t-s+x)\,dx\right)E(N(t))$$

$$+\left(\frac{1}{t}\int_0^s h(x)dx\right)\left(\frac{1}{t}\int_0^t h(x)\,dx\right)\left[E(N^2(t)) - E(N(t))\right].$$

Daher lautet die Kovarianzfunktion wegen (3.15) und $E(N^2(t)) = \lambda t\,(\lambda t + 1)$

$$K(s,t) = \lambda \int_0^s h(x)\,h(|t-s|+x)\,dx\,. \tag{3.16}$$

Für $s = t$ erhält man die Varianz von $X(t)$ zu

$$Var(X(t)) = \lambda \int_0^t h^2(x)\,dx\,.$$

Man erkennt, daß sich für $s \to \infty$ der Prozeß in ein stationäres Regime (im weiteren Sinn) "einschwingt"; denn in diesem Fall ist die Trendfunktion konstant und die Kovarianzfunktion hängt nur von $\tau = t - s$ ab:

$$m = \lambda \int_0^\infty h(x)\,dx\,, \tag{3.17}$$

$$K(\tau) = \lambda \int_0^\infty h(x)\,h(|\tau|+x)\,dx\,. \tag{3.18}$$

Die Beziehungen (3.17) und (3.18) sind als *Campellsches Theorem* bekannt.

Speziell sei $h(t)$ mit einem konstanten a gegeben durch (*Rechteckimpuls (-antwort)*)

$$h(t) = \begin{cases} a & \text{für } 0 \le t \le d \\ 0 & \text{sonst} \end{cases}\,.$$

Dann betragen Trend- und Kovarianzfunktion (3.15) und (3.16)

$$m(t) \;\; = \begin{cases} \lambda\,a\,t & \text{für } 0 \le t \le d \\ \lambda\,a\,d & \text{für } \quad t > d \end{cases},$$

$$K(s,t) = \begin{cases} \lambda\,a^2 s & \text{für } 0 \le s \le d - |t-s| \\ \lambda\,a^2(d - |t-s|) & \text{für } 0 \le d - |t-s| < s \\ 0 & \text{sonst} \end{cases}\,. \tag{3.19}$$

In diesem Spezialfall lautet das Campellsche Theorem:

$$m(t) \equiv \lambda\, a\, d, \quad K(\tau) = \lambda\, a^2\, (d - |\tau|)\,.$$

Verallgemeinerung Wenn die durch die Fotoelektronen ausgelösten Stromstöße unterschiedliche Stärken haben, dann kann man dies entsprechend Beispiel 2.9 durch Einführung von zufälligen Faktoren A_i berücksichtigen:

$$X(t) = \sum_{i=1}^{\infty} A_i\, h(t - T_i)\,.$$

Werden die A_i als voneinander und von den T_i unabhängige, identisch wie A verteilte Zufallsgrößen mit $E(A) < \infty$ und $E(A^2) < \infty$ vorausgesetzt, dann führt die Berechnung der Trend- und der Kovarianzfunktion des Prozesses $\{X(t), t \geq 0\}$ unter sonst gleichen Voraussetzungen wie im Grundmodell zu keinen prinzipiell neuen Problemen. Man erhält

$$m(t) \quad = \lambda\, E(A)\int_0^t h(x)\, dx\,,$$

$$K(s,t) = \lambda\, E(A^2)\int_0^t h(x)\, h(|t - s| + x)\, dx\,. \tag{3.20}$$

Wenn sich zum Zeitpunkt t die durch Fotoelektronen ausgelösten Stromstöße schon unbeschränkt lange überlagern, dann ist der Prozeß $\{X(t), t \in (-\infty, +\infty)\}$ vermittels (2.15) zu definieren. In diesem Fall ist der Prozeß von vornherein stationär. Unter sonst gleichen Voraussetzungen wie oben erhält man aus den Beziehungen (3.17) und (3.18) seine Trend- und Kovarianzfunktion einfach dadurch, daß deren rechte Seiten mit $E(A)$ bzw. $E(A^2)$ multipliziert werden

In Beispiel 2.9 wurde A als zufällige Stärke eines Impulses eingeführt. Man findet aber auch die Bezeichnung *Amplitude* für A, was bei entsprechender Normierung von $h(t)$ auch inhaltlich korrekt ist.   □

Beispiel 3.5 In einem Dienstleistungsbetrieb (= Bedienungssystem) treffen Forderungen entsprechend einem homogenen Poissonprozeß $\{N(t), t \geq 0\}$ mit der Intensität λ ein. (Man spricht in diesem Zusammenhang auch von einem *Poissonschen Forderungsstrom.*) Das Eintreffen einer Forderung ist demnach ein Poissonereignis. Die Anzahl der Bedienstellen im System sei so groß, daß jede eintreffende Forderung sofort bedient werden kann. Im mathematischen Modell müssen also unendlich viele Bedienstellen vorausgesetzt werden. Sofort nach Abschluß der Bedienung verläßt die Forderung das System. Die zufälligen Zeiten zur Bedienung von Forderungen seien unabhängige, identisch wie B verteilte Zufallsgrößen. Ihre Verteilungsfunktion sei $G(y) = P(B \leq y)$. Ferner sei $X(t)$ die zufällige Anzahl von Forderungen, die sich zum Zeitpunkt t im System befinden, $X(0) = 0$. Gesucht sind die *Zustandswahrscheinlichkeiten* des Systems

$$p_i(t) = P(X(t) = i); \quad i = 0, 1, \dots; \quad t \geq 0\,.$$

Entsprechend der Formel der totalen Wahrscheinlichkeit (1.7) gilt

$$p_i(t) = \sum_{n=0}^{\infty} P(X(t) = i \,|\, N(t) = n) \cdot P(N(t) = n)$$

$$= \sum_{n=0}^{\infty} P(X(t) = i \,|\, N(t) = n) \cdot \frac{(\lambda t)^n}{n!}\, e^{-\lambda t}. \tag{3.21}$$

Eine Forderung, die zum Zeitpunkt x in das System eintrifft, befindet sich zur Zeit t, $t > x$, mit Wahrscheinlichkeit $1 - G(t-x)$ immer noch im System. Ihre Bedienung ist also zum Zeitpunkt t noch nicht abgeschlossen. Unter der Bedingung $N(t) = n$ sind die Ankunftszeitpunkte $T_1, T_2, ..., T_n$ dieser n Forderungen gemäß Satz 3.4 unabhängige, in $[0, t]$ gleichverteilte, geordnete Zufallsgrößen. Bezüglich der Berechnung der Zustandswahrscheinlichkeiten spielt die Ordnung der T_i keine Rolle; sie können formal wie unabhängige, in $[0, t]$ gleichverteilte ungeordnete Zufallsgrößen behandelt werden. Also beträgt die Wahrscheinlichkeit dafür, daß sich eine beliebige der n Forderungen zur Zeit t noch im System befindet

$$p(t) = \int_0^t (1 - G(t-x)) \frac{dx}{t} = \frac{1}{t} \int_0^t (1 - G(x))\, dx.$$

Da die Bedienstellen unabhängig voneinander arbeiten, gilt

$$P(X(t) = i \,|\, N(t) = n) = \binom{n}{i} [p(t)]^i [1 - p(t)]^{n-i}; \quad i = 0, 1, ..., n.$$

Entsprechend (3.21) berechnen sich die gesuchten Wahrscheinlichkeiten zu

$$p_i(t) = \sum_{n=i}^{\infty} \binom{n}{i} [p(t)]^i [1 - p(t)]^{n-i} \cdot \frac{(\lambda t)^n}{n!}\, e^{-\lambda t}$$

$$= \frac{[\lambda t p(t)]^i}{i!}\, e^{-\lambda t} \sum_{k=0}^{\infty} \frac{[\lambda t (1 - p(t))]^k}{k!} = \frac{[\lambda t p(t)]^i}{i!}\, e^{-\lambda t} \cdot e^{\lambda t (1 - p(t))}$$

$$= \frac{[\lambda t p(t)]^i}{i!} \cdot e^{-\lambda t p(t)}; \quad i = 0, 1, ...$$

Das ist eine Poissonverteilung mit der Intensität $E(X(t)) = \lambda t p(t)$. Somit hat der diskrete stochastische Prozeß $\{X(t),\, t \geq 0\}$ die Trendfunktion

$$m(t) = \lambda \int_0^t (1 - G(x))\, dx.$$

Da wegen (1.12) $\lim\limits_{t \to \infty} \int_0^t (1 - G(x))\, dx = E(B)$ gilt und $E(Y) = 1/\lambda$ die mittlere Pausenzeit des Forderungstroms ist, gilt

$$\lim_{t \to \infty} E(X(t)) = \frac{E(B)}{E(Y)}.$$

Für $t \to \infty$ werden also Trendfunktion und Zustandswahrscheinlichkeiten des stochastischen Prozesses $\{X(t),\ t \geq 0\}$ zeitunabhängig sein. Wird die Rate

$$\rho = E(B)/E(Y)$$

eingeführt, dann lauten die *stationären Zustandswahrscheinlichkeiten* des Prozesses

$$p_i = \lim_{t \to \infty} p_i(t) = \frac{\rho^i}{i!}\, e^{-\rho}; \quad i = 0, 1, \ldots \tag{3.22}$$

Sind die Bedienzeiten ebenfalls exponentialverteilt, und zwar mit dem Parameter μ, dann gilt

$$m(t) = \lambda \int_0^t e^{-\mu x}\, dx = \frac{\lambda}{\mu}\left(1 - e^{-\mu t}\right).$$

In diesem Fall ist $\rho = \lambda/\mu$. $\qquad\qquad\qquad\qquad\qquad\qquad\qquad\qquad\qquad$ $\square$

Beispiel 3.6* Bei einem Autohändler treffen Gebrauchtwagen eines Typs entsprechend einem homogenen Poissonprozeß $\{N(t),\ t \geq 0\}$ mit der Intensität λ ein. ($N(t)$ zählt nur diejenigen Wagen des betreffenden Typs, die der Händler kauft.) Der zum Zeitpunkt des Kaufs des i-ten Wagens zu erzielende Wiederverkaufspreis sei C_i, wobei die C_i unabhängige und identisch wie C verteilte Zufallsgrößen sind; $i = 1$, $2,\ldots$ Der Wiederverkaufspreis reduziert sich jedoch um den Faktor $e^{-\alpha x}$, $\alpha > 0$, wenn der Verkauf x Zeiteinheiten nach dem Kauf durch den Autohändler realisiert wird (Diskontierung). In diesem Fall erzielt der Autohändler also den Preis $C_i e^{-\alpha x}$. Zum Zeitpunkt t kann er alle Wagen des betreffenden Typs an einen Kunden verkaufen. Welchen mittleren totalen Wiederverkaufspreis erzielt er ?

Trifft der i-te Wagen zum Zeipunkt T_i ein, dann beträgt der zufällige totale Wiederverkaufspreis

$$K(t) = \sum_{i=1}^{N(t)} C_i\, e^{-\alpha(t - T_i)}.$$

Der gesuchte Erwartungswert $E(K)$ wird vermittels der Laplace-Transformierten $\hat{f}_K(s)$ der Verteilungsdichte $f_K(x)$ von $K = K(t)$ berechnet, da der Weg über die explizite Bestimmung von $f_K(x)$ erheblich aufwendiger ist: Gemäß (1.56) gilt

$$\hat{f}_K(s) = E\left(e^{-sK}\right) = E\left\{\exp\left[-s \sum_{i=1}^{N(t)} C_i\, e^{-\alpha(t - T_i)}\right]\right\}. \tag{3.23}$$

Unter der Bedingung $N(t) = n$ kann man die $T_1, T_2, \ldots, T_n$ in (3.23) analog zu den vorangegangenen Beispielen wie unabhängige, im Intervall $[0, t]$ identisch gleichverteilte, ungeordnete Zufallsgrößen behandeln; denn die Reihenfolge der T_i hat auf (3.23) keinen Einfluß. Daher gilt, wenn T eine beliebige in $[0, t]$ gleichverteilte Zufallsgröße ist,

$$E(e^{-sK}|N(t)=n) = E\left\{\exp\left(-s\sum_{i=1}^{N(t)} C_i\, e^{-\alpha(t-T_i)}\right)\,\middle|\,N(t)=n\right\}$$

$$= E\left\{\exp\left[-s\sum_{i=1}^{n} C_i\, e^{-\alpha(t-T_i)}\right]\right\}$$

$$= E\left\{\prod_{i=1}^{n} \exp\left[-s\,C_i\, e^{-\alpha(t-T_i)}\right]\right\}$$

$$= \prod_{i=1}^{n} E\left\{\exp\left[-s\,C_i\, e^{-\alpha(t-T_i)}\right]\right\}$$

$$= \left[E\left\{\exp\left(-s\,C\, e^{-\alpha(t-T)}\right)\right\}\right]^n.$$

Bezeichnet $\hat{f}_C(s) = E\left(e^{-sC}\right)$ die Laplace-Transformierte der Verteilungsdichte von C, so gilt

$$E\left\{\exp\left(-s\,C\, e^{-\alpha(t-T)}\right)\,\middle|\,T=y\right\} = E\left\{\exp\left(-s\,C\, e^{-\alpha(t-y)}\right)\right\}$$

$$= \hat{f}_C\left(s\, e^{-\alpha(t-y)}\right).$$

Infolgedessen ist

$$E\left\{\exp\left[-s\,C\, e^{-\alpha(t-T)}\right]\right\} = \frac{1}{t}\int_0^t \hat{f}_C\left(s\, e^{-\alpha(t-y)}\right) dy$$

$$= \frac{1}{t}\int_0^t \hat{f}_C(s\, e^{-\alpha x})\, dx$$

und somit

$$E(e^{-sK}|N(t)=n) = \left(\frac{1}{t}\int_0^t \hat{f}_C(s\, e^{-\alpha x})\, dx\right)^n.$$

Die Anwendung der Formel der totalen Wahrscheinlichkeit liefert

$$E\left(e^{-sK}\right) = \sum_{n=0}^{\infty} E(e^{-sK}|N(t)=n)\,\frac{(\lambda t)^n}{n!}\, e^{-\lambda t}$$

$$= \sum_{n=0}^{\infty} \left(\frac{1}{t}\int_0^t \hat{f}_C(s\, e^{-\alpha x})\, dx\right)^n \frac{(\lambda t)^n}{n!}\, e^{-\lambda t}$$

$$= e^{-\lambda t}\sum_{n=0}^{\infty} \frac{1}{n!}\left(\lambda\int_0^t \hat{f}_C(s\, e^{-\alpha x})\, dx\right)^n.$$

Somit ist

$$E\left(e^{-sK}\right) = \exp\left\{-\lambda \int\limits_0^t \left[1 - \hat{f}_C(s\,e^{-\alpha x})\right] dx\right\}.$$

Den gesuchten Erwartungswert erhält man vermittels (1.58), wenn dort $k = 1$ gesetzt wird, zu

$$E(K) = -\left.\frac{dE(e^{-sK})}{ds}\right|_{s=0} = -\lambda \int\limits_0^t \hat{f}'_C(0)e^{-\alpha x}\,dx = -\hat{f}'_C(0)\frac{\lambda}{\alpha}(1 - e^{-\alpha t}).$$

Also ist wiederum wegen (1.58)

$$E(K) = E(C)\frac{\lambda}{\alpha}(1 - e^{-\alpha t}).$$

Es ist interessant, daß für $t \to \infty$ der mittlere totale Erlös $E(K) = E(K(t))$ nicht unbeschränkt wächst. (Welche intuitive Erklärung gibt es dafür?) $\square$

3.2 Inhomogener Poissonprozeß

3.2.1 Definition und Eigenschaften

Es interessiert jetzt die Struktur desjenigen stochastischen Prozesses, der außer der Homogenität der Zuwächse alle im Satz 3.1 aufgeführten Eigenschaften hat. Dies führt zu der

Definition 3.3 Ein Zählprozeß $\{N(t),\ t \geq 0\}$ mit $N(0) = 0$ ist ein *inhomogener Poissonprozeß* mit der *Intensitätsfunktion* $\lambda(t)$, wenn er folgende Eigenschaften hat:

(1) $\{N(t),\ t \geq 0\}$ hat unabhängige Zuwächse.

(2) $P(N(t+h) - N(t) = 1) = \lambda(t)h + o(h)$,

(3) $P(N(t+h) - N(t) \geq 2) = o(h)$. ●

Folgende Probleme werden gelöst:

1) Berechnung der Wahrscheinlichkeiten

$$p_i(s,t) = P(N(t) - N(s) = i);\quad s < t,\ i = 0, 1, \dots$$

2) Bestimmung der Verteilungsdichte des Zeitpunkts T_i, an dem das i-te Poissonereignis stattfindet.

3) Bestimmung der gemeinsamen Verteilungsdichte des zufälligen Vektors
$(T_1, T_2, \dots, T_n),\ n = 1, 2, \dots$

zu 1) Wegen der Unabhängigkeit der Zuwächse gilt

$$p_0(s, t+h) = P(N(t+h) - N(s) = 0)$$

$$= P(N(t) - N(s) = 0) = 0, \; N(t+h) - N(t) = 0)$$

$$= P(N(t) - N(s) = 0) \cdot P(N(t+h) - N(t) = 0)$$

$$= p_0(s, t)[1 - \lambda(t)h + o(h)].$$

Es folgt

$$\frac{p_0(s, t+h) - p_0(s, t)}{h} = -\lambda(t)p_0(s, t) + \frac{o(h)}{h}.$$

Für $h \to 0$ ergibt sich die partielle Differentialgleichung erster Ordnung

$$\frac{\partial}{\partial t} p_0(s, t) = -\lambda(t)p_0(s, t).$$

Die Lösung ist wegen $p_0(0, 0) = 1$ (diese Anfangsbedingung ist der generellen Voraussetzung $N(0) = 0$) äquivalent)

$$p_0(s, t) = e^{-[\Lambda(t) - \Lambda(s)]} \quad \text{mit} \quad \Lambda(y) = \int_0^y \lambda(x)\, dx. \tag{3.24}$$

Analog erhält man (siehe auch Beweis von Satz 3.1)

$$p_i(s, t) = \frac{[\Lambda(t) - \Lambda(s)]^i}{i!} e^{-[\Lambda(t) - \Lambda(s)]}; \quad i = 0, 1, 2, \ldots \tag{3.25}$$

Die absoluten Zustandswahrscheinlichkeiten $p_i(t) = p_i(0, t) = P(N(t) = i)$ des inhomogenen Poissonprozesses zum Zeitpunkt t betragen

$$p_i(t) = \frac{[\Lambda(t)]^i}{i!} e^{-\Lambda(t)}; \quad i = 0, 1, 2, \ldots \tag{3.26}$$

zu 2) Bezeichnet $F_{T_1}(t) = P(T_1 \le t)$ die Verteilungsfunktion und $f_{T_1}(t)$ die Verteilungsdichte der zufälligen Zeitspanne T_1 bis zum Eintreten des ersten Poissonereignisses, so gilt gemäß (3.24)

$$p_0(t) = p_0(0, t) = P(T_1 > t) = 1 - F_{T_1}(t) = e^{-\Lambda(t)}.$$

Somit ist

$$F_{T_1}(t) = 1 - e^{-\int_0^t \lambda(x)\, dx}, \quad f_{T_1}(t) = \lambda(t)e^{-\int_0^t \lambda(x)\, dx}, \quad t \ge 0. \tag{3.27}$$

Beim Vergleich mit (1.18) wird deutlich, daß die Intensitätsfunktion des inhomogenen Poissonprozesses $\lambda(t)$ mit der zu T_1 gehörigen Ausfallrate identisch ist.

Allgemeiner gilt wegen $F_{T_n}(t) = P(T_n \le t) = P(N(t) \ge n)$

$$F_{T_n}(t) = \sum_{i=n}^{\infty} \frac{[\Lambda(t)]^i}{i!}\, e^{-\Lambda(t)}, \quad n = 1, 2, \dots \tag{3.28}$$

Differentiation nach t liefert analog zur Ableitung von (3.6) die Verteilungsdichte von T_n zu

$$f_{T_n}(t) = \frac{[\Lambda(t)]^{n-1}}{(n-1)!}\, \lambda(t) e^{-\Lambda(t)}$$

bzw.

$$f_{T_n}(t) = \frac{[\Lambda(t)]^{n-1}}{(n-1)!} f_{T_1}(t), \quad t \ge 0, \quad n = 1, 2, \dots \tag{3.29}$$

Den Erwartungswert von T_n errechnet man am einfachsten vermittels (1.12):

$$E(T_n) = \int_0^{\infty} (1 - F_{T_n}(t))\, dt = \int_0^{\infty} e^{-\Lambda(t)} \left(\sum_{i=0}^{n-1} \frac{[\Lambda(t)]^i}{i!} \right) dt. \tag{3.30}$$

Daher gilt für die mittlere Pausenzeit zwischen dem $(n\text{-}1)$-ten und dem n-ten Poissonereignis $E(Y_n) = E(T_n - T_{n-1}) = E(T_n) - E(T_{n-1})$

$$E(Y_n) = \frac{1}{(n-1)!} \int_0^{\infty} [\Lambda(t)]^{n-1}\, e^{-\Lambda(t)}\, dt; \quad n = 1, 2, \dots \tag{3.31}$$

Als Spezialfälle ergeben sich für $\lambda(x) \equiv \lambda$ und $\Lambda(x) \equiv \lambda x$ die entsprechenden Kenngrößen für den homogenen Poissonprozeß.

zu 3) Die bedingte Verteilungsfunktion von T_2 unter der Bedingung $T_1 = t_1$ ist gleich der Wahrscheinlichkeit dafür, daß im Intervall $(t_1, t_2]$, $t_1 < t_2$, mindestens ein Poissonereignis stattfindet. Daher ist gemäß (3.24)

$$F_{T_2}(t_2 \mid T_1 = t_1) = 1 - p_0(t_1, t_2) = 1 - e^{-\left[\Lambda(t_2) - \Lambda(t_1)\right]}.$$

Differentiation nach t_2 liefert die zugehörige bedingte Verteilungsdichte:

$$f_{T_2}(t_2 \mid t_1) = \lambda(t_2) e^{-\left[\Lambda(t_2) - \Lambda(t_1)\right]}.$$

Die gesuchte gemeinsame Wahrscheinlichkeitsdichte von (T_1, T_2) ergibt sich wegen (1.29) und unter Berücksichtigung von (3.27) zu

$$f(t_1, t_2) = \begin{cases} \lambda(t_1) f_{T_1}(t_2), & t_1 < t_2, \\ 0, & \text{sonst.} \end{cases}$$

Auf diese Weise gelangt man induktiv zur gemeinsamen Verteilungsdichte des zufälligen Vektors $(T_1, T_2, \dots, T_n)$:

$$f(t_1, t_2, ..., t_n) = \begin{cases} \lambda(t_1)\lambda(t_2)\cdots\lambda(t_{n-1})f_{T_1}(t_n) & \text{für } t_1 < t_2 < ... < t_n, \\ 0, & \text{sonst.} \end{cases} \quad (3.32)$$

Im Fall eines homogenen Poissonprozesses mit der Intensität λ ist das die bereits bekannte Beziehung (3.7).

Der Poissonprozeß $\{N(t), t \geq 0\}$ und die zugehörige Folge $\{T_1, T_2, ...\}$ sind einander äquivalent; denn ist eine Realisierung (Trajektorie) von $\{N(t), t \geq 0\}$ gegeben, so gehört dazu genau eine Realisierung von $\{T_1, T_2, ...\}$ und umgekehrt. Infolgedessen liegt genau dann ein inhomogener Poissonprozeß mit der Intensitätsfunktion $\lambda(t)$ vor, wenn die gemeinsamen Wahrscheinlichkeitsdichten der zufälligen Vektoren $(T_1, T_2..., T_n)$ für alle $n = 1, 2, ...$ durch (3.32) gegeben ist.

Beispiel 3.7 Aufgrund längerfristiger statistischer Erhebungen ist bekannt, daß die Anzahl der Fahrzeuge, die werktags an einer bestimmten Tankstelle Treibstoff zapfen, einem inhomogenen Poissonprozeß $\{N(t), t \geq 0\}$ genügt, dessen Intensitätsfunktion $\lambda(t)\left[h^{-1}\right]$ gegeben ist durch (Bild 3.5)

$$\lambda(t) = \begin{cases} 2 + 0,9\,t^2\, e^{-\frac{2}{3}\left(\frac{t}{8}\right)^3}, & 0 \leq t \leq 12 \\ 2 + 1,2\,(24-t)^2\, e^{-\frac{2}{3}\left(\frac{24-t}{8}\right)^3}, & 12 < t \leq 24 \end{cases}.$$

Folgende Kenngrößen sind zu berechnen:

1) Wieviel Fahrzeuge zapfen werktags durchschnittlich Treibstoff?
2) Mit welcher Wahrscheinlichkeit zapft werktags sowohl von 0 bis 1 Uhr als auch von 23 bis 24 Uhr höchstens ein Fahrzeug Treibstoff?
3) Mit welcher Wahrscheinlichkeit zapfen werktags von 7 bis 16 Uhr zwischen 240 und 290 Fahrzeuge Treibstoff?
4) Mit welcher Wahrscheinlichkeit zapfen werktags mindestens 600 Fahrzeuge Treibstoff?

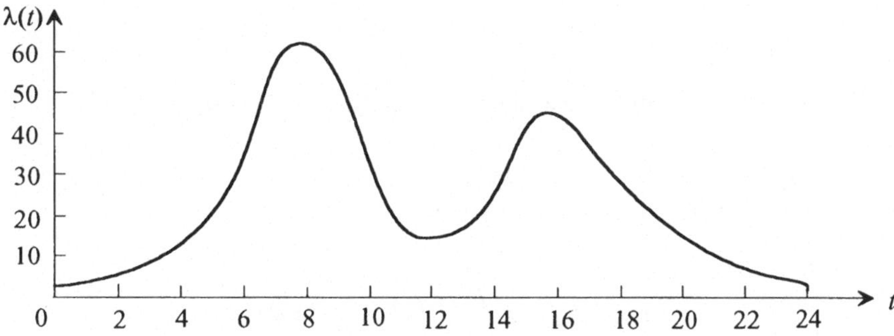

Bild 3.5 Intensität der Ankunft von Fahrzeugen an einer Tankstelle (Beispiel 3.7)

zu 1): Die gesuchte Anzahl ist

$$E(N(24)) = \int\limits_0^{24} \lambda(x)\,dx = \int\limits_0^{12} \lambda(x)\,dx + \int\limits_{12}^{24} \lambda(x)\,dx$$

$$= 24 + 0,45 \cdot 8^3 (1 - e^{-2,25}) + 24 + 0,6 \cdot 8^3 (1 - e^{-2,25})$$

$$= 230,1 + 298,9$$

$$= 529.$$

Hierbei wurde von

$$\int\limits_s^t x^2 e^{-bx^3}\,dx = \frac{1}{3b}\left[e^{-bs^3} - e^{-bt^3}\right]$$

Gebrauch gemacht. (Man gelangt auch im Bereich von 12 bis 24 auf ein Integral dieses Typs, wenn dort die Substitution $y = 24 - x$ vorgenommen wird.)

zu 2): In den vorgegebenen Zeitabschnitten ist die interessierende Anzahl der Fahrzeuge jeweils poissonverteilt und zwar mit den Parametern

$$\int\limits_0^1 \lambda(x)\,dx = 2 + 0,45 \cdot 8^3 \left(1 - e^{-\frac{2}{3}\cdot\frac{1}{8^3}} \right) = 2,3$$

bzw.

$$\int\limits_{23}^{24} \lambda(x)\,dx = 2 + 0,6 \cdot 8^3 \left(1 - e^{-\frac{2}{3}\cdot\frac{1}{8^3}} \right) = 2,4.$$

Wegen der Unabhängigkeit der Zuwächse erhält man daher die gesuchte Wahrscheinlichkeit zu

$$P(N(1) - N(0) \le 1,\ N(24) - N(23) \le 1)$$

$$= P(N(1) - N(0) \le 1) \cdot P(N(24) - N(23) \le 1)$$

$$= \left(e^{-2,3} + 2,3\,e^{-2,3} \right)\left(e^{-2,4} + 2,4\,e^{-2,4} \right) = 3,3 \cdot 3,4 \cdot e^{-4,7}$$

$$= 0,102.$$

zu 3): Die mittlere Anzahl der zwischen 7 und 16 Uhr Treibstoff zapfenden Fahrzeuge ist

$$\int\limits_7^{16} \lambda(x)\,dx = \int\limits_7^{12} \lambda(x)\,dx + \int\limits_{12}^{16} \lambda(x)\,dx$$

$$= 10 + 0,45 \cdot 8^3 \left(e^{-\frac{2}{3}(\frac{7}{8})^3} - e^{-\frac{2}{3}(\frac{12}{8})^3} \right)$$

$$+8 + 0,6 \cdot 8^3 \left(e^{-\frac{2}{3}(\frac{24-16}{8})^3} - e^{-\frac{2}{3}(\frac{24-12}{8})^3} \right)$$

$$= 133,12 + 133,34$$

$$\approx 266.$$

Daher beträgt die gesuchte Wahrscheinlichkeit

$$P(240 \leq N(16) - N(7) \leq 290) = e^{-266} \sum_{n=240}^{290} \frac{266^n}{n!}.$$

Aus numerischen Gründen empfiehlt es sich, diese Wahrscheinlichkeit näherungsweise vermittels der Approximation der Poissonverteilung durch die Normalverteilung zu berechnen (siehe *Beichelt* (1995), Abschn. 6.8):

$$P(240 \leq N(16) - N(7) \leq 290) \approx \Phi\left(\frac{290 - 266}{\sqrt{266}} \right) - \Phi\left(\frac{240 - 266}{\sqrt{266}} \right)$$

$$\approx 0,9251 - 0,0526$$

$$= 0,8725.$$

zu 4): Da werktags im Mittel 529 Fahrzeuge Treibstoff zapfen, ist

$$P(N(24) \geq 600) = e^{-529} \sum_{n=600}^{\infty} \frac{529^n}{n!} \approx 1 - \Phi\left(\frac{600 - 529}{\sqrt{529}} \right)$$

$$\approx 1 - \Phi(3,087)$$

$$\leq 0,001\,1.$$

Mit mehr als 600 Fahrzeugen je Werktag muß der Betreiber der Tankstelle also nicht rechnen. $\qquad\square$

3.2.2 Minimale Reparaturen

Inhomogene Poissonprozesse spielen eine wichtige Rolle in der *Instandhaltungstheorie*. Diese legt die theoretischen Grundlagen der effektiven Planung von Maßnahmen zur Erhaltung und Wiederherstellung der Betriebsfähigkeit technischer Systeme. Derartige Maßnahmen sind vor allem (vollständige) Erneuerungen und Reparaturen. *Erneuerungen* versetzen das ausgefallene System in den Neuzustand, also in den Zustand, den es bei Nutzungsbeginn hatte. Dagegen wird bei *Reparaturen* nach Ausfällen (*Havariereparaturen*) im allgemeinen nur die eigentliche Ausfallursache beseitigt. Reparaturen und Erneuerungen faßt man unter dem Sammelbegriff *Instandsetzungsmaßnahmen* zusammen. Instandsetzungsmaßnahmen können auch *prophylaktisch* durchgeführt werden, das heißt, an einem noch funktionstüchtigen System oder Teilsystem vorgenommen werden. Von besonderer Bedeutung sind die minimalen Reparaturen. Eine *minimale Reparatur* ist dadurch charakterisiert, daß sie zwar ein ausgefallenes System in den funktionstüchtigen Zustand zurückversetzt, aber die Ausfallrate des Systems nicht beeinflußt. Nach Abschluß einer minimalen Reparatur hat also die Ausfallrate des Systems den gleichen Wert wie unmittelbar vor dem Ausfall. Wird etwa der Ausfall eines komplexen elektronischen Systems einzig und allein durch eine defekte Steckverbindung verursacht und wird diese Fehlerquelle beseitigt, so trägt diese Instandsetzungsmaßnahme den Charakter einer minimalen Reparatur. Das prinzipielle zeitliche Schema der Planung von Instandsetzungsmaßnahmen wird durch *Instandsetzungsstrategien* vorgegeben.

Hier und im folgenden wird stets vorausgesetzt, daß alle Instandsetzungsmaßnahmen in vernachlässigbar kleiner Zeit erfolgen (bezüglich der Zeit, in der das System funktionstüchtig ist). Die zufällige Lebensdauer T des Systems habe die Wahrscheinlichkeitsdichte $f(t)$, die Verteilungsfunktion $F(t)$, die Überlebenswahrscheinlichkeit $\overline{F}(t) = 1 - F(t)$ und die Ausfallrate $\lambda(t)$.

Die folgende Instandsetzungsstrategie führt unmittelbar auf den inhomogenen Poissonprozeß.

Strategie 1 Ein System wird nach jedem Ausfall durch eine minimale Reparatur in den funktionstüchtigen Zustand versetzt und danach sofort wieder in Betrieb genommen.

Der erste Ausfall des Systems nach seiner Inbetriebnahme zum Zeitpunkt $t = 0$ findet zum zufälligen Zeitpunkt $T = T_1$ statt. Unter der Bedingung $T = t$ hat die Ausfallrate des System unmittelbar nach erfolgter minimaler Reparatur den Wert $\lambda(t)$. Das künftige Ausfallverhalten des Systems entspricht also dem eines Systems, das bis zum Zeitpunkt t ohne Ausfall gearbeitet hat. Gemäß (1.13) hat daher die Pausenzeit $Y = T_2 - t$ von t bis zum Zeitpunkt T_2 des zweiten Ausfalls die Verteilungsfunktion

$$F_t(y) = P(Y \leq y) = \frac{F(t+y) - F(t)}{\overline{F}(t)},$$

die wegen (1.19) auch in der Form

$$F_t(y) = 1 - e^{-[\Lambda(t+y)-\Lambda(t)]}$$

$$= 1 - p_0(t, t+y)$$

geschrieben werden kann. Diese Beziehung gilt offenbar auch dann, wenn zum Zeitpunkt t nicht der zweite, sondern ein beliebiger, etwa der n-te, Ausfall (mit nachfolgender minimale Reparatur) stattfindet, und sich dementsprechend $F_t(y)$ auf die $(n + 1)$-te bedingte Pausenzeit $Y_n = T_{n+1} - T_n$ unter der Bedingung $T_n = t$ bezieht. Daher folgt das zeitliche Auftreten von Systemausfällen den gleichen stochastischen Gesetzmäßigkeiten wie das Auftreten von Poissonereignissen in einem inhomogenen Poissonprozeß mit der Intensitätsfunktion $\lambda(t)$. Insbesondere genügt der zufällige Vektor $(T_1, T_2, ..., T_n)$ der Zeitpunkte T_i, an denen der i-te Ausfall (bzw. die i-te minimale Reparatur) stattfindet, für alle $i = 1, 2, ...$ der gemeinsamen Verteilungsdichte (3.32). Bezeichnet also $N(t)$ die Anzahl der Systemausfälle (bzw. minimalen Reparaturen), die im Intervall $[0, t]$ anfallen, so ist $\{N(t), t \geq 0\}$ ein inhomogener Poissonprozeß mit der Intensitätsfunktion $\lambda(t)$. Demnach genügt die Anzahl der im Intervall $[0, t]$ eintretenden Ausfälle einer Poissonverteilung mit dem Parameter $\Lambda(t)$, so daß

$$\Lambda(t) = \int_0^t \lambda(x)\,dx$$

die mittlere Anzahl der in $[0, t]$ auftretenden Ausfälle ist. Sind C_i die zufälligen Kosten der i-ten minimalen Reparatur, dann betragen die totalen in $[0, t]$ anfallenden zufälligen Reparaturkosten

$$K(t) = \sum_{i=1}^{N(t)} C_i \,. \tag{3.33}$$

Wird vorausgesetzt, daß die C_i für $i = 1, 2, ...$ voneinander und von $N(t)$ unabhängige, identisch wie C mit $c_m = E(C) < \infty$ verteilte Zufallsgrößen sind, dann betragen die mittleren in $[0, t]$ anfallenden Reparaturkosten wegen der Waldschen Identität (Satz 1.3)

$$E(K(t)) = E(C)\,E(N(t)) = c_m\,\Lambda(t)\,. \tag{3.34}$$

Bemerkung Der durch (3.33) definierte stochastische Prozeß $\{K(t), t \geq 0\}$ heißt in der englischsprachigen Fachliteratur *compound Poisson process*. Im Abschnitt 4.7 wird deutlich werden, daß es sich um einen speziellen *kumulativen stochastischen Prozeß* handelt.
Ein weiteres Beispiel für das Auftreten solcher Prozesse ist das folgende: Die zufällige Anzahl der im Intervall $[0, t]$ in einem Supermarkt abgefertigten Kunden $N(t)$ folge einem Poissonprozeß (nicht unbedingt einem inhomogenen). Der i-te Kunde setze C_i *DM* um. Der totale in $[0, t]$ erzielte zufällige Umsatz ist dann durch (3.33) gegeben.

Strategie 1 ist in der Praxis zumindest längerfristig nicht uneingeschränkt anwendbar, da ja je nach Systemausfall nicht jede Reparatur nur einen vernachlässigbar kleinen Einfluß auf die Systemausfallrate haben kann. Jedoch ist Strategie 1 das Grundmodell für eine Reihe von praktikablen Instandsetzungsstrategien unter Einbeziehung prophylaktischer Instandsetzungsmaßnahmen. Im folgenden werden zwei der einfachsten Strategien dieser Art betrachtet.

Um prophylaktische Instandsetzungsmaßnahmen prinzipiell zu rechtfertigen, ist vorauszusetzen, daß das instandzuhaltende System einem Alterungsprozeß unterworfen ist (Abschn. 1.2.3, Definition 1.1), also eine wachsende Ausfallrate $\lambda(t)$ hat. Ferner wird vorausgesetzt, daß jede prophylaktische Erneuerung die Kosten c_v und jede minimale Reparatur die Kosten c_m verursacht.

Strategie 2 Ein System wird zu fixierten Zeitpunkten τ, 2τ, ... prophylaktisch vollständig erneuert. Zwischenzeitliche Ausfälle werden durch minimale Reparaturen behoben.

Diese Strategie modelliert das häufig praktizierte Vorgehen, ein komplexes System in periodischen Zeitabständen generalzuüberholen und zwischenzeitlich nur die notwendigsten Reparaturen durchzuführen.

Die prophylaktischen Erneuerungen unterteilen die Betriebszeit des Systems in statistisch äquivalente Zeitabschnitte der Länge τ; denn nach jeder Erneuerung besteht vom Ausfallverhalten des Systems und von den Kostenparametern her die gleiche Situation wie zu Betriebsbeginn. Je Zyklus fallen gemäß (3.34) im Mittel die Instandsetzungskosten $c_v + c_m \Lambda(\tau)$ an. Daher betragen die durchschnittlichen Instandsetzungskosten je Zyklus (= Kostenrate)

$$K(\tau) = \frac{c_v + c_m \Lambda(\tau)}{\tau}\,.$$

Das Erneuerungsintervall τ ist so zu bestimmen, daß $K(\tau)$ minimal wird. Aus der notwendigen Bedingung $dK(\tau)/d\tau = 0$ ergibt sich die Bestimmungsgleichung für das optimale $\tau = \tau^*$ zu

$$\tau\,\lambda(\tau) - \Lambda(\tau) = \frac{c_v}{c_m}\,.$$

Wenn $\lambda(t)$ unbeschränkt wächst, existiert stets eine eindeutige Lösung $\tau = \tau^*$ dieser Gleichung. In diesem Fall beträgt die zugehörige minimale Kostenrate

$$K(\tau^*) = c_m\,\lambda(\tau^*)\,.$$

Beispiel 3.8 Die Lebensdauer des Systems genüge einer Rayleighverteilung mit der Verteilungsfunktion

$$F(t) = 1 - e^{-\left(\frac{t}{\theta}\right)^2}\,,\ t \geq 0\,,$$

und der zugehörige Ausfallrate $\lambda(t) = 2t/\theta^2$. Wegen $\lim\limits_{t \to \infty} \lambda(t) = \infty$ existiert genau ein optimales Erneuerungsintervall $\tau = \tau^*$. Es erfüllt die notwendige Bedingung

$$\frac{2\tau^2}{\theta^2} - \frac{\tau^2}{\theta^2} = \frac{c_v}{c_m}\,.$$

Somit sind

$$\tau^* = \theta\sqrt{c_v/c_m}$$

das optimale Erneuerungsintervall und

$$K(\tau^*) = \frac{2}{\theta}\sqrt{c_m c_v}$$

die zugehörige minimale Kostenrate. $\qquad\square$

Strategie 3 Ein System wird nach dem ersten Ausfall, der nach τ Zeiteinheiten eintritt, vollständig erneuert. Zwischenzeitliche Ausfälle werden durch minimale Reparaturen behoben.

Diese Strategie schöpft durch die spezielle zeitliche Planung von vollständigen Erneuerungen die Lebensdauer des Systems voll aus und ist unter diesem Aspekt Strategie 2 vorzuziehen. Die partielle Ungewißheit bezüglich des Zeitpunkts der Durchführung von Erneuerungen kann jedoch im Vergleich zu Strategie 2 zu höheren Erneuerungskosten führen.

Die restliche Lebensdauer $T_\tau = T - \tau$ des Systems nach dem Zeitpunkt τ hat die Verteilungsfunktion

$$F_\tau(t) = P(T_\tau \leq t) = \frac{F(t+\tau) - F(\tau)}{\overline{F}(\tau)} = 1 - e^{-[\Lambda(t+\tau) - \Lambda(\tau)]}.$$

(Man beachte, daß bei Anwendung von Strategie 3 die Bedingung "$T > \tau$" <u>formal</u> von vornherein erfüllt ist!) Der Erwartungswert von T_τ ist gemäß (1.12)

$$r(\tau) = E(T_\tau) = e^{\Lambda(\tau)} \int_\tau^\infty e^{-\Lambda(t)} dt.$$

Die mittleren Instandsetzungskosten je Zyklus (= Zeit zwischen zwei benachbarten Erneuerungen) sind bezeichnungstechnisch die gleichen wie bei Strategie 2. Daher beträgt die Kostenrate

$$K(\tau) = \frac{c_v + c_m \Lambda(\tau)}{\tau + r(\tau)}.$$

Ein bezüglich $K(\tau)$ optimales $\tau = \tau^*$ ist Lösung der Gleichung $dK(\tau)/d\tau = 0$ bzw.

$$\left(\Lambda(\tau) + \frac{c_v}{c_m} - 1 \right) r(\tau) = \tau.$$

Im Falle der Existenz von τ^* erhält man die minimale Kostenrate zu

$$K(\tau^*) = \frac{c_v + c_m [\Lambda(\tau^*) - 1]}{\tau^*}.$$

Beispiel 3.9 Wie im Beispiel 3.8 genüge die Lebensdauer T des Systems einer Rayleighverteilung. Wegen $\Lambda(t) = (t/\theta)^2$ erhält man den Erwartungswert der restlichen Lebensdauer nach dem Zeitpunkt τ nach leichter Umformung in der Gestalt

$$r(\tau) = \theta \sqrt{\pi} \, e^{(\tau/\theta)^2} \left[1 - \Phi\left(\frac{\sqrt{2}}{\theta} \tau \right) \right].$$

Hierbei ist die Verteilungsfunktion $\Phi(x)$ einer standardisiert normalverteilten Zufallsgröße durch (1.51) definiert.

Speziell ergibt sich für $\theta = 100 \, [h^{-1}]$ sowie $c_m = 1$ und $c_v = 5$ das optimale Erneuerungsintervall zu $\tau^* = 180 \, [h]$. Die zugehörige minimale Kostenrate beträgt

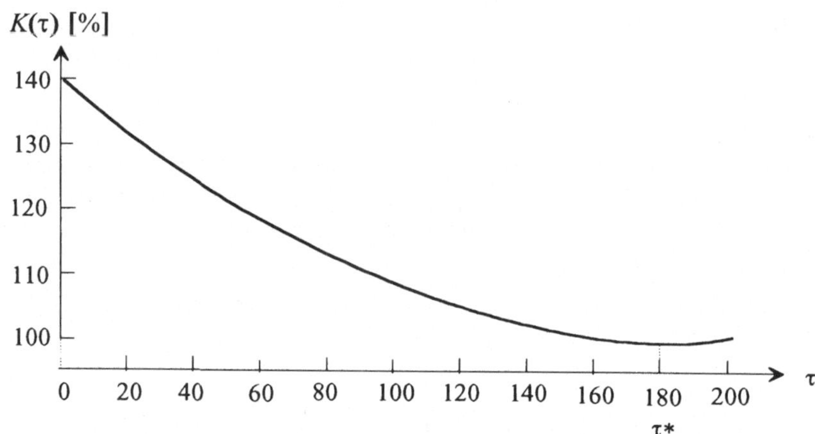

Bild 3.6 Prozentuale Kostenrate in Abhängigkeit vom Erneuerungsintervall

$K(\tau*) = 0{,}04021$. (Bei sonst gleichen Ausgangsparametern bedeutet dies gegenüber Strategie 2 eine Reduzierung um etwa 10%.) Bild 3.6 zeigt die Kostenrate in Abhängigkeit von τ, wobei $K(\tau*) = 100\%$ gesetzt wurde. Man erkennt, daß übertriebene Genauigkeitsforderungen bei der Berechnung von $\tau*$ in bezug auf praktische Anwendungen nicht sinnvoll sind. □

Aufgaben

3.1) In den chemischen Werken *Lowest, Inc.* kann die Anzahl von Havariefällen durch einen homogenen Poissonprozeß mit der Intensität $\lambda = 3$ je Jahr modelliert werden.
(1) Mit welcher Wahrscheinlichkeit treten im zweiten Halbjahr 1999 mindestens zwei Havarien auf?
(2) Man berechne die gleiche Wahrscheinlichkeit unter der Bedingung, daß im ersten Halbjahr bereits 3 Havariefälle aufgetreten sind!

3.2) Man zeige, daß die Kovarianzfunktion eines homogenen Poissonprozesses mit der Intensität λ durch $K(s,t) = \lambda \min(s,t)$ gegeben ist!
Hinweis: Man nutze die Unabhängigkeit und Homogenität der Zuwächse!

3.3) Die zu einem homogenen Poissonprozeß mit der Intensität λ gehörigen Poissonereignisse gehören mit Wahrscheinlichkeit p zum Typ 1 und mit Wahrscheinlichkeit $1 - p$ zum Typ 2. Man beweise: Werden nur Poissonereignisse vom Typ 1 gezählt, dann ist der resultierende Zählprozeß ein homogener Poissonprozeß mit der Intensität $p\lambda$!

3.4) Die Anzahl der Fahrzeuge, die zwischen 12 und 14 Uhr einen Verkehrsknotenpunkt passieren, genügt einem homogenen Poissonprozeß mit der Intensität $\lambda = 40$ je Stunde. Davon mißachten 0,8% das Stoppzeichen.
Mit welcher Wahrscheinlichkeit mißachtet zwischen 12 und 13 Uhr mindestens ein Fahrzeug das Stoppzeichen?

3.5) Auf einem Geigerzähler treffen Nuklearpartikel entsprechend einem homogenen Poissonprozeß mit der Intensität $\lambda = 1$ je 12 Sekunden ein. Der Geigerzähler registriert durchschnittlich nur 4 von 5 Partikel.
(1) Mit welcher Wahrscheinlichkeit registriert der Zähler je Minute mindestens 2 Partikel?
(2) Wie groß sind Erwartungswert und Varianz der zufälligen Zeit zwischen dem Eintreffen zweier benachbarter Partikel, die gezählt werden?

3.6) Ein elektronisches System ist zwei verschiedenen Typen von Schocks ausgesetzt, die unabhängig voneinander gemäß homogenen Poissonschen Prozessen mit den Intensitäten $\lambda_1 = 0,002\,[h]$ bzw. $\lambda_2 = 0,01\,[h]$ stattfinden. Ein Schock vom Typ 1 macht das System stets funktionsuntüchtig, während ein Schock vom Typ 2 die Funktionsuntüchtigkeit mit Wahrscheinlichkeit 0,4 nach sich zieht.
Mit welcher Wahrscheinlichkeit wird das System im Verlaufe eines Tages durch Einwirkung eines Schocks funktionsuntüchtig?

3.7) Es sei $\{N(t),\ t \geq 0\}$ ein homogener Poissonprozeß mit der Intensität λ.
Man zeige, daß für alle $\tau > 0$ der durch $X(t) = N(t + \tau) - N(t)$ definierte stochastische Prozeß $\{X(t),\ t \geq 0\}$ stationär im weiteren Sinne ist!

3.8)* Man beweise die Formel (3.18) des *Campbellschen Theorems* unter alleiniger Ausnutzung der Unabhängigkeit und Homogenität der Zuwächse eines homogenen Poissonprozesses!

3.9) Es sei $\{N(t),\ t \geq 0\}$ ein homogener Poissonprozeß mit der Intensität λ.
Man berechne die Kovarianzfunktion des Schrotrauschens $\{X(t),\ t \geq 0\}$, das durch

$$X(t) = \sum_{i=1}^{N(t)} h(t - T_i)$$

und

$$h(t) = \begin{cases} \sin t & \text{für } 0 \leq t \leq 2\pi \\ 0 & \text{sonst} \end{cases},$$

definiert ist, wenn zum Zeitpunkt T_i das i-te Poissonereignis eintritt!

3.10) Gegeben seien zwei unabhängige homogene Poissonprozesse **I** und **II** mit den Intensitäten λ_1 und λ_2.
Man berechne die Wahrscheinlichkeitsverteilung der zufälligen Anzahl von Poissonereignissen des Prozesses **II**, die während einer Pausenzeit des Prozesses **I** eintreffen!

Hinweis Ist Y die zufällige Pausenzeit bezüglich Prozeß **I** (= Zeit zwischen zwei benachbarten Zeitpunkten des Eintretens von Poissonereignissen), dann berechne man die gesuchte Wahrscheinlichkeitsverteilung zunächst unter der Bedingung $Y = y$!

3.11) Gegeben sei ein inhomogener Poissonprozeß $\{N(t),\ t \geq 0\}$ mit der Intensitätsfunktion $\lambda(t) = 0,8 + 2t$.
(1) Welche Trendfunktion hat dieser Prozeß?
(2) Mit Hilfe der Approximation der Poissonverteilung durch die Normalverteilung berechne man die Wahrscheinlichkeit dafür, daß im Intervall [20, 30] mindestens 500 Poissonereignisse eintreten!

3.12) (1) Man berechne die optimalen Erneuerungsintervalle und die zugehörigen minimalen Kostenraten für die Instandhaltungsstrategien 2 und 3 unter der Voraussetzung, daß die Lebensdauer des Systems im Intervall [0, d] gleichverteilt ist!
(2) Man prüfe, wie empfindlich die Kostenraten auf Abweichungen vom optimalen Erneuerungsintervall reagieren!

3.13)* Es sei $\{N(t),\ t \geq 0\}$ ein inhomogener Poissonprozeß mit der Intensitätsfunktion $m(t)$. Man zeige, daß unter der Bedingung $N(t) = n$ der Vektor der Ankunftszeitpunkte der Poissonereignisse $(T_1, T_2, ..., T_n)$ die gleiche gemeinsame Verteilung hat wie n geordnete, unabhängige, identisch mit der Verteilungsfunktion

$$
F(x) = \begin{cases} \dfrac{m(x)}{m(t)} & \text{für } 0 \leq x \leq t \\ 1 & \text{sonst} \end{cases}
$$

verteilte Zufallsgrößen (vergleiche mit Satz 3.4)!

4 Erneuerungsprozesse

Das vorangegangene Kapitel endete mit der Analyse von Instandsetzungsstrategien für technische Systeme unter Einbeziehung von minimalen Reparaturen und Erneuerungen. Nach Abschluß einer *Erneuerung* ist das System "so gut wie neu"; ein erneuertes System hat also die gleiche Lebensdauerverteilung wie bei der Inbetriebnahme. Die *Erneuerungstheorie* behandelt die Instandsetzung von Systemen unter ausschließlicher Anwendung von Erneuerungen: Ein System wird nach jedem Ausfall in vernachlässigbar kleiner Zeit erneuert und danach sofort wieder in Betrieb genommen. Dieses Modell stellt vor allem dann eine gute Näherung realer praktischer Situationen dar, wenn ausgefallene (Teil-) Systeme komplett durch äquivalente (Teil-) Systeme ersetzt werden. In einem solchen Fall liefert die Erneuerungstheorie Berechnungsgrundlagen zur Organisation eines stabilen Produktionsprozesses. Gleichzeitig ist die Erneuerungstheorie ein wichtiges theoretisches Hilfsmittel zur Berechnung des Verhaltens komplizierter Systeme, in denen die geschilderte Erneuerungsproblematik in einem noch zu präzisierenden Sinn "eingebettet" ist.

Vom mathematischen Standpunkt aus besteht das Hauptanliegen der Erneuerungstheorie in der Untersuchung der Eigenschaften der zufälligen Anzahl von Erneuerungen in einem gegebenen Zeitintervall. Der daraus resultierende stochastische Zählprozeß spielt jedoch nicht nur in technischen Anwendungen eine Rolle, sondern auch in den Natur- und Sozialwissenschaften (Partikelzählungen, Populationsentwicklungen).

4.1 Grundlagen

Formaler Ausgangspunkt und Untersuchungsgegenstand der Erneuerungstheorie ist der Erneuerungsprozeß, der das mathematische Modell für die geschilderte Instandsetzungsproblematik darstellt.

Definition 4.1 (*Erneuerungsprozeß*) Ein *Erneuerungsprozeß* ist eine Folge nichtnegativer, vollständig unabhängiger Zufallsgrößen $\{Y_i; i = 1, 2, \dots\}$, wobei die Y_i für $i \geq 2$ identisch verteilt sind. $\qquad\bullet$

Die Zufallsgröße Y_i bezeichnet für $i \geq 2$ die zufällige Lebensdauer des Systems nach der $(i-1)$-ten Erneuerung. Sinngemäß werden die Y_i auch *Pausenzeiten* genannt. Wenn der Vorgang der Erneuerung ausgefallener Systeme bereits vor dem Zeitpunkt $t = 0$ des Beginns der Betrachtung eingesetzt hat und bei $t = 0$ kein neues bzw. erneuertes System in Betrieb genommen wird, handelt es sich bei Y_1 um eine "restliche Lebensdauer" im Sinne von Abschn. 1.2.3. (Allerdings muß das Alter des zum Zeitpunkt $t = 0$ bereits arbeitenden Systems nicht bekannt sein.)

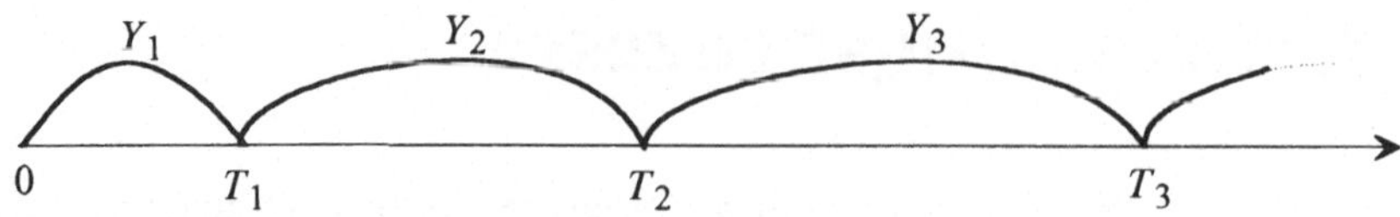

Bild 4.1 Veranschaulichung eines Erneuerungsprozesses

Die Y_i seien für $i > 1$ identisch wie Y mit der Verteilungsfunktion $F(t) = P(Y \leq t)$ verteilt, während Y_1 die Verteilungsfunktion $F_1(t) = P(Y_1 \leq t)$ habe.

Definition 4.2 Ein Erneuerungsprozeß heißt *verzögert* oder *modifiziert,* wenn $F_1(t) \not\equiv F(t)$ gilt bzw. *gewöhnlich* oder *einfach,* wenn $F_1(t) \equiv F(t)$ ist.   ●

Da die Erneuerungen nach Voraussetzung in vernachlässigbar kleinen Zeiten erfolgen, ist

$$T_n = \sum_{i=1}^{n} Y_i ; \quad n = 1, 2, \ldots;$$

der Zeitpunkt, an dem der n-te Ausfall bzw. die n-te Erneuerung stattfindet. Die T_n heißen *Erneuerungspunkte.* Oft wird auch die Folge $\{T_n; n = 1, 2, \ldots\}$ Erneuerungsprozeß genannt; denn die Prozesse $\{Y_i; i = 1, 2, \ldots\}$ und $\{T_n; n = 1, 2, \ldots\}$ sind statistisch äquivalent. Die Zeitintervalle zwischen zwei benachbarten Erneuerungen heißen *Erneuerungszyklen.*

Von besonderer Bedeutung ist der *Erneuerungszählprozeß* $\{N(t), t \geq 0\}$ mit

$$N(t) = \begin{cases} \max(n; \ T_n \leq t) \\ 0 \quad \text{für} \quad t < T_1 \end{cases} .$$

$N(t)$ ist also die zufällige Anzahl der im Intervall $(0, t]$ stattfindenden Erneuerungen. Gelegentlich wird in der Fachliteratur auch $t = 0$ zum Erneuerungspunkt erklärt und demzufolge $N(0) = 1$ gesetzt. Dieser Umstand ist beim Vergleich entsprechender Aussagen zu beachten.

Da $N(t) \geq n$ genau dann gilt, wenn $T_n \leq t$ ist, besteht die Beziehung

$$F_{T_n}(t) = P(T_n \leq t) = P(N(t) \geq n), \tag{4.1}$$

wobei $F_{T_n}(t)$ aufgrund der Unabhängigkeit der Y_i durch die Faltung von F_1 mit der $(n-1)$-ten Faltungspotenz von F gegeben ist (siehe dazu Abschn. 1.4):

$$F_{T_n}(t) = F_1 * F^{*(n-1)}(t), \ F^{*(0)}(t) \equiv 1, \ t \geq 0; \ n = 1, 2, \ldots \tag{4.2}$$

Existieren die Dichten $f_1(t) = F_1'(t)$ und $f(t) = F'(t)$, so lautet die Verteilungsdichte von T_n

$$f_{T_n}(t) = f_1 * f^{*(n-1)}(t), \quad f^{*(0)}(t) \equiv 1, \quad t \geq 0; \quad n = 1, 2, \ldots \tag{4.3}$$

Wegen $P(N(t) \geq n) = P(N(t) = n) + P(N(t) \geq n+1)$ erhält man aus (4.1) die Wahrscheinlichkeitsverteilung von $N(t)$ in der Form

$$P(N(t) = n) = F_{T_n}(t) - F_{T_{n+1}}(t), \quad F_{T_0}(t) \equiv 1; \quad n = 0, 1, \ldots. \tag{4.4}$$

Die Beziehungen (4.1) und (4.2) sind Ausgangspunkt zur Lösung des folgenden praktischen Problems: Wieviel Reservesysteme (etwa Ersatzteile) werden benötigt, damit mit einer vorgegebenen Sicherheitswahrscheinlichkeit $1 - \alpha$ der Erneuerungsvorgang im Intervall $[0, t]$ nicht zum Erliegen kommt? Gesucht ist also das kleinste $n = n_{\min}$, das der Ungleichung

$$1 - F_{T_n}(t) \geq 1 - \alpha$$

genügt.

Beispiel 4.1 Es liege ein gewöhnlicher Erneuerungsprozeß mit exponentialverteilten Pausenzeiten vor: $F(t) = 1 - e^{-\lambda t}$, $t \geq 0$. Gemäß Satz 3.2 handelt es sich bei dem zugehörigen Erneuerungszählprozeß um nichts anderes als um einen homogenen Poissonprozeß mit der Intensität λ. Die Erneuerungspunkte T_n genügen somit einer Erlangverteilung der Ordnung n mit dem Parameter λ. Wegen (3.5) ist

$$P(N(t) = n) = F_{T_n}(t) - F_{T_{n+1}}(t) = \frac{(\lambda t)^n}{n!} e^{-\lambda t}; \quad n = 0, 1, \ldots$$

Man rechnet leicht nach, daß für $\lambda = 0{,}05$; $t = 200$ und $1 - \alpha = 0{,}99$ das kleinste n mit der Eigenschaft $1 - F_{T_n}(200) \geq 0{,}99$ durch $n_{\min} = 18$ gegeben ist. Es müssen also mindestens 18 Reservesysteme zur Verfügung stehen, um mit 99%-iger Sicherheit zu gewährleisten, daß im Intervall $(0, 200]$ im Bedarfsfall stets ein Reservesystem zur Verfügung steht. □

Die exakte Bestimmung der Verteilung von $N(t)$ gemäß (4.4) ist nur für Verteilungsfunktionen F möglich, deren Faltungspotenzen $F^{*(n)}$ explizit angegeben werden können. Das trifft allerdings nur für wenige Verteilungen zu. Neben dem im Beispiel behandelten Fall der Exponentialverteilung gehören dazu die Normalverteilung und die Erlangverteilung.

1) *Normalverteilung* Da die Summe von unabhängigen normalverteilten Zufallsgrößen wiederum normalverteilt ist, wobei sich Erwartungswerte und Varianzen entsprechend addieren (Beispiel 1.7) , gilt für $F(t) = \Phi\left(\frac{t-\mu}{\sigma}\right)$

$$F^{*(n)}(t) = P(N(t) \geq n) = \Phi\left(\frac{t - n\mu}{\sigma\sqrt{n}}\right), \tag{4.5}$$

wobei die Verteilungsfunktion $\Phi(x)$ einer standardisiert normalverteilten Zufallsgrögröße durch (1.51) gegeben ist. Somit gilt für $t > 0$

$$P(N(t) = 0) = 1 - \Phi\left(\frac{t - \mu}{\sigma}\right),$$

$$P(N(t) = n) = \Phi\left(\frac{t - n\mu}{\sigma\sqrt{n}}\right) - \Phi\left(\frac{t - (n+1)\mu}{\sigma\sqrt{n+1}}\right); \quad n = 1, 2, \ldots$$

2) *Erlangverteilung* Ist $F(t)$ die zu einer Erlangverteilung der Ordnung m mit dem Parameter λ gehörige Verteilungsfunktion, so ist $F^{*(n)}$ die Verteilungsfunktion einer Summe von mn unabhängigen, identisch exponential mit dem Parameter λ verteilten Zufallsgrößen (Beispiel 1.6). Daher gilt gemäß (3.5)

$$F^{*(n)}(t) = e^{-\lambda t} \sum_{i=mn}^{\infty} \frac{(\lambda t)^i}{i!}$$

und demzufolge ist

$$P(N(t) = n) = e^{-\lambda t} \sum_{i=mn}^{m(n+1)-1} \frac{(\lambda t)^i}{i!}.$$

4.2 Erneuerungsfunktion

4.2.1 Erneuerungsgleichungen

Von besonderer Bedeutung ist die mittlere Anzahl von Erneuerungen, die in einem gegebenen Zeitabschnitt stattfinden.

Definition 4.3 (*Erneuerungsfunktion*) Der Erwartungswert der zufälligen Anzahl $N(t)$ der im Intervall $[0, t]$ stattfindenden Erneuerungen

$$H_1(t) = E(N(t))$$

als Funktion von t heißt *Erneuerungsfunktion*. ●

Die Erneuerungsfunktion ermittelt man am einfachsten vermittels der Darstellung (1.11) für den Erwartungswert einer nichtnegativen diskreten Zufallsgröße:

$$H_1(t) = \sum_{n=0}^{\infty} P(N(t) \geq n).$$

Wegen (4.1) und (4.2) folgt

$$H_1(t) = \sum_{n=1}^{\infty} F_1 * F^{*(n-1)}(t) \tag{4.6}$$

bzw., nach Definition der Faltungspotenz gemäß (1.47)

$$H_1(t) = \sum_{n=0}^{\infty} F_1 * F^{*(n)}(t) = F_1(t) + \sum_{n=1}^{\infty} \int_0^t F_1 * F^{*(n-1)}(t-x)\,dF(x)$$

$$= F_1(t) + \int_0^t \sum_{n=1}^{\infty} \left(F_1 * F^{*(n-1)}(t-x) \right) dF(x).$$

Da der Integrand wegen (4.6) nichts anderes ist als $H_1(t-x)$, genügt die Erneuerungsfunktion der Integralgleichung

$$H_1(t) = F_1(t) + \int_0^t H_1(t-x)\,dF(x). \tag{4.7}$$

Geht man von der Summendarstellung für $H_1(t)$

$$H_1(t) = F_1(t) + \sum_{n=1}^{\infty} \int_0^t F^{*(n)}(t-x)\,dF_1(x)$$

$$= F_1(t) + \int_0^t \left(\sum_{n=1}^{\infty} F^{*(n)}(t-x) \right) dF_1(x) ,$$

aus, erhält man eine Integralgleichung für die Erneuerungsfunktion in der Form

$$H_1(t) = F_1(t) + \int_0^t H(t-x)\,dF_1(x), \tag{4.8}$$

wobei $H(t)$ die Erneuerungsfunktion des gewöhnlichen Erneuerungsprozesses ist. $H(t)$ selbst genügt der Integralgleichung

$$H(t) = F(t) + \int_0^t H(t-x)\,dF(x). \tag{4.9}$$

Die Integralgleichungen (4.7) bis (4.9) heißen *Erneuerungsgleichungen*. Sie sind eindeutig lösbar (*Feller* (1968)).

Falls $f_1(t)$ und $f(t)$ existieren, erhält man durch Differentiation von (4.6) die Summendarstellung der *Erneuerungsdichte* $h_1(t) = dH_1(t)/dt$:

$$h_1(t) = \sum_{n=1}^{\infty} f_1 * f^{*(n-1)}(t). \tag{4.10}$$

Aus dieser Darstellung folgt eine für viele Anwendungen nützliche wahrscheinlichkeitstheoretische Interpretation der Erneuerungsdichte: Bei hinreichend kleinem Δt ist $h_1(t)\Delta t$ in guter Näherung gleich der Wahrscheinlichkeit für das Auftreten einer Erneuerung im Intervall $[t,\ t + \Delta t]$.

Durch Differentiation der Erneuerungsgleichungen erhält man für $h_1(t)$ und speziell für die Erneuerungsdichte $h(t) = dH(t)/dt$ des gewöhnlichen Erneuerungsprozesses die Integralgleichungen

$$h_1(t) = f_1(t) + \int_0^t h_1(t-x) f(x)\, dx \qquad (4.11)$$

$$h_1(t) = f_1(t) + \int_0^t h(t-x) f_1(x)\, dx \qquad (4.12)$$

$$h(t) = f(t) + \int_0^t h(t-x) f(x)\, dx \qquad (4.13)$$

Die Lösung der Integralgleichungen (4.7) bis (4.9) bzw. (4.11) bis (4.13) kann im allgemeinen nur näherungsweise mit numerischen Methoden erfolgen. Da aber wegen des Faltungssatzes die Laplace-Transformierte der Faltung zweier Funktionen gleich dem Produkt der Laplace-Transformierten dieser Funktionen ist (siehe Abschn.1.5.2), ist es leicht möglich, die Erneuerungsgleichungen im Bildraum der Laplace-Transformation zu lösen. Bezeichnen etwa $\hat{h}_1(s)$, $\hat{h}(s)$, $\hat{f}_1(s)$ und $\hat{f}(s)$ die Laplace-Transformierten von $h_1(t)$, $h(t)$, $f_1(t)$ und $f(t)$, so erhält man durch Anwendung der Laplace-Transformation auf die Integralgleichungen (4.11) und (4.13) für $\hat{h}_1(s)$ und $h(s)$ die algebraischen Gleichungen

$$\hat{h}_1(s) = \hat{f}_1(s) + \hat{h}_1(s) \cdot \hat{f}(s) \quad \text{und} \quad \hat{h}(s) = \hat{f}(s) + \hat{h}(s) \cdot \hat{f}(s).$$

Die Lösungen sind

$$\hat{h}_1(s) = \frac{\hat{f}_1(s)}{1 - \hat{f}(s)}, \qquad \hat{h}(s) = \frac{\hat{f}(s)}{1 - \hat{f}(s)}. \qquad (4.14)$$

Für gewöhnliche Erneuerungsprozesse gibt es somit eine eineindeutige Zuordnung zwischen Erneuerungsfunktion und Pausenzeitverteilung. Wegen des Integrationssatzes (Abschn. 1.5.2) kann man sofort die Laplace-Transformierten der zugehörigen Erneuerungsfunktionen angeben:

$$\hat{H}_1(s) = \frac{\hat{f}_1(s)}{s(1 - \hat{f}(s))}, \qquad \hat{H}(s) = \frac{\hat{f}(s)}{s(1 - \hat{f}(s))}. \qquad (4.15)$$

Beispiel 4.2 Es sei $F_1(t) = F(t) = (1 - e^{-\lambda t})^2$, $t \ge 0$. Das ist die Verteilungsfunktion der Lebensdauer eines zuverlässigkeitstheoretischen Parallelsystems, das aus zwei Teilsystemen besteht, deren Lebensdauern unabhängige, identisch exponential mit dem Parameter λ verteilte Zufallsgrößen sind. Die zugehörige Verteilungsdichte und ihre Laplace-Transformierte sind

$$f(t) = 2\lambda(e^{-\lambda t} - e^{-2\lambda t}) \quad \text{und} \quad \hat{f}(s) = \frac{2\lambda^2}{(s+\lambda)(s+2\lambda)}.$$

Die Laplace-Transformierte der zugehörigen Erneuerungsdichte lautet gemäß (4.14)

$$\hat{h}(s) = \frac{2\lambda^2}{s(s+3\lambda)}.$$

Die Rücktransformation liefert (Partialbruchzerlegung!)

$$h(t) = \frac{2}{3}\lambda(1 - e^{-3\lambda t}).$$

Integration ergibt die Erneuerungsfunktion:

$$H(t) = \frac{2}{3}\lambda\left[t + \frac{1}{3\lambda}\left(e^{-3\lambda t} - 1\right)\right]. \tag{4.16}$$

$\square$

Im folgenden werden für gewöhnliche Erneuerungsprozesse einige Pausenzeitverteilungen betrachtet, die direkte Aussagen über die Erneuerungsfunktion erlauben.

1) Exponentialverteilung Es sei $f(t) = \lambda e^{-\lambda t}$, $t \geq 0$. Die Laplace-Transformierte von $f(t)$ wurde bereits im Beispiel (1.10) berechnet:

$$\hat{f}(s) = \frac{\lambda}{s + \lambda}.$$

Daher ist

$$\hat{H}(s) = \frac{\lambda}{s + \lambda} \Big/ \left(s - \frac{\lambda s}{s + \lambda}\right) = \frac{\lambda}{s^2}.$$

Das zugehörige Urbild ist

$$H(t) = \lambda t.$$

Ergebnis: Es liegt genau dann ein gewöhnlicher Erneuerungsprozeß mit exponential mit dem Parameter λ verteilten Pausenzeiten vor, wenn seine Erneuerungsfunktion durch $H(t) = \lambda t$ gegeben ist.

2) Erlangverteilung Die Pausenzeit genüge einer Erlangverteilung der Ordnung m mit dem Parameter λ. Die zugehörige Erneuerungsfunktion läßt sich wiederum am einfachsten vermittels ihrer Laplace-Transformierten berechnen (s. Beispiel 1.10 und *Gnedenko u.a.* 1968):

$$H(t) = e^{-\lambda t} \sum_{n=1}^{\infty} \sum_{i=mn}^{\infty} \frac{(\lambda t)^i}{i!}.$$

Insbesondere gelten:

$$H(t) = \lambda t \quad \text{für} \quad m = 1 \quad (homogener\ Poissonprozeß)$$

$$H(t) = \frac{1}{2}\left[\lambda t - \frac{1}{2} + \frac{1}{2}e^{-2\lambda t}\right] \quad \text{für} \quad m = 2$$

$$H(t) = \frac{1}{3}\left[\lambda t - 1 + \frac{2}{\sqrt{3}}e^{-1,5\lambda t}\sin\left(\frac{\sqrt{3}}{2}\lambda t + \frac{\pi}{3}\right)\right] \quad \text{für} \quad m = 3$$

$$H(t) = \frac{1}{4}\left[\lambda t - \frac{3}{2} + \frac{1}{2}e^{-2\lambda t} + \sqrt{2}\,e^{-\lambda t}\sin\left(\lambda t + \frac{\pi}{4}\right)\right] \quad \text{für} \quad m = 4$$

3) *Normalverteilung* Die Pausenzeiten seien normalverteilt mit dem Erwartungswert μ und der Varianz σ^2, $\mu > 3\sigma$. Die Erneuerungsfunktion lautet wegen (4.5) und (4.6)

$$H(t) = \sum_{n=1}^{\infty} \Phi\left(\frac{t - n\mu}{\sigma\sqrt{n}}\right).$$

Diese Summendarstellung eignet sich gut für numerische Abschätzungen, da bereits wenige Summanden eine ausreichende Genauigkeit garantieren.

Für den praktisch wichtigen Spezialfall weibullverteilter Pausenzeiten wurde die Erneuerungsfunktion vertafelt, da ihre explizite Angabe nicht möglich ist (wegen diesbezüglicher Literatur siehe *Beichelt/Franken* (1984)).

Im Punkt 1) wurde gezeigt, daß ein gewöhnlicher Erneuerungsprozeß genau dann die Erneuerungsfunktion $H(t) = \lambda t = t/\mu$ hat, wenn $f(t) = \lambda e^{-\lambda t}$, $t \geq 0$, ist. Es liegt die Frage nahe, ob bei gegebenem $F(t)$ ein verzögerter Erneuerungsprozeß existiert, der ebenfalls die Erneuerungsfunktion $H_1(t) = t/\mu$ hat. Die Antwort darauf gibt der

Satz 4.1 Es sei $\mu = E(Y) = \int_0^{\infty} \overline{F}(t)\, dt < \infty$. Dann gilt

$$H_1(t) = t/\mu \tag{4.17}$$

genau dann, wenn $f_1(t) \equiv f_S(t)$ bzw. $F_1(t) \equiv F_S(t)$ mit

$$f_S(t) = \frac{1}{\mu}(1 - F(t)) \tag{4.18}$$

bzw.

$$F_S(t) = \frac{1}{\mu}\int_0^t (1 - F(x))\, dx, \quad t \geq 0, \tag{4.19}$$

ist.

Beweis Bezeichnet $\hat{f}(s)$ die Laplace-Transformierte von $f(t) = F'(t)$, dann gilt wegen des Integrationssatzes (Abschn. 1.5)

$$\hat{f}_S(s) = \frac{1}{\mu s}(1 - \hat{f}(s)).$$

Setzt man $\hat{f}_S(s)$ anstelle von $\hat{f}_1(s)$ in die erste Gleichung von (4.15) ein, erhält man die Laplace-Transformierte der zugehörigen Erneuerungsfunktion $H_1(t) = H_S(t)$:

$$\hat{H}_S(s) = \frac{1}{\mu s^2}.$$

Diese Beziehung ist aber äquivalent zu $H_S(t) = t/\mu$. ∎

Die Zufallsgröße Y_S mit der durch (4.18) bzw. (4.19) gegbenen Wahrscheinlichkeitsverteilung wird sich als entscheidend für die Charakterisierung stationärer Erneuerungsprozesse erweisen (Abschn. 4.5). Man rechnet leicht nach, daß ihre ersten beiden Momente durch

$$E(Y_S) = \frac{\mu^2 + \sigma^2}{2\mu} \quad \text{und} \quad E(Y_S^2) = \frac{\mu_3}{3\mu} \tag{4.20}$$

mit $\sigma^2 = Var(Y)$ und $\mu_3 = E(Y^3)$ gegeben sind.

Neben dem ersten Moment von $N(t)$, also der Erneuerungsfunktion, sind auch die höheren Momente von $N(t)$ von Interesse. Sie spielen vor allem bei der Untersuchung des Verhaltens der Erneuerungsfunktion für $t \to \infty$ eine Rolle. Im Falle gewöhnlicher Erneuerungsprozesse empfiehlt es sich, bei der Berechnung der höheren Momente von den Binomialmomenten auszugehen. Das *Binomialmoment n-ter Ordnung* von $N(t)$ ist definiert durch den Erwartungswert

$$E\binom{N(t)}{n} = \frac{1}{n!} E\{[N(t)][N(t) - 1] \cdots [N(t) - (n - 1)]\} . \tag{4.21}$$

Nach *Franken* (1963) ist es für gewöhnliche Erneuerungsprozesse gleich der n-ten Faltungspotenz der Erneuerungsfunktion:

$$E\binom{N(t)}{n} = H^{*(n)}(t) .$$

Insbesondere ergibt sich aus

$$E\binom{N(t)}{2} = \frac{1}{2} E\{[N(t)][N(t) - 1]\} = \frac{1}{2}\left\{ E[N(t)]^2 - H(t) \right\} = H^{*(2)}(t)$$

wegen (1.10) die Varianz von $N(t)$ zu

$$Var(N(t)) = 2 \int_0^t H(t - x)\, dH(x) + H(t) - [H(t)]^2 .$$

Da für $0 \leq x \leq t$ stets $H(t - x) \leq H(t)$ gilt, folgt eine Abschätzung für $Var(N(t))$:

$$Var(N(t)) \leq [H(t)]^2 + H(t) .$$

4.2.2 Abschätzungen der Erneuerungsfunktion

Da eine explizite Angabe der Erneuerungsfunktion für die Mehrzahl der praktisch bedeutsamen Pausenzeitverteilungen nicht möglich ist, haben Abschätzungen eine große Bedeutung. Im folgenden werden für gewöhnliche Erneuerungsprozesse einige einfache Abschätzungen von $H(t)$ angegeben.

1) Elementare Schranken Aus der evidenten Ungleichung

$$\max_{1 \leq i \leq n} Y_i \leq \sum_{i=1}^{n} Y_i = T_n$$

folgt für ein t mit $F(t) < 1$

$$F^{*(n)}(t) = P(T_n \leq t) \leq P\left(\max_{1 \leq i \leq n} Y_i \leq t\right) = [F(t)]^n \,.$$

Wird auf beiden Seiten dieser Ungleichungskette jeweils von $n = 1$ bis ∞ summiert, ergibt sich aufgrund von (4.6) und der geometrischen Reihe

$$F(t) \leq H(t) \leq \frac{F(t)}{1 - F(t)} \,.$$

Diese Abschätzung liefert nur für kleine t nennenswerte Information über $H(t)$.

2) Lineare Schranken von *Marshall* (1973)　　Es seien $\overline{F}(t) = 1 - F(t)$, $\mu = E(Y)$, $\mathbf{F} = \{t;\ t \geq 0, F(t) < 1\}$ sowie

$$a_0 = \inf_{t \in \mathbf{F}} \frac{F(t) - F_S(t)}{\overline{F}(t)}, \qquad a_1 = \sup_{t \in \mathbf{F}} \frac{F(t) - F_S(t)}{\overline{F}(t)},$$

wobei $F_S(t)$ durch (4.19) gegeben ist. Dann gilt

$$\frac{t}{\mu} + a_0 \leq H(t) \leq \frac{t}{\mu} + a_1 \,. \tag{4.22}$$

Der Beweis dieser Abschätzung und daraus abgeleiteter Folgerungen ist recht instruktiv und soll daher hier gegeben werden: Nach Definition der a_i gilt

$$a_0 \overline{F}(t) \leq F(t) - F_S(t) \leq a_1 \overline{F}(t) \,.$$

Die Faltung mit $F^{*(n)}(t)$ führt zu

$$a_0\left[F^{*(n)}(t) - F^{*(n+1)}(t)\right] \leq F^{*(n+1)}(t) - F_S * F^{*(n)}(t) \leq a_1\left[F^{*(n)}(t) - F^{*(n+1)}(t)\right].$$

Summation über n ergibt wegen (4.6) und Satz 4.1 die Abschätzung (4.22). Da stets

$$\frac{F(t) - F_S(t)}{\overline{F}(t)} \geq -F_S(t) \geq -1$$

gilt, folgen aus (4.22) auch die bereits 1964 von *Butterworth* und *Marshall* gefundenen unteren Schranken

$$H(t) \geq \frac{t}{\mu} - F_S(t) \geq \frac{t}{\mu} - 1 \,.$$

Bezeichnet $\lambda_S(t) = f_S(t)/\overline{F}_S(t)$ die zu $F_S(t)$ gehörende Ausfallrate, so kann man diese in der Form

$$\lambda_S(t) = \frac{\overline{F}(t)}{\int_t^\infty \overline{F}(x)\,dx}$$

schreiben. Damit ergeben sich für a_0 und a_1 die Darstellungen

$$a_0 = \frac{1}{\mu} \inf_{t \in F} \frac{1}{\lambda_S(t)} - 1 \quad \text{und} \quad a_1 = \frac{1}{\mu} \sup_{t \in F} \frac{1}{\lambda_S(t)} - 1 \,,$$

so daß (4.22) eine nutzerfreundlichere Form erhält:

$$\frac{t}{\mu} + \frac{1}{\mu} \inf_{t \in F} \frac{1}{\lambda_S(t)} - 1 \leq H(t) \leq \frac{t}{\mu} + \frac{1}{\mu} \sup_{t \in F} \frac{1}{\lambda_S(t)} - 1 \,. \tag{4.23}$$

Wegen

$$\inf_{t \in F} \lambda(t) \leq \inf_{t \in F} \lambda_S(t) \quad \text{und} \quad \sup_{t \in F} \lambda(t) \geq \sup_{t \in F} \lambda_S(t)$$

kann man die Abschätzung (4.23) um den Preis ihrer Abschwächung noch traktabler machen:

$$\frac{t}{\mu} + \frac{1}{\mu} \inf_{t \in F} \frac{1}{\lambda(t)} - 1 \leq H(t) \leq \frac{t}{\mu} + \frac{1}{\mu} \sup_{t \in F} \frac{1}{\lambda(t)} - 1 \,. \tag{4.24}$$

Beispiel 4.3 Es sei $F(t) = (1 - e^{-t})^2$, $t \geq 0$. In diesem Fall sind

$$\mu = \int_0^\infty \overline{F}(t)\, dt = 3/2$$

und

$$\overline{F}_S(t) = 1 - \frac{1}{\mu} \int_0^t \overline{F}(t)\, dt = \frac{2}{3}\left(2 - \frac{1}{2} e^{-t}\right) e^{-t}, \quad t \geq 0.$$

Daher betragen die zu $F(t)$ und $F_S(t)$ gehörenden Ausfallraten

$$\lambda(t) = \frac{2(1 - e^{-t})}{2 - e^{-t}} \quad \text{bzw.} \quad \lambda_S(t) = 2\frac{2 - e^{-t}}{4 - e^{-t}}, \quad t \geq 0.$$

Beide Ausfallraten sind streng monoton wachsend in t, und es gelten (Bild 4.2)

$$\lambda(0) = 0, \ \lambda(\infty) = 1 \quad \text{sowie} \quad \lambda_S(0) = 2/3, \ \lambda_S(\infty) = 1.$$

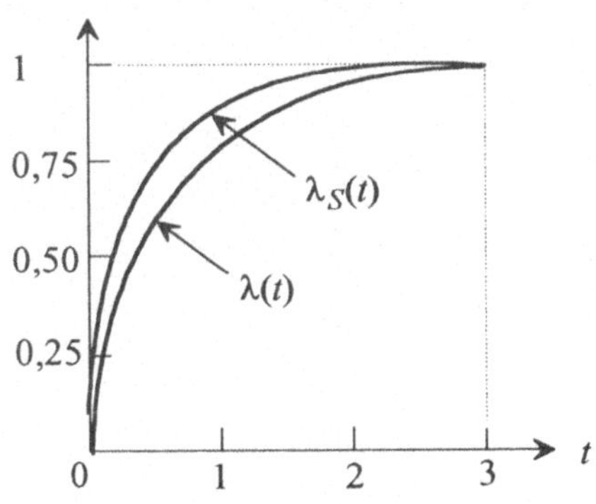

Bild 4.2   Ausfallraten

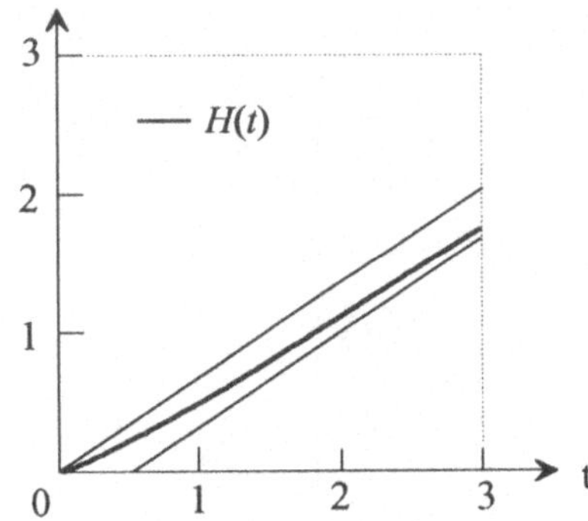

Bild 4.3   Abschätzung der
Erneuerungsfunktion

Somit lauten die Schranken (4.23) bzw. (4.24)

$$\frac{2}{3}t - \frac{1}{3} \le H(t) \le \frac{2}{3}t \tag{4.25}$$

bzw.

$$\frac{2}{3}t - \frac{1}{3} \le H(t) \le \infty .$$

In diesem Fall sind die Schranken (4.24) also ohne jegliches Interesse. Bild 4.3 vergleicht die Schranken (4.25) mit dem exakten Verlauf der Erneuerungsfunktion, wie er durch (4.16) mit $\lambda = 1$ gegeben ist. Für $t > 3$ ist die Abweichung der unteren Schranke von $H(t)$ vernachlässigbar klein. $\square$

3) Obere Schranke von _Lorden_ Ist μ_2 das zu $F(t)$ gehörige zweite Moment, so gilt

$$H(t) \le \frac{t}{\mu} + \frac{\mu_2}{\mu^2} - 1 .$$

4) Obere Schranke von _Brown_ Gehört zu $F(t)$ eine nichtfallende Ausfallrate, so gilt in Verschärfung der oberen Schranke von _Lorden_

$$H(t) \le \frac{t}{\mu} + \frac{\mu_2}{2\mu^2} - 1 .$$

5) Schranken von _Barlow_ und _Proschan_ Gehört zu $F(t)$ eine nichtfallende Ausfallrate, so gilt

$$\frac{t}{\int_0^t \overline{F}(x)\,dx} - 1 \le H(t) \le \frac{t F(t)}{\int_0^t \overline{F}(x)\,dx} .$$

Bild 4.4 vergleicht den exakten Verlauf der Erneuerungsfunktion (4.16) mit den _Barlow/Proschan_ Schranken.

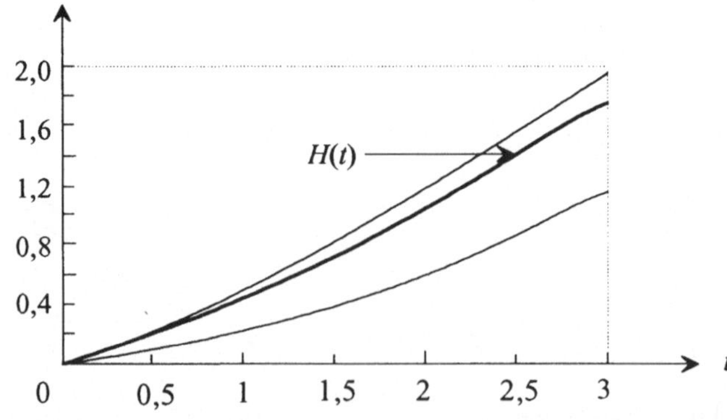

Bild 4.4 Abschätzung der Erneuerungsfunktion durch Barlow/Proschan

4.3 Rekurrenzzeiten

Mit einem Erneuerungsprozeß $\{Y_n;\ n = 1, 2, ...\}$ sind neben dem Prozeß der Erneuerungszeitpunkte $\{T_n;\ n = 1, 2, ...\}$ und dem Erneuerungszählprozeß $\{N(t),\ t \ge 0\}$ noch die stochastischen Prozesse $\{R(t),\ t \ge 0\}$ und $\{V(t),\ t \ge 0\}$ verbunden, wobei

$$R(t) = t - T_{N(t)} \tag{4.26}$$

Rückwärtsrekurrenzzeit und

$$V(t) = T_{N(t)+1} - t \tag{4.27}$$

Vorwärtsrekurrenzzeit heißen. $R(t)$ ist das Alter und $V(t)$ die restliche Lebensdauer des zum Zeitpunkt t arbeitenden Systems (Bild 4.5).

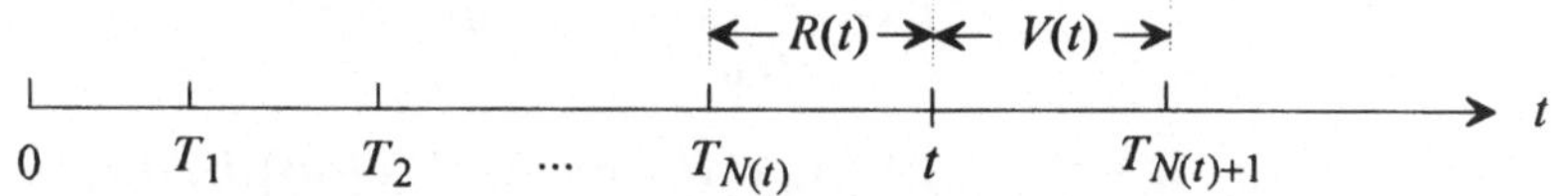

Bild 4.5 Veranschaulichung der Rekurrenzzeiten

Alle vier aus dem Erneuerungsprozeß abgeleiteten Prozesse sind diesem statistisch im folgenden Sinn äquivalent: Aus der Trajektorie eines dieser Prozesse lassen sich umkehrbar eindeutig die zugehörigen vier Realisierungen der anderen konstruieren.

Zunächst werden die Verteilungsfunktionen der Rück- und Vorwärtsrekurrenzzeit ermittelt:

$$F_{R(t)}(x) = P(R(t) \le x), \quad F_{V(t)}(x) = P(V(t) \le x).$$

Wegen (1.7) und (4.6) ergibt sich für $0 < x < t$:

$$F_{R(t)}(x) = P(t - x \le T_{N(t)}) = \sum_{n=1}^{\infty} P(t - x \le T_n,\ N(t) = n)$$

$$= \sum_{n=1}^{\infty} P(t - x \le T_n \le t < T_{n+1}) = \sum_{n=1}^{\infty} \int_{t-x}^{t} \overline{F}(t - u)\, dF_{T_n}(u)$$

$$= \int_{t-x}^{t} \overline{F}(t - u) \sum_{n=1}^{\infty} d\left(F_1 * F^{*(n-1)}(u)\right)$$

$$= \int_{t-x}^{t} \overline{F}(t - u)\, dH_1(u).$$

Somit ist

$$F_{R(t)}(x) = \begin{cases} \int_{t-x}^{t} \bar{F}(t-u)\,dH_1(u) & \text{für } 0 \le x \le t \\ 1 & \text{für } t > x \end{cases} \qquad (4.28)$$

Die zugehörige Verteilungsdichte $f_{R(t)}(x) = dF_{R(t)}(x)/dx$ lautet

$$f_{R(t)}(x) = \begin{cases} \bar{F}(x)\,h_1(t-x) & \text{für } 0 \le x \le t \\ 0, & \text{sonst} \end{cases} \qquad (4.29)$$

Für die Verteilungsfunktion der Vorwärtsrekurrenzzeit erhält man analog

$$F_{V(t)}(x) = P(T_{N(t)+1} \le t+x) = \sum_{n=0}^{\infty} P(T_{n+1} \le t+x,\ N(t) = n)$$

$$= F_1(t+x) - F_1(t) + \sum_{n=1}^{\infty} \int_0^t [F(t+x-u) - F(t-u)]\,dF_{T_n}(u)$$

$$= F_1(t+x) - F_1(t) + \int_0^t [F(t+x-u) - F(t-u)]\,dH_1(u).$$

Unter Berücksichtigung der aus (4.7) resultierenden Beziehung

$$F_1(t) = H_1(t) - \int_0^t F(t-u)\,dH_1(u)$$

kann somit $F_{V(t)}(x)$ in der Form

$$F_{V(t)}(x) = F_1(t+x) - \int_0^t \bar{F}(t+x-u)\,dH_1(u) \qquad (4.30)$$

geschrieben werden. Die zugehörige Verteilungsdichte $f_{V(t)}(x) = dF_{V(t)}(x)/dx$ lautet

$$f_{V(t)}(x) = f_1(t+x) - \int_0^t f(t+x-u)\,h_1(u)\,du. \qquad (4.31)$$

Bemerkung $\bar{F}_{V(t)}(x) = 1 - F_{V(t)}(x)$ ist die Wahrscheinlichkeit dafür, daß das zum Zeitpunkt t arbeitende System im Intervall $(t,\ t + x]$ nicht ausfällt. Daher nennt man $\bar{F}_{V(t)}(x)$ *Intervallzuverlässigkeit.*

Berechnet man die Dichten der Rück- und Vorwärtsrekurrenzzeit eines gewöhnlichen Erneuerungsprozesses mit $f(t) = \lambda\,e^{-\lambda t}$, $t \ge 0$, so erhält man

$$f_{R(t)}(x) = f_{V(t)}(x) = \lambda\,e^{-\lambda x},\ x \ge 0.$$

Die Verteilungen der Pausenzeit sowie der Rück- und Vorwärtsrekurrenzzeiten sind also im Fall exponential verteilter Pausenzeiten identisch. Aufgrund der "Gedächtnislosigkeit" der Exponentialverteilung (Beispiel 1.2) ist diese Tatsache nicht weiter verwunderlich.

Zur Berechnung des Erwartungswertes der Vorwärtsrekurrenzzeit vermittels der Waldschen Identität (Satz 1.3) ist zu zeigen, daß $N(t) + 1$ eine Stoppzeit gemäß Definition 1.2 für den Erneuerungsprozeß $\{Y_1, Y_2, \dots\}$ ist. Das ist aber leicht getan: Bezeichnet "$\approx$" die Äquivalenz zweier zufälliger Ereignisse, so gilt

$$"N(t) + 1 = n" \approx "N(t) = n - 1"$$

$$\approx "Y_1 + Y_2 + \dots + Y_{n-1} \le t < Y_1 + Y_2 + \dots + Y_n".$$

Somit ist "$N(t) + 1 = n$" unabhängig von $Y_{n+1}, Y_{n+2}, \dots$ und daher $N(t) + 1$ eine Stoppzeit für den Erneuerungsprozeß. (Auf analoge Weise überlege man sich, daß $N(t)$ <u>keine</u> Stoppzeit für den Erneuerungsprozeß ist!) Infolgedessen ist die Anwendung der Waldschen Identität zwecks Berechnung des Erwartungswertes von $R(t)$ nicht möglich.). Die Anwendung der Waldschen Identität auf (4.27) liefert

$$E(V(t)) = E(Y_1) + \mu H_1(t) - t.$$

Insbesondere ergibt sich für gewöhnliche Erneuerungsprozesse

$$E(V(t)) = \mu[H(t) + 1] - t.$$

Die Kenntnis der Verteilungsfunktion der Vorwärtsrekurrenzzeit ermöglicht Aussagen bezüglich des zugehörigen Erneuerungszählprozesses $\{N(t), t \ge 0\}$. Zum Beispiel gilt

$$P(N(t+x) - N(t) \le n) = V(t) * F^{*(n-1)}(x); \quad n = 1, 2, \dots$$

4.4 Asymptotisches Verhalten

In diesem Abschnitt wird das Verhalten des Erneuerungszählprozesses $\{N(t), t \ge 0\}$ und insbesondere der zugehörigen Erneuerungsfunktion $H_1(t)$ für $t \to \infty$ untersucht. Die dabei erzielten Ergebnisse erlauben es, für große t Näherungen für $H_1(t)$ sowie für die Verteilung von $N(t)$ anzugeben. Dabei wird stets $E(Y_1) < \infty$ vorausgesetzt.

Satz 4.2 (*elementares Erneuerungstheorem*) Für beliebige $F_1(t)$ gilt

$$\lim_{t \to \infty} \frac{H_1(t)}{t} = \frac{1}{\mu}.$$

Beweis Zunächst sei $\mu < \infty$. Aus $T_{N(t)+1} \ge t$ folgt durch Übergang zum Erwartungswert $E(Y_1) + \mu H_1(t) \ge t$. Daher ist

$$\lim_{t \to \infty} \inf \left(\frac{E(Y_1)}{\mu t} + \frac{H_1(t)}{t} \right) = \lim_{t \to \infty} \inf \frac{H_1(t)}{t} \ge \frac{1}{\mu}. \tag{4.32}$$

Vermittels einer endlichen Zahl A wird nun ein *gestutzter Erneuerungsprozeß* $\{\tilde{Y}_1, \tilde{Y}_2, \ldots\}$ eingeführt:

$$\tilde{Y}_i = \begin{cases} Y_i & \text{für} \quad Y_i \le A \\ A & \text{für} \quad Y_i > A \end{cases} ; \quad i = 1, 2, \ldots$$

Seine analog zum unterliegenden Erneuerungsprozeß definierten Kenngrößen seien $\tilde{\mu}$, $\tilde{T}_n$, $\tilde{N}(t)$ und $\tilde{H}_1(t)$. Da die Pausenzeiten des gestutzten Prozesses nicht größer als A sind, gilt $\tilde{T}_{\tilde{N}(t)+1} \le t + A$. Der Übergang zum Erwartungswert liefert die Ungleichung $E(\tilde{Y}_1) + \tilde{\mu}\,\tilde{H}_1(t) \le t + A$. Es folgt

$$\limsup_{t \to \infty} \left(\frac{E(\tilde{Y}_1)}{\tilde{\mu}t} + \frac{\tilde{H}_1(t)}{t} \right) = \limsup_{t \to \infty} \left(\frac{\tilde{H}_1(t)}{t} \right) \le \frac{1}{\tilde{\mu}}.$$

Wegen $\tilde{T}_n \le T_n$ ist $\tilde{N}(t) \ge N(t)$ und somit $\tilde{H}_1(t) \ge H_1(t)$. Daher folgt

$$\limsup_{t \to \infty} \left(\frac{H(t)}{t} \right) \le \frac{1}{\tilde{\mu}}. \tag{4.33}$$

Der Grenzübergang $A \to \infty$ liefert schließlich

$$\limsup_{t \to \infty} \left(\frac{H(t)}{t} \right) \le \frac{1}{\mu}. \tag{4.34}$$

Die Kombination von (4.32) und (4.34) impliziert die Behauptung des Satzes.
Für $\mu = \infty$ wird wieder zum gestutzten Erneuerungsprozeß übergegangen. Da in diesem Fall $\tilde{\mu} = \tilde{\mu}(A) \to \infty$ für $A \to \infty$ gilt, folgt die Behauptung aus (4.33). ∎

Definition 4.4 Eine Zufallsgröße ξ bzw. ihre Verteilungsfunktion heißt *arithmetisch*, wenn eine positive Konstante a derart existiert, daß gilt

$$\sum_{i=0}^{\infty} P(\xi = a\,i) = 1 \qquad\qquad \bullet$$

Mit anderen Worten, die Realisierungen einer arithmetischen Zufallsgröße sind alle ganzzahlige Vielfache einer positiven Konstanten. Der folgende Satz wird ohne Beweis angegeben (siehe dazu etwa *Feller* (1971).

Satz 4.3 (*Fundamentales Erneuerungstheorem*, Satz von *Smith*) Ist $F(t)$ nicht arithmetisch und ist $g(t)$ auf $[0, \infty)$ integrierbar, dann gilt für alle $F_1(t)$

$$\lim_{t \to \infty} \int_0^t g(t - x)\, dH_1(x) = \frac{1}{\mu} \int_0^\infty g(x)\, dx. \qquad\qquad ∎$$

Das fundamentale Erneuerungstheorem, auch *Hauptsatz der Erneuerungstheorie* genannt, hat sich bei der Lösung zahlreicher Probleme der angewandten Wahrscheinlichkeitstheorie als nützliches Hilfsmittel erwiesen.

Durch die spezielle Wahl

$$g(x) = \begin{cases} 1 & \text{für} \quad 0 \le x \le h \\ 0 & \text{sonst} \end{cases}$$

erhält man aus dem fundamentalen Erneuerungstheorem das Blackwellsche Erneuerungstheorem.

Satz 4.4 (Blackwellsches Erneuerungstheorem) Ist $F(t)$ nicht arithmetisch, dann gilt für beliebige $F_1(t)$ und $h > 0$

$$\lim_{t \to \infty} [H_1(t+h) - H_1(t)] = \frac{h}{\mu}. \qquad \blacksquare$$

Während das elementare Erneuerungstheorem ein "globales" Einschwingen des Erneuerungsprozesses in die zeitunabhängige (stationäre) Phase ausdrückt, beinhaltet das Erneuerungstheorem von Blackwell das entsprechende "lokale" (auf ein Intervall der Länge h bezogene) Verhalten.

Satz 4.5 Es seien $\sigma^2 = Var(Y) < \infty$ und $F(t)$ nicht arithmetisch. Dann gilt

$$\lim_{t \to \infty} \left(H_1(t) - \frac{t}{\mu} \right) = \frac{\sigma^2}{2\mu^2} - \frac{E(Y_1)}{\mu} + \frac{1}{2}.$$

Beweis Die Erneuerungsgleichung (4.7) ist der folgenden äquivalent:

$$H_1(t) = F_1(t) + \int_0^t F_1(t-x)\, dH(x).$$

Gemäß Satz 4.1 kann man diese Integralgleichung für $F_1(t) \equiv F_S(t)$ in der Form

$$\frac{t}{\mu} = F_S(t) + \int_0^t F_S(t-x)\, dH(x)$$

schreiben. Subtraktion beider Integralgleichungen ergibt

$$H_1(t) - \frac{t}{\mu} = \overline{F}_S(t) - \overline{F}_1(t) + \int_0^t \overline{F}_S(t)\, dH(x) - \int_0^t \overline{F}_1(t)\, dH(x).$$

Das fundamentale Erneuerungstheorem und (4.20) liefern nun sofort das gewünschte Ergebnis:

$$\lim_{t \to \infty} \left(H_1(t) - \frac{t}{\mu} \right) = \frac{1}{\mu} \int_0^\infty \overline{F}_S(t)\, dt - \frac{1}{\mu} \int_0^\infty \overline{F}_1(t)\, dt$$

$$= \frac{1}{\mu} \frac{\mu^2 + \sigma^2}{2\mu} - \frac{E(Y_1)}{\mu}. \qquad \blacksquare$$

Insbesondere ergibt sich für gewöhnliche Erneuerungsprozesse

$$\lim_{t \to \infty} \left(H(t) - \frac{t}{\mu} \right) = \frac{1}{2} \left(\frac{\sigma^2}{\mu^2} - 1 \right).$$

Unter den Voraussetzungen von Satz 4.5 resultiert aus dem fundamentalen Erneuerungstheorem also auch das elementare.

Unmittelbar aus dem fundamentalen Erneuerungstheorem folgt auch die Tatsache, daß $F_S(x)$ die Grenzverteilungsfunktion der Verteilungsfunktionen sowohl der Rück- als auch der Vorwärtsrekurrenzzeit für $t \to \infty$ ist:

$$\lim_{t \to \infty} F_{R(t)}(x) = F_S(x), \tag{4.35}$$

$$\lim_{t \to \infty} F_{V(t)}(x) = F_S(x). \tag{4.36}$$

Wegen der inhaltlichen Bedeutung der Vorwärtsrekurrenzzeit erwartet man die Gültigkeit von

$$\lim_{t \to \infty} E(V(t)) = \mu/2.$$

Gemäß (4.20) gilt jedoch

$$\lim_{t \to \infty} E(V(t)) = E(X_S) = \frac{\mu + \sigma^2}{2\mu} > \frac{\mu}{2}.$$

Diese Tatsache ist als *Paradoxon der Erneuerungstheorie* bekannt. Man erklärt sich diesen Sachverhalt inhaltlich so, daß der Bezugszeitpunkt t mit höherer Wahrscheinlichkeit in Erneuerungszyklen größerer Länge als in Erneuerungszyklen kleinerer Länge fällt.

Die den Sätzen 4.2 bzw. 4.5 entsprechende Aussage für die Erneuerungsdichte ist

$$\lim_{t \to \infty} h_1(t) = \frac{1}{\mu}.$$

Der folgende Satz besagt, daß $N(t)$ für große t näherungsweise normalverteilt ist mit dem Erwartungswert t/μ und der Varianz $\sigma^2 t/\mu^3$.

Satz 4.6 Unter den Voraussetzungen $E(Y_1) < \infty$ und $\mu < \infty$ gilt

$$\lim_{t \to \infty} P\left(\frac{N(t) - t/\mu}{\sigma \sqrt{t\mu^{-3}}} \leq x \right) = \Phi(x). \qquad \blacksquare$$

Dieser Satz erlaubt nun als praktisch bedeutsames Ergebnis die Konstruktion approximativer Abschätzungen für die Anzahl $N(t)$ der Erneuerungen im Intervall $(0, t]$, wenn t hinreichend groß ist:

$N(t)$ erfüllt für große t mit Wahrscheinlichkeit $1 - \alpha$ in guter Näherung die Ungleichung

$$\frac{t}{\mu} - u_{\alpha/2}\,\sigma\sqrt{t\,\mu^{-3}} \le N(t) \le \frac{t}{\mu} + u_{\alpha/2}\,\sigma\sqrt{t\,\mu^{-3}}\;,$$

wobei $u_{\alpha/2}$ das $(1-\alpha/2)$–Quantil der standardisierten Normalverteilung ist:

$$\Phi(u_{\alpha/2}) = 1 - \alpha/2\,.$$

Beispiel 4.4 Es seien $t = 1000$, $\mu = 10$, $\sigma = 2$ und $\alpha = 0{,}05$. Wegen $u_{0,025} \approx 2$ liegt $N(1000)$ mit Wahrscheinlichkeit $0{,}95$ im Intervall $[96{,}104]$. $\square$

Die Kenntnis der asymptotischen Verteilung von $N(t)$ ermöglicht darüberhinaus die im Abschn. 4.1 gestellte Frage nach der minimalen Anzahl von Reservesystemen, die notwendig ist, um den Erneuerungsvorgang mit vorgegebener Wahrscheinlichkeit $1 - \alpha$ im Intervall $(0,\,t]$ aufrecht erhalten zu können, ohne Kenntnis der Verteilung von Y näherungsweise zu beantworten. Mit Wahrscheinlichkeit $1 - \alpha$ gilt nämlich

$$\frac{N(t) - t/\mu}{\sigma\sqrt{t\,\mu^{-3}}} \le u_\alpha\,.$$

Daher ist die gesuchte Anzahl $n_{\min}$ für hinreichend große t in guter Näherung durch

$$n_{\min} \approx \frac{t}{\mu} + u_\alpha\sigma\sqrt{t\,\mu^{-3}}$$

gegeben.

Beispiel 4.5 Es seien $t = 2000$, $\mu = 20$, $\sigma = 0{,}05$ und $\alpha = 0{,}01$. Wegen $u_{0,01} = 2{,}32$ ist

$$n_{\min} = \frac{2000}{20} + \sqrt{\frac{2000}{20^3}} = 105{,}8 \approx 106\,.$$

Man benötigt also mindestens 106 Reservesysteme, um mit Wahrscheinlichkeit $0{,}99$ einen ununterbrochenen Fortgang des Erneuerungsvorgangs im Intervall $(0,\,2000]$ zu gewährleisten.

Für $t = 200$, $\mu = 1/\lambda = 20$, $\sigma = 20$ und $\alpha = 0{,}01$ ergibt sich $n_{\min} = 17$. Im Beispiel 4.1 lieferten die gleichen Ausgangswerte, allerdings unter der Voraussetzung eines exponential verteilten Y,

$$n_{\min} = 18\,.$$

Die Differenz von einem Reservesystem ist darauf zurückzuführen, daß $t = 200$ im Vergleich zu $\mu = 20$ nicht groß genug ist, damit die Abweichung des Näherungswerts vom exakten Wert vernachlässigbar klein ausfällt. $\square$

4.5 Stationäre Erneuerungsprozesse

Um die Stationarität im engeren Sinne von Erneuerungsprozessen unmittelbar vermittels Definition 2.2 einführen zu können, wird zunächst von dem zu einem Erneuerungsprozeß $\{Y_1, Y_2, ...\}$ statistisch äquivalenten Prozeß der Vorwärtsrekurrenzzeiten $\{V(t),\, t \geq 0\}$ ausgegangen.

Definition 4.5 Ein Erneuerungsprozeß $\{Y_1, Y_2, ...\}$ heißt *stationär,* wenn der zugehörige stochastische Prozeß der Vorwärtsrekurrenzzeiten $\{V(t),\, t \geq 0\}$ stationär (im engeren Sinne) ist.   ●

Bemerkung Äquivalent wäre, die Stationarität des zughörigen Prozesses der Rückwärtsrekurrenzzeiten bzw. des zugehörigen Erneuerungszählprozesses zu fordern.

Wie hier ohne Beweis angegeben werden soll, ist der Prozeß $\{V(t),\, t \geq 0\}$ markovsch (Definition 2.6). Daher ist er gemäß Satz 2.1 bereits dann stationär, wenn seine eindimensionalen Verteilungsfunktionen $F_{V(t)}(x)$ nicht von t abhängen:

$$F_{V(t)}(x) = F_V(x) \quad \text{für alle } t \geq 0.$$

Ein Stationaritätskriterium und gleichzeitig die zugehörige Verteilungsfunktion von $V(t)$ liefert der

Satz 4.7 Gilt $\mu = \int_0^\infty \overline{F}(t)\, dt < \infty$ und ist $F(t)$ nicht arithmetisch, so ist der durch $F_1(t)$ und $F(t)$ bestimmte Erneuerungsprozeß genau dann stationär, wenn

$$H_1(t) = \frac{t}{\mu} \tag{4.37}$$

ist.

Folgerung Wegen Satz 4.1 ist der Erneuerungsprozeß genau dann stationär, wenn

$$F_1(t) = F_S(t) = \frac{1}{\mu} \int_0^t \overline{F}(x)\, dx \tag{4.38}$$

gilt.

Beweis Gilt (4.37) bzw. (4.38), so folgt aus (4.31) wegen Satz 4.1

$$F_{V(t)}(x) = \frac{1}{\mu} \int_0^{t+x} \overline{F}(u)\, du - \frac{1}{\mu} \int_0^t \overline{F}(t+x-u)\, du$$

$$= \frac{1}{\mu} \int_0^{t+x} \overline{F}(u)\, du - \frac{1}{\mu} \int_x^{t+x} \overline{F}(u)\, du$$

$$= \frac{1}{\mu} \int_0^x \overline{F}(u)\, du,$$

so daß $F_{V(t)}(x)$ nicht von t abhängt.

Hängt umgekehrt $F_{V(t)}(x)$ nicht von t ab, so gilt wegen (4.36)

$$F_{V(t)}(x) = \lim_{t \to \infty} F_{V(t)}(x) = F_S(x) \,.$$

Damit ist aufgrund der Folgerung der Satz bewiesen. ∎

Dieser Satz erlaubt nun im Nachhinein eine inhaltliche Deutung des elementaren Erneuerungstheorems: Nach einer hinreichend großen Zeitspanne ("Einschwingphase") verhält sich jeder Erneuerungsprozeß mit nichtarithmetischem $F(t)$ wie ein stationärer.

Ist $\{N_S(t),\, t \geq 0\}$ der zu einem stationären Erneuerungsprozeß gehörige Erneuerungszählprozeß (also selbst ein im engeren Sinn stationärer Prozeß), so lauten seine entsprechend (4.21) definierten Binomialmomente (*Beichelt, Franken* (1984))

$$E\binom{N_S(t)}{n} = \frac{1}{\mu} \int_0^t H^{*(n-1)}(x)\, dx \,; \quad n = 1, 2, \dots; \quad H^{*(0)} \equiv 1 \,.$$

Hieraus erhält man die Varianz von $N_S(t)$ zu

$$Var(N_S(t)) = \frac{2}{\mu} \int_0^t H(x)\, dx + \frac{t}{\mu}\left(1 - \frac{t}{\mu}\right) \,.$$

Ferner gilt die Abschätzung

$$\frac{\mu_2 t}{\mu^3} - \frac{t}{\mu} - \frac{4\mu_3}{3\mu^3} \leq Var(N_S(t)) \leq \frac{\mu_2 t}{\mu^3} - \frac{t}{\mu} + \frac{\mu_2^2}{4\mu^4} \,,$$

wobei $\mu_i = E(Y^i)$, $i = 2, 3$, ist.

4.6 Alternierende Erneuerungsprozesse

Bisher wurde vorausgesetzt, daß Erneuerungen ausgefallener Systeme Zeiten beanspruchen, die gegenüber den Lebensdauern (Pausenzeiten) vernachlässigbar klein sind. Um Situationen modellieren zu können, die diese Voraussetzung nicht erfüllen, wird jetzt der folgende Erneuerungsvorgang betrachtet: Das erste betrachtete System fällt nach einer zufälligen Zeitspanne Y_1 aus und wird dann in der zufälligen Zeit Z_1 vollständig erneuert. Das erneuerte System wird nach Abschluß der Erneuerung sofort in Betrieb genommen; nach Ablauf seiner zufälligen Lebensdauer Y_2 wird es in der zufälligen Zeit Z_2 vollständig erneuert u.s.w. Auf diese Weise entsteht eine Folge zweidimensionaler zufälliger Vektoren $\{(Y_i, Z_i);\ i = 1, 2, \dots\}$, wobei Y_i die zufällige Lebensdauer des Systems nach der $(i\text{-}1)$-ten Erneuerung und Z_i die anschließende zufällige Erneuerungsdauer bezeichnen. Daher sind

$$S_1 = Y_1; \quad S_n = \sum_{i=1}^{n-1}(Y_i + Z_i) + Y_n; \quad n = 2,3,\ldots$$

die Zeitpunkte, an denen ein Ausfall stattfindet und

$$T_n = \sum_{i=1}^{n}(Y_i + Z_i); \quad n = 1,2,\ldots$$

die Zeitpunkte, an denen ein erneuertes System in Betrieb genommen wird. Die S_n sind die *Ausfallzeitpunkte* und die T_n die *Erneuerungszeitpunkte*.

Definition 4.6 Sind $\{Y_1, Y_2, \ldots\}$ und $\{Z_1, Z_2, \ldots\}$ zwei unabhängige Folgen von unabhängigen Zufallsgrößen, so heißt die Folge $\{(Y_1, Z_1), (Y_2, Z_2), \ldots\}$ *alternierender Erneuerungsprozeß*. ●

Gelegentlich wird auch die Folge $\{(S_1, T_1), (S_2, T_2), \ldots\}$ als alternierender Erneuerungsprozeß bezeichnet. Beide Erklärungen sind einander äquivalent.

Ordnet man einem System, dessen Betriebsprozeß durch einen alternierenden Erneuerungsprozeß beschrieben werden kann, den Zustand 0 zu, wenn es erneuert wird, und den Zustand 1, wenn es arbeitet, dann führt dies zu der binären Indikatorvariablen des Systemzustands

$$X(t) = \begin{cases} 0, & \text{falls} \quad t \in [S_n, T_n), \quad n = 1,2,\ldots \\ 1, & \hspace{3em} \text{sonst} \end{cases} \tag{4.39}$$

Auch der stochastische Prozeß $\{X(t),\, t \geq 0\}$ ist der gegebenen Definition des alternierenden Erneuerungsprozesses äquivalent: jeder Trajektorie dieses Prozesses entspricht genau eine Realisierung des alternierenden Erneuerungsprozesses gemäß Definition 4.6 und umgekehrt (Bild 4.6).

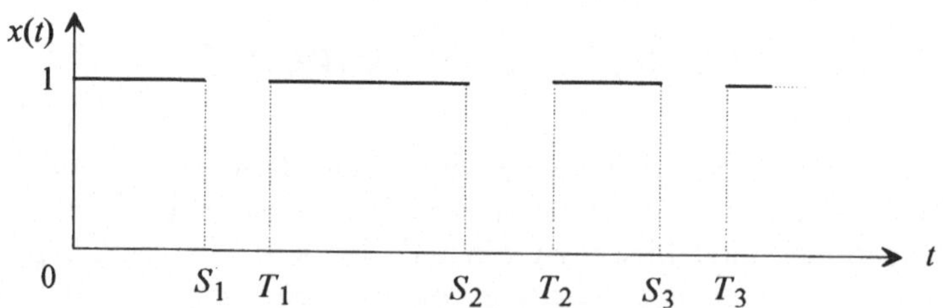

Bild 4.6 Trajektorie eines alternierenden Erneuerungsprozesses

Es seien alle Y_i wie Y und alle Z_i wie Z verteilt, und zwar mit den Verteilungsfunktionen $F(y) = P(Y \leq y)$ und $G(z) = P(Z \leq z)$. Aus der gegebenen Definition des alternierenden Erneuerungsprozesses folgt, daß zum Zeitpunkt $t = 0$ stets ein neues System in Betrieb genommen wird: $P(X(+0) = 1) = 1$.

In Verallgemeinerung des verzögerten Erneuerungsprozesses gemäß Definition 4.2 wäre es natürlich auch jetzt naheliegend, der zufälligen Lebens- bzw. Erneuerungsdauer Y_1 bzw. Z_1 eine Sonderstellung durch Vorgabe von zu $F(y)$ bzw. $G(z)$ verschiedenen Verteilungsfunktionen $F_1(y)$ bzw. $G_1(z)$ zuzubilligen. Auf diese Problematik wird jedoch im folgenden nicht eingegangen, obwohl damit keine prinzipiellen Schwierigkeiten verbunden sind.

$N_a(t)$ bzw. $N_e(t)$ seien die zufälligen Anzahlen von Ausfall- bzw. Erneuerungszeitpunkten in $(0, t]$. Da die S_n und T_n Summen unabhängiger Zufallsgrößen sind, gelten (vergleiche mit (4.2))

$$F_{S_n}(t) = P(S_n \leq t) = P(N_a(t) \geq n)$$

$$= F * (G * F)^{*(n-1)}(t)$$

$$F_{T_n}(t) = P(T_n \leq t) = P(N_e(t) \geq n)$$

$$= (F * G)^{*(n)}(t)$$

Daher hat man für die Erwartungswerte

$$H_a(t) = E(N_a(t)) \quad \text{und} \quad H_e(t) = E(N_e(t))$$

gemäß (4.6) die Summendarstellungen

$$H_a(t) = \sum_{n=1}^{\infty} F * (G * F)^{*(n-1)}(t)$$

und

$$H_e(t) = \sum_{n=1}^{\infty} (F * G)^{*(n)}(t)$$

mit $(F * G)^{0*}(t) \equiv 1$. Die Erwartungswerte $H_a(t)$ und $H_e(t)$ sind die *Erneuerungsfunktionen* des alternierenden Erneuerungsprozesses. Sie erfüllen Integralgleichungen, die analog zu (4.7) bzw. (4.9) gebildet werden.

Hinweis Man beachte, daß es sich bei dem zu $H_a(t)$ gehörigen alternierenden Erneuerungsprozeß formal um einen verzögerten Erneuerungsprozeß im Sinne von Definition 4.2 handelt, dessen erste Systemlebensdauer gemäß $F(x)$ verteilt ist, während die folgenden "Systemlebensdauern" identisch wie $Y + Z$ verteilte Zufallsgrößen mit der Verteilungsfunktion $(F * G)(t)$ sind. Dahingegen läßt sich $H_e(t)$ als Erneuerungsfunktion eines gewöhnlichen Erneuerungsprozesses mit der Verteilungsfunktion der Systemlebensdauer $(F * G)(t)$ deuten.

Es sei $V_a(t)$ die restliche Lebensdauer eines Systems, das sich zur Zeit t im Arbeitszustand befindet. Dann ist $P(X(t) = 1, V_a(t) > x)$ die Wahrscheinlichkeit dafür, daß das System zum Zeitpunkt t arbeitet und im Intervall $[t, t + x]$ nicht ausfällt. Man nennt diese Wahrscheinlichkeit wie im Abschn. 4.3 (siehe die *Bemerkung* nach Gleichung (4.31)) *Intervallzuverlässigkeit*. Ihre Berechnung erfolgt mit Hilfe der Formel der totalen Wahrscheinlichkeit:

$$P(X(t) = 1, V_a(t) > x) = \sum_{n=0}^{\infty} P(T_n \leq t, \ T_n + Y_{n+1} > t + x)$$

$$= \overline{F}(t+x) + \sum_{n=1}^{\infty} \int_0^t P(t+x < T_n + Y_{n+1} \mid T_n = u) \, dF_{T_n}(u)$$

$$= \overline{F}(t+x) + \int_0^t P(t+x-u < Y_{n+1}) \sum_{n=1}^{\infty} d(F * G)^{*(n)}(u)$$

Also ist

$$P(X(t) = 1, \ V_a(t) > x) = \overline{F}(t+x) + \int_0^t \overline{F}(t+x-u) \, dH_e(u) \, . \tag{4.40}$$

Die Wahrscheinlichkeit $A(t) = P(X(t) = 1)$ dafür, daß das System zum Zeitpunkt t arbeitet, ist die *Momentanverfügbarkeit* (*point availability*) des Systems. Man erhält sie aus (4.40) dadurch, daß dort $x = 0$ gesetzt wird:

$$A(t) = \overline{F}(t) + \int_0^t \overline{F}(t-u) \, dH_e(u) \, . \tag{4.41}$$

$A(t)$ ist gemäß Gleichung (1.9) für den Erwartungswert einer binären 0,1-Zufallsgröße gleich dem Erwartungswert der Indikatorvariablen für den Systemzustand:

$$A(t) = E(X(t)).$$

Die *durchschnittliche Verfügbarkeit* des Systems im Intervall $[0, t]$ ist

$$\overline{A}(t) = \frac{1}{t} \int_0^t A(x) \, dx \, .$$

Bezeichnet $U(t)$ die zufällige *Gesamtarbeitszeit* des Systems im Intervall $[0, t]$, so läßt sie sich formal in der Form

$$U(t) = \int_0^t X(x) \, dx \tag{4.42}$$

schreiben. Durch Vertauschung der Integrationsreihenfolge ergibt sich

$$E(U(t)) = E\left(\int_0^t X(x) \, dx \right) = \int_0^t E(X(x)) \, dx \, .$$

Somit ist

$$E(U(t)) = \int_0^t A(x) \, dx = t \, \overline{A}(t) \, .$$

Der folgende Satz gibt Auskunft über das Grenzverhalten der Intervallzuverlässigkeit und der Momentanverfügbarkeit, wenn t unbeschränkt wächst. Ein expliziter Beweis erübrigt sich, da die Behauptungen unmittelbar aus dem fundamentalen Erneuerungstheorem resultieren. (Man beachte dazu den oben gegebenen *Hinweis*!)

Satz 4.8 Die Verteilungsfunktion $(F*G)(t)$ von $Y+Z$ sei nicht arithmetisch, und es sei $E(Y)+E(Z)<\infty$. Dann gelten

$$A_x = \lim_{t\to\infty} P(X(t)=1,\ V_a(t)>x) = \frac{1}{E(Y)+E(Z)}\int_x^\infty \overline{F}(u)\,du,$$

$$A = \lim_{t\to\infty} A(t) = \lim_{t\to\infty} \overline{A}(t) = \frac{E(Y)}{E(Y)+E(Z)}. \tag{4.43}$$

∎

A_x ist die *stationäre Intervallzuverlässigkeit* und A die *Dauer-* oder *stationäre Verfügbarkeit*. Offenbar gilt $A = A_0$. Bezeichnet man die Zeitspanne zwischen zwei benachbarten Erneuerungszeitpunkten als *Erneuerungszyklus*, so ist die Dauerverfügbarkeit gleich dem mittleren Anteil an Arbeitszeit bezogen auf die mittlere Zykluslänge. Die Beziehung (4.43) gilt auch dann, wenn <u>innerhalb</u> der Erneuerungszyklen die Y_i und Z_i voneinander abhängig sind. Jedoch ist im allgemeinen

$$E\!\left(\frac{Y}{Y+Z}\right) \neq \frac{E(Y)}{E(Y)+E(Z)}. \tag{4.44}$$

Beispiel 4.6 Lebens- und Erneuerungsdauern seien exponentialverteilt mit den Verteilungsdichten

$$f(y) = \lambda_1 e^{-\lambda_1 y},\ y\ge 0,\quad \text{und}\quad g(z)=\lambda_0 e^{-\lambda_0 z},\ z\ge 0.$$

Die Anwendung der Laplace-Transformation auf (4.41) liefert

$$\hat{A}(s) = \hat{\overline{F}}(s) + \hat{\overline{F}}(s)\cdot\hat{h}_e(s) = \frac{1}{s+\lambda_1} + \frac{1}{s+\lambda_1}\hat{h}_e(s).$$

Die Laplace-Transformierte der Faltung von f und g ist

$$L\{f*g\} = \frac{\lambda_0\lambda_1}{(s+\lambda_0)(s+\lambda_1)}.$$

Daher gilt gemäß (4.14)

$$\hat{h}_e(s) = \frac{\dfrac{\lambda_0\lambda_1}{(s+\lambda_0)(s+\lambda_1)}}{1 - \dfrac{\lambda_0\lambda_1}{(s+\lambda_0)(s+\lambda_1)}} = \frac{1}{s}\frac{\lambda_0\lambda_1}{s+\lambda_0+\lambda_1}.$$

Einsetzen in $\hat{A}(s)$ und Partialbruchzerlegung liefert

$$\hat{A}(s) = \frac{1}{s+\lambda_1} + \frac{\lambda_1}{s}\cdot\frac{1}{s+\lambda_1} - \frac{\lambda_1}{s}\cdot\frac{1}{s+\lambda_0+\lambda_1}.$$

Rücktransformation ergibt die Momentanverfügbarkeit zu

$$A(t) = \frac{\lambda_0}{\lambda_0+\lambda_1} + \frac{\lambda_1}{\lambda_0+\lambda_1}\,e^{-(\lambda_0+\lambda_1)t},\ t\ge 0.$$

Wegen $E(Y) = 1/\lambda_1$ und $E(Z) = 1/\lambda_0$ ist damit gleichzeitig die Beziehung (4.43) verifiziert. Für $\lambda_0 \neq \lambda_1$ gilt (s. etwa *Beichelt* (1995), Beispiel 6.7)

$$E\left(\frac{Y}{Y+Z}\right) = \frac{\lambda_0}{\lambda_0 - \lambda_1}\left(1 + \frac{\lambda_1}{\lambda_0 - \lambda_1} \ln\frac{\lambda_1}{\lambda_0}\right),$$

was die Aussage (4.44) bestätigt. Zum Beispiel gelten für $E(Z) = 0,25E(Y)$

$$A = \frac{E(Y)}{E(Y) + E(Z)} = 0,8 \quad \text{und} \quad E\left(\frac{Y}{Y+Z}\right) = 0,7172. \qquad \square$$

Ist Y exponentialverteilt mit dem Parameter λ und Z im Intervall $[0, d]$ gleichverteilt, so kann man die Momentanverfügbarkeit ebenfalls explizit angeben. Sie beträgt (der Beweis bleibt dem Leser überlassen)

$$A(t) = \sum_{n=0}^{[t/d]} \frac{[\lambda(t - nd)]^n}{n!} e^{-\lambda(t-nd)},$$

wobei $[t/d]$ die größte ganze Zahl bezeichnet, die kleiner oder gleich t/d ist.

Im allgemeinen sind numerische Methoden anzuwenden, wenn vermittels der Formeln (4.40) und (4.41) Intervallzuverlässigkeit und Momentanverfügbarkeit berechnet werden sollen. Dies ist auf die nicht vorhandenen oder sehr komplizierten funktionellen Darstellungen der Erneuerungsfunktion für die meisten Typen von Lebensdauerverteilungen zurückzuführen. Jedoch können (4.40) und (4.41) auch zu approximativen Rechnungen benutzt werden, wenn von den in den Abschnitten 4.2 und 4.4 angegebenen Abschätzungen bzw. Näherungen für die Erneuerungsfunktion Gebrauch gemacht wird.

4.7 Kumulative stochastische Prozesse

Kumulative stochastische Prozesse entstehen durch additive Überlagerung von zufälligen Größen an zufälligen Zeitpunkten. Zur Einführung wird die folgende Situation betrachtet.

Beispiel 4.7 Der mechanische Verschleiß eines Bauteils sei auf die Einwirkung von Schocks zurückzuführen. (Zum Beispiel ist für die Bremsscheiben der Räder eines Kraftfahrzeugs jeder Bremsvorgang ein Schock.) Ausgehend vom Verschleißgrad 0 erfahre der Grad des mechanischen Verschleißes des Bauteils beim i-ten Schock einen zufälligen, wie C verteilten Zuwachs C_i, wobei C normalverteilt ist mit den Parametern $E(C) = 9,2$ und $\sqrt{Var(C)} = 2,8$ $\left[\text{in } 10^{-4}mm\right]$. Das Bauteil wird ausgewechselt, wenn der totale Verschleißgrad (= kumulative Zuwachs) $0,1mm$ übersteigt. Mit welcher Wahrscheinlichkeit ist das Bauteil nach höchstens 100 Schocks auszuwechseln?

Bezeichnet

$$X_{100} = \sum_{i=1}^{100} C_i$$

den Verschleißgrad nach 100 Schocks, so lautet dessen Verteilungsfunktion

$$P(X_{100} \leq x) = \Phi\left(\frac{x - 9,2 \cdot 100}{\sqrt{2,8^2 \cdot 100}}\right) = \Phi\left(\frac{x - 920}{28}\right).$$

Daher beträgt die gesuchte Wahrscheinlichkeit

$$P(X_{100} > 1000) = 1 - \Phi\left(\frac{1000 - 920}{28}\right) = 1 - \Phi(2,86) = 0,021.$$

Man kann also davon ausgehen, das Bauteil erst nach der Einwirkung von über 100 Schocks auswechseln zu müssen. $\square$

Neben den Beiträgen der einzelnen Schocks sind zur Charakterisierung der Verschleißgeschwindigkeit auch die Pausenzeiten zwischen den Schocks zu berücksichtigen. Dies führt auf folgende Definition.

Definition 4.7 (*kumulativer stochastischer Prozeß*) Es sei $\{N(t),\ t \geq 0\}$ ein Zählprozeß mit der Folge der Sprungpunkte $T_1, T_2, \ldots$ Jeder Sprungpunkt T_i wird mit einer Zufallsgröße C_i bewertet. Dann ist $\{X(t),\ t \geq 0\}$ mit

$$X(t) = \sum_{i=1}^{N(t)} C_i \tag{4.45}$$

ein *kumulativer stochastischer Prozeß*. $\bullet$

Außer ihrer Interpretation als Verschleißgrad kann es sich bei $X(t)$ je nach der inhaltlichen Bedeutung der C_i um eine beliebige Gewinn-, Verlust- oder sonstige Kennziffer handeln. Ist etwa $\{N(t),\ t \geq 0\}$ ein Erneuerungszählprozeß und bezeichnet C_i die Kosten der Erneuerung zum Zeitpunkt T_i, so sind $X(t)$ die gesamten (=kumulativen) im Intervall $(0,\ t]$ anfallenden Erneuerungskosten. Wird mit C_i der im Intervall $(T_{i-1}, T_i]$ erwirtschaftete Gewinn bezeichnet, dann ist $X(t)$ der gesamte im Intervall $(0,\ t]$ angefallene Gewinn. (Allerdings wird ein möglicher, im Intervall $(T_{N(t)}, t]$ erzielter Gewinn nicht berücksichtigt.) Kumulative Prozesse werden in diesem Abschnitt stets unter folgenden Voraussetzungen betrachtet:

1) $\{N(t),\ t \geq 0\}$ ist der zu einem gewöhnlichen Erneuerungsprozeß $\{Y_1, Y_2, \ldots\}$ gehörige Zählprozeß.
2) Die $C_1, C_2, \ldots$ sind voneinander unabhängig. Y_i und C_j werden für alle i und j mit $i \neq j$ als voneinander unabhängig vorausgesetzt.
3) Die zufälligen Vektoren (Y_i, C_i) sind für alle $i = 1, 2, \ldots$ identisch wie (Y, C) verteilt. Y und C haben positive und beschränkte Erwartungswerte und Varianzen.

Unter diesen Voraussetzungen erhält man aus der Waldschen Identität sofort die Trendfunktion $m(t) = E(X(t))$ des kumulativen stochastischen Prozesses:

$$m(t) = E(C)\, H(t)\,,$$

wobei $H(t) = E(N(t))$ die zum unterliegenden Erneuerungsprozeß gehörige Erneuerungsfunktion ist. Hieraus folgt wegen des elementaren Erneuerungstheorems eine wichtige asymptotische Eigenschaft kumulativer stochastischer Prozesse:

$$\lim_{t \to \infty} \frac{E(X(t))}{t} = \frac{\nu}{\mu}\,, \tag{4.46}$$

wenn

$$\mu = E(Y) \quad \text{und} \quad \nu = E(C) \tag{4.47}$$

gesetzt werden. Dieser Sachverhalt beinhaltet, daß der durchschnittliche Gewinn bzw. Verlust, der sich bei zeitlich unbeschränktem Ablauf eines kumulativen stochastischen Prozesses je Zeiteinheit einstellt, gleich dem durchschnittlichen Gewinn bzw. Verlust je Zeiteinheit ist, der sich je Erneuerungszyklus einstellt.

Im allgemeinen ist die Wahrscheinlichkeitsverteilung von $X(t)$ nicht explizit angebbar. Daher ist der folgende Satz von Bedeutung, der eine Aussage über das asymptotische Verhalten dieser Wahrscheinlichkeitsverteilung macht.

Satz 4.9 Unter der Voraussetzung

$$\gamma^2 = Var(\mu C - \nu Y) > 0 \tag{4.48}$$

gilt

$$\lim_{t \to \infty} P\left(\frac{X(t) - \frac{\nu}{\mu} t}{\mu^{-3/2}\, \gamma\, \sqrt{t}} \le x \right) = \Phi(x)\,,$$

wobei $\Phi(x)$ durch (1.51) gegeben ist. ∎

Eine äquivalente Formulierung für die Aussage dieses Satzes ist, daß $X(t)$ für große t näherungsweise normalverteilt ist mit dem Erwartungswert $(\nu/\mu)\, t$ und der Varianz $\mu^{-3} \gamma^2 t$:

$$X(t) \approx N\left(\frac{\nu}{\mu}\, x,\ \mu^{-3} \gamma^2\, t \right). \tag{4.49}$$

Wegen (1.39) kann γ^2 im Falle der Unabhängigkeit von Y und C (die Voraussetzung 2 von Seite 133 schließt die Möglichkeit der Abhängigkeit von Y und C nicht aus!) in folgender Form geschrieben werden:

$$\gamma^2 = \mu^2 Var(C) + \nu^2 Var(Y) \tag{4.50}$$

In diesem Fall ist die Bedingung (4.48) stets erfüllt. Sie schließt ohnehin nur den Fall $\gamma^2 = 0$, also die funktionelle lineare Abhängigkeit zwischen Y und C, aus.

Das folgende Beispiel illustriert die praktische Anwendung von Satz 4.9.

Beispiel 4.8 Auch mit dem alternierenden Erneuerungsprozeß $\{(Y_i, Z_i);\ i = 1, 2, ...\}$ (Definition 4.6) sind kumulative stochastische Prozesse verbunden, für deren Analyse die erzielten Ergebnisse nutzbar gemacht werden können. Zum Beispiel beträgt die Gesamterneuerungszeit des Systems in $(0, t]$, wenn die mögliche Erneuerungszeit im zur Zeit t gerade "laufenden" Erneuerungszyklus nicht berücksichtigt wird,

$$X(t) = \sum_{i=1}^{N(t)} Z_i .$$

Hierbei zählt $N(t)$ die Anzahl der Erneuerungspunkte T_n in $(0, t]$ (wegen der Bezeichnungen und Voraussetzungen siehe Abschn. 4.6). Um das asymptotische Verhalten von $X(t)$ für große t vermittels Satz 4.9 zu untersuchen, ist dort C durch Z und Y durch $Y + Z$ zu ersetzen. Daher ist die Gesamterneuerungszeit $X(t)$ für große t gemäß (4.49) näherungsweise normalverteilt mit den Parametern

$$E(X(t)) = \frac{E(Z)}{E(Y) + E(Z)} t \quad \text{und} \quad Var(X(t)) = \frac{\gamma^2}{[E(Y) + E(Z)]^3} t .$$

Wegen der Unabhängigkeit von Y und Z gilt

$$\gamma^2 = Var[Z E(Y + Z) - (Y + Z)E(Z)]$$

$$= Var[Z E(Y) - Y E(Z)]$$

$$= [E(Y)]^2 Var(Z) + [E(Z)]^2 Var(Y) > 0 ,$$

so daß die Voraussetzung (4.48) erfüllt ist. Speziell seien in einem konkreten Fall (alle Angaben in $[h]$)

$$E(Y) = 120, \quad \sqrt{Var(Y)} = 40 \quad \text{und} \quad E(Z) = 4, \quad \sqrt{Var(Z)} = 2 .$$

Dann ist

$$\gamma^2 = 120^2 \cdot 4 + 16 \cdot 1600 = 83200 \quad \text{und somit} \quad \gamma = 288, 4 .$$

Zu berechnen ist die Wahrscheinlichkeit dafür, daß im Verlaufe von 10 000 Betriebsstunden die Gesamterneuerungszeit den Vorgabewert von $350h$ nicht überschreitet. Man erhält

$$P(X(10^4) \le 350) = \Phi\left(\frac{350 - \frac{4}{124} 10^4}{124^{-3/2} \cdot 288, 4 \cdot \sqrt{10^4}} \right)$$

$$= \Phi(1, 313) .$$

Daher beträgt die gesuchte Wahrscheinlichkeit

$$P(X(10^4) \le 350) = 0, 905 . \qquad \square$$

Niveauüberschreitung Die vorangegangenen Beispiele legen nahe, sich nach dem Zeitpunkt $L = L(x)$ dafür zu interessieren, an dem der Prozeß erstmals einen vorgegebenen Schwellwert x überschreitet:

$$L = \inf_{t} \{ t,\, X(t) > x \}.$$

Ist x zum Beispiel kritische Verschleißgrenze für ein Bauteil, so kann das Überschreiten von x als Driftausfall des Bauteils interpretiert werden. In diesem Fall ist es gerechtfertigt, L als Lebensdauer zu bezeichnen.

Ein offensichtlicher Zusammenhang zwischen den Wahrscheinlichkeitsverteilungen der *Ersterreichungszeit* $L(x)$ und $X(t)$ besteht, wenn $X(t)$ nichtfallende Trajektorien hat, wenn die C_i also nichtnegative Zufallsgrößen sind:

$$P(L(x) \le t) = P(X(t) > x).$$

Bild 4.7 veranschaulicht diesen Sachverhalt für eine spezielle Trajektorie des kumulativen stochastischen Prozesses.

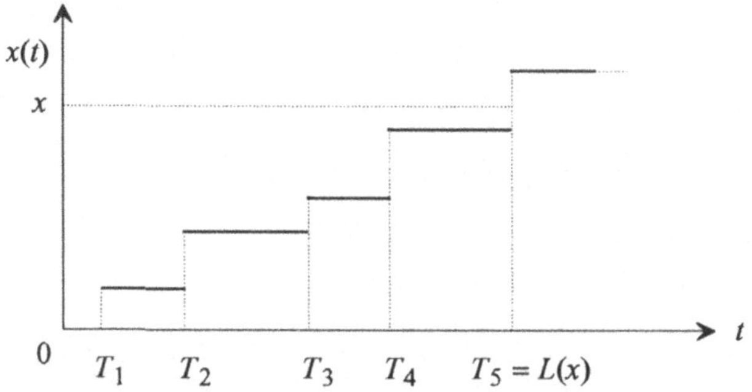

Bild 4.7 Niveauüberschreitung eines kumulativen stochastischen Prozesses

Beispiel 4.9 Die zeitliche Einwirkung von Schocks auf ein System erfolge entsprechend einem homogenen Poissonprozeß $\{N(t),\, t \ge 0\}$ mit der Intensität λ. C sei eine nichtnegative Zufallsgröße mit der Verteilungsfunktion G. $X(t)$ wird als Verschleißgrad zum Zeitpunkt t interpretiert. Das System befinde sich genau dann im Ausfallzustand, wenn $X(t) > x$ ist. Unter der Bedingung, daß im Intervall $(0,\, t]$ genau n Schocks einwirken, fällt das System in diesem Intervall mit Wahrscheinlichkeit $G^{*(n)}(x)$ nicht aus. Hierbei ist $G^{*(n)}$ das durch (1.49) definiert n-te Faltungsprodukt von G. Gemäß der Formel der totalen Wahrscheinlichkeit beträgt die (unbedingte) Wahrscheinlichkeit dafür, daß das System im Intervall $(0,\, t]$ nicht ausfällt,

$$\overline{F}(t) = e^{-\lambda t} \sum_{n=1}^{\infty} \frac{(\lambda t)^n}{n!} G^{*(n)}(x), \quad t \ge 0.$$

Die Trendfunktion dieses Verschleißprozesses ist, wenn von den Bezeichnungen (4.47) sowie von $H(t) = \lambda t$ und $\lambda = 1/\mu$ Gebrauch gemacht wird,

$$m(t) = \frac{\nu}{\mu}\, t\,.$$

Ist speziell C normalverteilt mit dem Erwartungswert ν und der Standardabweichung σ, wobei $\nu > 3\sigma$ vorausgesetzt wird, um negative Realisierungen von C praktisch auszuschließen, dann fällt das System in $(0, t]$ mit Wahrscheinlichkeit

$$\bar{F}(t) = e^{-\lambda t} \sum_{n=1}^{\infty} \frac{(\lambda t)^n}{n!}\, \Phi\!\left(\frac{t - n\nu}{\sigma \sqrt{n}}\right), \quad t \ge 0,$$

nicht aus. $\qquad\qquad\qquad\qquad\qquad\qquad\qquad\qquad\qquad\qquad\qquad\square$

Im allgemeinen ist die Wahrscheinlichkeitsverteilung von $L(x)$ nicht explizit angebbar. Daher ist der folgende Satz von Bedeutung, der eine Aussage über das asymptotische Verhalten dieser Wahrscheinlichkeitsverteilung macht. Seine Analogie zu Satz 4.9 ist augenfällig.

Satz 4.10 Unter der Voraussetzung (4.48) gilt

$$\lim_{x\to\infty} P\!\left(\frac{L - \frac{\mu}{\nu} x}{\nu^{-3/2}\, \gamma\, \sqrt{x}} \le u\right) = \Phi(u)\,.$$

$\qquad\qquad\qquad\qquad\qquad\qquad\qquad\qquad\qquad\qquad\qquad\qquad\qquad\blacksquare$

Ein neuerer Beweis dieses Satzes findet sich bei *Gut* (1990). (*Gut* zeigte darüberhinaus, daß der Satz auch für negative Y_i und C_i gilt, wenn die Bedingung $\nu > 0$ erfüllt ist.) Wie bei Satz 4.9 können die Y_i und C_i (jeweils gleiche Indizees!) voneinander abhängig sein.

Eine äquivalente Formulierung der Aussage von Satz 4.10 ist, daß $L = L(x)$ für große x näherungsweise normalverteilt ist mit dem Erwartungswert $(\mu/\nu)\,x$ und der Varianz $\nu^{-3}\gamma^2 x$:

$$L(x) \approx N\!\left(\frac{\mu}{\nu}\, x,\ \nu^{-3}\gamma^2 x\right). \tag{4.51}$$

Der durch (4.51) gegebene Verteilungstyp heißt *Birnbaum-Saunders-Verteilung*.

Fortsetzung von Beispiel 4.7 Zuzüglich zu der bereits gemachten Annahme

$$\nu = E(C) = 9,2 \quad \text{und} \quad \sqrt{Var(C)} = 2,8 \quad \left[\text{alles in } 10^{-4}\, mm\right]$$

wird vorausgesetzt, daß Erwartungswert und Standardabweichung der Pausenzeiten gegeben sind durch

$$\mu = E(Y) = 6 \quad \text{und} \quad \sqrt{Var(Y)} = 2 \quad [\text{alles in } h]\,.$$

Damit ergibt sich nach (4.50) (Unabhängigkeit von C und Y vorausgesetzt)

$$\gamma = 0,0024916 \;.$$

Mit welcher Wahrscheinlichkeit wird die Toleranzschranke von $0,1\,mm$ erst nach $600\,h$ überschritten? Zur Lösung dieses Problems kann Satz 4.10 angewendet werden, da $0,1\,mm$ im Vergleich zum Schockparameter ν genügend groß ist. Man erhält

$$P(L(0,1) > 600) = 1 - \Phi\left(\frac{600 - \frac{6}{9,2}10^3}{(9,2)^{-3/2} \cdot 24,916 \cdot \sqrt{0,1}} \right)$$

$$= 1 - \Phi(-1,848)\;.$$

Also beträgt die gesuchte Wahrscheinlichkeit $P(L(0,1) > 600) = 0,967$. $\Box$

4.8 Regenerative stochastische Prozesse*

Zu Beginn dieses Kapitels wurde darauf hingewiesen, daß die Erneuerungstheorie neben ihrer eigenständigen Bedeutung auch theoretische Grundlage für die Analyse des Verhaltens komplizierter Systeme ist. Das ist immer dann der Fall, wenn im Betriebsablauf dieser Systeme *Regenerationspunkte* auftreten. Regnerationspunkte sind dadurch gekennzeichnet, daß der Betriebsablauf eines Systems nach einem Regenerationspunkt unabhängig von dem Geschehen vor dem Regenerationspunkt ist und nach jedem Regenerationspunkt nach den gleichen statistischen Gesetzmäßigkeiten abläuft. Somit sind Regenerationspunkte nichts anderes als Erneuerungspunkte im Betriebsablauf des Systems und erzeugen daher einen Erneuerungsprozeß. Jedoch interessieren jetzt nicht nur die Abstände zwischen den Regenerationspunkten, sondern auch das Verhalten des Systems zwischen diesen Punkten.

Zur genauen Definition eines regenerativen stochastischen Prozesses wird zunächst ein gewöhnlicher Erneuerungsprozeß $\{L_1, L_2, ...\}$ eingeführt, wobei die L_i identisch wie L verteilt seien. L_i bezeichnet die zufällige Länge des i-ten Regenerationszyklus, so daß $\{T_1, T_2, ...\}$ mit

$$T_n = \sum_{i=1}^{n} L_i$$

die Folge der Regenerationspunkte ist. $\{N(t), t \geq 0\}$ sei der zugehörige Erneuerungszählprozeß.

Ein *Regenerationszyklus* ist durch $\{[L, W(x)],\ 0 \leq x < L\}$ gegeben, wobei $W(x)$ den Zustand des Systems zum Zeitpunkt x (bezogen auf den vorangegangenen Regenerationspunkt) bezeichnet.

Durch den Erneuerungsprozeß der Zyklenlängen $L_1, L_2, \ldots$ ist die Folge der Regenerationszyklen definiert:

$$\{\{[L_i,\ W_i(x)],\ 0 \leq x < L_i\};\ i = 1, 2, \ldots\}.$$

Die oben verbal definierte charakteristische Eigenschaft der Regenerationspunkte findet ihre mathematische Formulierung in der Voraussetzung, daß die Erneuerungszyklen voneinander unabhängig und identisch wie der *typische Regenerationszyklus* $\{[L, W(x)],\ 0 \leq x < L\}$ verteilt sind. Die einheitliche Wahrscheinlichkeitsverteilung der Regenerationszyklen heißt *Zyklusverteilung*.

Definition 4.8 Mit den eingeführten Bezeichnungen und Voraussetzungen ist der stochastische Prozeß $\{X(t),\ t \geq 0\}$ mit

$$X(t) = W_{N(t)}(t - T_{N(t)}) \tag{4.52}$$

ein *regenerativer (stochastischer) Prozeß*. Die T_n; $n = 1, 2, \ldots$; sind seine *Regenerationspunkte*. ●

Anschaulich beinhaltet der Ansatz (4.52) den bereits erläuterten Sachverhalt, daß der vor t liegende Regenerationspunkt $T_{N(t)}$ zum neuen Nullpunkt erklärt wird und danach wiederum der stochastische Prozeß $\{W(x),\ x \geq 0\}$ mit $x = t - T_{N(t)}$ abläuft, und zwar von $x = 0$ bis $x = L_{N(t)+1} = T_{N(t)+1} - T_{N(t)}$.

Beispiel 4.10 Der alternierende Erneuerungsprozeß $\{(Y_i, Z_i);\ i = 1, 2, \ldots\}$ ist ein einfaches Beispiel für einen regenerativen Prozeß. Nach jeder Inbetriebnahme des erneuerten Systems beginnt alles "von neuem". In diesem Fall sind die L_i durch $L_i = Y_i + Z_i$ gegeben, wobei die zufälligen Vektoren (Y_i, Z_i) voneinander unabhängig und identisch wie (Y, Z) verteilt sind. Der einzuführende Zustandsprozeß $\{W(x),\ x \geq 0\}$ charakterisiert Arbeits- und Erneuerungsphase in einem Zyklus durch

$$W(x) = \begin{cases} 1 & \text{für} & 0 \leq x < Y \\ 0 & \text{für} & Y \leq x < Y+Z \end{cases}.$$

Damit ist der "typische Regenerationszyklus" $\{[L, W(x)],\ 0 \leq x < L\}$ mit $L = Y + Z$ vollständig charakterisiert und der Ansatz (4.52) bestimmt den zugehörigen regenerativen stochastischen Prozeß. Man erkennt den Unterschied zum gewöhnlichen Erneuerungsprozeß: Es sind nicht nur die Längen L_i der Regenerationszyklen von Interesse, sondern es wird auch erfaßt, in welchem Verhältnis Arbeits- und Erneuerungsphasen in einem Zyklus zueinander stehen. □

Zwecks Darstellung der eindimensionalen Verteilung eines regenerativen stochastischen Prozesses werden die Erneuerungsfunktion $H(t)$ des gewöhnlichen Erneuerungsprozesses $\{L_1, L_2, \ldots\}$ sowie die Wahrscheinlichkeit

$$Q(x, B) = P(W(x) \in B, L > x)$$

eingeführt, wobei B eine Teilmenge des Zustandsraums von $\{W(x),\, x \geq 0\}$ ist. Analog zur Ableitung von (4.40) überzeugt man sich von der Gültigkeit der Beziehung

$$P(X(t) \in B) = Q(t, B) + \int_0^t Q(t - x, B)\, dH(x)\,. \tag{4.53}$$

Von besonderem Interesse ist das Verhalten dieser Wahrscheinlichkeiten für $t \to \infty$.

Satz 4.11 (Satz von *Smith*) Ist L nicht arithmetisch und $E(L) > 0$, dann gilt

$$\lim_{t \to \infty} P(X(t) \in B) = \frac{1}{E(L)} \int_0^\infty Q(x, B)\, dx\,.$$

Für beliebige L mit $E(L > 0)$ gilt die etwas schwächere Aussage

$$\lim_{t \to \infty} \frac{1}{t} \int_0^t P(X(x) \in B)\, dx = \frac{1}{E(L)} \int_0^\infty Q(x, B)\, dx\,. \qquad \blacksquare$$

(Wegen der Erklärung arithmetischer Zufallsgrößen siehe Definition 4.4.) Die praktische Nutzung dieser *stationären* (*zeitunabhängigen*) *Zustandswahrscheinlichkeiten* eines regenerativen stochastischen Prozesses soll an einem Beispiel aus der Instandhaltungstheorie erläutert werden.

Beispiel 4.11 (*altersabhängige Erneuerung*) Ein System wird nach Ausfällen erneuert. Wenn es ohne auszufallen eine vorgegebene Zeitspanne τ gearbeitet hat, wird nach Ablauf dieser Zeitspanne mit der prophylaktischen Erneuerung des Systems begonnen. Man unterscheidet daher zwischen *Havarieerneuerungen* und *prophylaktischen Erneuerungen*. Sowohl Havarie- als auch prophylaktischen Erneuerungen seien vollständig (siehe Abschnitt 3.2.2, Seite 99). Sie erfordern die konstanten Zeiten d_h bzw. d_p. Ferner seien $F(t) = P(T \leq t)$ die Verteilungsfunktion der zufälligen Lebensdauer T des Systems und $\overline{F}(t) = 1 - F(t)$ seine Überlebenswahrscheinlichkeit. Es existiere die zugehörige Verteilungsdichte und damit die Ausfallrate $\lambda(t)$ des Systems.

Als Regenerationspunkte im Betriebsprozeß des Systems werden diejenigen Zeitpunkte gewählt, an denen die Wiederinbetriebnahme des erneuerten Systems erfolgt. Die zufällige Länge L eines Regenerationszyklus hat daher die Struktur

$$L = \min(T, \tau) + Z\,,$$

wobei die zufällige Erneuerungsdauer Z durch

$$Z = \begin{cases} d_h & \text{für} \quad T < \tau \\ d_p & \text{für} \quad T \geq \tau \end{cases}$$

gegeben ist. Somit beträgt die mittlere Länge eines Regenerationszyklus

$$E(L) = \int_0^\tau \overline{F}(x)\, dx + d_h F(\tau) + d_p \overline{F}(\tau)\,.$$

$W(x)$ sei genau dann 1, wenn das System zum Zeitpunkt x arbeitet, und ansonsten 0. Dann gilt mit $B = \{1\}$

$$Q(x, B) = P(W(x) = 1, L > x) = \begin{cases} 0 & \text{für} \quad \tau < x \leq L \\ P(T > x) & \text{für} \quad 0 \leq x \leq \tau \end{cases}$$

und somit ist

$$\int_0^\infty Q(x, B)\, dx = \int_0^\tau P(T > x)\, dx = \int_0^\tau \overline{F}(x)\, dx.$$

Satz 4.11 liefert nun sofort die Dauerverfügbarkeit $A = A(\tau)$ des Systems:

$$A(\tau) = \lim_{t \to \infty} P(X(t) = 1) = \frac{\int_0^\tau \overline{F}(x)\, dx}{\int_0^\tau \overline{F}(x)\, dx + d_h F(\tau) + d_p \overline{F}(\tau)}.$$

Hinweis Die beschriebene Erneuerungssituation läßt sich auch als alternierender Erneuerungsprozeß interpretieren, so daß die Anwendung von Satz 4.8 (Formel (4.43)) zum gleichen Resultat führt.

Es ist naheliegend, sich für dasjenige Erneuerungsintervall zu interessieren, an dem $A(\tau)$ maximal wird. Aus der notwendigen Bedingung $dA(\tau)/d\tau = 0$ erhält man die Bestimmungsgleichung

$$\lambda(\tau)\int_0^\tau \overline{F}(x)\, dx - F(\tau) = \frac{d}{1-d} \tag{4.54}$$

mit $d = d_p/d_h$. Eine eindeutig bestimmte Lösung $\tau = \tau*$ existiert, wenn $d < 1$ ausfällt und $\lambda(\tau)$ unbeschränkt monoton wachsend ist. In diesem Fall beträgt die maximale Verfügbarkeit

$$A(\tau*) = \frac{1}{1 + (d_h - d_p)\lambda(\tau*)}.$$

Genügt die Lebensdauer einer Rayleighverteilung mit der Verteilungsfunktion

$$F(t) = 1 - e^{-(t/\theta)^2}, \quad t \geq 0,$$

so lautet die Bestimmungsgleichung (4.54)

$$\frac{\sqrt{\pi}}{\theta}\tau\left[2\,\Phi\!\left(\frac{\sqrt{2}}{\theta}\tau\right) - 1\right] + e^{-\left(\frac{\tau}{\theta}\right)^2} = \frac{1}{1-d},$$

wobei die Verteilungsfunktion einer standardisiert normalverteilten Zufallsgröße $\Phi(x)$ durch (1.51) definiert ist. Zum Beispiel ist für $d_p = 2$ und $d_h = 10$

$$\tau* = 0{,}511\,\theta \quad \text{und} \quad A(\tau*) = \theta/(\theta + 8{,}18).$$

Zum Vergleich: Die Dauerverfügbarkeit des Systems ohne prophylaktische Erneuerung (also Erneuerung nur nach Ausfall) beträgt

$$A(\infty) = \theta/(\theta + 11{,}28). \qquad \square$$

Aufgaben

Hinweis Die Aufgaben 4.1 bis 4.12 beziehen sich ausschließlich auf gewöhnliche Erneuerungsprozesse, wobei $f(t)$, $F(t)$, μ und μ_2 sowie $N(t)$ und $H(t)$ in dieser Reihenfolge Dichte, Verteilungsfunktion, Erwartungswert und zweites Moment der Pausenzeiten sowie Eneuerungszählfunktion und Erneuerungsfunktion sind.

4.1) Ein System, dessen Lebensdauer normalverteilt ist mit dem Erwartungswert $\mu = 120$ und der Standardabweichung $\sigma = 24$ [alles in h] wird zum Zeitpunkt $t = 0$ in Betrieb genommen. Nach seinem Ausfall wird es in vernachlässigbar kleiner Zeit durch ein neues mit der gleichen Lebensdauer ersetzt. Wieviel Systeme dieses Typs müssen zur Verfügung stehen, damit
(1) mit Wahrscheinlichkeit 0,90 und
(2) mit Wahrscheinlichkeit 0,99
der Erneuerungsvorgang im Verlaufe von $10\,000\,h$ nicht durch Mangel an Reservesystemen abgebrochen werden muß?

4.2) (1) Vermittels der Laplace-Transformation berechne man die Erneuerungsfunktion $H(t)$ eines gewöhnlichen Erneuerungsprozesses, dessen Pausenzeiten einer Erlangverteilung der Ordnung 2 mit dem Parameter λ genügen!
(2) Man vergleiche den exakten Verlauf der Erneuerungsfunktion mit den linearen Schranken von *Marshall* und den *Barlow/Proschan*-Schranken (falls letztere anwendbar sind)!
(3) Man berechne $\lim\limits_{t\to\infty} H(t)/t$!

4.3) Die Pausenzeiten eines gewöhnlichen Erneuerungsprozesses haben die Dichte

$$f(t) = p\lambda_1 e^{-\lambda_1 t} + (1-p)\lambda_2 e^{-\lambda_2 t}, \quad 0 \le p \le 1, \ t \ge 0.$$

(1) Man berechne Erwartungswert μ und zweites Moment μ_2 der Pausenzeiten!
(2) Man verifiziere, daß die zugehörige Erneuerungsfunktion gegeben ist durch

$$H(t) = \frac{t}{\mu} + \left(\frac{\mu_2}{2\mu^2} - 1\right)\left(1 - e^{-(p\lambda_1 + (1-p)\lambda_2)t}\right)!$$

4.4)* (1) Man verifiziere, daß die Wahrscheinlichkeit $p(t) = P(N(t) \text{ ist ungerade})$ der Integralgleichung

$$p(t) = F(t) - \int_0^t p(t-x)\, dF(t)$$

genügt!
(2) Man berechne diese Wahrscheinlichkeit unter der Voraussetzung exponential mit dem Parameter λ verteilter Pausenzeiten!

4.5) Die Erneuerungsfunktion eines gewöhnlichen Erneuerungsprozesses sei durch $H(t) = t/10$ gegeben. Man berechne die Wahrscheinlichkeit $P(N(t) > 2)$!

4.6)* Man verifiziere vermittels der Laplace-Transformation, daß $H_2(t) = E(N^2(t))$ der Integralgleichung

$$H_2(t) = 2H(t) - F(t) + \int_0^t H_2(t-x) f(x)\, dx$$

genügt!

4.7) Man beweise die Beziehungen (4.20)!

4.8) Man skizziere die *Barlow/Proschan*-Schranken für die Erneuerungsfunktion im Fall $F(t) = 1 - e^{-t^2}$, $t \geq 0$ (Rayleighverteilung) im Intervall [0, 4]!

4.9) Wie lauten unter der Voraussetzung von Aufgabe 4.8) die Aussagen der Sätze 4.5 und 4.6?

4.10) Die Pausenzeiten zwischen dem Eintreffen von Teilchen an einem Zähler bilden einen gewöhnlichen Erneuerungsprozeß. Nach der Registration von jeweils 10 Teilchen bleibt der Zähler für τ (= konstant) Zeiteinheiten gesperrt. In dieser Zeitspanne eintreffende Teilchen werden also nicht registriert.
Welcher Verteilungsfunktion genügt die Zeitspanne vom Endpunkt einer Sperrzeit bis zur Ankunft des nächsten Teilchens?

4.11) $R(t)$ seien die Rückwärts- und $V(t)$ die Vorwärtsrekurrenzzeit eines gewöhnliche Erneuerungsprozesses.
Man stelle die bedingten Wahrscheinlichkeiten

(1) $P(V(t) > y | R(t) = x)$ und

(2) $P(V(t) > y | R(t + y / 2) = x)$

in Abhängigkeit von $F(t)$ dar!

4.12)* Man zeige, daß das zweite Moment der Vorwärtsrekurrenzzeit gegeben ist durch

$$E(V^2(t)) = t^2 + \mu_2[1 + H(t)] - 2\mu \left[t + \int_0^t H(x)\, dx \right]!$$

4.13) (Y, Z) charakterisiere den "typischen Zyklus" eines alternierenden Erneuerungsprozesses. Y bzw. Z genügen Erlangverteilungen mit dem Parameter λ der Ordnung 10 bzw. 2. Man berechne den Grenzwert der Wahrscheinlichkeit dafür, daß sich das System, wenn es sich zum Zeitpunkt t im Zustand 1 befindet, zum Zeitpunkt $t + x$ immer noch in diesem Zustand ist, für $t \to \infty$!

4.14) Bei einer Person treffen Telefonanrufe gemäß einem homogenen Poissonprozeß mit der Intensität $\lambda = 0,2\ [h^{-1}]$ ein. Die Längen der Gesprächsdauern sind unabhängige, identisch mit der Verteilungsfunktion

$$G(t) = 1 - e^{-(t/\theta)^2}, \ t \geq 0, \ \ \theta = 4\ [min],$$

verteilte Zufallsgrößen. Trifft ein Anruf ein, während ein Gespräch läuft, geht der Anruf verloren. Mit welcher Wahrscheinlichkeit findet ein beliebiger Anrufer ein besetztes Telefon vor?

4.15) Die Zeiten zwischen Reparaturen eines Systems bilden einen gewöhnlichen Erneuerungsprozeß, dessen Pausenzeit den Erwartungswert $\mu = 180$ und die Standardabweichung $\sigma = 30$ [in *Tage*] hat. Die Kosten der Reparaturen sind identisch wie C mit $E(C) = 200$ und $\sqrt{Var(C)} = 40$ [alles in *DM*] verteilt.
Man berechne näherungsweise die Wahrscheinlichkeiten dafür, daß
(1) die totalen Reparaturkosten innerhalb von 3600 Tagen 4500 *DM* nicht überschreiten,
(2) totale Reparaturkosten in Höhe von 3000 *DM* erst nach 2200 Tagen überschritten werden!

4.16) Man ermittle die Dauerverfügbarkeit eines Systems bei altersabhängiger Erneuerung mit den im Beispiel 4.11 eingeführten Bezeichnungen und Voraussetzungen vermittels Modellierung des Betriebsprozesses des Systems durch einen alternierenden Erneuerungsprozeß!

4.17) Ein System wird nach Ausfällen vollständig erneuert. Hat es ohne auszufallen eine Zeit τ gearbeitet, wird es prophylaktisch vollständig erneuert. Im Unterschied zu Beispiel 4.11 wird vorausgesetzt, daß mit den dort eingeführten Bezeichnungen sowohl Havarie- als auch prophylaktische Erneuerungen in vernachlässigbar kleinen Zeiten erfolgen; jedoch verursachen sie die konstanten Kosten c_h bzw. c_p. $F(t)$, $f(t)$ und $\lambda(t)$ seien die Verteilungsfunktion der Lebensdauer T des System, die zugehörige Verteilungsdichte und die Ausfallrate des Systems.
(1) Man berechne die durchschnittlichen Instandsetzungskosten je Zeiteinheit $K(\tau)$ bei unbeschränktem Betriebszeitraum!
(2) Man gebe eine notwendige Bedingung für ein bezüglich $K(\tau)$ optimales Erneuerungsintervall $\tau = \tau^*$ an!
(3) Man berechne τ^* unter der Bedingung, daß T im Intervall [0, D] gleichverteilt ist sowie $0 < c_p < c_h$ ausfällt!

4.18) Ein System wird prophylaktisch zu fixierten Zeitpunkten τ, 2τ, ... sowie nach zwischenzeitlichen Ausfällen vollständig erneuert.
(1) Mit den Bezeichnungen und Voraussetzungen von Aufgabe 4.17 berechne man die Kostenrate $K(\tau)$!
(2) Unter der Voraussetzung $F(t) = (1 - e^{-\lambda t})^2$, $t \geq 0$, gebe man eine notwendige Bedingung für ein bezüglich $K(\tau)$ optimales Erneuerungsintervall an!

Hinweis: Man nutze die im Beispiel 4.2 berechnete Erneuerungsfunktion!

5 Diskrete Markovsche Ketten*

5.1 Grundlagen und Beispiele

Wie im vorangegangenen Kapitel werden auch jetzt wieder Folgen von Zufallsgrößen $\{X_0, X_1, ...\}$ den Ausgangspunkt der Untersuchungen bilden. Jedoch wird auf die vollständige Unabhängigkeit der X_n verzichtet. Statt dessen wird nur gefordert, daß die Zufallsgröße X_{n+1} bei gegebenem $X_n = i_n$ nicht von den $X_0, X_1, ..., X_{n-1}$ abhängt; $n = 1, 2, ...$. Im Unterschied zu Kapitel 4 wird ferner generell vorausgesetzt, daß die X_n diskrete Zufallsgrößen sind. Die Menge $\mathbf{Z}$ ihrer Realisierungen ist also endlich oder abzählbar. Als Realisierungen werden nur ganze Zahlen auftreten. (Anderenfalls werden den tatsächlichen Realisierungen eineindeutig ganze Zahlen zugeordnet.) In den meisten Anwendungen wird $\mathbf{Z}$ die Menge der natürlichen Zahlen sein.

Definition 5.1 Eine Folge diskreter Zufallsgrößen $\{X_0, X_1, ...\}$, die Realisierungen aus der Menge $\mathbf{Z} = \{0, \pm1, \pm2, ...\}$ annehmen können, heißt *diskrete Markovsche Kette* mit dem Zustandsraum $\mathbf{Z}$, wenn für ein beliebiges $n = 1, 2, ...$ und eine beliebige Folge $i_0, i_1, ..., i_{n+1}$ mit $i_k \in \mathbf{Z}$ die Beziehung

$$P(X_{n+1} = i_{n+1} | X_n = i_n, ..., X_1 = i_1, X_0 = i_0) = P(X_{n+1} = i_{n+1} | X_n = i_n) \qquad (5.1)$$

gilt. ●

Entsprechend Definition 2.6 ist eine diskrete Markovsche Kette ein spezieller Markovscher Prozeß, der mit den getroffenen bezeichnungstechnischen Vereinbarungen den Zustandsraum $\mathbf{Z} = \{0, \pm1, \pm2, ...\}$ und die Parametermenge $\mathbf{T} = \{0, 1, 2, ...\}$ hat. Deutet man $t = n$ als den gegenwärtigen Zeitpunkt, so daß $t = n+1$ in der Zukunft und die Zeitpunkte $t = n - 1, ..., 1, 0$ in der Vergangenheit liegen, dann erlaubt die Bedingung (5.1) die schon im Anschluß an Definition 2.6 gegebene Interpretation:

Die künftige Entwicklung einer diskreten Markovschen Kette hängt nur vom gegenwärtigen Zustand ab, aber nicht von der Vergangenheit.

Man beachte aber, daß ohne Vorgabe der Bedingung $X_n = i_n$ durchaus eine Abhängigkeit zwischen X_{n+1} und X_{n-1} bestehen kann!

Die Nachprüfung des Sachverhalts, ob ein stochastischer Prozeß, der eine konkrete technische, physikalische oder sonstige reale Situation beschreibt, die *Markov-Eigenschaft* (5.1) hat, ist nicht immer einfach. Entweder man führt entsprechende statistische Tests durch, auf die in diesem Buch allerdings nicht eingegangen wird, die sich aber in größeren Programmpaketen zur Mathematischen Statistik finden, oder

man kann sich auf problemimmanente Gesetzmäßigkeiten stützen. Zum Beispiel
hängt die künftige Entwicklung des Gewinns (bzw. Verlusts) eines Spielers im allgemeinen vom bereits erzielten Gewinn ab, aber nicht davon, wie dieser zustande
gekommen ist. Ist bekannt, daß bis zum Ende des n-ten Monats insgesamt $X_n = i_n$
Personalcomputer eines Herstellers verkauft wurden, so wird für die Prognose des
Gesamtverkaufs X_{n+1} am Ende des nächsten Monats die zusätzliche Kenntnis der
Verkaufszahlen nach den ersten $n - 1$ Monaten kaum noch nennenswerte Information liefern. Mißt jemand nach jeweils 5000 Fahrtkilometern die Profiltiefe seiner
Autoreifen, so wird für die Prognose der Profiltiefe nach weiteren 5000 *km* die
Kenntnis des gegenwärtige Stands ausreichend sein. Dagegen hat es sich als notwendig erwiesen, für die Prognose der weiteren Entwicklung der Schadstoffbelastung der Luft in einem Gebiet nicht nur vom gegenwärtigen Zustand auszugehen,
sondern auch zu berücksichtigen, wie dieser zustande gekommen ist. Zumindest hat
die zeitliche Entwicklung der Schadstoffbelastung in der jüngsten Vergangenheit einen nichtvernachlässigbaren Informationsgehalt für die Prognose.

Die bedingten Wahrscheinlichkeiten

$$p_{ij}(n) = P(X_{n+1} = j | X_n = i)$$

sind die (*einstufigen*) *Übergangswahrscheinlichkeiten* der Markovschen Kette. Eine
Markovsche Kette heißt *homogen*, wenn ihre Übergangswahrscheinlichkeiten nicht
von n abhängen:

$$p_{ij}(n) = p_{ij} \quad \text{für alle } n = 0, 1, \ldots$$

Hinweis In diesem Kapitel werden ausschließlich homogene diskrete Markovsche Ketten
betrachtet. Der Kürze halber wird aber nur von *Markovschen Ketten* die Rede sein.

Zweckmäßig ist, die Übergangswahrscheinlichkeiten in einer Matrix zusammenzu-
fassen:

$$\mathbf{P} = \begin{pmatrix} p_{00} & p_{01} & p_{02} & \cdots \\ p_{10} & p_{11} & p_{12} & \cdots \\ \cdot & \cdot & \cdot & \cdots \\ \cdot & \cdot & \cdot & \cdots \\ p_{i0} & p_{i1} & p_{i2} & \cdots \\ \cdot & \cdot & \cdot & \cdots \\ \cdot & \cdot & \cdot & \cdots \end{pmatrix}$$

p_{ij} ist die Wahrscheinlichkeit dafür, daß die Markovsche Kette in einer Zeiteinheit,
oder, wie man ebenfalls gern formuliert, in einem Schritt bzw. bei einem Sprung,
vom Zustand i in den Zustand j übergeht. Jedoch besteht mit Wahrscheinlichkeit
p_{ii} die Möglichkeit, daß die Markovsche Kette eine weitere Zeiteinheit im Zustand
i verweilt. Die Übergangswahrscheinlichkeiten haben folgende Eigenschaften:

$$p_{ij} \geq 0; \quad i,j = 0,1,\ldots; \qquad \sum_{j \in \mathbf{Z}} p_{ij} = 1; \quad i \in \mathbf{Z}. \tag{5.2}$$

Von Bedeutung sind aber auch die *mehrstufigen Übergangswahrscheinlichkeiten*:

$$p_{ij}^{(m)} = P(X_{n+m} = j \,|\, X_n = i); \quad m = 1,2,\ldots$$

$p_{ij}^{(m)}$ ist die (bedingte) Wahrscheinlichkeit dafür, daß sich die Markovsche Kette, ausgehend vom Zustand i zum Zeitpunkt $t = n$, nach m Zeiteinheiten (Schritten) im Zustand j befindet. Man nennt $p_{ij}^{(m)}$ genauer eine *m-stufige Übergangswahrscheinlichkeit*. Offenbar gilt $p_{ij} = p_{ij}^{(1)}$.

Zwischen den mehrstufigen Übergangswahrscheinlichkeiten besteht folgender Zusammenhang:

$$p_{ij}^{(m)} = \sum_{k \in \mathbf{Z}} p_{ik}^{(r)} p_{kj}^{(m-r)}; \quad r = 1,2,\ldots,m-1. \tag{5.3}$$

Diese Beziehung heißt **Formel von Chapman-Kolmogorov**. Ihr Beweis ist leicht erbracht: Da sich die Markovsche Kette nach r Zeiteinheiten in irgendeinem Zustand befinden muß, gilt wegen der Formel der totalen Wahrscheinlichkeit, der Definition der bedingten Wahrscheinlichkeit sowie der Markov-Eigenschaft

$$p_{ij}^{(m)} = P(X_m = j \,|\, X_0 = i) = \sum_{k \in \mathbf{Z}} P(X_m = j, X_r = k \,|\, X_0 = i)$$

$$= \sum_{k \in \mathbf{Z}} P(X_m = j \,|\, X_r = k, X_0 = i)\, P(X_r = k \,|\, X_0 = i)$$

$$= \sum_{k \in \mathbf{Z}} P(X_m = j \,|\, X_r = k)\, P(X_r = k \,|\, X_0 = i)$$

$$= \sum_{k \in \mathbf{Z}} p_{ik}^{(r)} p_{kj}^{(m-r)}.$$

Damit ist (5.3) bewiesen. Bezeichnet

$$\mathbf{P}^{(m)} = \left(\left(p_{ij}^{(m)} \right) \right); \quad m = 1,2,\ldots;$$

die Matrix der m-stufigen Übergangswahrscheinlichkeiten, so resultiert aus (5.3) induktiv

$$\mathbf{P}^{(m)} = \mathbf{P}^{m}.$$

Die Matrix der m-stufigen Übergangswahrscheinlichkeiten ergibt sich also durch m-malige Multiplikation der Matrix der einstufigen Übergangswahrscheinlichkeiten $\mathbf{P}$ mit sich selbst. Daher läßt sich die Gleichung von Chapman-Kolmogorov eleganter in der Form

$$\mathbf{P}^{(m)} = \mathbf{P}^{(r)} \cdot \mathbf{P}^{(m-r)}$$

schreiben, wobei das Produkt im Sinne der Matrizenmultiplikation zu verstehen ist.

Unter einer *Anfangsverteilung* $\mathbf{p}^{(0)}$ der Markovschen Kette versteht man eine Wahrscheinlichkeitsverteilung von X_0 :

$$\mathbf{p}^{(0)} = \left\{ p_i^{(0)} = P(X_0 = i), \; i \in \mathbf{Z}, \; \sum_{i \in \mathbf{Z}} p_i^{(0)} = 1 \right\}. \tag{5.4}$$

Durch Vorgabe einer Anfangsverteilung $\mathbf{p}^{(0)}$ ist bei bekannter Matrix der Übergangswahrscheinlichkeiten $\mathbf{P}$ die Markovsche Kette vollständig bestimmt. Um dies nachzuweisen, genügt es zu zeigen, daß alle endlichdimensionalen Verteilungen der Markovschen Kette vermittels $\mathbf{p}^{(0)}$ und $\mathbf{P}$ berechnet werden können: Für beliebige $i_0, i_1, ..., i_n$ und $n = 1, 2, ...$ gilt wegen der Markov-Eigenschaft

$$P(X_0 = i_0, X_1 = i_1, ..., X_n = i_n)$$

$$= P(X_n = i_n | X_0 = i_0, X_1 = i_1, ..., X_{n-1} = i_{n-1}) \cdot P(X_0 = i_0, X_1 = i_1, ..., X_{n-1} = i_{n-1})$$

$$= P(X_n = i_n | X_{n-1} = i_{n-1}) \cdot P(X_0 = i_0, X_1 = i_1, ..., X_{n-1} = i_{n-1})$$

$$= p_{i_{n-1} i_n} \cdot P(X_0 = i_0, X_1 = i_1, ..., X_{n-1} = i_{n-1}).$$

Der zweite Faktor im letzten Produkt wird nun in der gleichen Weise behandelt, so daß sich letztlich ergibt:

$$P(X_0 = i_0, X_1 = i_1, ..., X_n = i_n) = p_{i_0}^{(0)} \cdot p_{i_0 i_1} \cdot p_{i_1 i_2} \cdots p_{i_{n-1} i_n}. \tag{5.5}$$

Bei gegebener Anfangsverteilung $\mathbf{p}^{(0)} = \left\{ p_i^{(0)}, \; i \in \mathbf{Z} \right\}$ erhält man die (*absoluten*

bzw. eindimensionalen) *Zustandswahrscheinlichkeiten* $p_j^{(m)} = P(X_m = j), \; j \in \mathbf{Z}$ der Markovschen Kette nach m Schritten durch Anwendung der Formel der totalen Wahrscheinlichkeit:

$$p_j^{(m)} = \sum_{i \in \mathbf{Z}} p_i^{(0)} \, p_{ij}^{(m)}, \quad m = 1, 2, ... \tag{5.6}$$

Definition 5.2 Eine Anfangsverteilung $\{\pi_i = P(X_0 = i); \; i \in \mathbf{Z}\}$ heißt *stationär*, wenn sie das lineare Gleichungssystem

$$\pi_j = \sum_{i \in \mathbf{Z}} \pi_i \, p_{ij}; \quad j \in \mathbf{Z} \tag{5.7}$$

erfüllt. ●

Beim Vergleich von (5.6) mit (5.7) wird die inhaltliche Bedeutung dieser Definition deutlich: Die Zustandswahrscheinlichkeiten nach einer Zeiteinheit sind die gleichen wie die durch die Anfangsverteilung vorgegebenen Zustandswahrscheinlichkeiten bei $t = 0$. Induktiv zeigt man, daß in diesem Fall auch die Zustandswahrscheinlichkeiten nach m Zeiteinheiten die gleichen sind wie zu Beginn:

$$p_j^{(m)} = \sum_{i \in \mathbf{Z}} \pi_i\, p_{ij}^{(m)} = \pi_j, \quad m = 1, 2, \ldots \tag{5.8}$$

Die π_i sind also die *stationären Zustandswahrscheinlichkeiten* der Markovschen Kette schlechthin. Ferner folgt aus der Struktur (5.5) der n-dimensionalen Verteilung einer Markovschen Kette im Spezialfall die Behauptung des Satzes 2.1:

> *Hängen die absoluten Zustandswahrscheinlichkeiten einer Markovschen Kette nicht von der Zeit ab, so ist die Markovsche Kette im engeren Sinn stationär.*

Beispiel 5.1 (*zufällige Irrfahrt*) Ein unsicher gewordenes Feldhäschen hoppelt, ausgehend von einer ganzzahligen Ortskoordinate X_0, je Zeiteinheit längs einer unendlich langen Kartoffelzeile jeweils mit Wahrscheinlichkeit 1/2 um einen Meter nach rechts und mit Wahrscheinlichkeit 1/2 um einen Meter nach links, und zwar unabhängig von den vorangegangenen Bewegungen. Bezeichnet X_n den Standort des Häschens nach n Zeiteinheiten, dann ist $\{X_0, X_1, \ldots\}$ eine diskrete Markovsche Kette mit dem Zustandsraum $\mathbf{Z} = \{0, \pm 1, \pm 2, \ldots\}$ und den Übergangswahrscheinlichkeiten

$$p_{ij} = \begin{cases} 1/2 & \text{für } j = i+1 \text{ oder } j = i-1 \\ 0 & \text{sonst} \end{cases}.$$

$\square$

Beispiel 5.2 (*zufällige Irrfahrt mit Falle*) Es wird prinzipiell die gleiche Situation wie im vorangegangenen Beispiel betrachtet. Jedoch sei $1 \le X_0 \le 5$ und an den Stellen $x = 0$ und $x = 6$ möge sich jeweils eine Falle befinden, die der Irrfahrt des Häschens, falls es dort angelangt, ein Ende bereiten. Daher sind $\mathbf{Z} = \{0, 1, \ldots, 6\}$ und

$$p_{ij} = \begin{cases} 1/2 & \text{für } j = i+1 \text{ oder } j = i-1 \text{ und } 1 \le i \le 5 \\ 1 & \text{für } \quad i = j = 0 \text{ oder } i = j = 6 \\ 0 & \text{sonst} \end{cases}.$$

Die Matrizen der ein- und zweistufigen Übergangswahrscheinlichkeiten der Markovschen Kette lauten

$$\mathbf{P} = \begin{pmatrix} 1 & 0 & 0 & 0 & 0 & 0 & 0 \\ 1/2 & 0 & 1/2 & 0 & 0 & 0 & 0 \\ 0 & 1/2 & 0 & 1/2 & 0 & 0 & 0 \\ 0 & 0 & 1/2 & 0 & 1/2 & 0 & 0 \\ 0 & 0 & 0 & 1/2 & 0 & 1/2 & 0 \\ 0 & 0 & 0 & 0 & 1/2 & 0 & 1/2 \\ 0 & 0 & 0 & 0 & 0 & 0 & 1 \end{pmatrix}, \quad \mathbf{P}^{(2)} = \begin{pmatrix} 1 & 0 & 0 & 0 & 0 & 0 & 0 \\ 1/2 & 1/4 & 0 & 1/4 & 0 & 0 & 0 \\ 1/4 & 0 & 1/2 & 0 & 0 & 1/4 & 0 \\ 0 & 1/4 & 0 & 1/4 & 1/4 & 1/4 & 0 \\ 0 & 0 & 1/4 & 0 & 1/2 & 0 & 1/4 \\ 0 & 0 & 0 & 1/4 & 0 & 1/4 & 1/2 \\ 0 & 0 & 0 & 0 & 0 & 0 & 1 \end{pmatrix}.$$

Ist der Ausgangspunkt X_0 des Häschens auf die Stellen $1, 2, \dots, 5$ gleichverteilt, liegt also die Anfangsverteilung $p_i^{(0)} = P(X_0 = i) = 1/5$; $i = 1, 2, \dots, 5$, vor, dann beträgt die absolute Verteilung der Markovschen Kette nach 2 Zeiteinheiten gemäß (5.6):

$$\mathbf{p}^{(2)} = \left\{ \frac{3}{20}, \frac{2}{20}, \frac{3}{20}, \frac{3}{20}, \frac{3}{20}, \frac{3}{20}, \frac{3}{20} \right\}. \qquad \square$$

Beispiel 5.3 (*zufällige Irrfahrt mit spiegelnden Wänden*) Ein physikalisches Teilchen bewegt sich je Zeiteinheit längs einer Geraden zu jeweils benachbarten Punkten aus der Menge $\mathbf{Z} = \{0, 1, \dots, 2s\}$ mit den Übergangswahrscheinlichkeiten

$$p_{ij} = \begin{cases} \dfrac{2s-i}{2s} & \text{für } j = i+1 \\[2mm] \dfrac{i}{2s} & \text{für } j = i-1 \\[2mm] 0 & \text{sonst} \end{cases} \qquad (5.9)$$

Man erkennt: je größer die absolute Entfernung des Teilchens vom Mittelpunkt $x = s$ des Intervalls ist, desto größer ist die Wahrscheinlichkeit, daß es sich beim nächsten Sprung in Richtung des Nullpunkts bewegt. Befindet sich das Teilchen insbesondere an den Randpunkten $x = 0$ bzw. $x = 2s$, dann wird es mit Wahrscheinlichkeit 1 zu den Stellen $x = 1$ bzw. $x = 2s - 1$ zurückgeschickt (daher die Formulierung *spiegelnde Wände*). Befindet sich das Teilchen bei $x = s$, dann sind die Wahrscheinlichkeiten dafür, beim nächsten Schritt nach rechts bzw. links zu springen, gleich groß, nämlich gleich 1/2. In diesem Sinne befindet sich das Teilchen bei $x = s$ im Gleichgewichtszustand. Man interpretiert diese Situation so, daß sich im Mittelpunkt des Intervalls eine "Zentralkraft" befindet, deren anziehende Wirkung auf das Teilchen umso stärker wird, je weiter es sich vom Mittelpunkt entfernt. Wegen dieser physikalischen Deutung überrascht nicht, daß *P.* und *T. Ehrenfest* bereits 1907 auf diese zufällige Irrfahrt stießen, als sie folgendes Diffusionsmodell untersuchten: Ein geschlossener Behälter, in dem sich insgesamt $2s$ Moleküle eines Typs befinden, wird vermittels einer Membran, die für diese Moleküle durchlässig ist, in zwei identische Teile getrennt. Bezeichnet X_n die Anzahl der Moleküle in einem spezifizierten Teilbereich nach insgesamt n Übergängen (irgend-) eines Moleküls von einem Teilbereich in den anderen, dann beschreiben die Übergangswahrscheinlichkeiten (5.9) in guter Näherung die stochastische Entwicklung der Anzahl der Moleküle in dem ausgewählten Teibereich (und damit, wegen der konstanten Gesamtanzahl von $2s$ Molekülen in dem Behälter, auch in dem anderen). Je mehr Moleküle sich in einem Teilbereich befinden, desto stärker "drängen" sie in den anderen.

Das Gleichungssystem (5.7) für die stationären Zustandswahrscheinlichkeiten lautet

$$\pi_0 = \pi_1 p_{10}$$

$$\pi_j = \pi_{j-1} p_{j-1\,j} + \pi_{j+1} p_{j+1\,j}; \quad j = 1, 2, \dots, 2s-1$$

$$\pi_{2s} = \pi_{2s-1} p_{2s-1\,2s}$$

Die Lösung ist

$$\pi_j = \binom{2s}{j} 2^{-2s}; \quad j = 0, 1, ..., 2s.$$

Erwartungsgemäß hat der Zustand s die größte stationäre Wahrscheinlichkeit. □

Beispiel 5.4 Ein Elektron kann in Abhängigkeit von seiner Energie auf einer der abzählbar unendlich vielen Bahnen der Menge $\{1, 2, 3, ...\}$ um den Atomkern kreisen. Der Übergang von Bahn i zu Bahn j geschieht in einer Zeiteinheit mit Wahrscheinlichkeit

$$p_{ij} = a_i\, e^{-b|i-j|}, \quad b > 0.$$

Die zweistufigen Übergangswahrscheinlichkeiten betragen

$$p_{ij}^{(2)} = a_i \sum_{k=1}^{\infty} a_k\, e^{-b(|i-k|+|k-j|)}.$$

Die a_i sind nicht frei wählbar, sondern müssen entsprechend (5.2) den Bedingungen

$$a_i\left(e^{-b(i-1)} + e^{-b(i-2)} + ... + e^{-b}\right) + a_i \sum_{k=0}^{\infty} e^{-bk} = 1$$

bzw.

$$a_i\left(e^{-b}\frac{1 - e^{-b(i-1)}}{1 - e^{-b}} + \frac{1}{1 - e^{-b}}\right) = 1$$

genügen. Daher ist

$$a_i = \frac{e^b - 1}{1 + e^b - e^{-b(i-1)}}; \quad i = 1, 2, ...$$

Aus der Struktur der p_{ij} folgt $a_i = p_{ii}$ für alle $i = 1, 2, ...$ □

Beispiel 5.5 Sind X_n die Anzahl der innerhalb von n Wochen in einem Verwaltungsbezirk eingetretenen Verkehrsunfälle und Y_i die entsprechende Anzahl in der i-ten Woche, so gilt

$$X_n = \sum_{i=1}^{n} Y_i.$$

Die Y_i seien voneinander unabhängig und identisch verteilt wie Y mit

$$q_k = P(Y = k); \quad k = 0, 1, ...$$

Dann ist $\{X_1, X_2, ...\}$ eine Markovsche Kette mit dem Zustandsraum $\mathbf{Z} = \{0, 1, ... \}$ und den Übergangswahrscheinlichkeiten

$$p_{ij} = \begin{cases} q_k, & \text{falls } j = i + k; \ k = 0, 1, ... \\ 0, & \text{sonst} \end{cases}$$

□

Beispiel 5.6 (*Folge gleitender Mittel*) $\{Y_i;\ i = 0, 1, ...\}$ sei eine Folge unabhängiger binärer Zufallsgrößen mit den Realisierungen -1 und +1, die sie jeweils mit Wahrscheinlichkeit 1/2 annehmen. Werden für $n = 1, 2, ...$ in Spezialisierung einer bereits im Beispiel 2.12 eingeführten Konstruktionsvorschrift die *gleitenden Mittel*

$$X_n = \tfrac{1}{2}(Y_n + Y_{n-1})$$

gebildet, erhält man eine zufällige Folge $\{X_1, X_2, ...\}$ mit dem Zustandsraum $\mathbf{Z} = \{-1, 0, +1\}$. Die Zufallsgrößen X_n sind charakterisiert durch

$$\left\{ P(X_n) = -1) = \tfrac{1}{4},\ \ P(X_n) = 0) = \tfrac{1}{2},\ \ P(X_n) = +1) = \tfrac{1}{4} \right\}.$$

Weil X_n und X_{n+m} für $m > 1$ unabhängig sind, lautet die Matrix der m-stufigen Übergangswahrscheinlichkeiten $p_{ij}^{(m)} = P(X_{n+m} = j \,|\, X_n = i)$ für $m > 1$

$$\mathbf{P}^{(m)} = \begin{array}{c} \\ -1 \\ 0 \\ +1 \end{array} \begin{array}{ccc} -1 & 0 & +1 \\ \left(\begin{array}{ccc} 1/4 & 1/2 & 1/4 \\ 1/4 & 1/2 & 1/4 \\ 1/4 & 1/2 & 1/4 \end{array} \right). \end{array}$$

Dagegen findet man für $m = 1$ durch Fallunterscheidung

$$\mathbf{P}^{(1)} = \mathbf{P} = \left(\begin{array}{ccc} 1/2 & 1/2 & 0 \\ 1/4 & 1/2 & 1/4 \\ 0 & 1/2 & 1/2 \end{array} \right).$$

Offenbar gilt $\mathbf{P}^{(1)} \cdot \mathbf{P}^{(1)} \neq \mathbf{P}^{(2)}$, so daß die Gleichung von Chapman-Kolmogorov nicht erfüllt ist. Somit kann $\{X_1, X_2, ...\}$ keine Markovsche Kette sein.   □

5.2 Klassifikation der Zustände

5.2.1 Abgeschlossene Zustandsmengen

Eine Teilmenge $\mathbf{C} \subseteq \mathbf{Z}$ des Zustandsraums $\mathbf{Z}$ einer Markovschen Kette heißt *abgeschlossen,* wenn gilt

$$\sum_{j \in \mathbf{C}} p_{ij} = 1 \text{ für alle } i \in \mathbf{C}. \tag{5.10}$$

Befindet sich die Markovsche Kette in einer abgeschlossenen Zustandsmenge, so kann sie diese nicht verlassen. Die Bedingung (5.10) ist äquivalent zu

$$p_{ij} = 0 \quad \text{für alle } i \in \mathbf{C}, j \notin \mathbf{C}.$$

Es gilt aber sogar

$$p_{ij}^{(m)} = 0 \text{ für alle } i \in \mathbf{C},\ j \notin \mathbf{C} \text{ und } m \geq 1. \tag{5.11}$$

Der Beweis dieses Sachverhalts für $m = 2$ verläuft folgendermaßen: Wegen (5.3) ist

$$p_{ij}^{(2)} = \sum_{k \in \mathbf{Z}} p_{ik}p_{kj} = \sum_{k \in \mathbf{C}} p_{ik}p_{kj} + \sum_{k \notin \mathbf{C}} p_{ik}p_{kj} = 0,$$

da wegen $j \notin \mathbf{C}$ in der ersten Summe auf der rechten Seite $p_{kj} = 0$ und in der zweiten Summe $p_{ik} = 0$ sind. Der Beweis von (5.11) für beliebige $m > 2$ kann nun vermittels der Gleichung von *Chapman-Kolmogorov* leicht induktiv erfolgen.

Eine abgeschlossene Zustandsmenge heißt *minimal*, wenn sie keine abgeschlossene echte Teilmenge enthält. Insbesondere ist eine Markovsche Kette **irreduzibel**, wenn ihr Zustandsraum $\mathbf{Z}$ minimal ist. Anderenfalls ist sie *reduzibel*.

Ein Zustand i ist *absorbierend*, wenn $p_{ii} = 1$ ist. Wenn eine Markovsche Kette einen absorbierenden Zustand angenommen hat, bleibt sie in diesem Zustand. Ein absorbierender Zustand bildet also eine minimale abgeschlossene Zustandsmenge. Zum Beispiel sind die Zustände 0 und 6 aus Beispiel 5.2 absorbierend.

Beispiel 5.7 Es seien $\mathbf{Z} = \{0, 1, 2, 3, 4\}$ und

$$\mathbf{P} = \begin{pmatrix} 0 & 0,2 & 0,8 & 0 & 0 \\ 0,6 & 0 & 0,4 & 0 & 0 \\ 0 & 0,3 & 0,3 & 0,4 & 0 \\ 0,2 & 0 & 0,4 & 0 & 0,4 \\ 0 & 0 & 0 & 0 & 1 \end{pmatrix}.$$

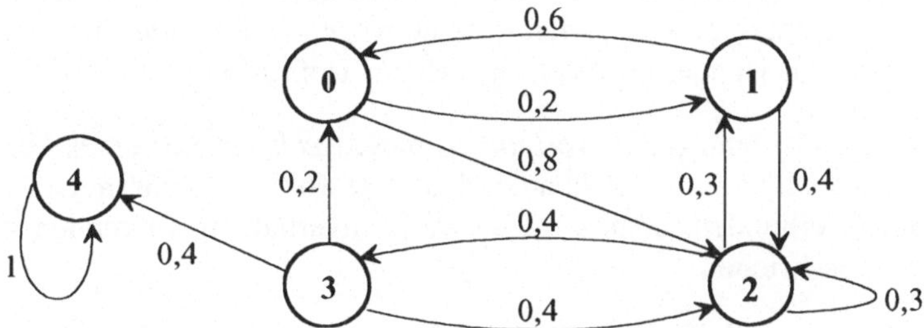

Bild 5.1 Übergangsgraph der Markovschen Kette von Beispiel 5.7

Zur Veranschaulichung der Übergänge zwischen den Zuständen in einer Markovschen Kette dienen *Übergangsgraphen*. Deren Knoten stellen die Zustände der Markovschen Kette dar. Es wird genau dann ein gerichtete Kante vom Knoten i zum Knoten j gezeichnet, wenn $p_{ij} > 0$ ist, also der direkte Übergang vom Zustand i

zum Zustand j möglich ist. Die Kanten werden mit den zugehörigen Übergangs-wahrscheinlichkeiten bewertet.

Bild 5.1 zeigt, daß $\{0, 1, 2, 3\}$ keine abgeschlossene Zustandsmenge ist, da die Bedingung (5.10) zwar für $i = 0, 1, 2$ erfüllt ist, aber nicht für $i = 3$. Der Zustand 4 ist absorbierend und bildet infolgedessen eine minimale abgeschlossene Teilmenge. Daher ist diese Markovsche Kette reduzibel. $\square$

5.2.2 Äquivalenzklassen

Der Zustand j ist aus dem Zustand i *erreichbar*, wenn ein $m \geq 1$ mit der Eigenschaft $p_{ij}^{(m)} > 0$ existiert.

Ist j aus i erreichbar, schreibt man $i \Rightarrow j$. Die Relation $"\Rightarrow"$ ist transitiv; denn gelten $i \Rightarrow k$ und $k \Rightarrow j$, so existieren $m > 0$ und $n > 0$ mit $p_{ik}^{(m)} > 0$ und $p_{kj}^{(n)} > 0$. Daher ist

$$p_{ij}^{(m+n)} = \sum_{r \in \mathbf{Z}} p_{ir}^{(m)} p_{rj}^{(n)} \geq p_{ik}^{(m)} p_{kj}^{(n)} > 0.$$

Infolgedessen folgt aus $i \Rightarrow k$ und $k \Rightarrow j$ die Gültigkeit von $i \Rightarrow j$, also die *Transitivität*.

Die Menge $\mathbf{M}(i) = \{k, i \Rightarrow k\}$ aller aus i erreichbaren Zustände ist abgeschlossen.

Zum Nachweis dieser Behauptung ist zu zeigen, daß aus $k \in \mathbf{M}(i)$ und $j \notin \mathbf{M}(i)$ folgt, daß $k \Rightarrow j$ nicht gelten kann. Der Beweis wird indirekt geführt: Gilt unter den gemachten Voraussetzungen $k \Rightarrow j$, dann müßte wegen $i \Rightarrow k$ und der Transitivität auch $i \Rightarrow j$ gelten. Das ist aber ein Widerspruch zur Definition von $\mathbf{M}(i)$.

Zwei Zustände i und j sind (*echt*) *verbunden* bzw. *wechselseitig erreichbar*, wenn sowohl i aus j als auch j aus i erreichbar sind, also sowohl $i \Rightarrow j$ als auch $j \Rightarrow i$ gelten. Sind i und j verbunden, dann wird dieser Sachverhalt im folgenden kürzer in der Form $i \Leftrightarrow j$ geschrieben.

Die Relation $"\Leftrightarrow"$ erfüllt die drei charakteristischen Eigenschaften einer *Äquivalenzrelation*:

(1) $i \Leftrightarrow i$ *Reflexivität*

(2) Gilt $i \Leftrightarrow j$, dann auch $j \Leftrightarrow i$ *Kommutativität*

(3) Gelten $i \Leftrightarrow j$ und $j \Leftrightarrow k$, dann gilt auch $i \Leftrightarrow k$.   *Assoziativität*

Die Eigenschaften (1) und (2) folgen unmittelbar aus der Definition von $"\Leftrightarrow"$. Zur Begründung von (3) sei bemerkt, daß aus der Gültigkeit von $i \Leftrightarrow j$ und $j \Leftrightarrow k$

die Existenz von m und n mit der Eigenschaft $p_{ij}^{(m)} > 0$ bzw. $p_{jk}^{(n)} > 0$ folgt. Daher gilt wegen (5.3)

$$p_{ik}^{(m+n)} = \sum_{r \in \mathbf{Z}} p_{ir}^{(m)} p_{rk}^{(n)} \geq p_{ij}^{(m)} p_{jk}^{(n)} > 0 \,.$$

Ebenso existieren M und N mit der Eigenschaft

$$p_{ki}^{(M+N)} \geq p_{kj}^{(M)} p_{ji}^{(N)} > 0 \,,$$

so daß sich die Behauptung (3) als richtig erweist.

Durch die Äquivalenzrelation " $\Leftrightarrow$ " wird die Menge der Zustände $\mathbf{Z}$ einer Markovschen Kette auf folgende Weise in Klassen eingeteilt:

> *Zwei Zustände i und j gehören genau dann zu einer Klasse, wenn sie verbunden sind.*

Die so definierten Klassen müssen nicht abgeschlossen sein!

Diejenige Klasse, die den Zustand i enthält, wird im folgenden mit $\mathbf{C}(i)$ bezeichnet. Offenbar ist es gleichgültig, welcher Zustand aus einer Klasse zu ihrer Charakterisierung herangezogen wird. Die weiteren noch einzuführenden Eigenschaften von Zuständen werden alle *Klasseneigenschaften* sein; das heißt, hat ein Mitglied der Klasse die betreffende Eigenschaft, dann haben alle anderen Klassenmitglieder ebenfalls diese Eigenschaft.

Ein Zustand i heißt *wesentlich*, wenn aus $i \Rightarrow j$ die Erreichbarkeit von i aus j folgt: $j \Rightarrow i$. Die Klasse $\mathbf{C}(i)$ von Zuständen heißt *wesentliche Klasse*.

Ein Zustand i heißt *unwesentlich*, wenn er nicht wesentlich ist. In diesem Fall ist $\mathbf{C}(i)$ eine *unwesentliche Klasse* von Zuständen. Ist i unwesentlich, existiert ein Zustand j mit der Eigenschaft, daß zwar $i \Rightarrow j$ gilt, aber nicht $j \Rightarrow i$.

(Man überzeugt sich leicht davon, daß *wesentlich* und *unwesentlich* tatsächlich Klasseneigenschaften sind.) Im Beispiel 5.7 sind die Zustände 0, 1, 2 und 3 alle unwesentlich, da der Zustand 4 von jedem dieser Zustände aus erreicht werden kann; aber keiner der Zustände 0, 1, 2 oder 3 kann vom Zustand 4 aus erreicht werden.

Satz 5.1 (1) Wesentliche Klassen sind minimale abgeschlossene Klassen.
(2) Unwesentliche Klassen sind nicht abgeschlossen.

Beweis zu (1): Die Behauptung folgt unmittelbar aus der Definition wesentlicher Klassen.
zu (2): Ist i unwesentlich, so existiert ein j mit $i \Rightarrow j$ und $j \not\Rightarrow i$. Daher ist $j \notin \mathbf{C}(i)$. Da aber $p_{kj}^{(m)} = 0$ für alle $m \geq 1$, $k \in \mathbf{C}(i)$ und $j \notin \mathbf{C}(i)$ gelten müßte, wenn $\mathbf{C}(i)$ abgeschlossen wäre, kann $\mathbf{C}(i)$ nicht abgeschlossen sein. (Laut Definition von $i \Rightarrow j$ exisiert ein m mit $p_{ij}^{(m)} > 0$.) $\blacksquare$

Es sei

$$p_i^{(m)}(\mathbf{C}) = \sum_{j \in \mathbf{C}} p_{ij}^{(m)}$$

die Wahrscheinlichkeit dafür, daß sich die Markovsche Kette, ausgehend vom Zustand i, nach m Schritten in der Zustandsmenge $\mathbf{C}$ befindet. Ferner seien $\mathbf{C}_w$ und $\mathbf{C}_u$ die Mengen der wesentlichen und unwesentlichen Zustände einer Markovschen Kette. Der folgende Satz besagt, daß eine Markovsche Kette mit endlichem Zustandsraum, die von einem unwesentlichen Zustand aus startet, nach einer hinreichend langen Zeitspanne mit Wahrscheinlichkeit 1 die Menge der unwesentlichen Zustände verläßt, um nicht wieder zurückzukehren (bezüglich eines Beweises siehe *Chung* (1960)). Damit ist die Bezeichnungsweise gerechtfertigt. Man nennt die unwesentlichen Zustände wegen dieser Eigenschaft aber auch *vorübergehenden Zustände*. In der Anfangsphase kann die Markovsche Kette jedoch in Abhängigkeit von den Übergangswahrscheinlichkeiten mehr oder weniger häufig in die Menge der unwesentlichen Zustände zurückkehren, wenn sie von dort ausgegangen war.

Satz 5.2 Der Zustandsraum $\mathbf{Z}$ einer Markovschen Kette sei endlich. Dann gilt

$$\lim_{m \to \infty} p_i^{(m)}(\mathbf{C}_u) = 0 \,. \qquad \blacksquare$$

Beispiel 5.8 Die wesentlichen und unwesentlichen Klassen einer Markovschen Kette kann man bei kleinem Zustandsraum sofort aus der Übergangsmatrix ablesen. Unter Umständen ist diese aber durch Umnumerierung der Zustände in eine dafür zweckmäßige Form zu bringen. Es sei etwa eine Markovsche Kette mit dem Zustandsraum $\mathbf{Z} = \{0, 1, 2, 3\}$ und der Übergangsmatrix

$$\mathbf{P} = \begin{pmatrix} 3/5 & 0 & 2/5 & 0 \\ 0 & 3/4 & 0 & 1/4 \\ 1/3 & 0 & 2/3 & 0 \\ 0 & 1/2 & 0 & 1/2 \end{pmatrix}$$

gegeben. Durch Vertauschung von Zeilen und Spalten bzw., dazu äquivalent, durch Umnumerierung der Zustände gelangt man zu der Darstellung

$$\mathbf{P} = \begin{pmatrix} 3/5 & 2/5 & 0 & 0 \\ 1/3 & 2/3 & 0 & 0 \\ 0 & 0 & 3/4 & 1/4 \\ 0 & 0 & 1/2 & 1/2 \end{pmatrix} = \begin{pmatrix} Q_{11} & 0 \\ 0 & Q_{22} \end{pmatrix},$$

wobei in der zweiten, symbolischen Darstellung die Q_{kk} bzw. die Nullen quadratische Matrizen der Ordnung 2 sind und die Elemente der letzteren nur Nullen sind. Somit liegt eine reduzible Markovsche Kette vor, deren Zustandsraum (in der neuen Bezeichnung) aus den zwei wesentlichen Klassen $C(0) = \{0, 1\}$ und $C(2) = \{2, 3\}$ besteht, zu denen die Übergangsmatrizen Q_{11} bzw. Q_{22} gehören. $\qquad \square$

Beispiel 5.9 Die Übergangsmatrix einer Markovschen Kette mit dem Zustandsraum $Z = \{0, 1, ..., 5\}$ sei

$$P = \begin{pmatrix} 1/3 & 2/3 & 0 & 0 & 0 & 0 \\ 1/2 & 1/2 & 0 & 0 & 0 & 0 \\ 0 & 0 & 1/3 & 2/3 & 0 & 0 \\ 0 & 0 & 2/3 & 1/3 & 0 & 0 \\ 0,4 & 0 & 0,2 & 0,1 & 0,1 & 0,2 \\ 0,1 & 0,2 & 0,1 & 0,2 & 0,3 & 0,1 \end{pmatrix} = \begin{pmatrix} Q_{11} & 0 & 0 \\ 0 & Q_{22} & 0 \\ Q_{31} & Q_{32} & Q_{33} \end{pmatrix},$$

wobei die symbolische Darstellung der Übergangsmatrix wie im vorangegangenen Beispiel zu verstehen ist. Diese Markovsche Kette hat die zwei wesentlichen Klassen $C(0) = \{0, 1\}$ und $C(2) = \{2, 3\}$ sowie die unwesentliche Klasse $C(4) = \{4, 5\}$. Man erkennt, daß von den unwesentlichen Zuständen aus sowohl die wesentlichen als auch die unwesentlichen erreichbar sind, insbesondere also eine Rückkehr in die unwesentliche Klasse möglich ist. Entsprechend Satz 5.2 wird die Markovsche Kette jedoch bei unbeschränktem Wachstum der Schrittzahl mit Sicherheit einmal eine abgeschlossene Klasse erreichen. □

5.2.3 Periodizität

Der größte gemeinsame Teiler d_i derjenigen m, die $p_{ii}^{(m)} > 0$ erfüllen, heißt *Periode* von i.

Die Periode ist offenbar nur für solche i definiert, die $i \Rightarrow i$ erfüllen. Ein Zustand heißt *aperiodisch*, wenn er die Periode 1 hat.

Hat ein Zustand i die Periode d_i, so gilt genau dann $p_{ii}^{(m)} > 0$, wenn m die Struktur $m = n \cdot d_i$, $n = 1, 2, ...$, hat. Ausgehend vom Zustand i ist also eine Rückkehr nach i nur in einer solchen Anzahl von Schritten möglich, die Vielfaches von d_i ist. Der folgende Satz besagt, daß die Periodizität eine Klasseneigenschaft ist.

Satz 5.3 Innerhalb einer Klasse haben alle Zustände die gleiche Periode.

Beweis Es sei $i \Leftrightarrow j$. Dann existieren m und n mit $p_{ij}^{(m)} > 0$ und $p_{ji}^{(n)} > 0$. Gilt für ein $r > 0$ die Ungleichung $p_{ii}^{(r)} > 0$, dann gilt auch

$$p_{jj}^{(n+r+m)} \geq p_{ji}^{(n)} p_{ii}^{(r)} p_{ij}^{(m)} > 0.$$

Wegen $p_{ii}^{(2r)} \geq p_{ii}^{(r)} \cdot p_{ii}^{(r)} > 0$ gilt ebenso $p_{jj}^{(n+2r+m)} > 0$. Somit ist d_j Teiler der Differenz

$$(n + 2r + m) - (n + r + m) = r.$$

Weil dies für alle r mit $p_{ii}^{(r)} > 0$ gilt, ist d_j Teiler von d_i. Die Vertauschung der Rollen von i und j liefert, daß d_i umgekehrt auch Teiler von d_j sein muß. Diese Tatsache ist aber mit $d_i = d_j$ äquivalent. Damit ist der Satz bewiesen. ■

Beispiel 5.10 Eine Markovsche Kette mit dem Zustandsraum $\mathbf{Z} = \{0, 1, ..., 6\}$ und folgender Übergangsmatrix sei gegeben:

$$\mathbf{P} = \begin{pmatrix} 1/3 & 2/3 & 0 & 0 & 0 & 0 & 0 \\ 1/3 & 1/3 & 1/3 & 0 & 0 & 0 & 0 \\ 1 & 0 & 0 & 0 & 0 & 0 & 0 \\ 0 & 1/3 & 0 & 1/3 & 1/3 & 0 & 0 \\ 0 & 0 & 0 & 0 & 1 & 0 & 0 \\ 0 & 0 & 0 & 0 & 0 & 1/2 & 1/2 \\ 0 & 0 & 0 & 0 & 1/2 & 0 & 1/2 \end{pmatrix}.$$

Die Zustände 0, 1 und 2 bilden eine abgeschlossene Klasse wesentlicher Zustände. Hat die Markovsche Kette erst einmal einen Zustand aus dieser Klasse angenommen, kann sie diese nicht mehr verlassen. Der Zustand 4 ist absorbierend und bildet daher eine einelementige abgeschlossene Zustandsmenge. Die Zustände 3, 5 und 6 sind unwesentlich. Früher oder später wird die Markovsche Kette die Menge unwesentlicher Zustände verlassen, wenn sie von dieser Menge aus gestartet ist. Alle Zustände haben die Periode 1. Lediglich beim Zustand 2 entsteht zunächst der Verdacht, daß er die Periode 2 hat, weil $p_{22}^{(1)} = p_{22}^{(2)} = 0$ ist. Jedoch gilt schon $p_{22}^{(m)} > 0$ für alle $m > 2$. Aber auch diese Berechnungen waren überflüssig, da ja die Aperiodizität eine Klasseneigenschaft ist und die Zustände 0 und 1 offensichtlich aperiodisch sind. □

Ohne Beweis wird der folgende Satz angegeben (*Chung* (1960)):

Satz 5.4 Der Zustandsraum $\mathbf{Z}$ einer irreduziblen Markovschen Kette mit der Periode $d > 1$ kann so in disjunkte Mengen $\mathbf{Z}_1, \mathbf{Z}_1, ..., \mathbf{Z}_d$ aufgeteilt werden, daß

$$\mathbf{Z} = \bigcup_{k=1}^{d} \mathbf{Z}_k$$

gilt und bei einem Übergang in einem Schritt, ausgehend von einem $i \in \mathbf{Z}_k$, nur ein Zustand aus $\mathbf{Z}_{k+1}$ (bzw. aus $\mathbf{Z}_1$, wenn $i \in \mathbf{Z}_d$) erreicht werden kann. ■

Dieser Satz impliziert eine charakteristische Struktur der Übergangsmatrizen periodischer Markovscher Ketten. Zum Beispiel hat im Fall $d = 3$ die Übergangsmatrix folgendes prinzipielle Aussehen (wobei sie auch um jeweils 90^0 "gedreht" werden kann):

$$
\mathbf{P} = \begin{array}{c} \\ \mathbf{Z}_1 \\ \mathbf{Z}_2 \\ \mathbf{Z}_3 \end{array}
\begin{array}{c} \mathbf{Z}_1 \ \ \mathbf{Z}_2 \ \ \mathbf{Z}_3 \\ \left(\begin{array}{ccc} 0 & Q_1 & 0 \\ 0 & 0 & Q_2 \\ Q_3 & 0 & 0 \end{array} \right) \end{array} .
$$

In dieser Darstellung symbolisieren die Q_i und die Nullen quadratische Teilmatrizen. Da man, ausgehend von $\mathbf{Z}_i$, nach d Schritten stets wieder einen Zustand aus $\mathbf{Z}_i$ erreicht, hat die zugehörige d-stufige Übergangsmatrix die Struktur

$$
\mathbf{P}^{(d)} = \begin{array}{c} \\ \mathbf{Z}_1 \\ \mathbf{Z}_2 \\ \mathbf{Z}_3 \end{array}
\begin{array}{c} \mathbf{Z}_1 \ \ \mathbf{Z}_2 \ \ \mathbf{Z}_3 \\ \left(\begin{array}{ccc} R_1 & 0 & 0 \\ 0 & R_2 & 0 \\ 0 & 0 & R_3 \end{array} \right) \end{array} ,
$$

wobei die Nullen und die R_i wiederum quadratische Teilmatrizen sind. Dieser Sachverhalt erlaubt folgende Interpretation: Wird in einer Markovschen Kette mit der Periode d zur Schrittlänge bzw. Sprunggröße d übergegangen, so entsteht eine Markovsche Kette mit den abgeschlossenen Äquivalenzklassen $\mathbf{Z}_1, \mathbf{Z}_1, ..., \mathbf{Z}_d$.

Beispiel 5.11 Zustandsraum und Übergangsmatrix einer Markovschen Kette seien gegeben durch $\mathbf{Z} = \{0, 1, ..., 5\}$ und

$$
\mathbf{P} = \left(\begin{array}{cccccc}
0 & 0 & 2/5 & 3/5 & 0 & 0 \\
0 & 0 & 1 & 0 & 0 & 0 \\
0 & 0 & 0 & 0 & 1/2 & 1/2 \\
0 & 0 & 0 & 0 & 2/3 & 1/3 \\
1/2 & 1/2 & 0 & 0 & 0 & 0 \\
1/4 & 3/4 & 0 & 0 & 0 & 0
\end{array} \right) .
$$

Diese Markovsche Kette hat die Periode 3. Übergänge in einem Schritt sind in folgender Reihenfolge möglich:

$$
\mathbf{Z}_1 = \{0, 1\} \to \mathbf{Z}_2 = \{2, 3\} \to \mathbf{Z}_1 = \{4, 5\} \to \mathbf{Z}_1 .
$$

Die Matrix der 3-stufigen Übergangswahrscheinlichkeiten lautet:

$$
\mathbf{P}^{(3)} = \left(\begin{array}{cccccc}
2/5 & 3/5 & 0 & 0 & 0 & 0 \\
3/8 & 5/8 & 0 & 0 & 0 & 0 \\
0 & 0 & 31/40 & 9/40 & 0 & 0 \\
0 & 0 & 3/4 & 1/4 & 0 & 0 \\
0 & 0 & 0 & 0 & 11/20 & 9/20 \\
0 & 0 & 0 & 0 & 21/40 & 19/40
\end{array} \right) .
$$

5.2.4 Rekurrenz und Transienz

Die Ausführungen dieses Abschnitts beziehen sich auf die Rückkehr der Markovschen Kette zu einem Ausgangszustand. Dazu werden die *Ersterreichungswahrscheinlichkeiten*

$$f_{ij}^{(n)} = P(X_n = j;\ X_k \neq j;\ k = 1, 2, \ldots, n - 1 \,|\, X_0 = i)$$

eingeführt. $f_{ij}^{(n)}$ ist die Wahrscheinlichkeit dafür, daß die Markovsche Kette, ausgehend vom Zustand i zum Zeitpunkt $t = 0$, den Zustand j erstmals nach n Schritten
erreicht. (Im Unterschied dazu ist $p_{ij}^{(n)}$ die Wahrscheinlichkeit dafür, daß sich die
Markovsche Kette, ausgehend vom Zustand i zum Zeitpunkt $t = 0$, nach n Schritten
-eventuell zum wiederholten Male- im Zustand j befindet.) Infolgedessen gilt

$$f_{ij}^{(1)} = p_{ij}^{(1)} = p_{ij}.$$

Allgemein liefert die Formel der totalen Wahrscheinlichkeit unter Ausnutzung der
Markov-Eigenschaft sofort einen Zusammenhang zwischen den mehrstufigen Übergangswahrscheinlichkeiten und den Ersterreichungswahrscheinlichkeiten:

$$p_{ij}^{(n)} = \sum_{k=1}^{n} f_{ij}^{(k)} \, p_{jj}^{(n-k)}, \tag{5.12}$$

wobei $p_{jj}^{(0)} = 1$ für alle $j \in \mathbf{Z}$ gesetzt wird. Aus dieser Beziehung ergibt sich eine
rekursive Vorschrift zur Bestimmung der $f_{ij}^{(n)}$:

$$f_{ij}^{(n)} = p_{ij}^{(n)} - \sum_{k=1}^{n-1} f_{ij}^{(k)} \, p_{jj}^{(n-k)}; \quad n = 2, 3, \ldots \tag{5.13}$$

$\left\{ f_{ij}^{(n)};\ n = 1, 2, \ldots \right\}$ ist die Wahrscheinlichkeitsverteilung der zufälligen Zeit Y_{ij},
vom Ausgangszustand i erstmals den Zustand j zu erreichen. Infolgedessen ist

$$\mu_{ij} = \sum_{n=1}^{\infty} n \, f_{ij}^{(n)}$$

der Erwartungswert von Y_{ij}.

Die Wahrscheinlichkeit dafür, ausgehend vom Zustand i überhaupt einmal den Zustand j zu erreichen, beträgt

$$f_{ij}^{*} = \sum_{n=1}^{\infty} f_{ij}^{(n)}. \tag{5.14}$$

Insbesondere ist f_{ii}^{*} die *Rückkehrwahrscheinlichkeit* der Markovschen Kette in den
Zustand i.

Der Zustand i ist **rekurrent**, wenn $f_{ii}^* = 1$ ist und **transient**, falls $f_{ii}^* < 1$ ausfällt. Offenbar gilt, wenn i ein transienter Zustand ist, $\mu_{ii} = \infty$. Aber auch für rekurrente i kann $\mu_{ii} = \infty$ sein. Man unterscheidet daher bei rekurrenten Zuständen genauer zwischen *Nullrekurrenz* und *positiver Rekurrenz*:

> Ein rekurrenter Zustand i heißt *positiv rekurrent*, wenn $\mu_{ii} < \infty$ ist;
> er heißt *nullrekurrent*, wenn $\mu_{ii} = \infty$ ist.
> Ein positiv rekurrenter, aperiodischer Zustand heißt *ergodisch*.

Die zufälligen Zeitpunkte $T_{i,n}$; $n = 1, 2, \ldots$; an denen die n-te Rückkehr in den Ausgangszustand i erfolgt, sind *Regenerationspunkte* der Markovschen Kette im Sinne von Abschnitt 4.8. Die zugehörigen Pausenzeiten $T_{i,n} - T_{i,n-1}$; $n = 1, 2, \ldots$; mit $T_{i,0} = 0$ heißen *Rekurrenzzeiten*. Sie sind voneinander unabhängig und identisch wie Y_{ii} verteilt. Daher bilden sie einen gewöhnlichen Erneuerungsprozeß. Es seien

$$N_i(t) = \max\left(n; \ T_{i,n} \le t\right), \quad H_i(t) = E(N_i(t))$$

sowie

$$N_i(\infty) = \lim_{t \to \infty} N_i(t) \quad \text{und} \quad H_i(\infty) = \lim_{t \to \infty} H_i(t).$$

Satz 5.5 Der Zustand i ist genau dann rekurrent, wenn eine der beiden folgenden Bedingungen erfüllt ist:

(1) $H_i(\infty) = \infty$,

(2) $\displaystyle\sum_{m=1}^{\infty} p_{ii}^{(m)} = \infty$.

Beweis zu (1): Ist i rekurrent, so gilt $P(T_{i,n} = \infty) = 0$ für alle $n = 1, 2, \ldots$ $N_i(\infty)$ ist genau dann endlich, wenn für ein n die Beziehung $T_{i,n} = \infty$ besteht. Daher gilt

$$P(N_i(\infty) < \infty) \le \sum_{n=1}^{\infty} P(T_{i,n} = \infty) = 0.$$

Somit folgt aus der Voraussetzung $f_{ii}^* = 1$ mit Wahrscheinlichkeit 1 die Gültigkeit von $N_i(\infty) = \infty$ und damit auch von $H_i(\infty) = \infty$.

Ist jedoch $f_{ii}^* < 1$, so findet nach jedem Regenerationspunkt mit positiver Wahrscheinlichkeit $1 - f_{ii}^*$ keine Rückkehr nach i mehr statt. In diesem Fall ist $N_i(\infty)$ geometrisch verteilt und hat daher den endlichen Erwartungswert $f_{ii}^*/(1 - f_{ii}^*)$. Beide Aussagen zusammen sind aber der Behauptung (1) äquivalent.

zu (2): Es seien

$$I_{m,i} = \begin{cases} 1 & \text{für} \quad X_m = i \\ 0 & \text{für} \quad X_m \ne i \end{cases} ; \quad m = 1, 2, \ldots$$

die Indikatorvariablen für das Ereignis "$X_m = i$", also für das Ereignis, daß zum Zeitpunkt $t = m$ der Zustand i vorliegt. Dann gilt

$$N_i(\infty) = \sum_{m=1}^{\infty} I_{m,i} \ .$$

Somit ist

$$H_i(\infty) = E\left(\textstyle\sum_{m=1}^{\infty} I_{m,i} \right) = \sum_{m=1}^{\infty} E(I_{m,i}) = \sum_{m=1}^{\infty} P(I_{m,i} = 1)$$

$$= \sum_{m=1}^{\infty} p_{ii}^{(m)} \ .$$

Die Behauptung folgt nunmehr aus (1). ∎

Summiert man auf beiden Seiten von (5.13) von $n = 1$ bis ∞ und vertauscht auf der rechten Seite die Summationsreihenfolge (s. Seite 41), erhält man aus Satz 5.5 die

Folgerung Ist der Zustand j transient, dann gilt für beliebige $i \in \mathbf{Z}$

$$\sum_{m=1}^{\infty} p_{ij}^{(m)} < \infty \quad \text{und somit} \quad \lim_{m \to \infty} p_{ij}^{(m)} = 0 \ .$$

Satz 5.6 Es seien i ein rekurrenter Zustand und $i \Leftrightarrow j$. Dann ist auch j rekurrent.

Beweis Aufgrund der Definition der Äquivalenzrelation existieren m und n mit

$$p_{ij}^{(m)} > 0 \quad \text{und} \quad p_{ji}^{(n)} > 0 \ .$$

Wegen (5.3) gilt

$$p_{jj}^{n+r+m} \geq p_{ji}^{(n)} \, p_{ii}^{(r)} \, p_{ij}^{(m)}$$

und somit ist

$$\sum_{r=1}^{\infty} p_{jj}^{n+r+m} \geq p_{ij}^{(m)} \, p_{ji}^{(n)} \sum_{r=1}^{\infty} p_{ii}^{(r)} = \infty \ .$$

Die Behauptung folgt nun aus Satz 5.5. ∎

Bezeichnung Da entsprechend diesem Satz Rekurrenz -und damit auch Transienz- Klasseneigenschaften sind, spricht man im Fall irreduzibler Markovscher Ketten schlechthin von *rekurrenten (transienten) Markovschen Ketten*.

Elementar, aber wichtig ist der folgende Sachverhalt:

> *Eine irreduzible Markovsche Kette mit endlichem Zustandsraum ist stets rekurrent.*

Man überlegt sich leicht, daß ein unwesentlicher Zustand transient ist. Infolgedessen ist jeder rekurrente Zustand wesentlich. Aber nicht jeder wesentliche Zustand ist auch rekurrent. Zur Illustration dieses Sachverhalts dient das folgende Beispiel.

Beispiel 5.12 (*unbeschränkte zufällige Irrfahrt*) Ausgehend vom Nullpunkt springe ein Teilchen auf der x-Achse je Zeiteinheit mit Wahrscheinlichkeit p um eine Einheit nach rechts und mit Wahrscheinlichkeit $1 - p$ um eine Einheit nach links, wobei die Übergänge unabhängig voneinander erfolgen. X_n bezeichne den Ort des Teilchens nach dem n-ten Sprung. Die Markovsche Kette $\{X_0, X_1, X_2, ...\}$ mit $X_0 = 0$ hat, wie unmittelbar aus den Bewegungsfreiheiten des Teilchens resultiert, die Periode $d = 2$. Daher gilt

$$p_{00}^{(2m+1)} = 0; \quad m = 0, 1, ...$$

Um nach $2m$ Schritten wieder bei $x = 0$ anzugelangen, muß das Teilchen m Sprünge nach links und m nach rechts machen. Bezüglich der Reihenfolge dieser Schritte gibt es $\binom{2m}{m}$ Möglichkeiten. Daher ist

$$p_{00}^{(2m)} = \binom{2m}{m} p^m (1 - p)^m; \quad m = 1, 2, ...$$

Macht man von der bekannten Reihensumme

$$\sum_{i=0}^{\infty} \binom{2i}{i} x^i = \frac{1}{\sqrt{1 - 4x}}, \quad 0 \le x < 1/4,$$

Gebrauch, folgt

$$\sum_{m=1}^{\infty} p_{00}^{(m)} = \sum_{m=1}^{\infty} \binom{2m}{m} [p(1 - p)]^m$$

$$= \frac{1}{|1 - 2p|} - 1, \quad p \ne 1/2 .$$

Diese Reihensumme ist für $p \ne 1/2$ stets beschränkt. Daher ist in diesem Fall gemäß Satz 5.5 der Zustand 0 transient. Weil eine irreduzible Markovsche Kette vorliegt, ist wegen Satz 5.6 die Markovsche Kette transient.

Für $p = 1/2$ (Beispiel 5.1) ist

$$\sum_{m=1}^{\infty} p_{00}^{(m)} = \lim_{p \to 1/2} \frac{1}{|1 - 2p|} - 1 = \infty,$$

so daß in diesem Fall der *symmetrischen Irrfahrt* alle Zustände rekurrent sind. In beiden Fällen sind aber alle Zustände wesentlich; denn es gibt keinen Zustand, in den man nicht, gleichgültig von welcher Stelle aus, mit positiver Wahrscheinlichkeit zurückkehren könnte. $\quad\square$

Die unabhängige, symmetrische zufällige Irrfahrt auf der Geraden läßt sich leicht auch auf höherdimensionale Räume verallgemeinern. In der Ebene bedeutet dies, daß sich ein Teilchens jeweils mit Wahrscheinlichkeit 1/4 nach Westen, Süden, Osten oder Norden bewegt. Im dreidimensionalen Raum beinhaltet die symmetrische Irrfahrt, daß sich ein Teilchen jeweils mit Wahrscheinlichkeit 1/6 nach Westen, Süden, Osten oder Norden sowie nach unten oder oben bewegt. Analysiert man diese Irrfahrten analog zum eindimensionalen Fall, so stößt man auf eine interessante Erscheinung: die zweidimensionale Irrfahrt ist ebenso wie die eindimensionale noch rekurrent, alle höherdimensionalen symmetrischen Irrfahrten sind jedoch transient. Wer also in einem dreidimensionalen Labyrinth bei jedem Schritt jeweils eine der 6 Optionen auf gut Glück wählt, der kehrt mit positiver Wahrscheinlichkeit nie zum Ausgangspunkt zurück.

Beispiel 5.13 Unabhängig von den vorangegangenen Bewegungen springe ein Teilchen je Zeiteinheit von $x = i$; $i = 0, 1, 2,\ldots$; mit Wahrscheinlichkeit p_i zu $x = 0$ oder mit Wahrscheinlichkeit $1 - p_i$ zu $i + 1$, $0 < p_i < 1$. Ist X_n der Ort des Teilchens nach dem n-ten Sprung, so hat die Markovsche Kette $\{X_0, X_1, \ldots\}$ die Übergangsmatrix

$$
\mathbf{P} = \begin{pmatrix}
p_0 & 1-p_0 & 0 & 0 & 0 & . & 0 & 0 & . & . \\
p_1 & 0 & 1-p_1 & 0 & 0 & . & 0 & 0 & . & . \\
p_2 & 0 & 0 & 1-p_2 & 0 & . & 0 & 0 & . & . \\
. & . & & . & & . & . & 0 & 0 & . & . \\
p_i & 0 & & . & & 0 & . & 1-p_i & 0 & . & . \\
. & . & . & . & . & . & . & . & . & . \\
. & . & . & . & . & . & . & . & . & .
\end{pmatrix}.
$$

Somit liegt eine irreduzible, aperiodische Markovsche Kette vor. Die Rekurrenz bzw. Transienz dieser Kette wird anhand des Zustands 0 untersucht. Die Berechnung der $f_{00}^{(n)}$ ist recht einfach:

$$
f_{00}^{(1)} = p_0
$$

$$
f_{00}^{(n)} = \left(\prod_{i=0}^{n-2} (1 - p_i) \right) p_{n-1}, \quad n = 2, 3, \ldots
$$

Wird der Faktor p_{n-1} durch $(1 - (1 - p_{n-1}))$ ersetzt, erhält man

$$
f_{00}^{(n)} = \left(\prod_{i=0}^{n-2} (1 - p_i) \right) - \left(\prod_{i=0}^{n-1} (1 - p_i) \right) \quad n = 2, 3, \ldots
$$

Daher ist

$$
\sum_{n=1}^{m+1} f_{00}^{(n)} = 1 - \left(\prod_{i=0}^{m} (1 - p_i) \right), \quad m = 1, 2, \ldots
$$

Infolgedessen ist der Zustand 0 genau dann rekurrent, wenn gilt

$$
\lim_{m \to \infty} \prod_{i=0}^{m} (1 - p_i) = 0. \tag{5.15}
$$

Behauptung Die Bedingung (5.15) ist genau dann erfüllt, wenn gilt

$$\sum_{i=0}^{\infty} p_i = \infty. \tag{5.16}$$

Beweis Wegen $1 - p_i \le e^{-p_i}$; $i = 0, 1, \ldots$ gilt

$$\prod_{i=0}^{m}(1 - p_i) \le \exp\left(\sum_{i=0}^{m} p_i\right).$$

Läßt man in dieser Ungleichung m gegen ∞ streben, so wird deutlich, daß aus (5.16) die Bedingung (5.15) folgt.

Die umgekehrte Richtung wird indirekt bewiesen: Wird die Gültigkeit von (5.15) vorausgesetzt und angenommen, daß (5.16) nicht gilt, so existiert ein j mit

$$0 < \Sigma_{i=j}^{\infty} p_i < 1.$$

Da stets die Ungleichung

$$\prod_{i=j}^{m}(1 - p_i) > 1 - p_j - p_{j+1} - \ldots - p_m = 1 - \sum_{i=j}^{m} p_i$$

erfüllt ist (Induktion!), gilt

$$\lim_{m\to\infty} \prod_{i=j}^{m}(1 - p_i) > \lim_{m\to\infty}\left(1 - \sum_{i=j}^{m} p_i\right) > 0.$$

Dies steht aber im Widerspruch zur vorausgesetzten Gültigkeit von (5.15), womit die Behauptung bewiesen ist.

Somit sind der Zustand 0 und damit die Markovsche Kette genau dann rekurrent, wenn (5.16) erfüllt ist. Das ist etwa für $p_i = p > 0$; $i = 0, 1, 2, \ldots$; der Fall. $\qquad\Box$

5.3 Grenzwertsätze und stationäre Verteilung

Satz 5.7 Es sei $i \Leftrightarrow j$ Dann gilt

$$\lim_{n\to\infty} \frac{1}{n} \sum_{m=1}^{n} p_{ij}^{(m)} = \frac{1}{\mu_{jj}}. \tag{5.17}$$

Beweis Analog zum Beweis des Satzes 5.5 überzeugt man sich davon, daß

$$\sum_{m=1}^{n} p_{ij}^{(m)}$$

die mittlere Anzahl derjenigen Zeitpunkte im Intervall $[0, n]$ ist, an denen die Markovsche Kette, ausgehend vom Zustand i zum Zeitpunkt $t = 0$, den Zustand j annimmt. Daher liefert das elementare Eneuerungstheorem (Satz 4.2) sofort die Behauptung. (Gilt $i \ne j$, so ist der zugehörige Erneuerungsprozeß verzögert.) $\qquad\blacksquare$

Satz 5.7 gilt unabhängig davon, ob die Folge $\left\{p_{ij}^{(m)}; m = 1, 2, \ldots\right\}$ einen Grenzwert hat oder nicht. Ist etwa $p_{ij}^{(1)} = 1$, $p_{ij}^{(2)} = 0$, $p_{ij}^{(3)} = 1, \ldots$, dann hat diese Folge keinen Grenzwert; jedoch gilt

$$\lim_{n \to \infty} \frac{1}{n} \sum_{m=1}^{n} p_{ij}^{(m)} = \frac{1}{2} \; .$$

Existiert aber der Grenzwert $\lim_{m \to \infty} p_{ij}^{(m)}$, dann fällt er mit (5.17) zusammen. (Davon überzeugt man sich am einfachsten indirekt.) Da sich zeigen läßt, daß in einer irreduziblen Markovschen Kette die Grenzwerte $\lim_{m \to \infty} p_{ij}^{(m)}$ für alle $i, j \in \mathbf{Z}$ existieren, folgt aus Satz 5.7 der

Satz 5.8 Es seien $p_{ij}^{(m)}$ die m-stufigen Übergangswahrscheinlichkeiten einer irreduziblen, aperiodischen Markovschen Kette. Dann gilt für alle $i, j \in \mathbf{Z}$

$$\lim_{m \to \infty} p_{ij}^{(m)} = \frac{1}{\mu_{jj}} \; .$$

Insbesondere gilt für transiente und nullrekurrente Zustände j für alle $i \in \mathbf{Z}$

$$\lim_{m \to \infty} p_{ij}^{(m)} = 0 \; . \qquad\blacksquare$$

Betrachtet man die Zustandsänderungen einer irreduziblen Markovsche Kette mit der Periode d nach jeweils d Zeiteinheiten, so gelangt man gemäß Satz 5.4 zu d abgeschlossenen, aperiodischen Äquivalenzklassen. Daher resultiert aus Satz 5.8 die

Folgerung Für irreduzible Markovsche Ketten mit der Periode d gilt

$$\lim_{m \to \infty} p_{ij}^{(md)} = \frac{d}{\mu_{jj}} \; .$$

Satz 5.9 Gegeben sei eine irreduzible, aperiodische Markovsche Kette. Dann gibt es zwei Möglichkeiten:

(1) Die Markovsche Kette ist transient oder nullrekurrent. In beiden Fällen existiert keine stationäre Anfangsverteilung.

(2) Die Markovsche Kette ist positiv rekurrent. In diesem Fall ist $\left\{\pi_j, j \in \mathbf{Z}\right\}$ mit

$$\pi_j = \lim_{m \to \infty} p_{ij}^{(m)} = \frac{1}{\mu_{jj}}$$

die einzige stationäre Anfangsverteilung.

Beweis Ohne Beschränkung der Allgemeinheit wird $\mathbf{Z} = \{0, 1, \ldots\}$ gesetzt.

zu (1): Eine stationäre Anfangsverteilung $\left\{p_i^{(0)}; i = 0, 1, \ldots\right\}$ ist gemäß (5.8) für beliebige $m = 1, 2, \ldots$ Lösung des linearen Gleichungssystems

$$p_j^{(0)} = \sum_{i=0}^{\infty} p_i^{(0)} p_{ij}^{(m)} \, . \tag{5.18}$$

Streben aber mit m gegen ∞ alle m-stufigen Übergangswahrscheinlichkeiten $p_{ij}^{(m)}$ gegen 0, so kann keine Anfangsverteilung Lösung dieses Gleichungssystems sein.

zu (2): Zunächst wird die Existenz einer stationären Anfangsverteilung gezeigt. Für $M < \infty$ gilt

$$\sum_{j=0}^{M} p_{ij}^{(m)} \le \sum_{j=0}^{\infty} p_{ij}^{(m)} = 1$$

Der Grenzübergang $m \to \infty$ liefert $\sum_{j=0}^{M} \pi_j \le 1$ für alle M. Daher gilt

$$\sum_{j=0}^{\infty} \pi_j \le 1 \, . \tag{5.19}$$

Analog folgt aus

$$p_{ij}^{(m+1)} = \sum_{k=0}^{\infty} p_{ik}^{(m)} p_{kj} \ge \sum_{k=0}^{M} p_{ik}^{(m)} p_{kj}$$

die Ungleichung

$$\pi_j \ge \sum_{k=0}^{\infty} \pi_k p_{kj} \, . \tag{5.20}$$

Angenommen, in (5.20) gilt für mindestens ein j die Ungleichheit. Dann liefert die Addition aller Ungleichungen

$$\sum_{j=0}^{\infty} \pi_j > \sum_{j=0}^{\infty} \sum_{k=0}^{\infty} \pi_k p_{kj} = \sum_{k=0}^{\infty} \pi_k \sum_{j=0}^{\infty} p_{kj} = \sum_{k=0}^{\infty} \pi_k \, .$$

Das ist aber ein Widerspruch, da die Summe über die π_i gemäß (5.19) beschränkt ist. Infolgedessen muß gelten

$$\pi_j = \sum_{k=0}^{\infty} \pi_k p_{kj} \, ; \quad j = 0, 1, \dots$$

Wird nun $p_j^{(0)} = \pi_j / \sum_{i=0}^{\infty} \pi_i$ gesetzt, so folgt, daß zumindest eine stationäre Anfangsverteilung, nämlich $\left\{ p_j^{(0)} \, ; j = 0, 1, \dots \right\}$, existiert.

Ist $\left\{ p_j^{(0)} \, ; j = 0, 1, \dots \right\}$ eine beliebige stationäre Anfangsverteilung und läßt man in (5.18) m gegen ∞ streben, so ergibt sich gemäß Satz 5.8 mit $\pi_j = 1/\mu_{jj}$

$$p_j^{(0)} = \sum_{i=0}^{\infty} p_i^{(0)} \pi_j = \pi_j \sum_{i=0}^{\infty} p_i^{(0)} = \pi_j \, , \ j \in \mathbf{Z} \, .$$

Somit ist $\left\{ \pi_j \, ; j = 0, 1, \dots \right\}$ die einzige stationäre Anfangsverteilung. ∎

Beispiel 5.14 Ein Teilchen bewegt sich in Sprüngen der Länge 1 auf den ganzen Zahlen des Intervalls $[0,\infty)$. Ausgehend vom Ort $i = 1, 2, \ldots$ gelangt es mit Wahrscheinlichkeit p zum Ort $i + 1$ und mit Wahrscheinlichkeit $q = 1 - p$ zum Ort $i - 1$. Gelangt das Teilchen einmal nach 0, dann bleibt es beim nächsten Sprung dort mit Wahrscheinlichkeit q oder springt mit Wahrscheinlichkeit p zum Ort 1. X_n sei der Ort des Teilchens nach dem n-ten Sprung. Es ist zu prüfen, ob oder unter welchen Bedingungen die Markovsche Kette $\{X_0, X_1, \ldots\}$ eine stationäre Anfangsverteilung hat.

Wegen $p_{00} = q$, $p_{i\,i+1} = p$ und $p_{i\,i-1} = q$; $i = 1, 2, \ldots$; $q = 1 - p$, lautet das lineare Gleichungssystem (5.7)

$$\pi_0 = \pi_0\, q + \pi_1\, q$$

$$\pi_i = \pi_{i-1}\, p + \pi_{i+1}\, q; \quad i = 1, 2, \ldots$$

Die rekursive Lösung liefert

$$\pi_i = \left(\frac{p}{q}\right)^i \pi_0; \quad i = 0, 1, \ldots$$

Um die Normierungsbedingung $\sum_{i=0}^{\infty} \pi_i = 1$ zu gewährleisten, ist $p < q$ bzw., damit gleichbedeutend, $p < 1/2$ vorauszusetzen. Es folgt

$$\pi_i = \frac{q-p}{q}\left(\frac{p}{q}\right)^i; \quad i = 0, 1, \ldots$$

Die Voraussetzung $p < 1/2$ für die Existenz einer stationären Verteilung ist einleuchtend; denn anderenfalls würde das Teilchen in der Tendenz nach $+\infty$ "abdriften". Ein zeitinvariantes Verhalten könnte sich dann nicht einstellen. $\square$

Satz 5.10 $\{X_0, X_1, \ldots\}$ sei eine irreduzible, rekurrente Markovsche Kette mit dem Zustandsraum $\mathbf{Z}$ und den stationären Zustandswahrscheinlichkeiten π_i, $i \in \mathbf{Z}$. Ferner sei $g(i)$ eine beschränkte Funktion auf $\mathbf{Z}$. Dann gilt

$$\lim_{n\to\infty} \frac{1}{n} \sum_{k=0}^{n} g(X_k) = \sum_{i\in\mathbf{Z}} \pi_i\, g(i). \qquad\blacksquare$$

Bezeichnet $c_i = g(i)$ zum Beispiel den Gewinn, der mit dem Übergang der Markovschen Kette in den Zustand i verbunden ist, so ist $\sum_{i\in\mathbf{Z}} \pi_i\, c_i$ der mittlere Gewinn, der aus einer beliebigen Zustandsänderung der Markovschen Kette resultiert. Somit ist dieser Satz das Analogon zu Formel (4.46) für kumulative stochastische Prozesse, wie sie im Abschn. 4.7 definiert wurden. Ein Beweis von Satz 5.10 (unter schwächeren Voraussetzungen) findet sich etwa bei *Tijms* (1994).

Speziell sei

$$g(i) = \begin{cases} 1 & \text{für } i = k \\ 0 & \text{für } i \neq k \end{cases}.$$

Wenn, wie in diesem Kapitel generell vorausgesetzt, Zustandsänderungen der Markovschen Kette nur nach Zeitintervallen der Länge 1 stattfinden, dann ist mit dem so definierten $g(i)$ der Grenzwert

$$\lim_{n\to\infty} \frac{1}{n} \Sigma_{k=0}^{n}\, g(X_k)$$

gleich dem mittleren Zeitanteil, in dem sich die Markovsche Kette im Zustand i befindet. Nach Satz 5.10 ist dieser Zeitanteil aber gleich π_i. Diese Eigenschaft der stationären Zustandswahrscheinlichkeiten trägt zu deren besserem Verständnis bei.

Beispiel 5.15 Ein System kann sich in 3 Zuständen befinden: Im Zustand 1 erreicht es seine volle Leistung, im Zustand 2 ist die Produktivität geringer und Zustand 3 ist der Ausfallzustand. Zustandsänderungen können nach Ablauf von jeweils einer Zeiteinheit stattfinden. (Der Übergang in den gleichen Zustand ist möglich.) Bezeichnet $X(t)$ den Zustand des Systems zum Zeitpunkt t, so sei $\{X(t),\, t \geq 0\}$ eine Markovsche Kette mit der Übergangsmatrix

$$\mathbf{P} = \begin{array}{c} \\ 1 \\ 2 \\ 3 \end{array} \begin{array}{ccc} 1 & 2 & 3 \\ \left(\begin{array}{ccc} 0{,}8 & 0{,}1 & 0{,}1 \\ 0 & 0{,}6 & 0{,}4 \\ 0{,}8 & 0 & 0{,}2 \end{array}\right) \end{array}.$$

Die zugehörigen stationären Zustandswahrscheinlichkeiten erfüllen das lineare Gleichungssystem

$$\pi_1 = 0{,}8\,\pi_1 \qquad\quad + 0{,}8\,\pi_3$$

$$\pi_2 = 0{,}1\,\pi_1 + 0{,}6\,\pi_2$$

$$\pi_3 = 0{,}1\,\pi_1 + 0{,}4\,\pi_2 + 0{,}2\,\pi_3$$

Von diesen drei Gleichungen sind nur zwei voneinander linear unabhängig. Daher ist zur Bestimmung der stationären Zustandswahrscheinlichkeiten auch die Normierungsbedingung

$$\pi_1 + \pi_2 + \pi_3 = 1$$

hinzuzuziehen. Man erhält die Lösung

$$\pi_1 = \frac{4}{6}, \quad \pi_2 = \pi_3 = \frac{1}{6}. \tag{5.21}$$

In den Zuständen 1 und 2 erwirtschaftet das System je Zeiteinheit die Gewinne $g(1) = 1000$ bzw. $g(2) = 600\ DM$, während im Zustand 3 je Zeiteinheit ein Verlust von $g(3) = -100\ DM$ entsteht (Instandsetzungskosten). Damit ergibt sich gemäß Satz 5.10 bei hinreichend langer Betriebszeit des Systems der mittlere Gewinn je Zeiteinheit zu

$$\Sigma_{i=1}^{3}\, \pi_i\, g(i) = 1000 \cdot \frac{4}{6} + 600 \cdot \frac{1}{6} - 100 \cdot \frac{1}{6} = 250.$$

Es sei nun Y die zufällige Zeit, in der sich das System in einem der "gewinnbringen-den Zustände" 1 oder 2 befindet, und Z sei die zufällige Zeit, in der sich das System im Ausfallzustand 3 befindet (jeweils beginnend mit dem Zeitpunkt, in dem es erst-mals einen solchen Zustand erreicht und bis zu dem Zeitpunkt, in dem die Zu-standsklassen $\{1, 2\}$ bzw. $\{3\}$ verlassen werden). Gesucht sind die Erwartungswerte $E(Y)$ und $E(Z)$.

Wegen der vorausgesetzten unbeschränkten Betriebszeit des Systems bildet (Y, Z) den "typischen Zyklus" eines alternierenden Erneuerungsprozesses. Somit ist gemäß (4.43) der Quotient $E(Y)/[E(Y)+E(Z)]$ gleich dem mittleren Zeitanteil, in dem sich das System im Zustand 1 oder 2 befindet. Aufgrund der im Anschluß an Satz 5.10 gegebenen inhaltlichen Deutung der stationären Zustandswahrscheinlichkeiten gilt demnach

$$\frac{E(Y)}{E(Y)+E(Z)} = \pi_1 + \pi_2 . \tag{5.22}$$

Da durchschnittlich aller $E(Y) + E(Z)$ Zeiteinheiten ein Übergang in den Ausfall-zustand 3 stattfindet, ist $1 / [E(Y) + E(Z)]$ die Rate, mit der Ausfälle stattfinden. An-dererseits ist diese Rate durch $\pi_1 p_{13} + \pi_2 p_{23}$ gegeben. Also gilt

$$\frac{1}{E(Y)+E(Z)} = \pi_1 p_{13} + \pi_2 p_{23} . \tag{5.23}$$

Aus (5.22) und (5.23) folgt

$$E(Y) = \frac{\pi_1 + \pi_2}{\pi_1 p_{13} + \pi_2 p_{23}}, \qquad E(Z) = \frac{\pi_3}{\pi_1 p_{13} + \pi_2 p_{23}} .$$

Mit den Zahlenwerten (5.21) erhält man

$$E(Y) = 6{,}25 \quad \text{und} \quad E(Z) = 1{,}25 . \qquad \square$$

5.4 Geburts- und Todesprozesse

In den bislang betrachteten Beispielen für diskrete Markovsche Ketten waren häufig direkte Übergänge nur in "benachbarte" Zustände möglich. Genauer, ausgehend vom Zustand i konnte je Sprung bzw. je Zeiteinheit nur der Zustand $i - 1$ bzw. $i + 1$ erreicht werden. In diesen Fällen haben die Übergangswahrscheinlichkeiten die prinzipielle Struktur

$$p_{i\,i+1} = p_i , \quad p_{i\,i-1} = q_i , \quad p_{ii} = r_i \quad \text{mit} \quad p_i + q_i + r_i = 1 . \tag{5.24}$$

Diskrete Markovsche Ketten mit derartigen Übergangswahrscheinlichkeiten und dem Zustandsraum $\mathbf{Z} = \{0, 1, ...\}$ heißen *Geburts- und Todesprozesse.* (Dieser Zu-standsraum impliziert $q_0 = 0$.) Die im Beispiel 5.14 betrachtete unbeschränkte zu-fällige Irrfahrt ist ein spezieller Geburts- und Todesprozeß mit $p_i = p$ für $i = 0, 1, ...$

sowie $q_0 = 0$, $r_0 = q = 1 - p$ und $q_i = q$ für $i = 1, 2, \ldots$ Bei der zufälligen Irrfahrt von Beispiel 5.12 erfolgt bei jeder Zustandsänderung zwar auch nur ein Übergang in einen benachbarten Zustand; jedoch liegt der Zustandsraum $\mathbf{Z} = \{\ldots -1, 0, +1, \ldots\}$ vor.

Beispiel 5.16 (*zufällige Irrfahrt mit absorbierenden Wänden*) Eine Markovsche Kette $\{X_0, X_1, \ldots\}$ mit dem Zustandsraum $\mathbf{Z} = \{0, 1, \ldots, s\}$ ist eine *zufällige Irrfahrt mit den absorbierenden Wänden 0 und s*, wenn ihre Übergangswahrscheinlichkeiten zusätzlich zu (5.24) die Bedingungen

$$r_0 = r_s = 1; \quad p_i > 0 \text{ und } q_i > 0 \text{ für } i = 1, 2, \ldots, s-1 \tag{5.25}$$

erfüllen. Somit ist diese zufällige Irrfahrt ein spezieller Geburts- und Todesprozeß mit den absorbierenden Zuständen 0 und s.

$p(k)$ sei die Wahrscheinlichkeit dafür, daß die Markovsche Kette den Zustand 0 erreicht, wenn sie vom Zustand k aus startet, wenn also die Anfangsverteilung $P(X_0 = k) = 1$ vorliegt; $k = 1, 2, \ldots, s - 1$. (Da der Zustand s absorbierend ist, kann die Markovsche Kette, wenn sie den Zustand 0 erreicht, den Zustand s vorher nicht angenommen haben.)

Aufgrund der Formel der totalen Wahrscheinlichkeit gilt

$$p(k) = p_k\, p(k+1) + q_k\, p(k-1) + r_k\, p(k)$$

bzw., wegen $r_k = 1 - p_k - q_k$ damit gleichbedeutend,

$$p(k) - p(k+1) = \frac{q_k}{p_k}\,[p(k-1) - p(k)]; \quad k = 1, 2, \ldots, s-1 \,.$$

Die wiederholte Anwendung dieser Differenzengleichung liefert

$$p(j) - p(j+1) = Q_j\,[p(0) - p(1)]; \quad j = 0, 1, \ldots, s-1 \tag{5.26}$$

mit $p(0) = 1$ und $p(s) = 0$ sowie

$$Q_j = \frac{q_j\, q_{j-1} \cdots q_1}{p_j\, p_{j-1} \cdots p_1}; \quad j = 1, 2, \ldots, s-1; \quad Q_0 = 1\,.$$

Durch Summation der Gleichungen (5.26) von $j = k$ bis $j = s - 1$ ergibt sich

$$p(k) = \sum_{j=k}^{s-1} [p(j) - p(j+1)] = [p(0) - p(1)] \sum_{j=k}^{s-1} Q_j\,.$$

Insbesondere erhält man für $k = 0$ wegen $p(0) = 1$

$$1 = [p(0) - p(1)] \sum_{j=0}^{s-1} Q_j\,.$$

Durch Kopplung der beiden letzten Gleichungen ergeben sich die gewünschten Absorptionswahrscheinlichkeiten im Zustand 0 zu

$$p(k) = \frac{\sum_{j=k}^{s-1} Q_j}{\sum_{j=0}^{s-1} Q_j} \; ; \quad k = 0, 1, \dots, s-1 \; ; \quad p(s) = 0 \, . \tag{5.27}$$

Neben der Deutung des behandelten Geburts- und Todesprozesses als zufällige Irrfahrt ist auch die folgende interessant: Ein Spieler beginnt ein Glücksspiel mit einem Kapital von k *DM*. Nach jedem Zug kann er 1 *DM* gewinnen oder verlieren oder sein Kapital bleibt erhalten. Diese Möglichkeiten werden durch Übergangswahrscheinlichkeiten mit den Eigenschaften (5.24) und (5.25) gesteuert. Das Spiel bricht ab, wenn der Spieler auch den Einsatz $s - k$ seines Gegners gewonnen hat oder wenn er alles verspielt hat. Die behandelte Problematik wird daher auch als *Ruinproblem* bezeichnet (*gambler's ruin*).   □

Um die Irreduzibilität eines Geburts- und Todesprozesses zu sichern, werden die Voraussetzungen (5.24) an die Übergangswahrscheinlichkeiten noch um die folgenden ergänzt:

$$p_i > 0 \ \text{ für } \ i = 0, 1, \dots \ \text{ und } \ q_i > 0 \ \text{ für } \ i = 1, 2, \dots \tag{5.28}$$

Satz 5.11 Unter den zusätzlichen Vorausetzungen (5.28) an die Übergangswahrscheinlichkeiten ist ein Geburts- und Todesprozeß genau dann rekurrent, wenn gilt

$$\sum_{j=1}^{\infty} \frac{q_j \, q_{j-1} \cdots q_1}{p_j \, p_{j-1} \cdots p_1} = \infty \, . \tag{5.29}$$

Beweis Es genügt, die Rekurrenz des Zustands 0 zu zeigen. Das kann vermittels des Ergebnisses (5.27) von Beispiel 5.16 geschehen; denn es gilt

$$\lim_{s \to \infty} p(k) = f_{k0}^* \; ; \quad k = 1, 2, \dots ,$$

wobei die Ersterreichungswahrscheinlichkeit f_{k0}^* durch (5.14) definiert ist. Ist der Zustand 0 rekurrent, dann muß wegen der Irreduzibilität der Markovschen Kette neben $f_{00}^* = 1$ auch $f_{k0}^* = 1$ gelten. Die Beziehung $f_{k0}^* = 1$ ist aber genau dann erfüllt, wenn (5.29) gilt. Umgekehrt sei (5.29) erfüllt. Dann gilt wegen der Formel der totalen Wahrscheinlichkeit

$$f_{00}^* = p_{00} + p_{01} f_{10}^* = r_0 + p_0 \cdot 1 = 1 \, .$$

Damit ist der Satz bewiesen.   ■

Ihren Namen haben Geburts- und Todesprozesse wegen ihrer Anwendung bei der Beschreibung von Populationsentwicklungen. In diesem Zusammenhang ist X_n die Anzahl der Individuen in einer Population nach n Zeiteinheiten, wenn vorausgesetzt wird, daß je Zeiteinheit maximal ein Individuum geboren werden bzw. sterben kann. Die p_i bzw. q_i heißen sinngemäß *Geburts-* bzw. *Sterbewahrscheinlichkeiten*. Eine weitaus größere praktische Bedeutung haben Geburts- und Todesprozesse bei stetiger Zeit (Abschnitt 6.6).

Aufgaben

5.1) Eine Markovsche Kette $\{X_0, X_1, \ldots\}$ mit dem Zustandsraum $\mathbf{Z} = \{0, 1, 2\}$ habe die Übergangsmatrix

$$\mathbf{P} = \begin{pmatrix} 0,5 & 0 & 0,5 \\ 0,4 & 0,2 & 0,4 \\ 0 & 0,4 & 0,6 \end{pmatrix}.$$

(1) Man berechne die bedingten Wahrscheinlichkeiten $P(X_2 = 2 | X_1 = 0, X_0 = 1)$ sowie $P(X_2 = 2, X_1 = 0 | X_0 = 1)$!

(2) Man berechne die bedingten Wahrscheinlichkeiten $P(X_2 = 2, X_1 = 0 | X_0 = 0)$ sowie $P(X_{n+1} = 2, X_n = 0 | X_{n-1} = 0)$ für $n > 1$!

(3) Beim Vorliegen der Anfangsverteilung

$$P(X_0 = 0) = 0,4; \quad P(X_0 = 1) = P(X_0 = 2) = 0,3$$

berechne man die Wahrscheinlichkeiten $P(X_1 = 2)$ und $P(X_1 = 1, X_2 = 2)$!

5.2) Die Übergangsmatrix einer Markovschen Kette $\{X_0, X_1, \ldots\}$ mit dem Zustandsraum $\mathbf{Z} = \{0, 1, 2\}$ sei

$$\mathbf{P} = \begin{pmatrix} 0,2 & 0,3 & 0,5 \\ 0.8 & 0.2 & 0 \\ 0,6 & 0 & 0,4 \end{pmatrix}.$$

(1) Man berechne die Matrix der zweistufigen Übergangswahrscheinlichkeiten $\mathbf{P}^{(2)}$!

(2) Bei Vorgabe der Anfangsverteilung

$$P(X_0 = i) = 1/3; \quad i = 0, 1, 2;$$

berechne man die Wahrscheinlichkeiten $P(X_2 = 0)$ und $P(X_0 = 0, X_1 = 1, X_2 = 2)$!

5.3) Eine Markovsche Kette $\{X_0, X_1, \ldots\}$ mit dem Zustandsraum $\mathbf{Z} = \{0, 1, 2\}$ habe die Übergangsmatrix

$$\mathbf{P} = \begin{pmatrix} 0 & 0,4 & 0,6 \\ 0,8 & 0 & 0,2 \\ 0,5 & 0,5 & 0 \end{pmatrix}$$

(1) Man zeichne den zugehörigen Übergangsgraph!

(2) Bei Vorgabe der Anfangsverteilung

$$P(X_0 = 0) = P(X_0 = 1) = 0,4 \quad \text{und} \quad P(X_0 = 2) = 0,2$$

berechne man die Wahrscheinlichkeit $P(X_3 = 2)$!

(3) Man berechne die stationäre Anfangsverteilung!

5.4) Es seien $\{Y_0, Y_1, \ldots\}$ eine Folge unabhängiger, identisch verteilter binärer Zufallsgrößen, die die Realisierungen 0 und 1 jeweils mit Wahrscheinlichkeit 1/2 annehmen, und

$$X_n = \frac{1}{2}(Y_n - Y_{n-1}); \quad n = 1, 2, \ldots$$

Man prüfe, ob die zufällige Folge $\{X_1, X_2, \ldots\}$ die Markov-Eigenschaft hat!

5.5) Eine Markovsche Kette $\{X_0, X_1, \dots \}$ mit dem Zustandsraum $\mathbf{Z} = \{0, 1, 2, 3\}$ habe die Übergangsmatrix

$$\mathbf{P} = \begin{pmatrix} 0,1 & 0,2 & 0,4 & 0,3 \\ 0,2 & 0,3 & 0,1 & 0,4 \\ 0.4 & 0,1 & 0,3 & 0,2 \\ 0,3 & 0,4 & 0,2 & 0,1 \end{pmatrix}.$$

(1) Man zeichne den zugehörigen Übergangsgraph!
(2) Man berechne die stationäre Anfangsverteilung!

5.6) Eine irreduzible Markovsche Kette mit dem Zustandsraum $\mathbf{Z} = \{1, 2, \dots, n\}$, $n < \infty$, habe eine *doppelt stochastische Übergangsmatrix*. Es gelte also neben

$$\sum_{j \in \mathbf{Z}} p_{ij} = 1 \quad \text{auch} \quad \sum_{i \in \mathbf{Z}} p_{ij} = 1.$$

Man zeige: Die stationäre Anfangsverteilung dieser Markovschen Kette ist durch
$\pi_j = 1/n$; $j = 1, 2, \dots, n$; gegeben (vergleiche mit Aufgabe 5.5!) !

5.7) Während der Übertragung einer 0 oder einer 1 werden unter dem Einfluß von zeitlich versetzt und unabhängig voneinander wirkenden Störungen $S_1, S_2, \dots$ je Störung eine 0 mit Wahrscheinlichkeit p in eine 1und eine 1 mit Wahrscheinlichkeit q in eine 0 verzerrt. Es seien $X_0 = 0$ oder $X_0 = 1$, je nachdem, ob eine 0 oder eine 1 zu übertragen ist und $X_i = 0$ oder $X_i = 1$, je nachdem, ob nach dem Einwirken der i-ten Störung S_i; $i = 1, 2, \dots$; eine 0 oder eine 1 übertragen wird. Die Folge $\{X_0, X_1, \dots\}$ ist eine Markovsche Kette mit dem Zustandsraum $\mathbf{Z} = \{0, 1\}$ und der Übergangsmatrix

$$\mathbf{P} = \begin{pmatrix} 1-p & p \\ q & 1-q \end{pmatrix}.$$

(1) Man zeige: Unter der Voraussetzung $0 < p + q \leq 1$ ist die Matrix der n-stufigen Übergangswahrscheinlichkeiten gegeben durch

$$\mathbf{P}^{(n)} = \frac{1}{p+q} \begin{pmatrix} q & p \\ q & p \end{pmatrix} + \frac{(1-p-q)^n}{p+q} \begin{pmatrix} p & -p \\ -q & q \end{pmatrix}!$$

(2) Es seien $p = q = 0,1$. Man berechne die Wahrscheinlichkeit dafür, daß nach Einwirkung von $i = 5$ Störungen eine zu übertragende 0 beim Empfänger tatsächlich als 0 eintrifft!

5.8) Eine Markovsche Kette mit dem Zustandsraum $\mathbf{Z} = \{0, 1, 2, 3, 4\}$ habe die Übergangsmatrix

$$\mathbf{P} = \begin{pmatrix} 0,5 & 0,1 & 0,4 & 0 & 0 \\ 0,8 & 0,2 & 0 & 0 & 0 \\ 0 & 1 & 0 & 0 & 0 \\ 0 & 0 & 0 & 0,9 & 0,1 \\ 0 & 0 & 0 & 1 & 0 \end{pmatrix}.$$

(1) Man bestimme die minimalen abgeschlossenen Klassen der Markovschen Kette!
(2) Man prüfe, ob unwesentliche Zustände existieren!

5.9) Eine Markovsche Kette mit dem Zustandsraum $\mathbf{Z} = \{0, 1, 2, 3\}$ habe die Übergangsmatrix

$$\mathbf{P} = \begin{pmatrix} 0 & 0 & 1 & 0 \\ 1 & 0 & 0 & 0 \\ 0,4 & 0,6 & 0 & 0 \\ 0,1 & 0,4 & 0,2 & 0,3 \end{pmatrix}.$$

Man bestimme die Klassen wesentlicher und unwesentlicher Zustände!

5.10) Eine Markovsche Kette mit dem Zustandsraum $\mathbf{Z} = \{0, 1, 2, 3, 4\}$ habe die Übergangsmatrix

$$\mathbf{P} = \begin{pmatrix} 0 & 0,2 & 0,8 & 0 & 0 \\ 0 & 0 & 0 & 0,9 & 0,1 \\ 0 & 0 & 0 & 0,1 & 0,9 \\ 1 & 0 & 0 & 0 & 0 \\ 1 & 0 & 0 & 0 & 0 \end{pmatrix}.$$

(1) Man zeichne den Übergangsgraph!
(2) Man zeige, daß eine irreduzible Markovsche Kette mit der Periode 3 vorliegt!
(3) Man berechne die stationäre Anfangsverteilung!

5.11) Zwei Markovsche Ketten mit dem gemeinsamen Zustandsraum $\mathbf{Z} = \{0, 1, 2, 3, 4\}$ haben die Übergangsmatrizen

$$\mathbf{P} = \begin{pmatrix} 0 & 1 & 0 & 0 & 0 \\ 1 & 0 & 0 & 0 & 0 \\ 0,2 & 0,2 & 0,2 & 0,4 & 0 \\ 0,2 & 0,8 & 0 & 0 & 0 \\ 0,4 & 0,1 & 0,1 & 0 & 0,4 \end{pmatrix} \quad \text{bzw.} \quad \mathbf{P} = \begin{pmatrix} 0,2 & 0,6 & 0,2 & 0 & 0 \\ 0 & 0,3 & 0,6 & 0,1 & 0 \\ 0 & 1 & 0 & 0 & 0 \\ 1 & 0 & 0 & 0 & 0 \\ 0,9 & 0,1 & 0 & 0 & 0 \end{pmatrix}.$$

Man bestimme jeweils die wesentlichen und die unwesentlichen sowie die rekurrenten und die transienten Zustandsklassen!

5.12) Man ermittle die stationäre Anfangsverteilung der zufälligen Irrfahrt von Beispiel 5.13 unter der Voraussetzung $p_i = p$, $0 < p < 1$!

5.13) Die Übergangswahrscheinlichkeiten eines Geburts- und Todesprozesses seien

$$p_i = \frac{1}{1 + [i/(i+1)]^2} \quad \text{und} \quad q_i = 1 - p_i; \quad i = 1, 2, \dots; \quad p_0 = 1.$$

Man zeige, daß Transienz vorliegt!

5.14) Es seien i und j zwei verschiedene Zustände mit der Eigenschaft $f_{ij}^* = f_{ji}^* = 1$. Man zeige, daß sowohl i als auch j rekurrent sind!

5.15) Die Übergangswahrscheinlichkeiten zweier irreduzibler Markovscher Ketten mit dem gemeinsamen Zustandsraum $\mathbf{Z} = \{0, 1, \dots \}$ sind gegeben durch

(1) $p_{i\,i+1} = 1(i+2)$ und $p_{i0} = (i+1)/(i+2)$; $i = 0, 1, \dots$ bzw.
(2) $p_{i\,i+1} = (i+1)/(i+2)$ und $p_{i0} = 1/(i+2)$; $i = 0, 1, \dots$

(1) Man prüfe jeweils, ob Transienz, Nullrekurrenz oder positive Rekurrenz vorliegen!
(2) Im Fall positiver Rekurrenz berechne man die stationäre Anfangsverteilung!

5.16)* Der Betriebsprozeß eines Systems kann durch eine irreduzible Markovsche Kette $\{X(t), t \geq 0\}$ mit dem endlichen Zustandsraum $\mathbf{Z} = \{0, 1, ..., n\}$ und der Matrix der Übergangswahrscheinlichkeiten $\mathbf{P}$ beschrieben werden. Für $X(t) = i$ mit $i \in \mathbf{C} \subset \mathbf{Z}$ ist das System funktionstüchtig, und für $i \in \bar{\mathbf{C}} = \mathbf{Z} \setminus \mathbf{C}$ funktionsuntüchtig. Zustandsänderungen der Markovschen Kette können nach Ablauf von jeweils einer Zeiteinheit stattfinden. Es seien Y bzw. Z die zufälligen Zeiten, in denen das System funktionstüchtig bzw. funktionsuntüchtig ist; jeweils beginnend mit dem Zeitpunkt, an dem die Markovsche Kette erstmals die entsprechende Zustandsklasse erreicht hat, und bis zu dem Zeitpunkt, an dem sie diese Zustandsklasse verläßt.

Man zeige analog zum Vorgehen im Beispiel 5.15, daß $E(Y)$ und $E(Z)$ bei unbeschränkt langer Nutzungsdauer des Systems gegeben sind durch

$$E(Y) = \frac{\sum\limits_{i \in \mathbf{C}} \pi_i}{\sum\limits_{j \in \bar{\mathbf{C}}} \sum\limits_{i \in \mathbf{C}} \pi_i p_{ij}} \, , \quad E(Z) = \frac{\sum\limits_{i \in \bar{\mathbf{C}}} \pi_i}{\sum\limits_{j \in \mathbf{C}} \sum\limits_{i \in \bar{\mathbf{C}}} \pi_i p_{ij}} \, !$$

6 Stetige Markovsche Ketten

6.1 Grundlagen

In diesem Kapitel werden Markovsche Prozesse mit stetigem Parameterbereich $\mathbf{T}$ betrachtet, wobei eine Beschränkung auf die positive Halbachse $\mathbf{T} = [0, \infty)$ sowie auf den Zustandsraum $\mathbf{Z} = \{0, \pm 1, \pm 2, \ldots\}$ bzw. auf Teilmengen von $\mathbf{Z}$ erfolgt.

Definition 6.1 Ein stochastischer Prozeß $\{X(t),\ t \geq 0\}$ mit dem Zustandsraum $\mathbf{Z} = \{0, \pm 1, \pm 2, \ldots\}$ heißt *stetige Markovsche Kette*, wenn für beliebige $n \geq 1$ und beliebige Folgen $\{t_0, t_1, \ldots, t_{n+1}\}$ mit $t_0 < t_1 < \ldots < t_{n+1}$ sowie $\{i_0, i_1, \ldots, i_{n+1}\}$ mit $i_k \in \mathbf{Z}$ die Beziehung

$$P(X(t_{n+1}) = i_{n+1} \,|\, X(t_n) = i_n, \ldots, X(t_1) = i_1, X(t_0) = i_0)$$

$$= P(X(t_{n+1}) = i_{n+1} \,|\, X(t_n) = i_n) \tag{6.1}$$

gilt. ●

Entsprechend Definition 2.6 handelt es sich also bei einer stetigen Markovschen Kette um einen Markovschen Prozeß mit stetiger Zeit und mit diskretem Zustandsraum. Die inhaltliche Deutung der *Markov-Eigenschaft* (6.1) ist die gleiche wie bei den diskreten Markovschen Ketten:

> *Die künftige Entwicklung einer stetigen Markovschen Kette hängt nur vom gegenwärtigen Zustand ab, aber nicht von der Vergangenheit.*

Die bedingten Wahrscheinlichkeiten

$$p_{ij}(s, t) = P(X(t) = j \,|\, X(s) = i); \quad s < t;\ i, j \in \mathbf{Z};$$

sind die *Übergangswahrscheinlichkeiten* der Markovschen Kette. Eine stetige Markovsche Kette ist **homogen**, wenn die $p_{ij}(s, t)$ für alle $s, t \in \mathbf{T}$ von s und t nur über die Differenz $t - s$ abhängen:

$$p_{ij}(s, t) = p_{ij}(0, t - s)$$

In diesem Fall hängen die Übergangswahrscheinlichkeiten letztlich nur von einer Variablen ab. Man schreibt sie daher in der Form

$$p_{ij}(t) = p_{ij}(0, t).$$

Hinweis In diesem Kapitel werden ausschließlich homogene stetige Markovsche Ketten betrachtet. Es kann daher nicht zu Verwechslungen führen, wenn nur von *Markovschen Ketten* die Rede sein wird. Ausnahmen werden dort gemacht, wo die Eigenschaft der Homogenität im Kontext eine besondere Bedeutung hat.

Die Übergangswahrscheinlichkeiten werden in der *Matrix der Übergangswahrscheinlichkeiten* (kurz: *Übergangsmatrix*) zusammengefaßt:

$$\mathbf{P}(t) = \left(\left(p_{ij}(t) \right) \right); \quad i, j \in \mathbf{Z}.$$

Neben der trivialen Eigenschaft $p_{ij}(t) \geq 0$ wird von den Übergangswahrscheinlichkeiten im allgemeinen gefordert, daß sie folgenden Bedingungen genügen:

$$\sum_{j \in \mathbf{Z}} p_{ij}(t) = 1; \quad t \geq 0, \ i \in \mathbf{Z} \tag{6.2}$$

Bemerkung Theoretisch kann auch die Gültigkeit der Ungleichungen

$$\sum_{j \in \mathbf{Z}} p_{ij}(t) < 1; \quad t \geq 0, \ i \in \mathbf{Z}$$

nicht ausgeschlossen werden. In diesem Fall finden in dem endlichen Intervall $[0, t)$ mit der positiven Wahrscheinlichkeit $1 - \sum_{j \in \mathbf{Z}} p_{ij}(t)$ unendlich viele Zustandsänderungen der Markovschen Kette statt. Diese Situation ist näherungsweise bei nuklearen Kettenreaktionen und bei der massenhaften Vermehrung von Insektenpopulationen gegeben.

In Zukunft wird die Gültigkeit von

$$\lim_{t \to +0} p_{ii}(t) = 1 \tag{6.3}$$

vorausgesetzt. Wegen (6.2) ist diese Voraussetzung äquivalent zu

$$p_{ij}(0) = \lim_{t \to +0} p_{ij}(t) = \delta_{ij}; \quad i, j \in \mathbf{Z}; \tag{6.4}$$

wobei δ_{ij} das *Kronecker-Symbol* bezeichnet:

$$\delta_{ij} = \begin{cases} 1 & \text{für} \quad i = j \\ 0 & \text{für} \quad i \neq j \end{cases}. \tag{6.5}$$

Analog zu (5.3) gilt für $t \geq 0$ und $\tau \geq 0$ die ***Formel von Chapman-Kolmogorov***:

$$p_{ij}(t+\tau) = \sum_{k \in \mathbf{Z}} p_{ik}(t) p_{kj}(\tau). \tag{6.6}$$

Vermittels der Formel der totalen Wahrscheinlichkeit und unter Ausnutzung der Markov-Eigenschaft sowie der Homogenität kann sie wie folgt bewiesen werden:

$$p_{ij}(t+\tau) = P(X(t+\tau) = j \mid X(0) = i) = \frac{P(X(t+\tau) = j, \ X(0) = i)}{P(X(0) = i)}$$

$$= \sum_{k \in \mathbf{Z}} \frac{P(X(t+\tau) = j, \ X(t) = k, \ X(0) = i)}{P(X(0) = i)}$$

$$= \sum_{k \in \mathbf{Z}} \frac{P(X(t+\tau) = j \mid X(t) = k, \ X(0) = i) \, P(X(t) = k, \ X(0) = i)}{P(X(0) = i)}$$

$$= \sum_{k \in \mathbf{Z}} \frac{P(X(\tau + t) = j \,|\, X(t) = k)\, P(X(t) = k \,|\, X(0) = i)\, P(X(0) = i)}{P(X(0) = i)}$$

$$= \sum_{k \in \mathbf{Z}} P(X(\tau) = j \,|\, X(0) = k)\, P(X(t) = k \,|\, X(0) = i)$$

$$= \sum_{k \in \mathbf{Z}} p_{ik}(t)\, p_{kj}(\tau),$$

womit (6.6) bewiesen ist.

Absolute und stationäre Verteilung   Es sei $p_i(t) = P(X(t) = i)$ die Wahrscheinlichkeit dafür, daß sich die Markovsche Kette zum Zeitpunkt t im Zustand i befindet. Man nennt die $p_i(t)$ *absolute Zustandswahrscheinlichkeiten*. Demzufolge ist $\{p_i(t),\ i \in \mathbf{Z}\}$ die *eindimensionale (absolute) Verteilung* der Markovschen Kette zum Zeitpunkt t. Sinngemäß bezeichnet man $\{p_i(0);\ i \in \mathbf{Z}\}$ als *Anfangsverteilung* der Markovschen Kette. Zwischen einer Anfangsverteilung und der zugehörigen absoluten Verteilung zum Zeitpunkt t besteht wegen der Formel der totalen Wahrscheinlichkeit der Zusammenhang

$$p_j(t) = \sum_{i \in \mathbf{Z}} p_i(0)\, p_{ij}(t), \quad j \in \mathbf{Z}. \tag{6.7}$$

Will man die *n-dimensionalen Verteilungen* der Markovschen Kette für beliebige Folgen $t_0, t_1, ..., t_n$ mit $0 \leq t_0 < t_1 < ... < t_n < \infty$ berechnen, muß ihre absolute Verteilung zum Zeitpunkt t_0 bekannt sein. Es gilt nämlich, wie man durch wiederholte Anwendung der Formel der bedingten Wahrscheinlichkeit unter Ausnutzung der Homogenität leicht nachweist,

$$P(X(t_0) = i_0, X(t_1) = i_1, ..., X(t_n) = i_n)$$

$$= p_{i_0}(t_0)\, p_{i_0 i_1}(t_1 - t_0)\, p_{i_1 i_2}(t_2 - t_1) ... p_{i_{n-1} i_n}(t_n - t_{n-1}). \tag{6.8}$$

Definition 6.2   Eine Anfangsverteilung $\{\pi_i = p_i(0),\ i \in \mathbf{Z}\}$ heißt *stationär*, wenn

$$\pi_i = p_i(t) \quad \text{für alle } t \geq 0 \text{ und } i \in \mathbf{Z} \tag{6.9}$$

gilt.   ●

Wird also zum Zeitpunkt $t = 0$ der Anfangszustand entsprechend einer stationären Anfangsverteilung "ausgewürfelt", so hängen die absoluten Zustandswahrscheinlichkeiten der Markovschen Kette und damit ihre eindimensionalen Verteilungen nicht von der Zeit ab. Daher sind im Fall der Existenz einer stationären Anfangsverteilung die Wahrscheinlichkeiten π_i die *stationären Zustandswahrscheinlichkeiten* der Markovschen Kette schlechthin. Aus (6.8) folgt darüberhinaus, daß in diesem Fall alle n-dimensionalen Verteilungen des Prozesses

$$\{P(X(t_1 + h) = i_1, X(t_2 + h) = i_2, ..., X(t_n + h) = i_n)\} \qquad (6.10)$$

unabhängig von h sind; das heißt, beim Vorliegen einer stationären Anfangsverteilung ist die Markovsche Kette im engeren Sinne stationär. Damit bestätigt sich im Spezialfall die allgemeinere Aussage des Satzes 2.1.

Beispiel 6.1 Der homogene Poissonprozeß $\{N(t),\ t \geq 0\}$ mit der Intensität λ ist eine (homogene stetige) Markovsche Kette mit dem Zustandsraum $\mathbf{Z} = \{0, 1, ...\}$. Seine Übergangswahrscheinlichkeiten sind

$$p_{ij}(t) = \frac{(\lambda t)^{(j-i)}}{(j-i)!}\, e^{-\lambda t}\,;\quad i \leq j.$$

Die Trajektorien dieses Prozesses sind nichtfallende Treppenfunktionen. Insbesondere ist seine Trendfunktion zeitabhängig: $m(t) = E(N(t)) = \lambda\, t$. Infolgedessen kann keine stationäre Anfangsverteilung existieren. (Die Definition des Poissonschen Prozesses war ohnehin an die Voraussetzung $P(N(0) = 0) = 1$ geknüpft.) $\square$

Beispiel 6.2 Zum Zeitpunkt $t = 0$ werden n voneinander unabhängig arbeitende Systeme in Betrieb genommen. Ihre zufälligen Lebensdauern seien identisch exponential mit dem Parameter λ verteilt. Bezeichnet $X(t)$ die Anzahl der zum Zeitpunkt t noch nicht ausgefallenen Systeme, dann ist $\{X(t),\ t \geq 0\}$ eine Markovsche Kette mit dem Zustandsraum $\mathbf{Z} = \{0, 1, ..., n\}$, der Anfangsverteilung $P(X(0) = n) = 1$ und den Übergangswahrscheinlichkeiten

$$p_{ij}(t) = \binom{i}{i-j}(1 - e^{-\lambda t})^{i-j}\, e^{-\lambda t j},\quad n \geq i \geq j \geq 0.$$

Diese Struktur der Übergangswahrscheinlichkeiten beruht auf der "Gedächtnislosigkeit" der Exponentialverteilung (siehe Beispiel 1.2). Auch diese Markovsche Kette kann nicht stationär sein. $\square$

Beispiel 6.3 Es seien $\mathbf{Z} = \{0, 1\}$ der Zustandsraum und

$$\mathbf{P}(t) = \begin{pmatrix} \dfrac{1}{t+1} & \dfrac{t}{t+1} \\[2ex] \dfrac{t}{t+1} & \dfrac{1}{t+1} \end{pmatrix}$$

die Matrix der Übergangswahrscheinlichkeiten eines stochastischen Prozesses $\{X(t),\ t \geq 0$. Es ist zu prüfen, ob es sich hierbei um eine homogene Markovsche Kette handeln kann. Angenommen, es liegt die Anfangsverteilung

$$p_0(0) = P(X(0) = 0) = 1$$

vor. Dann ergibt sich bei Anwendung der Formel (6.7) die korrekte absolute Zustandswahrscheinlichkeit zum Zeitpunkt $t = 3$ zu

$$p_0(3) = p_0(0)\, p_{00}(3) = 1 \cdot \frac{1}{3+1} = \frac{1}{4}\,.$$

Dagegen liefert die Anwendung von (6.6) mit $t = 2$ und $\tau = 1$

$$p_0(3) = p_{00}(2)p_{00}(1) + p_{01}(2)p_{10}(1)$$

$$= \frac{1}{2+1} \cdot \frac{1}{1+1} + \frac{2}{2+1} \cdot \frac{1}{1+1} = \frac{1}{2}.$$

Infolgedessen gilt die Gleichung von Chapman-Kolmogorov nicht, so daß keine Markovsche Kette vorliegen kann. $\qquad\square$

Zustandsklassifikation Die Übertragung der bereits für diskrete Markovsche Ketten eingeführten Begriffe auf stetige Markovsche Ketten erfolgt in naheliegender Weise und soll hier nur skizziert werden.

Eine Zustandsmenge $\mathbf{C} \subseteq \mathbf{Z}$ heißt *abgeschlossen*, wenn

$$p_{ij}(t) = 0 \text{ für alle } t > 0,\ i \in \mathbf{C} \text{ und } j \notin \mathbf{C}$$

gilt. Insbesondere heißt ein Zustand i *absorbierend*, wenn $\{i\}$ abgeschlossen ist.

Der Zustand j ist aus i *erreichbar*, wenn ein t mit $p_{ij}(t) > 0$ existiert. Damit sind die *wechselseitige Erreichbarkeit, Äquivalenzklassen, wesentliche und unwesentliche Zustände* sowie *irreduzible* und *reduzible Markovsche Ketten* wie im Abschnitt 5.2 definiert.

Der Zustand i ist *rekurrent (transient)*, wenn das Integral

$$\int_0^\infty p_{ii}(t)\, dt$$

divergiert (konvergiert). Ein rekurrenter Zustand i ist *positiv rekurrent*, wenn der Erwartungswert seiner *Rekurrenzzeit* (Zeitspanne zwischen zwei benachbarten Zeitpunkten der Annahme des Zustands i durch die Markovsche Kette) endlich ist.

Da sich zeigen läßt, daß im Fall $p_{ij}(t_0) > 0$ auch $p_{ij}(t) > 0$ für alle $t > t_0$ gilt, ist die Einführung des Begriffs der Periode eines Zustands analog zu Abschnitt 5.2.3 nicht sinnvoll. Es hätte nämlich jeder Zustand die Periode 1.

6.2 Kolmogorovsche Gleichungen

In diesem Abschnitt werden wichtige strukturelle Eigenschaften stetiger Markovscher Ketten aufgezeigt, die für die mathematische Modellierung realer Systeme von entscheidender Bedeutung sind. Eine wichtige Rolle spielt hierbei der folgende Satz.

Satz 6.1 Unter der Voraussetzung (6.3) sind die Übergangswahrscheinlichkeiten $p_{ij}(t)$ für alle $i, j \in \mathbf{Z}$ in $[0, t)$ differenzierbar.

Beweis Für $h > 0$ gilt wegen der Gleichung von Chapman-Kolmogorov

$$p_{ij}(t+h) - p_{ij}(t) = \sum_{k \in \mathbf{Z}} p_{ik}(h) p_{kj}(t) - p_{ij}(t)$$

$$= -(1 - p_{ii}(h)) p_{ij}(t) + \sum_{\substack{k \in \mathbf{Z} \\ k \neq i}} p_{ik}(h) p_{kj}(t).$$

Es folgt

$$-(1 - p_{ii}(h)) \leq -(1 - p_{ii}(h)) p_{ij}(t) \leq p_{ij}(t+h) - p_{ij}(t)$$

$$\leq \sum_{\substack{k \in \mathbf{Z} \\ k \neq i}} p_{ik}(h) p_{kj}(t) \leq \sum_{\substack{k \in \mathbf{Z} \\ k \neq i}} p_{ik}(h)$$

$$= 1 - p_{ii}(h).$$

Also gilt

$$\left| p_{ij}(t+h) - p_{ij}(t) \right| \leq 1 - p_{ii}(h).$$

Aus (6.3) folgt nun die gleichmäßige Stetigkeit der Übergangswahrscheinlichkeiten und damit ihre Differenzierbarkeit für $t \geq 0$. ∎

Übergangsraten Die Grundlage der weiteren Ausführungen bilden für $i, j \in \mathbf{Z}$ die Grenzwerte

$$q_i = \lim_{h \to 0} \frac{1 - p_{ii}(h)}{h} \tag{6.11}$$

und

$$q_{ij} = \lim_{h \to 0} \frac{p_{ij}(h)}{h}, \quad i \neq j. \tag{6.12}$$

Wegen (6.3) und (6.4) gelten

$$p'_{ii}(0) = \left. \frac{dp_{ii}(t)}{dt} \right|_{t=0} = -q_i, \tag{6.13}$$

$$p'_{ij}(0) = \left. \frac{dp_{ij}(t)}{dt} \right|_{t=0} = q_{ij}, \quad i \neq j. \tag{6.14}$$

Daher ist aufgrund der Differenzierbarkeit der Übergangswahrscheinlichkeiten die Existenz der Grenzwerte q_i und q_{ij} gesichert.

Die Beziehungen (6.11) und (6.12) sind für $h \to 0$ äquivalent zu

$$p_{ii}(h) = 1 - q_i h + o(h) \tag{6.15}$$

bzw.

$$p_{ij}(h) = q_{ij} h + o(h), \quad i \neq j. \tag{6.16}$$

Die Parameter q_i und q_{ij} sind die *Übergangsraten* oder *Übergangsintensitäten* der Markovschen Kette. Genauer ist q_i die *unbedingte Übergangsrate*, ausgehend vom Zustand i in einen beliebigen anderen überzugehen, also die Intensität einer Zustandsänderung schlechthin, während q_{ij} die *bedingte Übergangsrate* ist, ausgehend vom Zustand i in den Zustand j überzugehen. Gemäß (6.2) gilt

$$\sum_{\{j, j \neq i\}} q_{ij} = q_i, \quad i \in \mathbf{Z}. \tag{6.17}$$

Kolmogorovsche Gleichungen Im folgenden werden Differentialgleichungssysteme für die Übergangswahrscheinlichkeiten und die absoluten Zustandswahrscheinlichkeiten Markovscher Ketten in Abhängigkeit von den Übergangsraten abgeleitet. Ausgangspunkt dafür ist die Gleichung von Chapman und Kolmogorov in der Form

$$p_{ij}(t+h) = \sum_{k \in \mathbf{Z}} p_{ik}(h) p_{kj}(t).$$

Es folgt

$$\frac{p_{ij}(t+h) - p_{ij}(t)}{h} = \sum_{k \neq i} \frac{p_{ik}(h)}{h} p_{kj}(t) - \frac{1 - p_{ii}(h)}{h} p_{ij}(t).$$

Nach Ausführung des Grenzüberganges $h \to 0$ erhält man unter Berücksichtigung von (6.13) und (6.14) die *Kolmogorovschen Rückwärtsgleichungen*

$$p_{ij}'(t) = \sum_{k \neq i} q_{ik} p_{kj}(t) - q_i p_{ij}(t), \quad t \geq 0. \tag{6.18}$$

Analog ergeben sich aus

$$p_{ij}(t+h) = \sum_{k \in \mathbf{Z}} p_{ik}(t) p_{kj}(h)$$

die *Kolmogorovschen Vorwärtsgleichungen*

$$p_{ij}'(t) = \sum_{k \neq j} p_{ik}(t) q_{kj} - q_j p_{ij}(t), \quad t \geq 0. \tag{6.19}$$

Es sei $\{p_i(0), i \in \mathbf{Z}\}$ eine Anfangsverteilung der Markovschen Kette. Dann ergibt sich durch Multiplikation von (6.19) mit $p_i(0)$ und Summation über alle $i \in \mathbf{Z}$

$$\sum_{i \in \mathbf{Z}} p_i(0) p_{ij}'(t) = \sum_{i \in \mathbf{Z}} p_i(0) \sum_{k \neq j} p_{ik}(t) q_{kj} - \sum_{i \in \mathbf{Z}} p_i(0) q_j p_{ij}(t)$$

$$= \sum_{k \neq j} q_{kj} \sum_{i \in \mathbf{Z}} p_i(0) p_{ik}(t) - q_j \sum_{i \in \mathbf{Z}} p_i(0) p_{ij}(t).$$

Wegen (6.7) erhält man für die absoluten Zustandswahrscheinlichkeiten das Differentialgleichungssystem

$$p_j'(t) = \sum_{k \neq j} q_{kj} p_k(t) - q_j p_j(t), \quad t \geq 0, \quad j \in \mathbf{Z}. \tag{6.20}$$

Die absoluten Zustandswahrscheinlichkeiten mögen neben diesem Differentialgleichungssystem noch der Normierungsbedingung genügen:

$$\sum_{i \in \mathbf{Z}} p_i(t) = 1 \tag{6.21}$$

Diese Bedingung ist bei endlichem Zustandsraum stets erfüllt.

Bemerkung Wenn eine Anfangsverteilung der Form $p_i(0) = 1$, $p_j(0) = 0$ für $j \neq i$ vorliegt, dann sind die absoluten Zustandswahrscheinlichkeiten $\{p_j(t), j \in \mathbf{Z}\}$ als Lösung von (6.20) mit den Übergangswahrscheinlichkeiten $\{p_{ij}(t), j \in \mathbf{Z}\}$ identisch.

Pausenzeiten und Übergangsraten Die vollständige Modellierung realer Systeme vermittels stetiger homogener Markovscher Ketten ist nur dann möglich, wenn die Zeitspannen zwischen den Zustandsänderungen der Systeme ("Pausenzeiten") exponentialverteilt sind; denn die "Gedächtnislosigkeit" der Exponentialverteilung impliziert die Markov-Eigenschaft (siehe auch Abschnitt 6.7). Haben aber die Pausenzeiten bekannte Exponentialverteilungen, so ist die Bestimmung der Übergangsraten leicht möglich. Genügt zum Beispiel die Aufenthaltsdauer der Markovschen Kette im Zustand 0 einer Exponentialverteilung mit dem Parameter λ_0, dann ist die unbedingte Rate, den Zustand 0 zu verlassen, gemäß (6.11) gegeben durch

$$q_0 = \lim_{h \to 0} \frac{1 - p_{00}(h)}{h} = \lim_{h \to 0} \frac{1 - e^{-\lambda_0 h}}{h} = \lim_{h \to 0} \frac{\lambda_0 h + o(h)}{h} = \lambda_0 + \lim_{h \to 0} \frac{o(h)}{h}.$$

Also ist

$$q_0 = \lambda_0. \tag{6.22}$$

Das System verweile nun eine zufällige Zeit $Y_0 = \min(Y_{01}, Y_{02})$ im Zustand 0. Ist $Y_{01} < Y_{02}$, geht es vom Zustand 0 in den Zustand 1 über und im Fall $Y_{01} > Y_{02}$ in den Zustand 2. Sind die Zufallsgrößen Y_{01} und Y_{02} voneinander unabhängig und exponential mit den Parametern λ_1 bzw. λ_2 verteilt, hat man für die bedingte Übergangsrate vom Zustand 0 in den Zustand 1 gemäß (6.12)

$$q_{01} = \lim_{h \to 0} \frac{p_{01}(h)}{h} = \lim_{h \to 0} \frac{(1 - e^{-\lambda_1 h}) e^{-\lambda_2 h} + o(h)}{h} = \lim_{h \to 0} \frac{\lambda_1 h (1 - \lambda_2 h) + o(h)}{h}.$$

Damit ergeben sich insgesamt wegen der Vertauschbarkeit von Y_{01} und Y_{02} die Übergangsraten

$$q_{01} = \lambda_1, \quad q_{02} = \lambda_2, \quad q_0 = \lambda_1 + \lambda_2. \tag{6.23}$$

Die Ergebnisse (6.22) und (6.23) werden im Abschnitt 6.4 verallgemeinert.

Übergangsgraphen In konkreten Modellen kann man sich die Erstellung der Kolmogorovschen Differentialgleichungssysteme vermittels *Übergangsgraphen* erleichtern. Diese werden analog zu den Übergangsgraphen für diskreten Markovsche Ketten konstruiert: Die Knoten der Übergangsgraphen symbolisieren die Zustände der Markovschen Kette. Es gibt genau dann eine gerichtete Kante vom Knoten i

zum Knoten j, wenn $q_{ij} > 0$ ist. Die Kanten werden mit den zugehörigen Übergangsraten bewertet. Somit existieren zu jedem Knoten i zwei Mengen von Kanten (eventuell leere), die jeweils zu i hinführen bzw. von i wegführen. Die unbedingte Übergangsrate q_i ergibt sich gemäß (6.17) als Summe aller derjenigen Übergangsraten, die zu Kanten gehören, die vom Knoten i wegführen. Führt zwar eine Kante in den Knoten i hinein, aber keine heraus, so ist der Zustand i absorbierend.

Beispiel 6.4 (*einfaches System mit Erneuerung*) Die zufällige Lebensdauer L eines Systems genüge einer Exponentialverteilung mit dem Parameter λ. Nach jedem Ausfall wird das System vollständig erneuert; es hat also nach jeder Erneuerung die gleiche Lebensdauerverteilung wie zu Beginn. Die Erneuerungszeiten seien identisch exponential mit dem Parameter μ verteilte Zufallsgrößen Z. Alle Lebens- und Erneuerungszeiten seien voneinander unabhängig. Damit liegt ein alternierender Erneuerungsprozeß im Sinne von Abschn. 4.6 mit dem "typischen Zyklus" (L, Z) vor. Die zugehörige Markovsche Kette $\{X(t),\ t \geq 0\}$ mit dem Zustandsraum $\mathbf{Z} = \{0, 1\}$ sei definiert durch

$$X(t) = \begin{cases} 1, & \text{wenn das System arbeitet} \\ 0, & \text{wenn das System erneuert wird} \end{cases}.$$

Gesucht ist die Momentanverfügbarkeit $p_1(t) = P(X(t) = 1)$ des Systems.

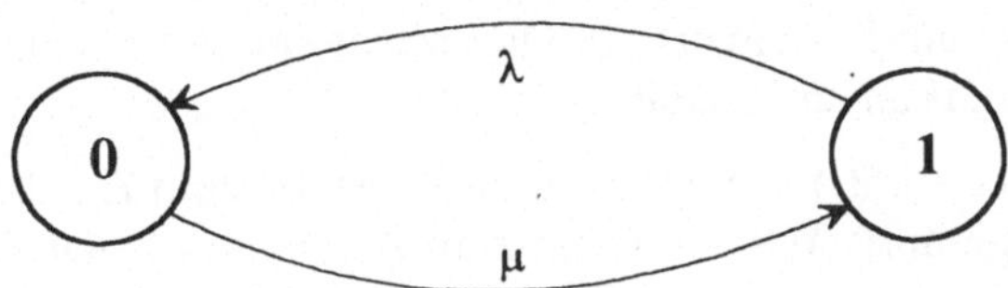

Bild 6.1 Übergangsgraph eines alternierenden Erneuerungsprozesses (Beispiel 6.4)

Da es in diesem einfachen Beispiel bei Zustandsänderungen keine Alternative gibt, gelten gemäß (6.22)

$$q_0 = q_{01} = \mu \quad \text{und} \quad q_1 = q_{10} = \lambda.$$

Daher lautet das Differentialgleichungssystem (6.20)

$$p_0'(t) = -\mu p_0(t) + \lambda p_1(t)$$

$$p_1'(t) = +\mu p_0(t) - \lambda p_1(t)$$

Beide Gleichungen sind voneinander linear abhängig. (Die Summen der rechten und linken Seiten ergeben jeweils 0.) Ersetzt man etwa in der zweiten Gleichung $p_0(t)$ entsprechend (6.21) durch $1 - p_1(t)$, erhält man für $p_1(t)$ eine inhomogene lineare Differentialgleichung erster Ordnung mit konstanten Koeffizienten:

$$p'_1(t) + (\lambda + \mu)p_1(t) = \mu.$$

Unter der Anfangsbedingung $p_1(0) = 1$ ergibt sich die Momentanverfügbarkeit zu

$$p_1(t) = \frac{\mu}{\lambda + \mu} + \frac{\lambda}{\lambda + \mu} e^{-(\lambda+\mu)t}, \quad t \geq 0.$$

Die stationäre Verfügbarkeit ist

$$\pi_1 = \lim_{t \to \infty} p_1(t) = \frac{\mu}{\lambda + \mu}.$$

Dieses Ergebnis wurde im Beispiel 4.6 vermittels der Laplace-Transformation erzielt. (Dort wurden die Bezeichnungen $L = Y$, $\lambda = \lambda_1$ und $\mu = \lambda_0$ verwendet.) $\qquad\square$

Beispiel 6.5 (*doubliertes System, kalte Reserve*) Ein System besteht aus zwei Elementen. Für die Funktionstüchtigkeit des Systems ist die Funktionstüchtigkeit bereits eines Elements ausreichend. Sind beide Elemente funktionstüchtig, so befindet sich eines im Reservezustand. In diesem Zustand kann es weder ausfallen noch altern. Nach dem Ausfall eines Elements übernimmt sofort das andere seine Rolle, und es wird mit der vollständigen Erneuerung des ausgefallenen Elements begonnen. Das erneuerte Element geht in den Reservezustand, falls das andere noch arbeitet. Die zufälligen Lebens- und Erneuerungsdauern der Elemente L_1 und L_2 bzw. Z_1 und Z_2 seien voneinander unabhängig und identisch wie L bzw. Z verteilt. L und Z und genügen Exponentialverteilungen mit den Parametern λ bzw. μ. L_s sei die zufällige Zeit bis zum Systemausfall. Dieser tritt ein, wenn während der Erneuerung eines Elements das andere ausfällt.

Eine Markovsche Kette $\{X(t), t \geq 0\}$ mit dem Zustandsraum $\mathbf{Z} = \{0, 1, 2\}$ wird auf folgendermaßen eingeführt: $X(t) = i$, wenn zum Zeitpunkt t genau i Elemente funktionsuntüchtig sind. Ferner bezeichne Y_i die absolute Verweildauer des Systems im Zustand i und Y_{ij} die bedingte Verweildauer des Systems im Zustand i, wenn es von i in den Zustand j übergeht. Da das System vom Zustand 0 zwangsläufig in den Zustand 1 übergeht, gilt $Y_0 = Y_{01} = L$. Demzufolge beträgt die zugehörige Übergangsrate wegen (6.22) $q_0 = q_{01} = \lambda$. Geht das System vom Zustand 1 in den Zustand 2 über, so ist seine Verweilzeit im Zustand 1 durch $Y_{12} = L$ gegeben, während beim Übergang von 1 nach 0 die Verweilzeit $Y_{10} = Z$ auftritt. Die unbedingte Verweildauer des Systems im Zustand 1 ist $Y_1 = \min(L, Z)$. Daher betragen die zugehörigen Übergangsraten gemäß (6.23) $q_{12} = \lambda$, $q_{10} = \mu$ sowie $q_0 = \lambda + \mu$. Kehrt das System vom Zustand 1 in den Zustand 0 zurück, so hat es dort wieder die Verweildauer L, weil wegen der Gedächtnislosigkeit der Exponentialverteilung das bereits arbeitende Element an jedem Zeitpunkt, an dem es arbeitet, "so gut wie neu" ist.

a) *Überlebenswahrscheinlichkeit* In diesem Fall interessiert nur die Zeitspanne $[0, L_s]$ bis zum Erreichen des (Ausfall-) Zustands 2. Somit ist der Zustand 2 als absorbierend zu behandeln und daher $q_{20} = q_{21} = 0$ zu setzen (Bild 6.2). Mit diesen Prämissen hat die Überlebenswahrscheinlichkeit des Systems die Struktur

Bild 6.2 Übergangsgraph für Beispiel 6.5 a)

$$\bar{F}(t) = P(L_s > t) = p_0(t) + p_1(t).$$

Das Differentialgleichungssystem (6.20) lautet:

$$p_0'(t) = -\lambda p_0(t) + \mu p_1(t)$$

$$p_1'(t) = +\lambda p_0(t) - (\lambda + \mu)p_1(t) \tag{6.24}$$

$$p_2'(t) = +\lambda p_1(t)$$

Es wird unter der Voraussetzung gelöst, daß zum Zeitpunkt $t = 0$ beide Elemente funktionstüchtig sind. Durch Kopplung der beiden ersten Differentialgleichungen von (6.24) erhält man eine homogene Differentialgleichung 2. Ordnung mit konstanten Koeffizienten für $p_1(t)$:

$$p_1''(t) + (2\lambda + \mu)p_1'(t) + \lambda^2 p_1(t) = 0.$$

Die zugehörige charakteristische Gleichung lautet

$$x^2 + (2\lambda + \mu)x + \lambda^2 = 0.$$

Ihre Lösungen sind

$$x_{1/2} = -\left(\lambda + \frac{\mu}{2}\right) \pm \sqrt{\lambda\mu + \mu^2/4}.$$

Wegen $p_1(0) = 0$ erhält man mit einer noch zu bestimmenden Konstanten a

$$p_1(t) = a \sinh \frac{c}{2} t, \quad t \geq 0,$$

wobei

$$c = \sqrt{4\lambda\mu + \mu^2}$$

gesetzt wurde. Nunmehr liefert die erste Gleichung von (6.24) wegen $p_0(0) = 1$ die Konstante a zu $a = 2\lambda/c$ sowie

$$p_0(t) = e^{-\frac{2\lambda+\mu}{2}t}\left(\frac{\mu}{c}\sinh\frac{c}{2}t + \cosh\frac{c}{2}t\right), \quad t \geq 0.$$

Die Überlebenswahrscheinlichkeit des Systems beträgt daher

$$\bar{F}(t) = e^{-\frac{2\lambda+\mu}{2}}\left[\cosh\frac{c}{2}t + \frac{2\lambda+\mu}{c}\sinh\frac{c}{2}t\right], \quad t \geq 0.$$

(Wegen der Definition der Hyperbelfunktionen sinh und cosh siehe Seite 81.) Der Erwartungswert der Lebensdauer L_S des Systems errechnet sich zu

$$E(L_S) = \frac{2}{\lambda} + \frac{\mu}{\lambda^2}. \tag{6.25}$$

Dieses Ergebnis erhält man am schnellsten vermittels (1.12). Im Fall ohne Erneuerung ($\mu = 0$) genügt L_S einer Erlangverteilung der Ordnung 2 mit dem Parameter λ:

$$\bar{F}(t) = (1 + \lambda t)\, e^{-\lambda t}, \quad E(L_S) = 2/\lambda.$$

b) *Verfügbarkeit* Wird der Erneuerungsvorgang auch nach einem Systemausfall fortgesetzt, so ist die Verfügbarkeit des Systems die vordergründig interessierende Kenngröße. Die Übergangsrate vom Zustand 2 in den Zustand 1 ist also jetzt positiv. Sie hängt davon ab, ob $r = 1$ oder $r = 2$ Instandhaltungsmechaniker zur Verfügung stehen. Wird vorausgesetzt, daß ein Instandhaltungsmechaniker nicht gleichzeitig zwei ausgefallene Elemente erneuern kann, gilt wegen (6.23) $q_2 = q_{21} = r\mu$ (Bild 6.3). Man beachte hierbei, daß für $r = 2$ die Verweildauer des Systems im Zustand 2 durch $Y_2 = \min(Z_1, Z_2)$ gegeben ist; denn beginnt die Erneuerung des zweiten ausgefallenen Elements, so kann wegen der Gedächtnislosigkeit der Exponentialverteilung formal unterstellt werden, daß auch die restliche Erneuerungszeit des bereits in Erneuerung befindliche Element wie Z verteilt ist. Analog überlegt man sich, daß $Y_1 = \min(L, Z)$ die Verweildauer des Systems im Zustand 1 ist; und zwar unabhängig davon, ob der Zustand 1 vom Zustand 0 oder vom Zustand 2 aus erreicht wurde. Daher sind die Übergangsraten q_{10} und q_{12} die gleichen wie unter a). (In den folgenden Beispielen kann auf die ausführliche Begründung der Struktur von Verweildauern verzichtet werden.)

Bild 6.3 Übergangsgraph für Beispiel 6.5 b)

Das zugehörige Differentialgleichungssystem (6.20) lautet, wenn die dritte Differentialgleichung durch die Normierungsbedingung (6.21) ersetzt wird

$$p_0'(t) = -\lambda p_0(t) + \mu p_1(t)$$

$$p_1'(t) = +\lambda p_0(t) - (\lambda + \mu)p_1(t) + r\mu p_2(t)$$

$$1 = \quad p_0(t) + \quad\quad p_1(t) + \quad p_2(t)$$

Die Lösung bleibt dem Leser überlassen.　　　　　□

Beispiel 6.6 (*doubliertes System, heiße Reserve*) Im Unterschied zum vorangegangenen Beispiel arbeiten jetzt beide Elemente gleichzeitig, falls sie funktionstüchtig sind. Alle anderen Voraussetzungen ebenso wie die Bezeichnungen aus Beispiel 6.5 bleiben erhalten. Insbesondere ist das System wiederum genau dann funktionstüchtig, wenn mindestens ein Element arbeitet. Wegen der Anfangsbedingung $p_0(0) = 1$ und später wegen der Gedächtnislosigkeit der Exponentialverteilung verweilt das System die zufällige Zeit $Y_0 = \min(L_1, L_2)$ im Zustand 0. Da Y_0 exponential mit dem Parameter 2λ verteilt ist und vom Zustand 0 nur ein Übergang in den Zustand 1 möglich ist, sind $Y_0 = Y_{01}$ sowie $q_0 = q_{01} = 2\lambda$. Im Zustand 1 liegt die gleiche Situation wie im Beispiel 6.5 vor: $q_{10} = \mu$, $q_{12} = \lambda$, $q_1 = \lambda + \mu$ (Bild 6.4).

Bild 6.4 Übergangsgraph für Beispiel 6.6 a)

a) *Überlebenswahrscheinlichkeit* Mit $q_{20} = q_{21} = 0$ lautet das zugehörige Differentialgleichungssystem (6.20)

$$p_0'(t) = -2\lambda p_0(t) + \mu p_1(t)$$

$$p_1'(t) = +2\lambda p_0(t) - (\lambda + \mu)p_1(t)$$

$$p_2'(t) = + \lambda p_1(t)$$

Aus den ersten beiden Gleichungen dieses Systems (eine der drei Gleichungen ist ohnehin überflüssig und durch (6.21) zu ersetzen) ergibt sich für $p_0(t)$ eine homogene Differentialgleichung 2. Ordnung mit konstanten Koeffizienten:

$$p_0''(t) + (3\lambda + \mu)p_0'(t) + 2\lambda^2 p_0(t) = 0 \,.$$

Die Lösung ist

$$p_0(t) = e^{-\left(\frac{3\lambda+\mu}{2}\right)t}\left[\cosh\frac{c}{2}t + \frac{\mu - \lambda}{c}\sinh\frac{c}{2}t\right]$$

mit $c = \sqrt{\lambda^2 + 6\lambda\mu + \mu^2}$. Ferner erhält man

$$p_1(t) = \frac{4\lambda}{c}e^{-\left(\frac{3\lambda+\mu}{2}\right)t}\sinh\frac{c}{2}t\,.$$

Die Überlebenswahrscheinlichkeit $\overline{F}(t) = P(L_s > t) = p_0(t) + p_1(t)$ des Systems beträgt daher

$$\overline{F}(t) = e^{-\left(\frac{3\lambda+\mu}{2}\right)t}\left[\cosh\frac{c}{2}t + \frac{3\lambda+\mu}{c}\sinh\frac{c}{2}t\right], \quad t \ge 0. \tag{6.26}$$

Der Erwartungswert der Lebensdauer L_S des Systems errechnet sich zu

$$E(L_S) = \frac{3}{2\lambda} + \frac{\mu}{2\lambda^2}.$$

Im Fall ohne Erneuerung ($\mu = 0$) gelten

$$\overline{F}(t) = 2e^{-\lambda t} - e^{-2\lambda t}, \quad E(L_S) = \frac{3}{2\lambda}.$$

b) *Verfügbarkeit* Wenn $r = 1$ oder 2 Instandhaltungsmechaniker zur Verfügung stehen, hat man die Übergangsraten $q_2 = q_{21} = r\mu$. Die anderen Übergangsraten sind die gleichen wie unter a) (Bild 6.5).

Bild 6.5 Übergangsgraph für Beispiel 6.6 b)

Die absoluten Zustandswahrscheinlichkeiten erfüllen das Gleichungssystem

$$p_0'(t) = -2\lambda p_0(t) + \mu p_1(t)$$
$$p_1'(t) = +2\lambda p_0(t) - (\lambda+\mu)p_1(t) + rp_2(t)$$
$$1 = \quad p_0(t) + \qquad p_1(t) + p_2(t)$$

Die Lösung bleibt wiederum dem Leser überlassen. □

6.3 Stationäre Zustandswahrscheinlichkeiten

Hat die Markovsche Kette eine stationäre Zustandsverteilung $\{\pi_j, j \in \mathbf{Z}\}$, dann muß diese spezielle absolute Zustandsverteilung auch das lineare Differentialgleichungssystem (6.20) erfüllen. Da die π_j konstant sind, stehen aber in diesem Fall auf der linken Seite dieses Systems nur Nullen. Also vereinfacht sich (6.20) zu einem linearen algebraischen Gleichungssystem für die π_j:

$$\sum_{\substack{k\in\mathbf{Z}\\k\ne j}} q_{kj}\pi_k - q_j\pi_j = 0, \quad j \in \mathbf{Z}. \tag{6.27}$$

Das Gleichungssystem (6.27) findet man auch häufig in der Form

$$\sum_{\substack{k\in\mathbf{Z}\\k\neq j}} q_{kj}\pi_k = q_j\pi_j, \quad j\in\mathbf{Z}. \tag{6.28}$$

In dieser Form erkennt man besonders augenfällig, daß stationäre Zustandswahrscheinlichkeiten einen *Gleichgewichtszustand* ausdrücken: Die mittlere Intensität je Zeiteinheit, den Zustand j zu verlassen (nämlich $q_j\pi_j$), ist gleich der mittleren Intensität je Zeiteinheit, den Zustand j zu erreichen.

Entsprechend (6.21) interessieren im folgenden nur solche Lösungen des Systems (6.27), die der Normierungsbedingung genügen:

$$\sum_{j\in\mathbf{Z}} \pi_j = 1. \tag{6.29}$$

Angenommen, es existieren erstens eine stationäre Anfangsverteilung $\{\pi_j, j\in\mathbf{Z}\}$, die in Verbindung mit (6.29) eindeutige Lösung des Gleichungssystems (6.27) ist, und zweitens für beliebige Anfangsverteilungen die Grenzwerte der $p_j(t)$ für $t\to\infty$. Dann sind diese Grenzwerte gleich π_j:

$$\pi_j = \lim_{t\to\infty} p_j(t), \quad j\in\mathbf{Z}. \tag{6.30}$$

Dies folgt unmittelbar durch Ausführung des Grenzübergangs $t\to\infty$ in (6.20); denn wenn die Grenzwerte $\lim_{t\to\infty} p_j(t)$ existieren, muß

$$\lim_{t\to\infty} p_j'(t) = 0$$

gelten, da sonst die $p_j(t)$ für $t\to\infty$ unbeschränkt wachsen würden. Das aber stünde im Widerspruch zu $p_j(t)\leq 1$. Also erfüllen die Grenzwerte (6.30) das Gleichungssystem (6.27) und diese Grenzwerte sind wegen dessen vorausgesetzter eindeutiger Lösbarkeit gleich den stationären Zustandswahrscheinlichkeiten der Markovschen Kette. Inhaltlich bedeutet die Existenz der Grenzwerte (6.30), daß sich die Markovsche Kette unabhängig vom Ausgangszustand mit wachsender Zeit in ein zeitunabhängiges (stationäres) Regime "einschwingt".

Hinreichende Bedingungen für die Existenz eindeutiger stationärer Anfangsverteilungen sind:

1) Bei endlicher Zustandsraum: die Markovsche Kette ist irreduzibel (und damit positiv rekurrent).
2) Bei abzählbar unendlichem Zustandsraum: die Markovsche Kette ist irreduzibel und positiv rekurrent.

Eine genaue Diskussion der Lösbarkeit von (6.27) im Zusammenhang mit der Existenz stationärer Anfangsverteilungen findet sich etwa bei *Feller* (1971).

Fortsetzung von Beispiel 6.5 (*doubliertes System, kalte Reserve*) Da das System vereinbarungsgemäß genau dann funktionstüchtig ist, wenn mindestens ein Element arbeitet, hat die stationäre Verfügbarkeit des Systems die Struktur

$$A = \pi_0 + \pi_1 ,$$

wobei die π_j gemäß (6.27) und (6.29) folgendes Gleichungssystem erfüllen (Übergangsraten von Bild 6.3):

$$-\lambda \pi_0 + \qquad \mu \pi_1 \qquad = 0$$
$$+\lambda \pi_0 - (\lambda + \mu) \pi_1 + r \pi_2 = 0$$
$$\pi_0 + \qquad \pi_1 + \pi_2 = 0$$

Für $r = 1$ erhält man die Lösung

$$\pi_0 = \frac{\mu^2}{(\lambda + \mu)^2 - \lambda \mu}, \quad \pi_1 = \frac{\lambda \mu}{(\lambda + \mu)^2 - \lambda \mu}, \quad \pi_2 = \frac{\lambda^2}{(\lambda + \mu)^2 - \lambda \mu} .$$

Damit ergibt sich die stationäre Verfügbarkeit zu

$$A = \frac{\mu^2 + \lambda \mu}{(\lambda + \mu)^2 - \lambda \mu} .$$

Für $r = 2$ lauten die stationären Zustandswahrscheinlichkeiten

$$\pi_0 = \frac{2 \mu^2}{(\lambda + \mu)^2 + \mu^2}, \quad \pi_1 = \frac{2 \lambda \mu}{(\lambda + \mu)^2 + \mu^2}, \quad \pi_2 = \frac{\lambda^2}{(\lambda + \mu)^2 + \mu^2} .$$

Die zugehörige stationäre Verfügbarkeit beträgt

$$A = \frac{2 \mu^2 + 2 \lambda \mu}{(\lambda + \mu)^2 + \mu^2} .$$

Fortsetzung von Beispiel 6.6 (*doubliertes System, heiße Reserve*) Mit den Übergangsraten von Bild 6.5 lautet das Gleichungssystem (6.27), gekoppelt mit der Normierungsbedingung (6.29),

$$-2 \lambda \pi_0 + \qquad \mu \pi_1 \qquad = 0$$
$$+2 \lambda \pi_0 - (\lambda + \mu) \pi_1 + r \mu \pi_2 = 0$$
$$\pi_0 + \qquad \pi_1 + \pi_2 = 0$$

Für $r = 1$ erhält man die Lösung

$$\pi_0 = \frac{\mu^2}{(\lambda + \mu)^2 + \lambda^2}, \quad \pi_1 = \frac{2 \lambda \mu}{(\lambda + \mu)^2 + \lambda^2}, \quad \pi_0 = \frac{2 \lambda^2}{(\lambda + \mu)^2 + \lambda^2} .$$

Die stationäre Verfügbarkeit $A = \pi_0 + \pi_1$ beträgt somit

$$A = \frac{\mu^2 + 2\lambda\mu}{(\lambda+\mu)^2 + \lambda^2} \ .$$

Für $r = 2$ ergeben sich die stationären Zustandswahrscheinlichkeiten

$$\pi_0 = \frac{\mu^2}{(\lambda+\mu)^2}\ , \quad \pi_1 = \frac{2\lambda\mu}{(\lambda+\mu)^2}\ , \quad \pi_2 = \frac{\mu^2}{(\lambda+\mu)^2}\ .$$

Demzufolge beträgt die zugehörige stationäre Verfügbarkeit

$$A = 1 - \left(\frac{\lambda}{\lambda+\mu}\right)^2 \ .$$

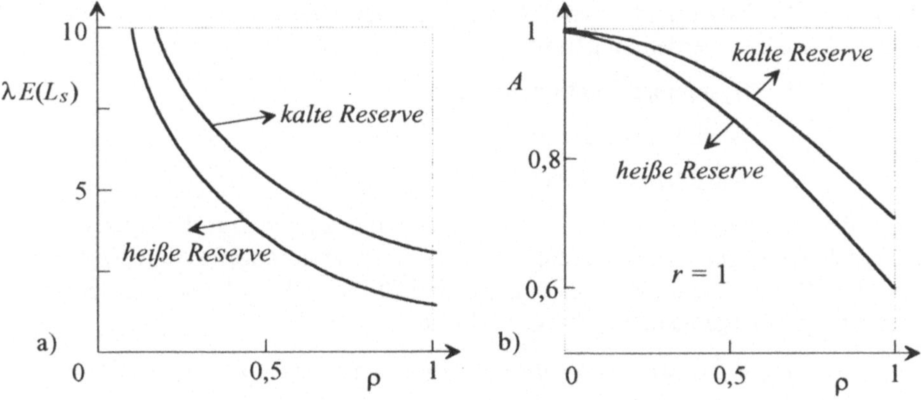

Bild 6.6 Mittlere Lebensdauer a) und stationäre Verfügbarkeit b)
bei kalter und heißer Reserve

Bild 6.6 zeigt a) die mittleren Lebensdauern und b) die stationären Verfügbarkeiten ($r = 1$) des doublierten Systems, jeweils für die kalte und die heiße Reserve, in Abhängigkeit von $\rho = \lambda/\mu$. Erwartungsgemäß liefert die kalte Reserve die besseren Resultate, jedoch nur nur deshalb uneingeschränkt, weil die Umschaltung der Elemente vom (kalten) Reservezustand in den Arbeitszustand stillschweigend als absolut zuverlässig vorausgesetzt wurde. Im Fall der heißen Reserve existiert das Problem der Umschaltung nicht, da das Reserveelement ohnehin stets mitarbeitet. □

Beispiel 6.7 Ein System hat zwei verschiedene Ausfallzustände (Typ 1 und Typ 2). Die zufällige Zeit L_j bis zum Erreichen eines Typ j-Ausfallzustands sei exponential mit dem Parameter λ_j verteilt; $j = 1, 2$. Daher ist, wenn zum Zeitpunkt $t = 0$ ein neues System in Betrieb genommen wird, $Y_0 = \min(L_1, L_2)$ die Zeit bis zum ersten Systemausfall. Nach einem Typ 1- Ausfall wird das System in den Typ 2- Ausfallzustand überführt. Die dazu erforderliche Zeit sei exponential mit dem Parameter v verteilt. Unmittelbar nach dem Erreichen des Typ 2 - Ausfallzustands wird mit der vollständigen Erneuerung des Systems begonnen. Die Erneuerungszeit genüge einer Exponentialverteilung mit dem Parameter μ. Alle Lebensdauern sowie Umschalt- und Erneuerungszeiten seien voneinander unabhängig.

Dieses Modell ist etwa in der Verkehrssicherungstechnik von Interesse. Wenn in einer Lichtsignalanlage des Straßenverkehrs ein Rotlicht ausfällt (Typ1-Ausfall), wird die gesamte Lichtsignalanlage ausgeschaltet (Typ 2- Ausfall). Das System wird also von einem gefährlichen Systemzustand in einen hemmenden Systemzustand (bezüglich der Steuerung des Verkehrsflusses) überführt. Oder wenn ein Gleisrelais der Bundesbahn trotz Gleisbesetzung nicht abfällt (Typ1-Ausfall = gefährlicher Ausfall), wird die darauffolgende Fahrstraßenauflösung verhindert, wodurch ein hemmender Ausfallzustand (Typ 2-Ausfall) herbeigeführt wird (*Fischer* (1984)). Folgende Zustände werden eingeführt:

  0 System ist funktionstüchtig

  1 Ausfallzustand vom Typ 1 liegt vor

  2 Ausfallzustand vom Typ 2 liegt vor

Wegen der exponentialverteilten Verweildauern des Systems in den Zuständen ist der Prozeß der Zustandsentwicklung $\{X(t),\ t \geq 0\}$ eine homogene Markovsche Kette mit dem Zustandsraum $\mathbf{Z} = \{0, 1, 2\}$, wobei $P(X(0) = 0) = 1$ vorausgesetzt wird. Die positiven Übergangsraten betragen (Bild 6.7)

$$q_{01} = \lambda_1, \quad q_{02} = \lambda_2, \quad q_0 = \lambda_1 + \lambda_2, \quad q_{12} = q_1 = v, \quad q_{20} = q_2 = \mu.$$

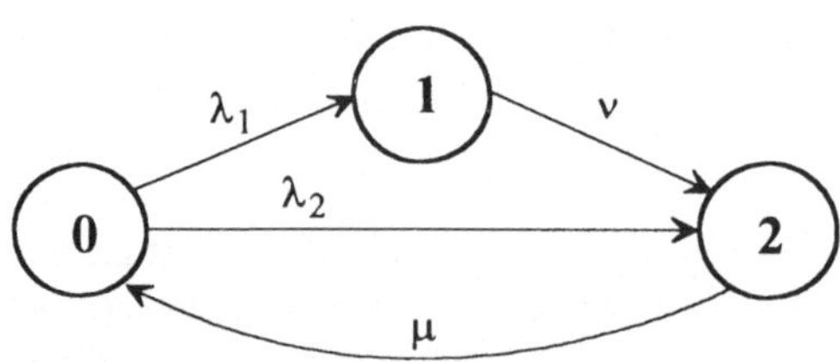

Bild 6.7 Übergangsgraph für Beispiel 6.7

Daher erfüllen die stationären Zustandswahrscheinlichkeiten das Gleichungssystem

$$
\begin{aligned}
-(\lambda_1 + \lambda_2)p_0 + \quad\quad \mu p_2 &= 0 \\
\lambda_1 p_0 - v p_1 \quad\quad &= 0 \\
p_0 + p_1 + \quad p_2 &= 1
\end{aligned}
$$

Die Lösung ist

$$\pi_0 = \frac{\mu\nu}{(\lambda_1+\lambda_2)\nu+(\lambda_1+\nu)\mu}, \qquad \pi_1 = \frac{\lambda_1\mu}{(\lambda_1+\lambda_2)\nu+(\lambda_1+\nu)\mu},$$

$$\pi_2 = \frac{(\lambda_1+\lambda_2)\nu}{(\lambda_1+\lambda_2)\nu+(\lambda_1+\nu)\mu}. \qquad\qquad \square$$

6.4 Konstruktion Markovscher Systeme

Es ist naheliegend, unter einem *Markovschen System* ein solches zu verstehen, dessen zeitliche Veränderung der Zustände durch einen Markovschen Prozeß beschrieben werden kann. Markovsche Systeme, deren unterliegender Prozeß eine stetige homogene Markovsche Kette ist, lassen sich häufig auf folgendes Grundmodell zurückführen, in das auch alle bisher in den Beispielen betrachteten Systeme passen: Unmittelbar nach dem Erreichen des Zustands i beginnen genau n_i unabhängige, exponential mit den Parametern λ_{i1}, λ_{i2}, ..., λ_{in_i} verteilte Zufallsgrößen Y_{ij} abzulaufen und die nächste Zustandsänderung findet zum Zeitpunkt

$$Y_i = \min(Y_{i1}, Y_{i2}, ..., Y_{in_i})$$

statt (bezogen auf den Zeitpunkt der vorangegangenen Zustandsänderung). Dabei erfolgt der Übergang in den Zustand j, wenn $Y_i = Y_{ij}$ gilt. Somit sind die Y_i die *unbedingten Verweilzeiten* und die Y_{ij} die *bedingten Verweilzeiten* im Zustand i. Wegen der Gedächtnislosigkeit der Exponentialverteilung läßt sich leicht zeigen, daß die so definierte zeitliche Veränderung der Zustände durch eine homogene Markovsche Kette beschrieben werden kann, deren Übergangsraten in Verallgemeinerung von (6.23) durch

$$q_{ij} = \lim_{h\to 0}\frac{p_{ij}(h)}{h} = \lambda_{ij} , \qquad q_i = \sum_{j=1}^{n_i} \lambda_{ij}$$

gegeben sind. Die Darstellung von q_i resultiert aus dem generellen Zusammenhang (6.17). Inhaltlich entspricht sie der Tatsache, daß Y_i als Minimum von unabhängigen, exponential verteilten Zufallsgrößen ebenfalls exponentialverteilt ist, und zwar mit einem Parameter, der sich durch Addition der Parameter der Exponentialverteilungen der Summanden ergibt.

Beispiel 6.8 (*Mehrmaschinenbedienung*) Zum Zeitpunkt $t = 0$ werden n Maschinen mit den zufälligen Lebensdauern $L_1, L_2, ..., L_n$ in Betrieb genommen. Die L_i seien identisch exponential mit dem Parameter λ verteilte Zufallsgrößen. Für die vollständige Erneuerung der Maschinen nach einem Ausfall steht ein Instandhaltungsmechaniker zur Verfügung, der jeweils nur eine Maschine erneuern kann. Jede Erneuerungsdauer ist eine exponential mit dem Parameter μ verteilte Zufallsgröße Z.

Nach erfolgter Erneuerung wird die Maschine sofort wieder in Betrieb genommen. Alle Lebens- und Erneuerungsdauern sind voneinander unabhängig. Damit liegt offenbar ein Markovsches System mit dem Zustandsprozeß $\{X(t),\ t \geq 0\}$ vor, wobei $X(t)$ die Anzahl der zum Zeitpunkt t ausgefallenen Maschinen bezeichnet. Zu bestimmen sind die stationären Zustandswahrscheinlichkeiten

$$\pi_j = \lim_{t \to \infty} P(X(t) = j), \quad j = 1, 2, ..., n.$$

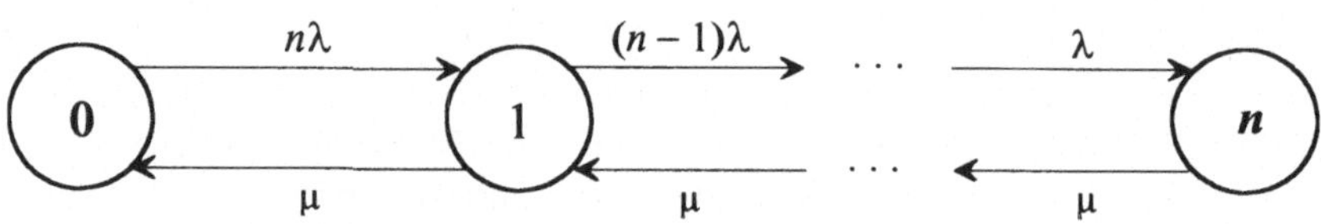

Bild 6.8 Übergangsgraph zu Beispiel 6.8 (Mehrmaschinenbedienung)

Im Zustand 0 verbleibt das System die zufällige Zeit $Y_0 = \min(L_1, L_2, ..., L_n)$ und geht dann zwangsläufig in den Zustand 1 über. Die zugehörigen Übergangsraten sind $q_0 = q_{01} = n\lambda$.

Im Zustand 1 verbleibt das System die zufällige Zeit $Y_1 = \min(L_1, L_2, ..., L_{n-1}, Z)$. Es geht danach in den Zustand 2 über, wenn $Y_1 = L_k$ für ein $k \in (1, 2, ..., n-1)$ ist und in den Zustand 0, wenn $Y_1 = Z$ ist. Daher gelten $q_{10} = \mu$, $q_{12} = (n-1)\mu$ und somit $q_1 = (n-1)\lambda + \mu$. Allgemein gilt (Bild 6.8)

$$q_{j-1,j} = (n-j+1)\lambda; \quad j = 1, 2, ..., n$$

$$q_{j+1,j} = \mu; \qquad\qquad j = 0, 1, ..., n-1$$

$$q_{ij} \quad = 0; \qquad\qquad |i-j| \geq 2$$

$$q_j \quad = (n-j)\lambda + \mu; \quad j = 1, 2, ..., n$$

$$q_0 \quad = n\lambda$$

Das zugehörige Gleichungssystem (6.28) lautet

$$\mu\pi_1 = n\lambda\pi_0$$

$$(n-j+1)\lambda\pi_{j-1} + \mu\pi_{j+1} = ((n-j)\lambda + \mu)\pi_j; \quad j = 1, 2, ..., n-1$$

$$\mu\pi_n = \lambda\pi_{n-1}$$

Durch sukzessive Auflösung nach den π_j, beginnend mit der ersten Gleichung, erhält man mit der Bezeichnung $\rho = \lambda/\mu$

$$\pi_j = \frac{n!}{(n-j)!}\, \rho^j\, \pi_0\,; \quad j = 0, 1, ..., n\,.$$

Aus der Normierungsbedingung (6.29) ergibt sich

$$\pi_0 = \left[\sum_{i=0}^{n} \frac{n!}{(n-i)!}\, \rho^i \right]^{-1}.$$

Es folgt

$$\pi_j = \frac{\dfrac{n!}{(n-j)!}\, \rho^j}{\displaystyle\sum_{i=0}^{n} \frac{n!}{(n-i)!}\, \rho^i}\,; \quad j = 0, 1, ..., n\,. \qquad \Box$$

6.5 Erlangsche Phasenmethode

Auf die im vorangegangenen Abschnitt eingeführten Markovschen Systeme lassen sich unter sonst gleichen Vorausetzungen auch Systeme zurückführen, deren Pausenzeiten nicht exponential- , sondern erlangverteilt sind. Genügt etwa eine Pausenzeit Y einer Erlangverteilung der Ordnung n mit dem Parameter μ, so läßt sich Y als Summe von n unabhängigen, exponential mit dem Parameter μ verteilten Zufallsgrößen darstellen (Beispiel 1.6). Also liegt es nahe, eine so verteilte Pausenzeit in n Phasen zu unterteilen, deren Längen voneinander unabhängig und identisch exponential mit dem Parameter μ verteilt sind. Werden gleichzeitig neue, fiktive Systemzustände eingeführt, die angeben, welche Phase gerade läuft, so liegt wieder ein Markovsches System vor. Das Vorgehen soll an einem Beispiel illustriert werden.

Beispiel 6.9 (*doubliertes System, heiße Reserve*) Es ist die stationäre Verfügbarkeit des bereits im Beispiel 6.6 betrachteten doublierten Systems mit heißer Reserve zu berechnen, wenn $r = 1$ Instandhaltungsmechaniker zur Verfügung steht. Die Lebensdauern der Elemente seien identisch exponential wie L mit dem Parameter λ verteilt, während die Erneuerungszeiten der Elemente identisch wie Z verteilt sind, das einer Erlangverteilung der Ordnung $n = 2$ mit dem Parameter μ genügt. Alle sonstigen bereits im Beispiel 6.6 gemachten Modellannahmen bleiben erhalten. Folgende Systemzustände werden eingeführt:

0   beide Elemente arbeiten

1   ein Element arbeitet,   Erneuerung in Phase 1

2   ein Element arbeitet,   Erneuerung in Phase 2

3   kein Element arbeitet, Erneuerung in Phase 1

4   kein Element arbeitet, Erneuerung in Phase 2

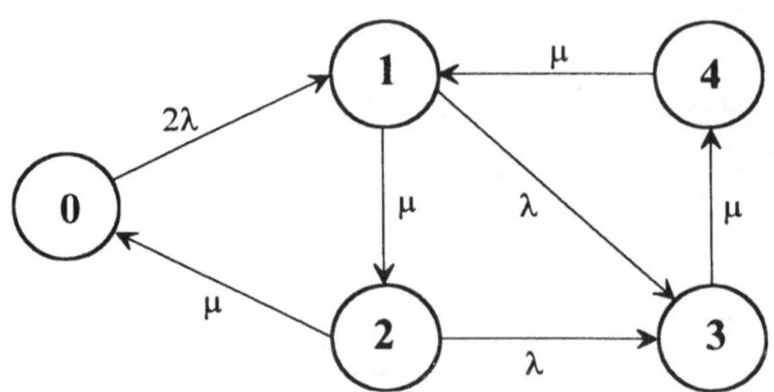

Bild 6.9 Übergangsgraph zu Beispiel 6.9

Die Übergangsraten sind (Bild 6.9):

$$q_{01} = 2\lambda, \quad q_{12} = \mu, \quad q_{13} = \lambda, \quad q_{20} = \mu, \quad q_{23} = \lambda \quad q_{34} = \mu, \quad q_{41} = \mu,$$

$$q_0 = 2\lambda, \quad q_1 = q_2 = \lambda + \mu, \quad q_3 = q_4 = \mu$$

Daher erfüllen die stationären Zustandswahrscheinlichkeiten das Gleichungssystem

$$\mu \pi_2 = 2\lambda \pi_0$$

$$\mu \pi_4 = (\lambda + \mu) \pi_1$$

$$\mu \pi_1 = (\lambda + \mu) \pi_2$$

$$\lambda \pi_1 + \lambda \pi_2 = \mu \pi_3$$

$$\mu \pi_3 = \mu \pi_4$$

$$1 \quad = \pi_0 + \pi_1 + \pi_2 + \pi_3 + \pi_4$$

Bezeichnet π_i^* die stationäre Wahrscheinlichkeit dafür, daß genau i Elemente ausgefallen sind, so gilt $\pi_0^* = \pi_0$, $\pi_1^* = \pi_1 + \pi_2$, $\pi_2^* = \pi_3 + \pi_4$. Diese Wahrscheinlichkeiten sind die eigentlich interessierenden. Mit der Bezeichnung

$$\rho = E(Z)/E(L) = 2\lambda/\mu$$

erhält man

$$\pi_0^* = \left[1 + 2\rho + \tfrac{3}{2}\rho^2 + \tfrac{1}{4}\rho^3 \right]^{-1}$$

$$\pi_1^* = \left[2\rho + \tfrac{1}{2}\rho^2 \right]^{-1} \pi_0^*$$

$$\pi_2^* = \left[\rho^2 + \tfrac{1}{4}\rho^3 \right]^{-1} \pi_0^*$$

6.6 Geburts- und Todesprozesse

6.6.1 Zeitabhängige Zustandswahrscheinlichkeiten

Analog zu den im Abschnitt 5.4 betrachteten speziellen diskreten Markovschen Ketten wird jetzt der Fall detailliert untersucht, daß bei einer Zustandsänderung ein Übergang nur in den jeweils "benachbarten" Zustand erfolgen kann. Die meisten der bisher in diesem Kapitel betrachteten Anwendungen stetiger Markovscher Ketten gehören in diese Kategorie.

Definition 6.3 (*Geburts- und Todesprozeß*) Eine Markovsche Kette mit dem Zustandsraum $\mathbf{Z} = \{0, 1, \dots, n\}$ bzw. $\mathbf{Z} = \{0, 1, \dots\}$ heißt *Geburts- und Todesprozeß* (*birth- and death process*), wenn ausgehend von einem beliebigen Zustand $i \in \mathbf{Z}$ nur ein Übergang nach i - 1 bzw. $i + 1$ erfolgen kann, falls $i - 1 \in \mathbf{Z}$ bzw. $i + 1 \in \mathbf{Z}$ sind. ●

Demzufolge erfüllen die Übergangsraten eines Geburts- und Todesprozesses die Bedingungen

$$q_{i,i+1} > 0 \quad \text{für } i = 1, 2, \dots$$

$$q_{i,i-1} > 0 \quad \text{für } i = 1, 2, \dots$$

$$q_{ij} = 0 \quad \text{für } |i - j| > 1$$

Hierbei sind die $\lambda_i = q_{i,i+1}$ die *Geburtsraten* und die $\mu_i = q_{i,i-1}$ die *Todesraten*. Entsprechend dem vereinbarten Zustandsraum ist stets $\lambda_n = 0$ für $n < \infty$ sowie $\mu_0 = 0$ zu setzen (Bild 6.10).

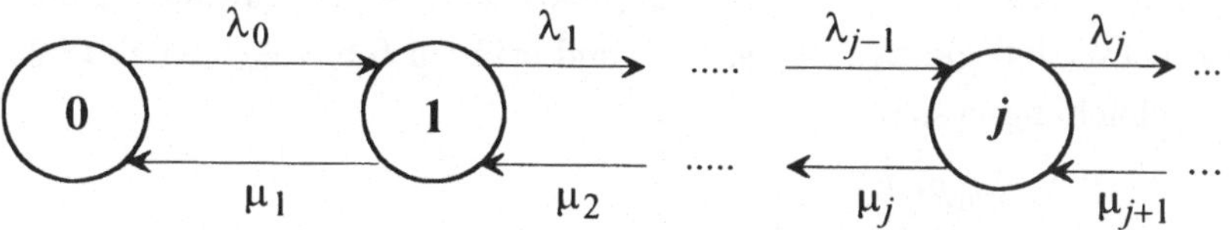

Bild 6.10 Übergangsgraph eines Geburts- und Todesprozesses

Den ersten Anstoß zur Beschäftigung mit Geburts- und Todesprozessen gaben die Versuche, Populationsentwicklungen von Organismen quantitativ zu beschreiben, insbesondere zu prognostizieren. Beim Erreichen des Zustands 0 ist die Population ausgestorben. Ohne die Möglichkeit der Immigration (Zuwachs aus Fremdpopulationen) ist der Zustand 0 in dieser speziellen Anwendung absorbierend, so daß $\lambda_0 = 0$ zu setzen wäre. In der Zwischenzeit haben sich Geburts- und Todesprozesse bei der Modellierung zuverlässigkeitstheoretischer und bedienungstheoretischer Systeme bewährt (Abschnitt 6.8). In den Wirtschaftswissenschaften sind sie ein geeignetes Instrumentarium zur Beschreibung der zahlenmäßigen Entwicklung von Unternehmen in einem Territorium. In der Physik werden sie erfolgreich bei der Modellierung physikalischer Teilchenströme (radioaktiver Zerfall, kosmische Strahlung u. a.) angewendet.

Ist $\{X(t), t \geq 0\}$ ein Geburts- und Todesprozeß, so erfüllen seine absoluten Zustandswahrscheinlichkeiten

$$p_j(t) = P(X(t) = j), \quad j \in \mathbf{Z},$$

gemäß (6.20) das Differentialgleichungssystem

$$p_0'(t) = -\lambda_0 p_0(t) + \mu_1 p_1(t)$$

$$p_j'(t) = +\lambda_{j-1} p_{j-1}(t) - (\lambda_j + \mu_j) p_j(t) + \mu_{j+1} p_{j+1}(t), \quad j = 1, 2, \ldots \quad (6.31)$$

$$\ldots\ldots\ldots\ldots$$

$$p_n'(t) = +\lambda_{n-1} p_{n-1}(t) - \mu_n p_n(t), \quad n < \infty$$

Im folgenden wird dieses Differentialgleichungssystem für einige wichtige Spezialfälle gelöst.

Reine Geburtsprozesse Ein Geburts- und Todesprozeß ist ein *reiner Geburtsprozeß*, wenn seine Todesraten gleich 0 sind. Die Trajektorien eines solchen Prozesses sind also nichtfallende Treppenfunktionen. Der homogene Poissonprozeß mit der Intensität λ ist das einfachste Beispiel für einen reinen Geburtsprozeß. In diesem Fall gilt $\lambda_j = \lambda$, $j = 0, 1, \ldots$

Unter der Anfangsbedingung $p_m(0) = 1$ sind die absoluten Zustandswahrscheinlichkeiten $p_j(t)$ eines reinen Geburtsprozesses gleich den Übergangswahrscheinlichkeiten $p_{mj}(t)$. Diese sind gleich 0 für $m > j$ und erfüllen für $m \leq j$ gemäß (6.31) das Differentialgleichungssystem

$$p_m'(t) = -\lambda_m p_m(t)$$

$$p_j'(t) = +\lambda_{j-1} p_{j-1}(t) - \lambda_j p_j(t); \quad j = m + 1, m + 2, \ldots \quad (6.32)$$

$$\ldots\ldots\ldots\ldots$$

$$p_n'(t) = +\lambda_{n-1} p_{n-1}(t), \quad n < \infty$$

Man beachte, daß im Fall des endlichen Zustandsraums $\mathbf{Z} = \{m, m+1, \ldots, n\}$ der Zustand n absorbierend ist; $0 \leq m < n$.

Aus der ersten Gleichung von (6.32) folgt

$$p_m(t) = e^{-\lambda_m t}, \quad t \geq 0. \quad (6.33)$$

Die mittlere Gleichung von (6.32) ist äquivalent zu

$$e^{\lambda_j t}\left(p_j'(t) + \lambda_j p_j(t)\right) = \lambda_{j-1} e^{\lambda_j t} p_{j-1}(t)$$

bzw.

$$\frac{d}{dt}\left(e^{\lambda_j t} p_j(t)\right) = \lambda_{j-1} e^{\lambda_j t} p_{j-1}(t).$$

Durch beiderseitige Integration erhält man

$$p_j(t) = \lambda_{j-1} e^{-\lambda_j t} \int_0^t e^{\lambda_j x} p_{j-1}(x)\, dx. \tag{6.34}$$

Die Beziehungen (6.33) und (6.34) erlauben nun die rekursive Bestimmung der $p_j(t)$ für $j = m + 1, m + 2, \ldots$

Speziell ergibt sich für $m = 0$, also unter der Anfangsbedingung $p_0(0) = 1$, sowie für $\lambda_0 \neq \lambda_1$, $\lambda_0 > 0$,

$$p_1(t) = \lambda_0 e^{-\lambda_1 t} \int_0^t e^{\lambda_1 x} e^{-\lambda_0 x}\, dx = \lambda_0 e^{-\lambda_1 t} \int_0^t e^{-(\lambda_0-\lambda_1)x}\, dx$$

$$= \frac{\lambda_0}{\lambda_0 - \lambda_1}\left(e^{-\lambda_1 t} - e^{-\lambda_0 t}\right), \quad t \geq 0.$$

Induktiv erhält man nun aus (6.34) unter der zusätzlichen Voraussetzung, daß alle Geburtsraten voneinander verschieden sind,

$$p_j(t) = \sum_{i=0}^{j} C_{ij} \lambda_i e^{-\lambda_i t}, \quad j = 0, 1, \ldots \tag{6.35}$$

mit

$$C_{ij} = \frac{1}{\lambda_i} \prod_{\substack{k=0 \\ k \neq i}}^{j} \frac{\lambda_k}{\lambda_k - \lambda_i}; \quad 0 \leq i \leq j; \quad C_{00} = 1.$$

Beispiel 6.10 (*linearer Geburtsprozeß*) Ein reiner Geburtsprozeß heißt *linearer Geburtsprozeß* oder auch *Yule-Furry - Prozeß*, wenn seine Geburtsraten durch

$$\lambda_j = j\lambda; \quad j = 1, 2, \ldots$$

gegeben sind. Sie treten dann auf, wenn sich jedes Mitglied einer Population (physikalisches Teilchen, Bakterium) im Intervall $[t, t + h]$ mit Wahrscheinlichkeit $\lambda h + o(h)$ spaltet. In diesem Fall lauten die Gleichungen (6.32), wenn von $X(0) = 1$ ausgegangen wird,

$$p_j'(t) = -\lambda\left[j p_j(t) - (j - 1)p_{j-1}(t)\right]; \quad j = 1, 2, \ldots$$

Die zugehörigen Anfangsbedingungen sind

$$p_1(0) = 1, \quad p_j(0) = 0; \quad j = 2, 3, \ldots$$

Man erhält aus (6.35) oder beweist vermittels (6.33) und (6.34) induktiv, daß die Lösung durch

$$p_j(t) = e^{-\lambda t}(1 - e^{-\lambda t})^{j-1} \; ; \quad j = 1, 2, \ldots$$

gegeben ist. Somit genügt $X(t)$ einer geometrischen Verteilung mit dem Parameter $e^{-\lambda t}$. Daher lautet die Trendfunktion dieses reinen Geburtsprozesses

$$m(t) = e^{\lambda t}, \quad t \geq 0. \qquad\qquad \Box$$

Bei endlichem Zustandsraum $\mathbf{Z}$ existiert stets eine Lösung von (6.32), die der Bedingung

$$\sum_{i \in \mathbf{Z}} p_i(t) = 1 \tag{6.36}$$

genügt. Bei unbeschränktem Zustandsraum $\mathbf{Z} = \{0, 1, \ldots \}$ gilt der folgende Satz, der hier ohne Beschränkung der Allgemeinheit unter der Voraussetzung $p_0(0) = 1$ formuliert und bewiesen wird.

Satz 6.1 (*Feller-Lundberg*) Eine Lösung $\{p_0(t), p_1(t), \ldots \}$ von (6.32) erfüllt genau dann für alle $t \geq 0$ die Bedingung (6.36), wenn die Reihe

$$\sum_{j=0}^{\infty} \frac{1}{\lambda_j} \tag{6.37}$$

divergiert.

Beweis Es sei

$$s_k(t) = p_0(t) + p_1(t) + \ldots + p_k(t).$$

Aus (6.32) folgt nach Summation der mittleren Gleichung von $j = 1$ bis k

$$s_k'(t) = -\lambda_k p_k(t).$$

Integration liefert wegen $s_k(0) = 1$

$$1 - s_k(t) = \lambda_k \int_0^t p_k(x)\, dx . \tag{6.38}$$

Da $s_k(t)$ monoton wächst für $k \to \infty$, existiert der Grenzwert

$$\lim_{k \to \infty} (1 - s_k(t)) = r(t).$$

Aus (6.38) folgt

$$\lambda_k \int_0^t p_k(x)\, dx \geq r(t).$$

Summation dieser Ungleichungen von 0 bis k liefert

$$\int_0^t s_k(x)\, dx \geq r(t)\left(\frac{1}{\lambda_0} + \frac{1}{\lambda_1} + \ldots + \frac{1}{\lambda_k} \right).$$

Da stets $s_k(t) \leq 1$ ist, folgt

$$t \geq r(t)\left(\frac{1}{\lambda_0} + \frac{1}{\lambda_1} + \dots + \frac{1}{\lambda_k}\right).$$

Divergiert die Reihe (6.37), so folgt aus dieser Ungleichung, daß $r(t) \equiv 0$ sein muß. Dann ist aber (6.36) erfüllt.

Umgekehrt folgt aus (6.38)

$$\lambda_k \int_0^t p_k(x)\,dx \leq 1,$$

so daß gilt

$$\int_0^t s_k(x)\,dx \leq \frac{1}{\lambda_0} + \frac{1}{\lambda_1} + \dots + \frac{1}{\lambda_k}.$$

Der Grenzübergang $k \to \infty$ liefert

$$\int_0^t (1 - r(t)) \leq \sum_{j=0}^\infty \frac{1}{\lambda_j}.$$

Gilt $r(t) \equiv 0$, so ist der linke Teil dieser Ungleichung gleich t. Da t beliebig groß sein kann, muß in diesem Fall die Reihe (6.37) divergieren. Damit ist der Satz vollständig bewiesen. ∎

Entsprechend diesem Satz besteht theoretisch die Möglichkeit, daß innerhalb eines endlichen Intervalls $[0, t]$ die Population mit positiver Wahrscheinlichkeit

$$1 - \Sigma_{i=0}^\infty p_i(t)$$

über alle Grenzen wächst, wenn nur die Geburtsraten hinreichend schnell wachsen. Das ist etwa für $\lambda_j = j^2 \lambda$; $j = 1, 2, \dots$ der Fall; denn es gilt

$$\sum_{j=1}^\infty \frac{1}{\lambda_j} = \frac{1}{\lambda} \sum_{j=1}^\infty \frac{1}{j^2} = \frac{\pi^2}{6\lambda} < \infty.$$

Man spricht in diesen Fällen von einem *explosiven Wachstum*. Verblüffend ist, daß dieses explosive Wachstum in einem beliebig kleinen Intervall stattfinden kann, da das Kriterium der Konvergenz der Reihe (6.37) nicht von t abhängt.

Reine Todesprozesse Ein Geburts- und Todesprozeß ist ein *reiner Todesprozeß*, wenn seine Geburtsraten gleich 0 sind. Die Trajektorien eines solchen Prozesses sind demnach nichtsteigende Treppenfunktionen. Das Gleichungssystem (6.31) lautet in diesem Fall mit $\mu_0 = 0$ unter der Anfangsbedingung $p_n(0) = 1$

$$p_n'(t) = -\mu_n p_n(t)$$

$$p_j'(t) = -\mu_j p_j(t) + \mu_{j+1} p_{j+1}(t); \quad j = 0, 1, \dots, n-1$$

Aus der ersten Differentialgleichung folgt

$$p_n(t) = e^{-\mu_n t}, \quad t \geq 0.$$

Ausgehend von $p_n(t)$ läßt sich die Lösung des Differentialgleichungssystems analog zu den reinen Geburtsprozessen rekursiv vermittels der Vorschrift

$$p_j(t) = \mu_{j+1}\, e^{-\mu_j t} \int_0^t e^{\mu_j t} p_{j+1}(x)\, dx; \quad j = n-1, n-2, \dots, 1, 0 \qquad (6.39)$$

berechnen. Zum Beispiel ergibt sich für $j = n - 1$

$$p_{n-1}(t) = \mu_n\, e^{-\mu_{n-1} t} \int_0^t e^{-(\mu_n - \mu_{n-1})x}\, dx$$

$$= \frac{\mu_n}{\mu_n - \mu_{n-1}} \left(e^{-\mu_{n-1} t} - e^{-\mu_n t} \right).$$

Induktiv erhält man nun unter der Voraussetzung, daß alle Todesraten voneinander verschieden sind,

$$p_j(t) = \sum_{i=j}^n D_{ij}\, \mu_i\, e^{-\mu_i t}, \quad 0 \leq j \leq n, \qquad (6.40)$$

mit

$$D_{ij} = \frac{1}{\mu_j} \prod_{\substack{k=j \\ k \neq i}}^n \frac{\mu_k}{\mu_k - \mu_i}, \quad j \leq i \leq n.$$

Beispiel 6.11 (*linearer Todesprozeß*) Ein System, das aus n Teilsystemen besteht, wird zum Zeitpunkt $t = 0$ in Betrieb genommen. Die Lebensdauern der Elemente seien unabhängige, identisch exponential mit dem Parameter λ verteilte Zufallsgrößen. Bezeichnet $X(t)$ die Anzahl der zum Zeitpunkt t noch nicht ausgefallenen Elemente, so ist $\{X(t), t \geq 0\}$ ein reiner Todesprozeß mit den Todesraten

$$\mu_j = j\lambda; \; j = 0, 1, \dots, n.$$

Er wird *linearer Todesprozeß* genannt. Wegen $p_n(0) = 1$ gilt

$$p_n(t) = e^{-n\lambda t}, \quad t \geq 0.$$

Damit erhält man induktiv aus (6.39) oder direkt aus (6.40)

$$p_j(t) = \binom{n}{j} e^{-j\lambda t} (1 - e^{-\lambda t})^{n-j}; \quad j = 0, 1, \dots, n.$$

Somit genügt $X(t)$ einer Binomialverteilung mit den Parametern $e^{-\lambda t}$ und n. Daher ist die Trendfunktion des linearen Todesprozesses gegeben durch

$$m(t) = n\, e^{-\lambda t}, \quad t \geq 0. \hspace{4cm} \square$$

Spezielle Geburts- und Todesprozesse In den folgenden Beispielen werden die Zustandswahrscheinlichkeiten $\{p_0(t), p_1(t), ...\}$ zweier wichtiger Geburts- und Todesprozesse vermittels der z-Transformierten (Abschnitt 1.5.1)

$$M(t,z) = \sum_{i=0}^{\infty} p_i(t) z^i$$

berechnet, wobei die Anfangsbedingungen

$$p_0(0) = 1 \quad \text{bzw.} \quad p_1(0) = 1$$

zugrunde gelegt werden. Man erkennt leicht, daß diese in der äquivalenten Form

$$M(0,z) \equiv 1 \quad \text{bzw.} \quad M(0,z) \equiv z$$

geschrieben werden können. Allgemein gilt: die Anfangsbedingung

$$p_i(0) = P(X(0) = i) = 1 \quad \text{ist zu} \quad M(0,z) \equiv z^i; \quad i = 0, 1, ... \, ;$$

äquivalent. Ferner werden die partiellen Ableitungen

$$\frac{\partial M(t,z)}{\partial t} = \sum_{i=0}^{\infty} p_i'(t) z^i \quad \text{und} \quad \frac{\partial M(t,z)}{\partial z} = \sum_{i=0}^{\infty} i\, p_i(t) z^{i-1} \tag{6.41}$$

auftreten.

Beispiel 6.12* (*linearer Geburts- und Todesprozeß*) Ein Geburts- und Todesprozeß $\{X(t), t \geq 0\}$ mit den Übergangsraten

$$\lambda_j = j\lambda, \quad \mu_j = j\mu; \quad j = 0, 1, ...$$

heißt *linearer Geburts- und Todesprozeß*. Im folgenden wird die Entwicklung des Prozesses ausgehend von $X(0) = 1$ untersucht. (Die Anfangsbedingung $X(0) = 0$ ist nicht sinnvoll, da der Zustand 0 wegen $\lambda_0 = 0$ absorbierend ist.)

Das Differentialgleichungssystem (6.31) lautet

$$p_0'(t) = \mu p_1(t)$$

$$p_j'(t) = (j-1)\lambda p_{j-1}(t) - j(\lambda + \mu) p_j(t) + (j+1)\mu p_{j+1}(t); \quad j = 1, 2, ... \tag{6.42}$$

Multipliziert man die j-te Gleichung dieses Gleichungssystems mit z^j und summiert die erhaltenen Gleichungen von $j = 0$ bis ∞, so erhält man nach einigen Umformungen und unter Berücksichtigung von (6.41) für $M(t, z)$ die partielle Differentialgleichung

$$\frac{\partial M(t,z)}{\partial t} - (z-1)(\lambda z - \mu) \frac{\partial M(t,z)}{\partial z} = 0 \, . \tag{6.43}$$

Da es sich um eine lineare homogene partielle Differentialgleichung handelt, kann sie mit Hilfe der *Charakteristikenmethode* gelöst werden. Die zugehörige charakteristische (gewöhnliche) Differentialgleichung lautet

$$\frac{dz}{dt} = -(z-1)(\lambda z - \mu) \, .$$

Trennung der Variablen führt zu

$$\frac{dz}{(z-1)(\lambda z - \mu)} = -dt \, . \tag{6.44}$$

a) $\lambda \neq \mu$ Unter dieser Voraussetzung liefert die Integration auf beiden Seiten der Differentialgleichung (6.44)

$$-\frac{1}{\lambda - \mu} \ln\left(\frac{\lambda z - \mu}{z-1}\right) = -t + C \, .$$

Mit der frei wählbaren Konstanten $c = C(\lambda - \mu)$ erhält man die Lösung $z = z(t)$ der charakteristischen Differentialgleichung in der impliziten Form

$$c = t - \ln\left(\frac{\lambda z - \mu}{z-1}\right) \, .$$

Entsprechend dem Schema der Charakteristikenmethode hat $M(t,z)$ als Lösung von (6.43) die prinzipielle Struktur

$$M(t,z) = f\left(t - \ln\left(\frac{\lambda z - \mu}{z-1}\right)\right) \, ,$$

wobei f eine stetig differenzierbare Funktion ist. Ihre Bestimmung erfolgt vermittels der vorausgesetzten Anfangsbedingung $p_1(0) = 1$ bzw. $M(0, z) = z$. Wegen

$$M(0,z) = f\left(-\ln\left(\frac{\lambda z - \mu}{z-1}\right)\right) = f\left(\ln\left(\frac{z-1}{\lambda z - \mu}\right)\right) = z$$

ist f durch

$$f(x) = \frac{\mu e^x - 1}{\lambda e^x - 1}$$

gegeben. Daher ist

$$M(t,z) = \frac{\mu \exp\left\{(\lambda - \mu)t - \ln\left(\frac{\lambda z - \mu}{z-1}\right)\right\} - 1}{\lambda \exp\left\{(\lambda - \mu)t - \ln\left(\frac{\lambda z - \mu}{z-1}\right)\right\} - 1} \, .$$

Nach Umformungen erhält $M(t,z)$ die Form

$$M(t,z) = \frac{\mu\left[1 - e^{(\lambda-\mu)t}\right] - \left[\lambda - \mu e^{(\lambda-\mu)t}\right]z}{\left[\mu - \lambda e^{(\lambda-\mu)t}\right] - \lambda\left[1 - \mu e^{(\lambda-\mu)t}\right]z} \, .$$

In dieser Darstellung ist es leicht möglich, $M(t,z)$ in eine Potenzreihe nach z zu entwickeln. Die gesuchten Zustandswahrscheinlichkeiten $p_j(t)$ sind dann die Koeffizienten von z^j. Mit der Abkürzung

$$\rho = \lambda/\mu$$

ergeben sich die Zustandswahrscheinlichkeiten zu

$$p_0(t) = \frac{1 - e^{(\lambda-\mu)t}}{1 - \rho e^{(\lambda-\mu)t}},$$

$$p_j(t) = (1 - \rho)\rho^{j-1} \frac{\left[1 - e^{(\lambda-\mu)t}\right]^{j-1}}{\left[1 - \rho\, e^{(\lambda-\mu)t}\right]^{j+1}} e^{(\lambda-\mu)t}, \quad j = 1, 2, \ldots$$

$p_0(t)$ ist die Wahrscheinlichkeit der Absorption des Prozesses durch den Zustand 0, also die Wahrscheinlichkeit für das Aussterben der Population. Man erkennt leicht, daß sie folgende Eigenschaft hat:

$$\lim_{t \to \infty} p_0(t) = \begin{cases} 1 & \text{für } \lambda < \mu \\ \dfrac{\mu}{\lambda} & \text{für } \lambda > \mu \end{cases}.$$

Im Fall $\lambda < \mu$ stirbt die Population mit Wahrscheinlichkeit 1 früher oder später einmal aus. Daher ist es in diesem Fall sinnvoll, die Lebensdauer L der Population einzuführen: L ist eine Zufallsgröße mit der Verteilungsfunktion

$$P(L \leq t) = p_0(t) = \frac{1 - e^{(\lambda-\mu)t}}{1 - \rho e^{(\lambda-\mu)t}}, \quad t \geq 0.$$

Infolgedessen ist

$$P(L > t) = 1 - p_0(t)$$

die *Überlebenswahrscheinlichkeit* der Population. Die mittlere Lebensdauer der Population ergibt sich etwa vermittels (1.12) zu

$$E(L) = \frac{1}{\mu - \lambda} \ln\left(2 - \frac{\lambda}{\mu}\right).$$

Die Trendfunktion $m(t) = E(X(t))$ des Prozesses ist

$$m(t) = \sum_{j=0}^{\infty} j\, p_j(t).$$

Sie kann ohne direkte Nutzung der Zustandswahrscheinlichkeiten vermittels (1.54), also gemäß

$$m(t) = \left. \frac{\partial M(t, z)}{\partial z} \right|_{z=1}$$

berechnet werden. Ist jedoch $M(t,z)$ nicht bekannt, so empfiehlt sich die Berechnung von $m(t)$ unmittelbar über das Differentialgleichungssystem (6.42). Multipliziert man nämlich die j-te Gleichung von (6.42) mit j und addiert über alle Gleichungen von 0 bis ∞, so ergibt sich unabhängig von der Anfangsbedingung folgende Differentialgleichung für $m(t)$:

$$m'(t) = (\lambda - \mu)m(t)\,. \tag{6.45}$$

Zusammen mit der Anfangsbedingung $p_1(0) = 1$ erhält man die Lösung

$$m(t) = e^{(\lambda-\mu)t}\,.$$

Analog kann man auf diese Weise, nämlich durch Multiplikation der j-ten Gleichung von (6.42) mit j^2 und anschließender Summation, die Varianz von $X(t)$ berechnen:

$$Var(X(t)) = \frac{\lambda+\mu}{\lambda-\mu}\left[1 - e^{-(\lambda-\mu)t}\right]e^{2(\lambda-\mu)t}\,.$$

Vermittels $M(t,z)$ kann $Var(X(t))$ natürlich auch auf der Grundlage der Formeln (1.54) berechnet werden.

Wird von der Anfangsbedingung $p_i(0) = 1$ ausgegangen, so gibt es bis zur Berechnung von $M(t,z)$ keine zusätzliche Schwierigkeiten. Komplizierter wird vor allem die Entwicklung von $M(t,z)$ in eine Potenzreihe. Die zugehörige Trendfunktion erhält man aber sofort aus (6.45):

$$m(t) = i\,e^{(\lambda-\mu)t}\,, \quad t \geq 0\,.$$

b) $\lambda = \mu$ Die charakteristische Differentialgleichung (6.44) lautet in diesem Fall

$$\frac{dz}{\lambda(z-1)^2} = -dt\,.$$

Integration liefert mit einer frei wählbaren Konstanten c:

$$c = \lambda\,t - \frac{1}{z-1}\,.$$

Daher hat mit einer stetig differenzierbaren Funktion f die z-Transformierte $M(t,z)$ die prinzipielle Struktur

$$M(t,z) = f\!\left(\lambda\,t - \frac{1}{z-1}\right)\,.$$

Wegen $p_1(0) = 1$ muß f die Bedingung

$$f\!\left(-\frac{1}{z-1}\right) = z$$

erfüllen. Diese Eigenschaft hat aber nur die Funktion

$$f(x) = 1 - \frac{1}{x}\,.$$

Also lautet die z-Transformierte

$$M(t,z) = \frac{\lambda\,t + (1-\lambda\,t)z}{1 + \lambda\,t - \lambda\,t\,z}\,.$$

Aus der Potenzreihenentwicklung von $M(t, z)$ nach z liest man die $p_j(t)$ als Koeffizienten der z^j ab:

$$p_0(t) = \frac{\lambda t}{1 + \lambda t}, \qquad p_j(t) = \frac{(\lambda t)^{j-1}}{(1 + \lambda t)^{j+1}} ; \quad j = 1, 2, \dots$$

Eine äquivalente Darstellung der Zustandswahrscheinlichkeiten ist

$$p_0(t) = \frac{\lambda t}{1 + \lambda t}, \qquad p_j(t) = [1 - p_0(t)]^2 [p_0(t)]^{j-1} ; \quad j = 1, 2, \dots$$

Erwartungswert und Varianz von $X(t)$ errechnen sich zu

$$E(X(t)) = 1$$

$$Var(X(t)) = 2 \lambda t$$

Dieses Beispiel zeigt, daß bereits die Analyse recht spezieller Geburts- und Todesprozesse einen erheblichen Aufwand erfordert. $\qquad\qquad$ $\square$

Beispiel 6.13 Es seien $\lambda_j = \lambda$, $\mu_j = j\mu$; $j = 0, 1, \dots$ und $X(0) = 0$. Das zugehörige Differentialgleichungssystem (6.31) lautet

$$p_0'(t) = \mu p_1(t) - \lambda p_0(t)$$

$$p_j'(t) = \lambda p_{j-1}(t) - (\lambda + \mu j) p_j(t) + (j + 1)\mu p_{j+1}(t); \quad j = 1, 2, \dots \qquad (6.46)$$

Multipliziert man die j-te Gleichung mit z^j und summiert anschließend die Gleichungen von $j = 0$ bis unendlich, so ergibt sich folgende homogene lineare partielle Differentialgleichung für $M(t, z) = \sum_{j=0}^{\infty} p_j(t) z^j$:

$$\frac{\partial M(t, z)}{\partial t} + \mu(z - 1) \frac{\partial M(t, z)}{\partial z} = \lambda(z - 1) M(t, z) . \qquad (6.47)$$

Die zugehörigen charakteristischen Differentialgleichungen sind

$$\frac{dz}{dt} = \mu(z - 1)$$

$$\frac{dM(t, z)}{dt} = \lambda(z - 1) M(t, z)$$

Aus der ersten Differentialgleichung erhält man nach Trennung der Variablen und Integration

$$c_1 = \ln(z - 1) - \mu t ,$$

wobei c_1 eine beliebige Konstante ist.
Durch Kopplung beider Differentialgleichungen ergibt sich

$$\frac{dM(t, z)}{M(t, z)} = \frac{\lambda}{\mu} dz .$$

Integration liefert, wenn c_2 eine beliebige Konstante bezeichnet,

$$c_2 = \ln M(t,z) - \frac{\lambda}{\mu} z \ .$$

Gemäß dem Schema der Charakteristikenmethode erfüllt $M(t,z)$ als Lösung von (6.47) mit einer beliebigen stetig differenzierbaren Funktion f die Bedingung $c_2 = f(c_1)$ bzw.

$$\ln M(t,z) - \frac{\lambda}{\mu} z = f(\ln(z-1) - \mu t) \ .$$

Es folgt

$$M(t,z) = \exp\left\{ f(\ln(z-1) - \mu t) + \frac{\lambda}{\mu} z \right\} \ .$$

Entsprechend der Anfangsbedingung $p_0(0) = 1$ bzw. $M(0,z) \equiv 1$ muß f so beschaffen sein, daß

$$f(\ln(z-1)) = -\frac{\lambda}{\mu} z$$

gilt. Es folgt

$$f(x) = -\frac{\lambda}{\mu}(e^x + 1) \ .$$

Also ist

$$M(t,z) = \exp\left\{ -\frac{\lambda}{\mu}\left(e^{\ln(z-1)-\mu t} + 1 \right) + \frac{\lambda}{\mu} z \right\}$$

bzw.

$$M(t,z) = e^{-\frac{\lambda}{\mu}(1-e^{-\mu t})} \cdot e^{+\frac{\lambda}{\mu}(1-e^{-\mu t})z}$$

Die Entwicklung von $M(t, z)$ in eine Potenzreihe nach z ist nunmehr leicht möglich. Sie liefert die gewünschten Koeffizienten $p_j(t)$ von z^j:

$$p_j(t) = \frac{\left(\frac{\lambda}{\mu}(1 - e^{-\mu t}) \right)^j}{j!} e^{-\frac{\lambda}{\mu}(1-e^{-\mu t})}; \quad j = 0, 1, \dots \tag{6.48}$$

Das ist eine Poissonverteilung mit der Intensitätsfunktion $\frac{\lambda}{\mu}(1 - e^{-\mu t})$. Der Geburts- und Todesprozeß hat daher die Trendfunktion

$$m(t) = \frac{\lambda}{\mu}(1 - e^{-\mu t}) \cdot$$

Startet der Prozeß im Zustand i, liegt also die Anfangsbedingung $p_i(0) = 1$ vor, so sind die absoluten Zustandswahrscheinlichkeiten nicht mehr poissonverteilt. (Wegen ihrer komplizierten Struktur werden sie hier nicht angegeben.) In diesem Fall empfiehlt es sich, ausgehend vom Differentialgleichungssystem (6.46) eine Differentialgleichung erster Ordnung für die Trendfunktion $m(t)$ zu erstellen und diese dann unter der jeweiligen Anfangsbedingung zu lösen. Man erhält

$$m(t) = \frac{\lambda}{\mu}(1 - e^{-\mu t}) + i\, e^{-\mu t}.$$

Analog ergibt sich in diesem Fall die Varianz von $X(t)$ zu

$$Var(X(t)) = (1 - e^{-\mu t})\left(\frac{\lambda}{\mu} + i\, e^{-\mu t}\right).$$

Dieser spezielle Geburts- und Todesprozeß ist insbesondere in der Bedienungstheorie von Interesse (Abschnitt 6.8). $\qquad\Box$

6.6.2 Stationäre Zustandswahrscheinlichkeiten

Die stationären Zustandswahrscheinlichkeiten eines Geburts- und Todesprozesses

$$\pi_j = \lim_{t\to\infty} p_j(t)$$

befriedigen gemäß (6.27) bzw. (6.28) die äquivalenten linearen Gleichungssysteme

$$\lambda_0\pi_0 - \mu_1\pi_1 = 0$$
$$\lambda_{j-1}\pi_{j-1} - (\lambda_j + \mu_j)\pi_j + \mu_{j+1}\pi_{j+1} = 0\,; \quad j = 1, 2, \ldots \tag{6.49}$$
$$\cdots\cdots$$
$$\lambda_{n-1}\pi_{n-1} - \mu_n\pi_n = 0\,, \quad n < \infty$$

bzw.

$$\mu_1\pi_1 = \lambda_0\pi_0$$
$$\lambda_{j-1}\pi_{j-1} + \mu_{j+1}\pi_{j+1} = (\lambda_j + \mu_j)\pi_j\,; \quad j = 1, 2, \ldots \tag{6.50}$$
$$\cdots\cdots$$
$$\mu_n\pi_n = \lambda_{n-1}\pi_{n-1}\,; \quad n < \infty$$

Im Unterschied zum Differentialgleichungssystem (6.31) für die zeitabhängigen Zustandswahrscheinlichkeiten sind die algebraischen Gleichungssysteme (6.49) bzw. (6.50) allgemein lösbar. Mit der Bezeichnung

$$h_j = -\lambda_j\pi_j + \mu_{j+1}\pi_{j+1}\,; \quad j = 0, 1, \ldots$$

erhält (6.49) die äquivalente Gestalt

$$h_0 = 0$$
$$h_j - h_{j-1} = 0\,; \quad j = 1, 2, \ldots$$
$$\cdots\cdots$$
$$h_{n-1} = 0\,; \qquad j = 0, 1, \ldots$$

Beginnend mit $j = 0$ ergibt sich hieraus sukzessiv

$$\pi_1 = \frac{\lambda_0}{\mu_1}\,\pi_0$$

$$\pi_2 = \frac{\lambda_0}{\mu_1}\frac{\lambda_1}{\mu_2}\,\pi_0 \qquad\qquad (6.51)$$

$$\dots\dots$$

$$\pi_j = \prod_{i=1}^{j}\frac{\lambda_{i-1}}{\mu_i}\,\pi_0\,; \quad j = 1, 2, \dots$$

Im Fall $n < \infty$ ergibt sich aus der Normierungsbedingung

$$\sum_{i=0}^{n}\pi_i = 1 \qquad\qquad (6.52)$$

die stationäre Zustandswahrscheinlichkeit π_0 zu

$$\pi_0 = \left[1 + \sum_{j=1}^{n}\prod_{i=1}^{j}\frac{\lambda_{i-1}}{\mu_i}\right]^{-1}. \qquad\qquad (6.53)$$

Aus (6.53) wird deutlich, daß im Fall $n = \infty$ die Konvergenz der Reihe

$$\sum_{j=1}^{\infty}\prod_{i=1}^{j}\frac{\lambda_{i-1}}{\mu_i} \qquad\qquad (6.54)$$

für die Existenz einer stationären Anfangsverteilung $\{\pi_0, \pi_1, \dots\}$ notwendig ist. Die Konvergenz dieser Reihe ist sicher dann gegeben, wenn eine natürliche Zahl N existiert, so daß

$$\frac{\lambda_{i-1}}{\mu_i} \leq \alpha < 1 \qquad\qquad (6.55)$$

für alle $i > N$ erfüllt ist. Anschaulich ist diese Bedingung klar; denn wenn die Geburtsraten größer sind als die Todesraten, wird der Prozeß im Trend gegen ∞ "abdriften". Ohne Beweis wird schließlich noch folgender Satz angegeben:

Satz 6.2 Die Konvergenz der Reihe (6.54) und die Divergenz der *Karlin-Gregor-Reihe*

$$\sum_{j=1}^{\infty}\prod_{i=1}^{j}\frac{\mu_i}{\lambda_i}$$

sind hinreichend für die Existenz einer stationären Zustandsverteilung. Die Divergenz der *Karlin-Gregor-Reihe* ist darüberhinaus hinreichend für die Existenz einer solchen zeitabhängigen Lösung $\{p_0(t), p_1(t)\dots\}$ des Systems der Zustandswahrscheinlichkeiten (6.31), die der Bedingung

$$\sum_{j=0}^{\infty}p_j(t) = 1$$

für alle $t \geq 0$ genügt. ∎

Beispiel 6.14 (*Mehrmaschinenbedienung*) Es wird noch einmal das Modell der Mehrmaschinenbedienung von Beispiel 6.8 betrachtet; jedoch mit dem Unterschied, daß jetzt r Instandhaltungsmechaniker zur Reparatur der n Maschinen zur Verfügung stehen, $1 \le r \le n$. Alle anderen Voraussetzungen und die Bezeichnungen von Beispiel 6.8 werden übernommen (Bild 6.11).

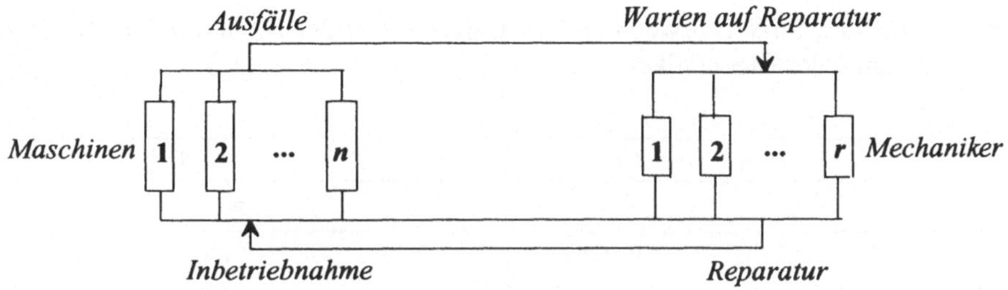

Bild 6.11 Schema der Mehrmaschinenbedienung

Bezeichnet $X(t)$ die Anzahl der zum Zeitpunkt t ausgefallenen Maschinen, so ist $\{X(t), t \ge 0\}$ ein Geburts- und Todesprozeß mit dem Zustandsraum $\mathbf{Z} = \{0, 1, \dots, n\}$, den Geburtsraten

$$\lambda_j = (n - j)\lambda, \quad 0 \le j \le n$$

und den Todesraten

$$\mu_j = \begin{cases} j\mu, & 0 \le j \le r \\ r\mu, & r < j \le n \end{cases}.$$

(In diesem Beispiel widersprechen die Bezeichnungen *Geburts- und Todesrate* dem inhaltlichen Sachverhalt.) Damit erhält man aus (6.51) und (6.53) mit der Abkürzung $\rho = \lambda/\mu$ die stationären Zustandswahrscheinlichkeiten

$$\pi_j = \begin{cases} \dbinom{n}{j} \rho^j \pi_0; & 1 \le j \le r \\[2ex] \dfrac{n!}{r^{j-r}\, r!\, (n-j)!}\, \rho^j \pi_0; & r \le j \le n \end{cases}$$

mit

$$\qquad\qquad (6.56)$$

$$\pi_0 = \left[\sum_{j=0}^{r} \binom{n}{j} \rho^j + \sum_{j=r+1}^{n} \frac{n!}{r^{j-r}\, r!\, (n-j)!}\, \rho^j \right]^{-1}.$$

Die konkrete Anwendung der Formeln (6.56) soll an einem numerischen Beispiel illustriert werden: Es seien $n = 10$, $\rho = 0{,}3$ und $r = 2$. Zwecks effektiver Organisation der Instandhaltung der Maschinen sind zwei Varianten zu vergleichen:

1) Beide Mechaniker sind zusammen für die Instandhaltung der 10 Maschinen zuständig.

2) Den Mechanikern werden jeweils 5 Maschinen zugeordnet, für deren Instandhaltung sie allein zuständig sind.

Es seien im stationären Regime $X_{n,r}$ die zufällige Anzahl der ausgefallenen Maschinen und $Z_{n,r}$ die zufällige Anzahl der mit der Reparatur ausgefallener Maschinen beschäftigten Mechaniker; jeweils in Abhängigkeit von der Anzahl n der Maschinen und der Anzahl r der Mechaniker.

Variante 1: $n = 10$, $r = 2$		Variante 2: $n = 5$, $r = 1$	
j	π_j	j	π_j
0	0,0341	0	0,1450
1	0,1022	1	0,2175
2	0,1379	2	0,2611
3	0,1655	3	0,2350
4	0,1737	4	0,1410
5	0,1564	5	0,0004
6	0,1173		
7	0,0704		
8	0,0316		
9	0,0095		
10	0,0014		

Tafel 6.1 Numerische Ergebnisse für Beispiel 6.14 ($j =$ Anzahl der ausgefallenen Maschinen)

Dann erhält man aus Tafel 6.1:

Variante 1

$$E(X_{10,2}) = \sum_{j=1}^{10} j\,\pi_j = 3,902$$

$$E(Z_{10,2}) = 1 \cdot \pi_1 + 2 \sum_{j=2}^{10} \pi_j = 1.8296$$

Variante 2

$$E(X_{5,1}) = \sum_{j=1}^{5} j\,\pi_j = 2,011$$

$$E(Z_{5,1}) = \sum_{j=1}^{5} \pi_j = 0,855$$

Bei Anwendung von Variante 2 befinden sich also von den 10 Maschinen im Mittel

$$2\,E(X_{5,1}) = 4,022$$

im Ausfallzustand und

$$2\,E(Z_{5,1}) = 1,71$$

Mechaniker sind im Durchschnitt mit Reparatur beschäftigt. Somit ist einerseits bei Anwendung von Variante 1 die mittlere Anzahl ausgefallener Maschinen kleiner als bei Variante 2, während andererseits bei Variante 2 die Mechaniker im Durchschnitt weniger ausgelastet sind als bei Variante 1. Daher ist der Variante 1 unter alleiniger Berücksichtigung dieser Kriterien der Vorzug zu geben. $\square$

Beispiel 6.15 Das Modell der Mehrmaschinenbedienung wird unter Beibehaltung der sonstigen Voraussetzungen des vorangegangenen Beispiels in folgender Weise modifiziert: Die insgesamt vorhandene Instandsetzungskapazität von r Einheiten (die nicht unbedingt mit Personen identifiziert werden müssen) wird stets voll zur Reparatur der ausgefallenen Maschinen eingesetzt. Befinden sich mehrere Maschinen im Ausfallzustand, so wird diese Kapazität gleichmäßig auf die ausgefallenen Maschinen aufgeteilt. Diese Anpassung wird nach jedem Ausfall einer Maschine sowie nach dem Abschluß jeder Reparatur wiederholt. In diesem Fall gibt es also zu keinem Zeitpunkt Maschinen, die auf Reparatur warten.

Befinden sich j Maschinen im Ausfallzustand, so beträgt die Reparaturrate jeder einzelnen ausgefallenen Maschine $(r/j)\mu$. Infolgedessen sind die Todesraten des zugehörigen Geburts- und Todesprozesses konstant:

$$\mu_j = j \cdot \frac{r}{j}\mu = r\mu; \quad j = 1,2,\dots$$

Die Geburtsraten sind wie im Beispiel 6.14

$$\lambda_j = (n-j)\lambda; \quad j = 0,1,\dots$$

Daher betragen die stationären Zustandswahrscheinlichkeiten gemäß (6.51)

$$\pi_j = \frac{n!}{(n-j)!}\left(\frac{\lambda}{r\mu}\right)^{j}\pi_0; \quad j = 1,2,\dots$$

$$\pi_0 = \left[\sum_{j=1}^{n}\frac{n!}{(n-j)!}\left(\frac{\lambda}{r\mu}\right)^{j}\right]^{-1}.$$

Beim Vergleich mit den stationären Zustandswahrscheinlichkeiten (6.56) wird deutlich, daß für $r = 1$ die gleichmäßige Aufteilung der Reparaturkapazität keinen Einfluß auf die stationären Zustandswahrscheinlichkeiten hat. Diese Tatsache ist nicht verwunderlich, da im Fall $r = 1$ die vorhandene Instandsetzungskapazität, falls erforderlich, ohnehin stets voll ausgeschöpft wird. $\square$

6.7 Verweildauern*

In den vorangegangenen Beispielen wurde davon Gebrauch gemacht, daß unabhängige, exponential verteilte Verweildauern in den Zuständen zu homogenen Markovschen Ketten führen. Es läßt sich aber auch zeigen, daß die Verweildauer Y_i einer beliebigen homogenen Markovschen Kette $\{X(t),\, t \ge 0\}$ im Zustand i exponential mit dem Parameter q_i für alle $i \in \mathbf{Z}$ verteilt ist:

$$P(Y_i > t \,|\, X(0) = i)$$

$$= P(X(s) = i,\, 0 < s \le t \,|\, X(0) = i)$$

$$= \lim_{n \to \infty} P\!\left(\frac{k}{n}\, t = i;\; k = 1, 2, \ldots, n \,\Big|\, X(0) = i\right)$$

$$= \lim_{n \to \infty} \left[p_{ii}\!\left(\tfrac{1}{n}\, t\right) \right]^n$$

$$= \lim_{n \to \infty} \left[1 - q_i\, \frac{t}{n} + o\!\left(\tfrac{1}{n}\right) \right]^n ,$$

wobei von den Beziehungen (6.8) und (6.15) Gebrauch gemacht wurde. Wegen der Darstellung der Zahl e durch den Grenzwert

$$e = \lim_{x \to \infty} \left(1 + \frac{1}{x} \right)^x \tag{6.57}$$

folgt hieraus sofort die Behauptung:

$$P(Y_i > t \,|\, X(0) = i) = e^{-q_i t}, \quad t \ge 0 . \tag{6.58}$$

Unter der Bedingung $X(0) = i$ ist $X(Y_i)$ der Zustand, in den die Markovsche Kette nach dem Verlassen des Zustands i übergeht. Bezeichnet $m(nt)$ die größte ganze Zahl m, die der Bedingung $m/n \le t$ genügt, die also durch

$$nt - 1 < m(nt) \le nt$$

definiert ist, so erhält man für die gemeinsame Verteilung von Y_i und $X(Y_i)$, $i \ne j$:

$$P(X(Y_i) = j,\; Y_i > t \,|\, X(0) = i)$$

$$= P(X(Y_i) = j,\; X(s) = i \ \text{für} \ 0 < s \le t \,|\, X(0) = i)$$

$$= \lim_{n \to \infty} \sum_{m=m(nt)}^{\infty} P\!\left(X\!\left(\tfrac{m+1}{n}\right) = j,\; Y_i \in \left[\tfrac{m}{n},\, \tfrac{m+1}{n} \right) \,\Big|\, X(0) = i \right)$$

$$= \lim_{n \to \infty} \sum_{m=m(nt)}^{\infty} P\!\left(X\!\left(\tfrac{m+1}{n}\right) = j,\; X\!\left(\tfrac{k}{n}\right) = i \ \text{für} \ 1 \le k \le m \,\Big|\, X(0) = i \right)$$

$$= \lim_{n \to \infty} \sum_{m=m(nt)}^{\infty} \left[1 - q_i \frac{1}{n} + o\left(\frac{1}{n}\right) \right]^m \left[q_{ij} \frac{1}{n} + o\left(\frac{1}{n}\right) \right]$$

$$= \lim_{n \to \infty} \frac{\left[1 - q_i \frac{1}{n} + o\left(\frac{1}{n}\right) \right]^{nt}}{q_i \frac{1}{n} + o\left(\frac{1}{n}\right)} \left[q_{ij} \frac{1}{n} + o\left(\frac{1}{n}\right) \right].$$

Somit ergibt sich wiederum durch Nutzung von (6.57)

$$P(X(Y_i) = j,\ Y_i > t | X(0) = i) = \frac{q_{ij}}{q_i} e^{-q_i t}; \quad i \neq j; \ i,j \in \mathbf{Z}. \tag{6.59}$$

Aus dem Übergang zur Randverteilung von Y_i (= Summation der Gleichungen (6.59) über alle j aus $\mathbf{Z}$) folgt der bereits bekannte Sachverhalt (6.58). Weitere wichtige Folgerungen sind:

1) Die Wahrscheinlichkeit des Übergangs vom Zustand i in den Zustand j ist

$$p_{ij} = P(X(Y_i) = j | X(0) = i) = \frac{q_{ij}}{q_i}.$$

Diese Beziehung erhält man durch Übergang zur Randverteilung von $X(Y_i)$. (Dazu ist in (6.59) $t = 0$ zu setzen). Somit ist

$$\left\{ \frac{q_{ij}}{q_i};\ j \in \mathbf{Z} \right\}$$

die Wahrscheinlichkeitsverteilung des auf i folgenden Zustands $X(Y_i)$.

2) Der auf i folgende Zustand $X(Y_i)$ ist unabhängig von Y_i (und natürlich unabhängig von der "Vorgeschichte" der Markovschen Kette bis zum Erreichen des Zustands i).

Die Kenntnis der Übergangswahrscheinlichkeiten p_{ij} legt nahe, die Markovsche Kette $\{X(t),\ t \geq 0\}$ nur an ihren "Sprungzeitpunkten", also an den Zeitpunkten, an denen Zustandsänderungen stattfinden, zu beobachten. Es sei X_n der Zustand der Markovschen Kette unmittelbar nach der n-ten Zustandsänderung, $X_0 = X(0)$. Dann ist $\{X_0, X_1, \ldots\}$ eine diskrete homogene Markovsche Kette mit den Übergangswahrscheinlichkeiten $p_{ij};\ i,j \in \mathbf{Z}$, die nun für beliebige n in der Form

$$p_{ij} = P(X_n = j | X_{n-1} = i)$$

geschrieben werden können. Man nennt $\{X_0, X_1, \ldots\}$ eine in die stetige Markovsche Kette $\{X(t),\ t \geq 0\}$ *eingebettete (diskrete) Markovsche Kette.* Eingebettete Markovsche Ketten können sich auch in nichtmarkovschen Prozessen finden. Häufig sucht man bewußt nach eingebetteten Markovschen Ketten, um mit deren Hilfe analytische Auswertungen zu erleichtern oder überhaupt erst möglich zu machen. Im Abschnitt 6.9 werden die semi-Markovschen Prozesse behandelt, deren "Gerüst" eine eingebettete Markovsche Kette ist.

6.8 Anwendungen in der Bedienungstheorie

6.8.1 Einführung

Eine der wichtigsten Anwendungen Markovscher Ketten ist die mathematische Modellierung von Bedienungsssituationen. Diese treten vor allem im Dienstleistungssektor auf: Kunden erscheinen in zufälligen Abständen in einem Dienstleistungsbetrieb, warten gegebenenfalls auf Bedienung, werden eine zufällige Zeit bedient und verlassen dann die Einrichtung. Anstelle von Kunden und Dienstleistungsbetrieb spricht man allgemein von *Forderungen* und *Bedienungssystem*. Die in das Bedienungssystem eintreffenden Forderungen bilden den *Forderungsstrom*. Zur Bedienung der Forderungen stehen ein oder mehrere *Kanäle* (Bediener, Bedien- bzw. Servicegeräte) zur Verfügung. Dementsprechend unterscheidet man zwischen *ein- und mehrkanaligen Bedienungssystemen*. Ein Bedienungssystem ist ein *Verlustsystem,* wenn jede eintreffende Forderung, die keinen freien Kanal vorfindet, verloren geht. Ein *Wartesystem* liegt vor, wenn unbeschränkt viele Warteplätze für solche Forderungen zur Verfügung stehen, die nicht sofort bedient werden können. In einem *Warte-Verlustsystem* gibt es eine endliche Zahl s von Warteplätzen. Trifft eine Forderung ein, wenn alle Warteplätz (und damit alle Kanäle) besetzt sind, geht sie verloren.

Beispiele Supermärkte sind einfache Beispiele für Bedienungssysteme. Die eintreffenden Kunden bilden den Forderungsstrom, die Bedienung erfolgt an den Kassen (=Kanälen). Auch Tankstellen können als Bedienungssysteme interpretiert werden. Ihre Kanäle sind die Zapfsäulen. Tankstellen sind typische Warte-Verlust-Systeme. Selbst Parkplätze sind Bedienungssysteme. Jeder Stellplatz ist ein Kanal. Die Besonderheit besteht hier darin, daß die "Bedienzeit" durch die Forderung selbst bestimmt wird. Auch eine Flak-Batterie zur Luftabwehr kann als Bedienungssystem gedeutet werden. Den zugehörigen Forderungsstrom erzeugen die anfliegenden gegnerischen Flugzeuge, die "bedient" werden müssen. Das Modell der Mehrmaschinenbedienung (Beispiel 6.14) paßt ebenfalls in das Schema eines Bedienungssystems. Die Rolle der Kanäle wird durch die Mechaniker übernommen. Die ausgefallenen Maschinen bilden den Forderungsstrom. Dieser weist die Besonderheit auf, daß sich alle Forderungen auf jeweils genau eine von endlich vielen Quellen, nämlich auf den Ausfall einer bestimmten Maschine, zurückführen lassen. Man spricht daher von einem *geschlossenen Bedienungssystem*.

Anliegen der Bedienungstheorie ist die zweckmäßige Dimensionierung von Bedienungssystemen. Der Betreiber möchte mit minimalem Aufwand die erforderliche Bedienleistung erbringen, insbesondere also nicht mehr Kanäle als nötig installieren. Dabei hat er zu gewährleisten, daß wichtige Systemparameter kundenfreundlich sind. Infolgedessen werden in den weiteren Ausführungen folgende Charakteristiken von Bedienungssystemen eine wichtige Rolle spielen:

1) Wahrscheinlichkeit dafür, daß eine eintreffende Forderung einen freien Kanal vorfindet
2) mittlere Warte- und Bedienzeit eines Kunden
3) mittlere Warteschlangenlänge

Wie üblich wird zur Charakterisierung der behandelten Bedienungssysteme die *Kendallsche Symbolik* $A/B/s/m$ benutzt. Hierbei sind s die Anzahl der Kanäle und m die Anzahl der Warteplätze, während die Buchstaben A und B Forderungsstrom bzw. Bedienzeiten charakterisieren:

$A = M$: (*Markov*) Die Forderungen treffen entsprechend einem homogenen Poissonprozeß ein.
(*Poissonscher Forderungsstrom*)

$A = GI$: (*general independent*) Die Abstände zwischen dem Eintreffen zweier benachbarter Forderungen sind voneinander unabhängig und identisch verteilt. Der Verteilungstyp ist beliebig.
(*rekurrenter Forderungssstrom*)

$A = D$: Die Abstände zwischen dem Eintreffen zweier benachbarter Forderungen sind konstant.
(*deterministischer Forderungssstrom*)

$B = M$: Die Bedienzeiten auf jedem Kanal sind voneinander unabhängig und identisch exponential verteilt.

$B = G$: Die Bedienzeiten auf jedem Kanal sind voneinander unabhängig und identisch verteilt. Der Verteilungstyp ist beliebig.

Beispielsweise ist $M/M/1/0$ ein einkanaliges Verlustsystem mit Poissonschem Forderungsstrom und exponentialverteilten Bedienzeiten, während $GI/M/3/\infty$ ein Wartesystem mit rekurrentem Forderungsstrom, exponentialverteilten Bediendauern und 3 Kanälen ist. Im Fall von Bedienungssystemen mit unendlich vielen Kanälen sind keine Warteplätze erforderlich, so daß diese kürzer durch $A/B/\infty$ charakterisiert werden können.

In Warte- und Warte-Verlustsystemen gibt es verschiedene Möglichkeiten, die Warteschlange abzuarbeiten. Man nennt diese Möglichkeiten *Bedienungsdisziplinen*. Die wichtigsten sind:

1) *FIFO* (*first in - first out*) Die wartenden Forderungen werden in der Reihenfolge ihres Eintreffens bedient.
2) *LIFO* (*last in - first out*) Die zuletzt eingetroffene Forderung wird zuerst bedient.
3) *SIRO* (*service in random order*) Die als nächste zu bedienende Forderung wird "auf gut Glück" aus den wartenden Forderungen ausgewählt.

Im engen Zusammenhang mit Bedienungsdisziplinen stehen die *Prioritätensysteme*: Eintreffende Forderungen haben unterschiedliche *Dringlichkeiten* bzw. *Prioritäten*.

Eine Forderung höherer Priorität wird stets vor einer Forderung niedrigerer Priorität bedient. *Absolute* bzw. *unterbrechende Priorität* (*preemptive discipline*) liegt vor, wenn eine eintreffende Forderung keinen freien Kanal vorfindet und auf allen Kanälen Forderungen niedrigerer Priorität bedient werden. In diesem Fall wird die Bedienung einer Forderung mit der geringsten Priorität unterbrochen. Im Fall von *relativer Priorität* (*head of the line priority discipline*) besetzt stets eine der Forderungen mit der höchsten Priorität den ersten Platz in der Warteschlange. Unterbrechungen laufender Bedienungen finden nicht statt.

Vereinbarungen Sind Y der zufällige Abstand zwischen den Ankunftszeiten zweier benachbarter Forderungen eines rekurrenten Forderungsstroms im System und Z_i die zufällige Bedienzeit einer Forderung durch den Kanal i, dann heißt der Quotient

$$\rho_i = E(Z_i)/E(Y);\quad i = 1, 2, \dots, s;$$

Verkehrswert des Kanals i. Im Fall von $M/M/./.$ -Systemen wird stets vorausgesetzt, daß der homogene Poissonsche Forderungsstrom die Intensität λ hat und die Bedienzeiten durch Kanal i exponential mit dem Parameter μ_i verteilt sind. In diesem Fall ist $\rho_i = \lambda/\mu_i$. Sind auf allen Kanälen die Bedienzeiten identisch exponential mit dem Parameter μ verteilt, so ist $\rho = \lambda/\mu$ der Verkehrswert des Systems schlechthin.

6.8.2 Verlustsysteme

In diesem Abschnitt seien $X(t)$ die Anzahl der besetzten Kanäle zum Zeitpunkt t und X die gleiche Kenngröße im stationären Regime. Somit sind

$$\pi_j = \lim_{t \to \infty} p_j(t) = \lim_{t \to \infty} P(X(t) = j) = P(X = j);\quad j = 0, 1, \dots, s;\quad s \le \infty$$

die stationären Zustandswahrscheinlichkeiten der Markovschen Kette $\{X(t), t \ge 0\}$.

M/M/∞ - System (Genau genommen handelt es sich bei diesem Modell weder um ein Verlust- noch um ein Wartesystem.) In diesem Fall ist $\{X(t), t \ge 0\}$ ein Geburts- und Todesprozeß mit den Geburts- und Todesraten (Beispiel 6.13)

$$\lambda_j = \lambda;\quad \mu = j\mu;\quad j = 0, 1, \dots$$

Seine zeitabhängigen Zustandswahrscheinlichkeiten $p_j(t)$ sind durch (6.48) gegeben. Die stationären Zustandswahrscheinlichkeiten erhält man aus den zeitabhängigen durch den in diesem Beispiel leicht zu vollziehenden Grenzübergang $t \to \infty$ oder durch Lösung des zugehörigen Gleichungssystems (6.49) :

$$\pi_j = \frac{\rho^j}{j!}\, e^{-\rho};\quad j = 0, 1, \dots \tag{6.60}$$

Daher ist die mittlere Anzahl der besetzten Kanäle im stationären Regime gleich dem Verkehrswert: $E(X) = \rho$. $\qquad\qquad\square$

***M/M/s/0* - System** In diesem Fall ist $\{X(t), t \geq 0\}$ ein Geburts- und Todesprozeß mit den Geburts- und Todesraten

$$\lambda_j = \lambda; \quad j = 0, 1, \ldots, s-1; \quad \lambda_j = 0 \text{ für } j \geq s,$$

$$\mu_j = j\mu; \quad j = 0, 1, \ldots, s.$$

Das Gleichungssystem für die stationären Zustandswahrscheinlichkeiten (6.50) lautet

$$\mu\pi_1 = \lambda\pi_0$$

$$\lambda\pi_{j-1} + (j+1)\mu\pi_{j+1} = (\lambda + j\mu)\pi_j; \quad j = 1, 2, \ldots, s-1$$

$$s\mu\pi_s = \lambda\pi_{s-1}$$

Bei zunächst unbekanntem π_0 ergibt sich durch sukzessive Lösung

$$\pi_j = \frac{1}{j!}\rho^j \pi_0; \quad j = 0, 1, \ldots$$

Aus der Normierungsbedingung

$$\sum_{i=0}^{s} \pi_i = 1 \tag{6.61}$$

erhält man die *Leerwahrscheinlichkeit*

$$\pi_0 = \left[\sum_{i=0}^{s} \frac{1}{i!}\rho^i \right]^{-1}.$$

Daher lauten die stationären Zustandswahrscheinlichkeiten

$$\pi_j = \frac{\frac{1}{j!}\rho^j}{\sum\limits_{i=0}^{s} \frac{1}{i!}\rho^i}; \quad j = 0, 1, \ldots, s. \tag{6.62}$$

Insbesondere ergibt sich die *Verlustwahrscheinlichkeit* zu

$$\pi_s = \frac{\frac{1}{s!}\rho^s}{\sum\limits_{i=0}^{s} \frac{1}{i!}\rho^i}. \tag{6.63}$$

π_s ist die Wahrscheinlichkeit dafür, daß eine eintreffende Forderung alle Kanäle belegt vorfindet, so daß sie verloren geht. (6.63) ist die *Erlangsche Verlustformel.*

Für die numerische Berechnung von Verlustwahrscheinlichkeiten ist vor allem bei großen Kanalzahlen s die Nutzung der folgenden leicht zu verifizierenden rekursiven Beziehung zweckmäßig:

$$\frac{1}{\pi_s} = \frac{s}{\rho}\frac{1}{\pi_{s-1}} + 1; \quad s = 1, 2, \ldots; \quad \pi_0 = 1.$$

Die mittlere Anzahl belegter Kanäle ist

$$E(X) = \sum_{i=1}^{s} i \pi_i = \sum_{i=1}^{s} i \frac{\rho^i}{i!} \pi_0$$

$$= \rho \sum_{i=1}^{s} \frac{\rho^{i-1}}{(i-1)!} \pi_0 = \rho \sum_{i=0}^{s-1} \frac{\rho^i}{i!} \pi_0 \,.$$

Wegen (6.61) gilt daher

$$E(X) = \rho(1 - \pi_s) \,.$$

Unter dem (mittleren) *Auslastungsgrad* η eines Kanals versteht man sinngemäß den Quotienten $\eta = E(X)/s$. Er beträgt im vorliegenden Fall

$$\eta = \frac{\rho}{s}(1 - \pi_s) \,.$$

Spezialfall $s = 1$ In einem einkanaligen Verlustsystem sind Leer- und Verlustwahrscheinlichkeit gegeben durch

$$\pi_0 = \frac{1}{1+\rho} \quad \text{und} \quad \pi_1 = \frac{\rho}{1+\rho} \,.$$

Wegen $\rho = E(Z)/E(Y)$ gelten

$$\pi_0 = \frac{E(Y)}{E(Y)+E(Z)} \quad \text{und} \quad \pi_1 = \frac{E(Z)}{E(Y)+E(Z)} \,.$$

Somit sind π_0 bzw. π_1 formal gleich der stationären Verfügbarkeit bzw. der stationären Nichtverfügbarkeit eines Systems mit der mittleren Lebensdauer $E(Y)$ und der mittleren Erneuerungsdauer $E(Z)$, dessen Betriebsprozeß durch einen alternierenden Erneuerungsprozeß beschrieben kann (Abschn. 4.6, Gleichung (4.43)).
Der Auslastungsgrad des Kanals fällt mit der Verlustwahrscheinlichkeit zusammen.

Beispiel 6.16 In einem Fernsprechvermittlungssystem seien keine Wartemöglichkeiten für Vermittlungsforderungen vorhanden. Der eintreffende Poissonsche Forderungsstrom habe die Intensität $\lambda = 2$ $[min^{-1}]$. Es trifft also durchschnittlich aller $E(Y) = 1/\lambda = 0{,}5$ *min* ein Vermittlungswunsch ein. Die Belegungsdauern der Kanäle (Gesprächsdauern + Schaltzeiten) betragen im Mittel $E(Z) = 3$ *min*. Die Voraussetzungen für die Anwendung des $M/M/s/0$ - Modells seien erfüllt.

1) Wie groß ist die Verlustwahrscheinlichkeit bei $s = 7$ Kanälen?
Der Verkehrswert ist $\rho = E(Z)/E(Y) = 6$. Gemäß (6.63) beträgt die Verlustwahrscheinlichkeit

$$\pi_7 = \frac{\frac{1}{7!} 6^7}{1 + 6 + \frac{6^2}{2!} + \frac{6^3}{3!} + \frac{6^4}{4!} + \frac{6^5}{5!} + \frac{6^6}{6!} + \frac{6^7}{7!}} = 0{,}185 \,.$$

Daher sind

$$E(X) = \rho(1 - \pi_7) = 6 \cdot (1 - 0,185) = 4,89$$

die mittlere Anzahl der belegten Kanäle und

$$\eta = 4{,}89/7 = 0{,}70$$

der Auslastungsgrad eines Kanals.

2) Wieviel Kanäle müßten mindestens vorhanden sein, damit unter sonst gleichen Bedingungen wenigstens 95% der Vermittlungswünsche erfüllt werden können?
Für $s = 9$ und $s = 10$ erhält man gemäß (6.63) die Verlustwahrscheinlichkeiten

$$\pi_9 = 0,075 \quad \text{und} \quad \pi_{10} = 0,043.$$

Daher sind zur Erreichung der Zielsetzung mindestens 10 Kanäle erforderlich. Im Fall $s = 10$ verschlechtert sich natürlich im Vergleich zu $s = 7$ der Auslastungsgrad:

$$\eta = 0,574. \qquad\qquad \square$$

Es ist interessant und praktisch bedeutsam, daß auch die stationären Zustandswahrscheinlichkeiten des Bedienungssystems $M/G/s/0$ die Struktur (6.62) haben. Treffen also in beide Systeme $M/M/s/0$ und $M/G/s/0$ Poissonsche Forderungsströme mit der Intensität λ ein, so resultiert aus der Gleichheit ihrer mittleren Bedienzeiten und damit ihrer Verkehrswerte die Gleichheit der entsprechenden stationären Zustandswahrscheinlichkeiten. Die gleiche Aussage gilt bezüglich der Bedienungssysteme $M/M/\infty$ und $M/G/\infty$. Bedienungssysteme mit dieser Eigenschaft sind *unempfindlich* vom Typ der Bedienzeitverteilungen. Eine umfassende Darstellung der *Theorie der Unempfindlichkeit* von Bedienungssystemen findet sich in *Gnedenko, König* (1984).

Engsetsches Verlustsystem   Von n Quellen gelangen voneinander unabhängige Poissonsche Forderungströme mit der Intensität λ auf ein Bedienungssystem, das aus s Kanälen besteht, $s \leq n$. Die Bedienzeiten auf allen Kanälen sind unabhängige, identisch exponential mit dem Parameter μ verteilte Zufallsgrößen. Solange die Forderung einer Quelle bedient wird, kann diese Quelle keine weitere Forderung an das System richten. (Damit besteht eine Analogie zum Modell der Mehrmaschinenbedienung von Beispiel 6.14: Während der Reparatur einer Maschine wird diese keine weitere Reparaturforderung erheben.) Eine Forderung, die keinen freien Kanal vorfindet, geht verloren. Der zugehörige Zustandsprozeß $\{X(t),\, t \geq 0\}$ ist ein Geburts- und Todesprozeß. Da unter der Bedingung $X(t) = j$ nur $n - j$ Quellen Forderungen stellen können, sind seine nichtverschwindenden Geburts- und Todesraten gegeben durch

$$\lambda_j = (n - j)\lambda; \quad j = 1, 2, \dots, s - 1;$$

$$\mu_j = j\mu; \quad j = 1, 2, \dots, s.$$

Daher lautet das Gleichungssystem (6.50) für die stationären Zustandswahrscheinlichkeiten

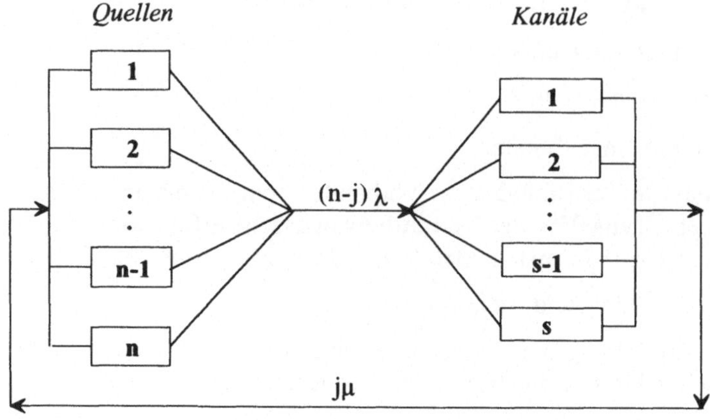

Bild 6.12 Engsetsches Verlustsystem im Zustand $X(t) = j$

$$n\lambda\pi_0 = \mu\pi_1$$

$$(n-j+1)\lambda\pi_{j-1} + (j+1)\mu\pi_{j+1} = ((n-j)\lambda + j\mu)\pi_j; \quad j = 1, 2, ..., s-1$$

$$s\mu\pi_s = (n-s+1)\pi_{s-1}$$

Die Lösung ist

$$\pi_j = \frac{\binom{n}{j}\rho^j}{\sum_{i=0}^{s}\binom{n}{i}\rho^i}; \quad j = 0, 1, ..., s.$$

Insbesondere betragen Leer- und Verlustwahrscheinlichkeit

$$\pi_0 = \frac{1}{\sum_{i=0}^{s}\binom{n}{i}\rho^i}, \qquad \pi_s = \frac{\binom{n}{s}\rho^s}{\sum_{i=0}^{s}\binom{n}{i}\rho^i}.$$

Zum Beispiel ergibt sich für ein zweikanaliges System

$$\pi_0 = \frac{1}{1 + n\rho + \frac{n(n-1)}{2}\rho^2},$$

$$\pi_1 = n\rho\pi_0, \qquad \pi_2 = \frac{n(n-1)}{2}\rho^2\pi_0.$$

Das Engsetsche Verlustsystem ist ebenso wie das Modell der Mehrmaschinenbedienung ein geschlossenes Bedienungssystem. $\square$

6.8.3 Wartesysteme

In diesem Abschnitt bezeichnet $X(t)$ die Anzahl der Forderungen im System. Im Fall $X(t) = j$ ist daher $j - s$ die Anzahl der wartenden Forderungen, also die *Länge der Warteschlange*. Dementsprechend ist jetzt X die Anzahl der Forderungen im System im stationären Regime und $\pi_j = P(X = j)$; $j = 0, 1, \dots$; sind die zugehörigen stationären Zustandswahrscheinlichkeiten.

***M/M/s/∞* - System** $\{X(t),\, t \geq 0\}$ ist ein Geburts- und Todesprozeß mit den Raten

$$\lambda_j = \lambda; \quad j = 0, 1, \dots$$

$$\mu_j = j\mu; \quad j = 0, 1, \dots, s$$

$$\mu_j = s\mu; \quad j > s$$

Daher erfüllen die stationären Zustandswahrscheinlichkeiten im Falle ihrer Existenz das Gleichungssystem

$$\lambda \pi_0 = \mu \pi_1$$

$$\lambda \pi_{j-1} + (j+1)\mu \pi_{j+1} = (\lambda + j\mu)\pi_j; \quad j = 1, 2, \dots, s-1$$

$$\lambda \pi_{j-1} + s\mu \pi_{j+1} = (\lambda + s\mu)\pi_j; \quad j \geq s$$

Die Lösung hat gemäß (6.51) die Struktur

$$\pi_j = \frac{\rho^j}{j!}\pi_0 \quad \text{für } j = 0, 1, \dots, s-1,$$

$$\pi_j = \frac{\rho^j}{s!\, s^{j-s}}\pi_0 \quad \text{für } j \geq s. \tag{6.64}$$

Entsprechend dem Konvergenzverhalten der geometrischen Reihe ergibt sich im Fall $\rho = \lambda/\mu < s$ die Leerwahrscheinlichkeit π_0 aus der Normierungsbedingung (6.29) zu

$$\pi_0 = \left[\sum_{i=0}^{s-1} \frac{1}{i!}\rho^i + \frac{\rho^s}{(s-1)!\,(s-\rho)}\right]^{-1}.$$

Im folgenden wird stets $\rho < s$ vorausgesetzt. Inhaltlich ist diese Voraussetzung einleuchtend; denn sie besagt, daß die Ankunftsrate λ von Forderungen kleiner als die maximale Bedienungsrate $s\mu$ des Systems ist. Für $\rho \geq s$ existiert keine stationäre Zustandsverteilung, da unter dieser Bedingung das Bedienungssystem den ankommenden Forderungsstrom nicht "bewältigen" kann; die Länge der Warteschlange würde in der Tendenz gegen unendlich driften. In einem solchen Fall kann sich kein Gleichgewichtszustand zwischen dem Bedienungssystem und dem Forderungsstrom einstellen.

Die Wahrscheinlichkeit π_w dafür, daß eine ankommende Forderung alle Kanäle besetzt vorfindet und daher auf Bedienung warten muß, beträgt

$$\pi_w = \sum_{i=s}^{\infty} \pi_i \, .$$

Wird von der geometrischen Reihe Gebrauch gemacht, erhält man für die *Wartewahrscheinlichkeit* die einfache Formel

$$\pi_w = \frac{\pi_s}{1 - s\rho} \, .$$

Der Erwartungswert der Anzahl K der belegten Kanäle ist

$$E(K) = \sum_{i=0}^{s-1} i\pi_i + s\pi_w \, .$$

Wiederum erhält man nach Ausführung der Summation eine einfache Formel:

$$E(K) = \rho \, .$$

(Der Rechengang bleibt dem Leser überlassen.) Infolgedessen ist

$$\eta = \rho/s$$

der Auslastungsgrad eines Kanals. Der Erwartungswert der Anzahl aller im System befindlichen Forderungen errechnet sich zu

$$E(X) = \sum_{i=1}^{\infty} i\pi_i = \rho \left[1 + \frac{s}{(s-\rho)^2} \pi_s \right] \, .$$

Wartezeitverteilung W sei die zufällige Zeit, die eine Forderung auf den Beginn der Bedienung warten muß, wenn es bei seiner Ankunft im System alle Kanäle besetzt vorfindet. Vorausgesetzt wird das stationäre Regime und die Anwendung der Bedienungsdisziplin *FIFO*. Wegen der Formel der totalen Wahrscheinlichkeit gilt

$$P(W > t) = \sum_{i=s}^{\infty} P(W > t | X = i)\pi_i \, .$$

Trifft eine Forderung in das System ein, wenn sich dieses im Zustand $X = i \geq s$ befindet, dann gilt $W > t$, wenn innerhalb von t Zeiteinheiten nach der Ankunft der Forderung die Bedienung von höchstens $i - s$ Forderungen beendet wird. Die Wahrscheinlichkeit dafür, daß in diesem Zeitraum die Bedienung von genau k Forderungen abgeschlossen wird, $0 \leq k \leq i - s$, ist

$$\frac{(s\mu t)^k}{k!} e^{-s\mu t} \, ,$$

weil unter der Bedingung $0 \leq k \leq i - s$ alle Kanäle besetzt sind und deshalb die bedienten Forderungen in dieser Phase einen Poissonschen Prozeß mit der Intensität $s\mu$ bilden. Daher ist

$$P(W > t | X = i) = e^{-s\mu t} \sum_{k=0}^{i-s} \frac{(s\mu t)^k}{k!}.$$

Somit ist

$$P(W > t) = e^{-s\mu t} \sum_{i=s}^{\infty} \pi_i \sum_{k=0}^{i-s} \frac{(s\mu t)^k}{k!}$$

$$= \pi_0 e^{-s\mu t} \sum_{i=s}^{\infty} \frac{\rho^i}{s! s^{i-s}} \sum_{k=0}^{i-s} \frac{(s\mu t)^k}{k!}$$

Die Indextransformation $j = i - s$, Vertauschung der Summationsreihenfolge gemäß Formel (1.55), Nutzung von (6.64) mit $j = s$ sowie der Reihendarstellung von e^x und der geometrischen Reihe liefern

$$P(W > t) = \pi_0 \frac{\rho^s}{s!} e^{-s\mu t} \sum_{j=0}^{\infty} \left(\frac{\rho}{s}\right)^j \sum_{k=0}^{j} \frac{(s\mu t)^k}{k!}$$

$$= \pi_s e^{-s\mu t} \sum_{k=0}^{\infty} \frac{(s\mu t)^k}{k!} \sum_{j=k}^{\infty} \left(\frac{\rho}{s}\right)^j$$

$$= \pi_s e^{-s\mu t} \sum_{k=0}^{\infty} \frac{(\lambda t)^k}{k!} \sum_{i=0}^{\infty} \left(\frac{\rho}{s}\right)^i$$

$$= \pi_s e^{-s\mu t} \cdot e^{\lambda t} \cdot \frac{1}{1 - \rho/s}.$$

Nach leichter Umformung ergibt sich hieraus die Verteilungsfunktion der Wartezeit im stationären Regime zu

$$F_W(t) = P(W \le t) = 1 - \frac{s\mu}{s\mu - \lambda} \pi_s e^{-(s\mu - \lambda)t}, \quad t \ge 0. \tag{6.65}$$

Insbesondere ist

$$1 - F_W(0) = P(W > 0) = \frac{1}{1 - s\rho} = \pi_w$$

die bereits auf direktem Wege berechnete Wartewahrscheinlichkeit.

Die mittlere Wartezeit einer Forderung errechnet man am einfachsten vermittels Formel (1.12):

$$E(W) = \int_0^{\infty} P(W > t)\, dt.$$

Es folgt

$$E(W) = \frac{s\mu}{(s\mu - \lambda)^2} \pi_s.$$

Spezialfall $s = 1$ Für $\rho < 1$ erhält man in diesem Fall

$$\pi_j = (1 - \rho)\rho^j \, ; \quad j = 0, 1, \ldots$$

Die Anzahl der Forderungen im System ist somit geometrisch verteilt mit dem Erwartungswert

$$E(X) = \rho/(1 - \rho) \, .$$

Die Wartewahrscheinlichkeit ist

$$\pi_w = \rho \, .$$

Die Wartezeit genügt der Verteilungsfunktion

$$F_W(t) = 1 - \rho \, e^{-(\mu - \lambda)t}, \quad t \geq 0 \, .$$

Die mittlere Wartezeit einer Forderung ist

$$E(W) = \frac{\rho}{\mu(1 - \rho)} \, .$$

Man erkennt die Gültigkeit der anschaulich klaren Beziehung $E(W) = E(Z)\, E(X)$.

Engsetsches Wartesystem Von n Quellen gelangen voneinander unabhängige Poissonsche Forderungsströme mit der Intensität λ auf ein Bedienungssystem, das aus s Kanälen besteht, $s \leq n$. Die Bedienzeiten auf allen Kanälen sind unabhängige, identisch exponential mit dem Parameter μ verteilte Zufallsgrößen. Im Unterschied zum Engsetschen Verlustsystem von Abschnitt 6.8.2 wird nun vorausgesetzt, daß eine Forderung, die keinen freien Kanal vorfindet, auf Bedienung wartet. Es stehen $n-s$ Warteplätze zur Verfügung, so daß auch im ungünstigsten Fall jede Forderung, die nicht sofort bedient werden kann, einen freien Warteplatz vorfindet. Solange die Forderung einer Quelle bedient wird oder sich im Wartezustand befindet, kann diese Quelle keine weitere Forderung an das System richten. Unter der Voraussetzung $X(t) = j$ gibt es nur $n-j$ "aktive" Quellen, die also Forderungen aussenden können. Formal ist dieses Wartesystem weiter nichts als eine allgemeinere Formulierung des Modells der Mehrmaschinenbedienung von Beispiel 6.14. Infolgedessen sind die zugehörigen stationären Zustandswahrscheinlichkeiten durch (6.56) gegeben, wenn dort $r = s$ gesetzt wird.

Im allgemeinen Fall ist auch die Möglichkeit $s > n$ zu berücksichtigen. Allerdings liegt dann kein Wartesystem mehr vor, da jede Forderung einen freien Kanal vorfindet. Unter der Voraussetzung $s > n$ ist die Anzahl der im System befindlichen Forderungen im stationären Regime X binomialverteilt mit den Parametern n und $\lambda/(\lambda + \mu)$:

$$\pi_j = P(X = j) = \binom{n}{j}\left(\frac{\lambda}{\lambda + \mu}\right)^{j}\left(\frac{\mu}{\lambda + \mu}\right)^{n-j} \, ; \quad j = 0, 1, \ldots, n \, .$$

Diese Beziehung resultiert unmittelbar aus der Unabhängigkeit der Quellen und der Tatsache, daß man jeder Quelle ihren "eigenen Kanal" zuordnen kann (vergl. auch mit dem linearen Geburts- und Todesprozeß, Beispiel 6.12).

6.8.4 Warte-Verlustsysteme

M/M/s/m **- System** Das System hat s Kanäle und m Warteplätze. Eine Forderung, die weder einen freien Kanal noch einen freien Warteplatz vorfindet, geht verloren. Die Anzahl der Forderungen $X(t)$ im System zum Zeitpunkt t bildet einen Geburts- und Todesprozeß $\{X(t), t \geq 0\}$ mit dem Zustandsraum $Z = \{0, 1, ..., s+m\}$ und den Geburts- und Todesraten

$$\lambda_j = \lambda, \quad 0 \leq j \leq s+m-1,$$

$$\mu_j = \begin{cases} j\mu & \text{für} \quad 0 \leq j \leq s \\ s\mu & \text{für} \quad s < j \leq s+m \end{cases} .$$

Daher lauten die stationären Zustandswahrscheinlichkeiten gemäß (6.51) und (6.53)

$$\pi_j = \begin{cases} \dfrac{1}{j!}\rho^j \pi_0 & \text{für} \quad 1 \leq j \leq s-1 \\ \dfrac{1}{s!\,s^{j-s}}\rho^j \pi_0 & \text{für} \quad s \leq j \leq s+m \end{cases} ,$$

$$\pi_0 = \left[\sum_{j=0}^{s-1} \frac{1}{j!}\rho^j + \sum_{j=s}^{s+m} \frac{1}{s!\,s^{j-s}}\rho^j \right]^{-1} .$$

Die zweite Summe in π_0 läßt sich aufsummieren. Man erhält

$$\pi_0 = \begin{cases} \left[\displaystyle\sum_{j=0}^{s-1} \frac{1}{j!}\rho^j + \frac{1}{s!}\rho^s \frac{1-(\rho/s)^{m+1}}{1-\rho/s} \right]^{-1} & \text{für} \quad \rho \neq s \\[3ex] \left[\displaystyle\sum_{j=0}^{s-1} \frac{1}{j!}\rho^j + (m+1)\frac{s^s}{s!} \right]^{-1} & \text{für} \quad \rho = s \end{cases} .$$

π_0 ist die *Leerwahrscheinlichkeit* und π_{s+m} die *Verlustwahrscheinlichkeit* des Systems, also die Wahrscheinlichkeit dafür, daß eine eingehende Forderung abgewiesen wird. Die Wahrscheinlichkeiten π_f bzw. π_w dafür, daß eine eintreffende Forderung einen freien Kanal vorfindet bzw. auf Bedienung warten muß, betragen

$$\pi_f = \sum_{i=0}^{s-1} \pi_i , \qquad \pi_w = \sum_{i=s}^{s+m} \pi_i .$$

Analog zum zugehörigen Verlustsystem *M/M/s/0* ist die mittlere Anzahl besetzter Kanäle durch

$$E(K) = \rho\,(1 - \pi_{s+m})$$

gegeben, so daß

$$\eta = \frac{\rho}{s}\,(1 - \pi_{s+m})$$

der *(mittlere) Auslastungsgrad* eines jeden der Kanäle ist.

Im folgenden Beispiel werden die Leer- und Verlustwahrscheinlichkeiten eines Bedienungssystems mit s Kanälen und m Warteplätzen mit $\pi_0(s,m)$ bzw. $\pi_{s+m}(s,m)$ bezeichnet.

Beispiel 6.17 Ein Tankstelle mit $s = 8$ Zapfsäulen hat $m = 6$ Warteplätze für Kraftfahrzeuge. Durchschnittlich fahren im Verlauf von einer Minute 1,2 Kraftfahrzeuge die Tankstelle an. Ein Fahrzeug blockiert eine Zapfsäule im Mittel 5 Minuten. Ansonsten seien die Voraussetzungen des Bedienungssystems $M/M/s/m$ in ausreichender Näherung erfüllt. Wegen $\lambda = 1,2$ und $\mu = 1/5$ beträgt der Verkehrswert $\rho = 6$. Daher errechnen sich Leer- und Verlustwahrscheinlichkeit zu

$$\pi_0(8,6) = \left[\sum_{j=0}^{7} \frac{1}{j!} 6^j + \frac{1}{8!} 6^8 \frac{1-(6/8)^7}{1-6/8} \right]^{-1} = 0,00225$$

und

$$\pi_{14}(8,6) = \frac{1}{8!\,8^6} 6^{14} \pi_0 = 0,0167.$$

Demzufolge sind im Durchschnitt

$$E(K) = 6 \cdot (1 - 0,0167) = 5,9$$

der Kanäle besetzt. Nachdem er dies errechnet hat, hält der Tankstellenbetreiber 2 der Zapfsäulen für überflüssig und läßt sie abreißen. Im Laufe der Zeit stellen sich daher die stationären Leer- und Verlustwahrscheinlichkeiten $\pi_0(6,6)$ und $\pi_{12}(6,6)$ ein. Da der Abriß der Tanksäulen den potentiellen Forderungsstrom nicht beeinflußt, bleibt der Verkehrswert $\rho = 6$ erhalten. Daher gelten wegen $s = m = 6$

$$\pi_0(6,6) = \left[\sum_{j=0}^{5} \frac{1}{j!} 6^j + 7 \frac{1}{6!} 6^6 \right]^{-1} = 0,00158,$$

$$\pi_{12}(6,6) = \frac{6^6}{6!} \pi_0(6,6) = 0,1023.$$

Rund 10% der Forderungen werden nun abgwiesen. Um diesen Verlust wettzumachen, richtet der Tankstellenbetreiber 4 weitere Warteplätze ein. Die zugehörigen Leer- und Verlustwahrscheinlichkeiten $\pi_0 = \pi_0(6,10)$ und $\pi_{16} = \pi_{16}(6,10)$ sind

$$\pi_0(6,10) = \left[\sum_{j=0}^{5} \frac{1}{j!} 6^j + 11 \frac{1}{6!} 6^6 \right]^{-1} = 0,00112$$

$$\pi_{16}(6,10) = \frac{6^6}{6!} \pi_0(6,10) = 0,0726.$$

Wegen

$$\pi_{6+m}(6,m) = \frac{6^6}{6!} \left[\sum_{j=0}^{5} \frac{1}{j!} 6^j + (m+1) \frac{6^6}{6!} \right]^{-1}$$

rechnet man leicht nach, daß mindestens 51 zusätzliche Warteplätze notwendig wären, um den durch den Abbau von 2 Zapfsäulen bedingten Umsatzrückgang auszugleichen. (Der Leser überlege sich, ob bezüglich der Verlustwahrscheinlichkeit durch eine Vergrößerung der Anzahl der Warteplätze stets eine Reduzierung der Anzahl der Kanäle ausgeglichen werden kann.) $\square$

$M/M/s/\infty$- System mit ungeduldigen Forderungen Auch wenn prinzipiell unbeschränkt viele Warteplätze zur Verfügung stehen, können Forderungen verlorengehen; nämlich dann, wenn ihnen nur eine beschränkte Wartezeit zur Verfügung steht. So wird jemand, der bis zur Abfahrt seines Fernzuges noch 10 Minuten Zeit hat, keine 11 Minuten am Fahrkartenschalter auf Bedienung warten. Echtzeitüberwachungs- bzw. -steuersysteme haben Speicher für zu verarbeitende Daten. Diese "warten" jedoch nur solange, wie sie aktuell sind. Beschränkte Wartezeiten sind auch für bestimmte paketvermittelnde Datennetze (packed switching systems) typisch, etwa bei Reservierungssystemen und rechnergestützten Prozeßleitzentralen. Generell erwartet man von "intelligenten Forderungen", daß sie ihr Verhalten dem Systemzustand anpassen. Aus der Fülle der diesbezüglichen Modelle wird das folgende etwas genauer betrachtet.

Zusätzlich zu den Eigenschaften eines $M/M/s/\infty$- Systems wird nun vorausgesetzt, daß jede Forderung nur eine zulässige Zeit im Wartezustand verbleibt. Nach derem Ablauf verzichtet sie auf Bedienung und verläßt das System. Die zulässigen Wartezeiten seien für alle Forderungen voneinander unabhängig und identisch exponential mit dem Parameter ν verteilt. Bezeichnet $X(t)$ wieder die Anzahl der Forderungen im System, so ist $\{X(t), t \geq 0\}$ ein Geburts- und Todesprozeß mit den Übergangsraten

$$\lambda_j = \lambda\,;\quad j = 0, 1, \ldots$$

$$\mu_j = \begin{cases} j\mu & \text{für } j = 1, 2, \ldots, s \\ s\mu + (j-s)\nu & \text{für } j = s, s+1, \ldots \end{cases}$$

Man erkennt, daß mit j die Todesraten unbeschränkt wachsen, so daß insbesondere die Bedingung (6.55) für die Existenz einer stationären Zustandverteilung erfüllt ist. Praktisch bedeutet dies, daß im Mittel aus einer hinreichend langen Warteschlange mehr Forderungen abgehen als hinzukommen. (Das System reguliert sich unabhängig vom Verkehrswert ρ selbst.) Die stationären Zustandswahrscheinlichkeiten betragen gemäß (6.51) und (6.53)

$$\pi_j = \begin{cases} \dfrac{1}{j!}\rho^j \pi_0 & \text{für } j = 1, 2, \ldots, s \\[2ex] \dfrac{\rho^s}{s!}\dfrac{\lambda^{j-s}}{\displaystyle\prod_{i=1}^{j-s}(s\mu + i\,\nu)}\pi_0 & \text{für } j = s, s+1, \ldots \end{cases}$$

mit der Leerwahrscheinlichkeit

$$
\pi_0 = \left[\sum_{j=0}^{s} \frac{1}{j!} \rho^j + \frac{\rho^s}{s!} \sum_{j=s+1}^{\infty} \frac{\lambda^{j-s}}{\prod_{i=1}^{j-s}(s\mu + i\nu)} \right]^{-1} .
$$

Bezeichnet L die zufällige Länge der Warteschlange im stationären Regime, so gilt

$$
E(L) = \sum_{j=s+1}^{\infty} (j-s)\pi_j .
$$

Einsetzen der π_j und leichte Umformung liefert

$$
E(L) = \pi_s \sum_{j=1}^{\infty} j\lambda^j \left[\prod_{i=1}^{j}(s\mu + i\nu) \right]^{-1} .
$$

Die *Verlustwahrscheinlichkeit* π_v ist in diesem Modell nicht direkt an die Anzahl der Forderungen im System geknüpft. Sie ist die Wahrscheinlichkeit dafür, daß eine im System befindliche Forderung dieses ohne Bedienung verläßt, weil die zulässige Wartezeit abgelaufen ist. Demzufolge ist $1 - \pi_v$ die Wahrscheinlichkeit dafür, daß eine Forderung das System erst nach erfolgter Bedienung verläßt. Durch Anwendung der Formel der totalen Wahrscheinlichkeit bezüglich der zufälligen Ereignisse "$X = j$"; $j = s,\, s+1,\, \ldots$; ergibt sich

$$
\pi_v = \frac{\nu}{\lambda} E(L) .
$$

Die Verlustwahrscheinlichkeit ist somit direkt proportional der mittleren Anzahl von Forderungen im System.

Variable Intensität des Forderungsstroms Letztlich implizieren eine beschränkte Anzahl von Warteplätzen bzw. eine endliche zulässige Wartezeit der Forderungen, daß die Kanäle nur ein "verdünnter" Forderungsstrom erreicht. Infolgedessen scheint es zweckmäßig, gleich mit solchen Forderungsströmen zu arbeiten, deren Intensität vom Systemzustand abhängt. Diejenigen Forderungen aber, die tatsächlich in das System eintreten, verlassen es nicht ohne Bedienung. Da mit wachsender Anzahl von Forderungen im System die Neigung weiterer Forderungen abnimmt, sich durch dieses System bedienen zu lassen, ist für $j \geq s$ mit monoton fallenden Folgen von Geburtsraten $\{\lambda_j;\ j = s, s+1, \ldots\}$ zu arbeiten. Diese Eigenschaft haben zum Beispiel für eine positive Konstante a die folgenden Geburtsraten:

$$
\lambda_j = \begin{cases} \lambda & \text{für } j = 0, 1, \ldots, s-1 \\ \dfrac{s}{j+a}\lambda & \text{für } j = s, s+1, \ldots \end{cases}
$$

6.8.5 Spezielle einkanalige Bedienungssysteme

In diesem Abschnitt werden Bedienungssysteme mit Prioritäten bzw. mit störanfälligen Kanälen wegen ihrer Komplexität nur im Fall $s = 1$ behandelt.

System mit Prioritäten An ein Bedienungssystem mit einem Kanal und einem Warteplatz richten zwei unabhängige Poissonsche Forderungsströme **1** und **2** ihre Forderungen mit den Intensitäten λ_1 und λ_2. Daher wird im folgenden zwischen *Forderungen vom Typ 1* bzw. *Typ 2* unterschieden. Typ 1- Forderungen haben absolute Priorität; das heißt, sind eine Forderung vom Typ 1 und eine vom Typ 2 im System, so wird stets die Typ 1-Forderung bedient; eine eventuell laufende Bedienung einer Typ 2-Forderung wird demnach unterbrochen, sobald eine Typ 1- Forderung eintrifft. Die unterbrochene Forderung geht verloren, wenn der Warteplatz schon besetzt ist. (Dieser kann in einem solchen Fall nur durch eine andere Typ 2- Forderung besetzt sein.) Auch verdrängt eine Typ 1-Forderung eine eventuell wartende Typ 2-Forderung vom Warteplatz. In einem solchen Fall muß die Bedienung einer Typ 1-Forderung laufen. Eine verdrängte Forderung geht stets verloren. Die Bedienungszeiten für die Typ 1- bzw. Typ 2-Forderungen seien exponentialverteilt mit den Parametern μ_1 bzw. μ_2. Die Zustände des Systems werden mit (i, j) bezeichnet, wobei i die Anzahl der Typ 1- Forderungen und j die Anzahl der Typ 2- Forderungen im System ist; $i + j = 2$. Der zugehörige Zustandsprozeß $\{X(t), t \geq 0\}$ kann jedoch wie bisher als eindimensionale Markovsche Kette behandelt werden, da den 6 möglichen Systemzuständen Skalare zugeordnet werden können. Jedoch handelt es sich nicht um einen Geburts- und Todesprozeß. Bild 6.13 zeigt den Übergangsgraph dieser Markovschen Kette.

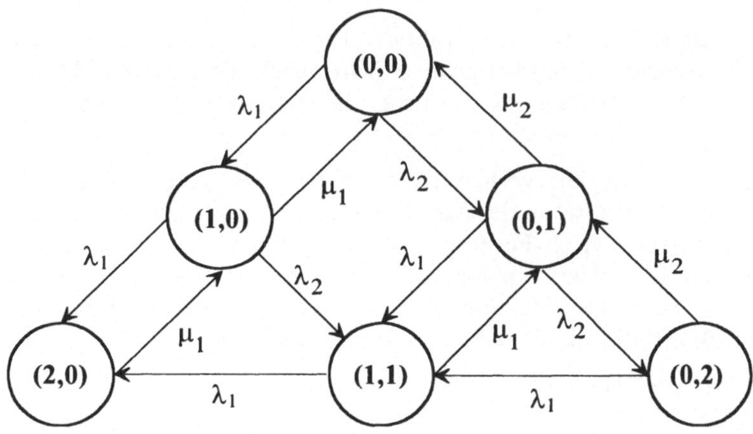

Bild 6.13 Übergangsgraph eines einkanaligen Prioritätensystems mit einem Warteplatz

Die stationären Zustandswahrscheinlichkeiten erfüllen gemäß (6.28) das Gleichungssystem

$$(\lambda_1 + \lambda_2)\pi_{(0,0)} = \mu_1\pi_{(1,0)} + \mu_2\pi_{(0,1)}$$

$$(\lambda_1 + \lambda_2 + \mu_1)\pi_{(1,0)} = \lambda_1\pi_{(0,0)} + \mu_1\pi_{(2,0)}$$

$$(\lambda_1 + \lambda_2 + \mu_2)\pi_{(0,1)} = \lambda_2\pi_{(0,0)} + \mu_1\pi_{(1,1)} + \mu_2\pi_{(0,2)}$$

$$(\lambda_1 + \mu_1)\pi_{(1,1)} = \lambda_2\pi_{(1,0)} + \lambda_1\pi_{(0,1)} + \lambda_1\pi_{(0,2)}$$

$$\mu_1\pi_{(2,0)} = \lambda_1\pi_{(1,0)} + \lambda_1\pi_{(1,1)}$$

$$(\lambda_1 + \mu_2)\pi_{(0,2)} = \lambda_2\pi_{(0,1)}$$

Die Lösung dieses Gleichungssystems in Verbindung mit der Normierungsbedingung

$$\pi_{(0,0)} + \pi_{(1,0)} + \pi_{(0,1)} + \pi_{(1,1)} + \pi_{(2,0)} + \pi_{(0,2)} = 1$$

ist so komplex, daß sie hier nicht angegeben werden soll. Im Fall numerischer Intensitäten und Übergangsraten ist die Berechnung der stationären Zustandswahrscheinlichkeiten natürlich kein Problem. Zum Beispiel erhält man für

$$\lambda_1 = 0,1; \quad \lambda_2 = 0,2; \quad \mu_1 = \mu_2 = 0,2 \tag{6.66}$$

die stationären Zustandswahrscheinlichkeiten

$$\pi_{(0,0)} = 0,2105; \quad \pi_{(0,1)} = 0,3073; \quad \pi_{(1,0)} = 0,0085;$$

$$\pi_{(1,1)} = 0,1765; \quad \pi_{(0,2)} = 0,2048; \quad \pi_{(2,0)} = 0,0924.$$

Interessiert man sich nur für die Anzahl der Typ 1-Forderungen im System, so liegt exakt das im Abschnitt 6.8.4 betrachtete Warte-Verlust-Systems $M/M/s/1$ mit $s = 1$ vor; denn Typ 2-Forderungen beeinflussen die Behandlung der Typ 1-Forderungen durch das Bedienungssystem in keiner Weise.

m = 0 Ist kein Warteplatz vorhanden, so geht jede eintreffende Forderung gleich welchen Typs verloren, wenn der Kanal durch eine Typ 1-Forderung besetzt ist. Es geht aber auch jede Typ 2-Forderung verloren, deren bereits laufende Bedienung durch das Eintreffen einer Typ 1-Forderung abgebrochen werden muß. Die stationären Zustandswahrscheinlichkeiten für die nun möglichen 3 Systemzustände (0,0), (0,1) und (1,0) erfüllen das Gleichungssystem (Bild 6.14)

$$(\lambda_1 + \lambda_2)\pi_{(0,0)} = \mu_1\pi_{(1,0)} + \mu_2\pi_{(0,1)}$$

$$\mu_1\pi_{(1,0)} = \lambda_1\pi_{(0,0)} + \lambda_1\pi_{(0,1)}$$

$$1 = \pi_{(0,0)} + \pi_{(1,0)} + \pi_{(0,1)}$$

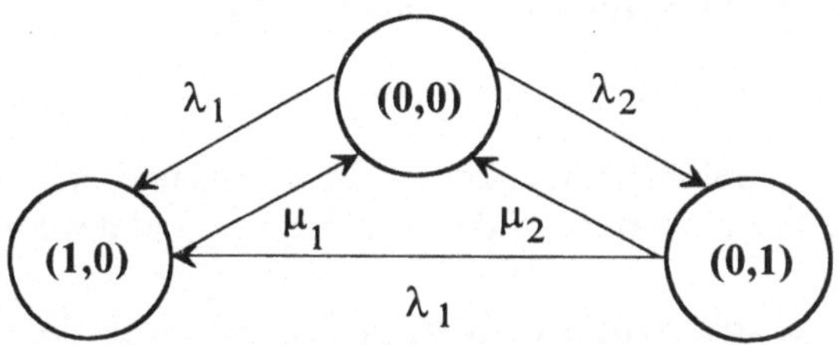

Bild 6.14 Übergangsgraph eines einkanaligen Verlustsystems mit Prioritäten

Die Lösung ist

$$\pi_{(0,0)} = \frac{\mu_1(\lambda_1 + \mu_2)}{(\lambda_1 + \mu_1)(\lambda_1 + \lambda_2 + \mu_2)}$$

$$\pi_{(0,1)} = \frac{\lambda_2 \mu_1}{(\lambda_1 + \mu_1)(\lambda_1 + \lambda_2 + \mu_2)}$$

$$\pi_{(1,0)} = \frac{\lambda_1}{\lambda_1 + \mu_1}$$

$\pi_{(1,0)}$ ist gleichzeitig die Verlustwahrscheinlichkeit für Typ 1-Forderungen. Man erkennt, daß diese von den Typ 2-Forderungen gar nicht abhängt. Sie ist weiter nichts als die Wahrscheinlichkeit dafür, daß die zufällige Bedienungsdauer von Typ 1-Forderungen größer ist als die zufällige Zeit zwischen der Ankunft von Typ 1- Forderungen im Bedienungssystem.

Unter der Bedingung, daß zum Zeitpunkt ihrer Ankunft kein Kanal besetzt ist, geht eine Typ 2-Forderung genau dann verloren, wenn während ihrer Bedienung eine Typ 1- Forderung im System eintrifft. Die bedingte Wahrscheinlichkeit dieses Ereignisses ist

$$\int_0^\infty e^{-\mu_2 t}\lambda_1 e^{-\lambda_1 t}\,dt = \lambda_1 \int_0^\infty e^{-(\lambda_1+\mu_2)t}\,dt = \frac{\lambda_1}{\lambda_1 + \mu_2}.$$

Daher beträgt die (totale) Verlustwahrscheinlichkeit für Typ 2-Forderungen

$$\pi_v = \frac{\lambda_1}{\lambda_1 + \mu_2}\, \pi_{(0,0)} + \pi_{(0,1)} + \pi_{(1,0)}$$

bzw.

$$\pi_v = 1 - \frac{\mu_1 \mu_2}{(\lambda_1 + \mu_1)(\lambda_1 + \lambda_2 + \mu_2)}.$$

Zum Beispiel erhält man für das Zahlenmaterial (6.66)

$$\pi_{(0,0)} = \frac{6}{15}, \quad \pi_{(1,0)} = \frac{5}{15}, \quad \pi_{(0,1)} = \frac{4}{15}.$$

Die Verlustwahrscheinlichkeit für Typ 2-Forderungen ist recht hoch:

$$\pi_V = \frac{11}{15}.$$

Ein Vergleich der Leerwahrscheinlichkeiten für $m = 0$ und $m = 1$ macht deutlich, wie substantiell bereits ein Warteplatz den Auslastungsgrad des Systems erhöht.

$M/M/1/m$ - System mit störanfälligem Kanal

Ausfälle von Kanälen können die Leistungsfähigkeit von Bedienungssystemen erheblich beeinträchtigen. Sie sind daher gegebenenfalls in die mathematische Modellierung mit einzubeziehen. Das prinzipielle Vorgehen wird an einem einkanaligen Bedienungssystem mit Poissonschem Forderungsstrom (Intensität λ) und unabhängigen, identisch exponential mit dem Parameter μ verteilten Bedienzeiten sowie m Warteplätzen illustriert. Die Lebensdauer (Zeit von der Inbetriebnahme bis zum Ausfall) des Kanals sei sowohl im besetzten als auch im unbesetzten Zustand exponential mit dem Parameter α verteilt und die unmittelbar anschließende Dauer der vollständigen Erneuerung des Kanals genüge einer Exponentialverteilung mit dem Parameter β. Die Folge der Lebens- und Erneuerungszeiten des Kanals bilde einen alternierenden Erneuerungsprozeß. Beim Ausfall des Kanals verlassen alle Forderungen das System. In der Erneuerungsphase eintreffende Forderungen werden abgewiesen.

Der Zustandsprozeß des Systems $\{X(t),\ t \geq 0\}$ ist folgendermaßen charakterisiert:

$$X(t) = \begin{cases} j, & \text{wenn } j \text{ Forderungen im System sind; } j = 0, 1, \dots, m + 1 \\ m + 2, & \text{wenn der Kanal erneuert wird} \end{cases}$$

Seine Übergangsraten sind (Bild 6.15):

$$q_{j,j+1} = \lambda; \quad j = 0, 1, \dots, m$$

$$q_{j,j-1} = \mu; \quad j = 1, 2, \dots, m + 1 \tag{6.67}$$

$$q_{j,m+2} = \alpha; \quad j = 0, 1, \dots m + 1$$

$$q_{m+2,0} = \beta$$

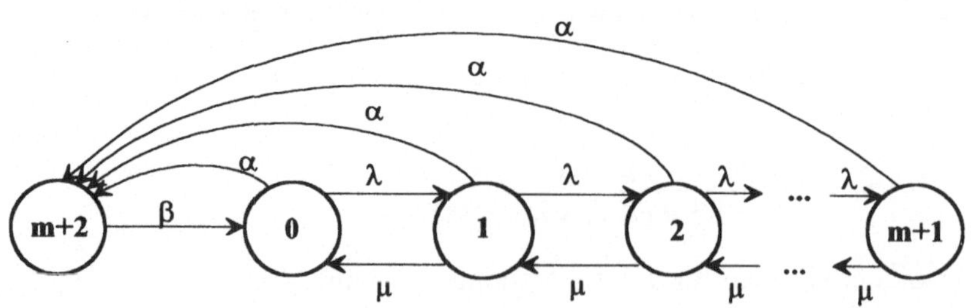

Bild 6.15 Übergangsgraph eines Bedienungssystems mit unzuverlässigem Kanal

Es ist interessant, daß dieses Bedienungssystem mit störanfälligem Kanal formal als Bedienungssystem mit Prioritäten bei absolut zuverlässigem Kanal angesehen werden kann. Dazu ist ein Ausfall des Kanals als "Forderung" absoluter Priorität zu interpretieren, deren "Bedienung" die Erneuerung des Kanals beinhaltet. Eine solche "Forderung" vertreibt jede andere aus dem Kanal; in diesem Fall entsprechend der Modellbeschreibung sogar von den Warteplätzen. Daher überrascht es nicht, daß die Theorie der Prioritätensysteme in vielen Fällen sofort Resultate auch für kompliziertere Bedienungssysteme mit störanfälligen Kanälen liefert.

Die stationären Zustandswahrscheinlichkeiten erfüllen gemäß (6.28) das Gleichungssystem

$$(\alpha + \lambda)\,\pi_0 = \mu\,\pi_1 + \beta\,\pi_{m+2}$$

$$(\alpha + \lambda + \mu)\,\pi_j = \lambda\,\pi_{j-1} + \mu\,\pi_{j+1}\,; \quad j = 1, 2, \ldots, m \qquad (6.68)$$

$$(\alpha + \mu)\,\pi_{m+1} = \lambda\,\pi_m$$

$$\beta\,\pi_{m+2} = \alpha\,\pi_0 + \alpha\,\pi_1 + \cdots + \alpha\,\pi_{m+1}\,.$$

Die letzte Gleichung ist äquivalent zu

$$\beta\,\pi_{m+2} = \alpha\,(1 - \pi_{m+2})\,.$$

Daher ist

$$\pi_{m+2} = \frac{\alpha}{\alpha + \beta}\,.$$

Nunmehr kann man, beginnend mit der ersten Gleichung von (6.68), sukzessiv die stationären Zustandswahrscheinlichkeiten $\pi_1, \pi_2, \ldots, \pi_{m+1}$ in Abhängigkeit von π_0 bestimmen. π_0 selbst ergibt sich dann wie üblich aus der Normierungsbedingung

$$\sum_{i=0}^{m+2} \pi_i = 1\,. \qquad (6.69)$$

Zum Beispiel erhält man für das zugehörige Verlustsystem ($m = 0$):

$$\pi_0 = \frac{\beta\,(\alpha + \mu)}{(\alpha + \beta)(\alpha + \lambda + \mu)}\,,$$

$$\pi_1 = \frac{\beta\,\lambda}{(\alpha + \beta)(\alpha + \lambda + \mu)}\,,$$

$$\pi_2 = \frac{\alpha}{\alpha + \beta}\,.$$

Modifikation des Modells Sinnvoll ist auch die Voraussetzung, daß der Kanal nur während einer laufenden Bedienung ausfallen kann. In diesem Fall ist

$$q_{j,m+2} = \alpha \quad \text{für } j = 1, 2, \ldots, m + 1\,.$$

Ansonsten bleiben die Übergangsraten (6.67) erhalten. (Im Bild 6.15 entfällt lediglich der Pfeil vom Knoten 0 zum Knoten $m+2$.) Die zugehörigen stationären Zustandswahrscheinlichkeiten erfüllen nun das Gleichungssystem

$$\lambda \pi_0 = \mu \pi_1 + \beta \pi_{m+2}$$

$$(\alpha + \lambda + \mu) \pi_j = \lambda \pi_{j-1} + \mu \pi_{j+1} \; ; \quad j = 1, 2, \ldots, m \qquad (6.70)$$

$$(\alpha + \mu) \pi_{m+1} = \lambda \pi_m$$

$$\beta \pi_{m+2} = \alpha \pi_1 + \alpha \pi_2 + \cdots + \alpha \pi_{m+1} \, .$$

Die letzte Gleichung ist äquivalent zu

$$\beta \pi_{m+2} = \alpha(1 - \pi_0 - \pi_{m+2}) \, .$$

Es folgt

$$\pi_{m+2} = \frac{\alpha}{\alpha + \beta} (1 - \pi_0) \, .$$

Beginnend mit der ersten Gleichung von (6.70) bestimmt man nun sukzessiv die stationären Zustandswahrscheinlichkeiten $\pi_1, \pi_2, \ldots, \pi_{m+1}$ in Abhängigkeit von π_0 und anschließend π_0 vermittels (6.69).

Zum Beispiel lauten in dieser Variante die stationären Zustandswahrscheinlichkeiten für $m = 0$:

$$\pi_0 = \frac{\beta(\alpha + \mu)}{\beta(\alpha + \mu) + \lambda(\alpha + \beta)} \, ,$$

$$\pi_1 = \frac{\lambda \beta}{\beta(\alpha + \mu) + \lambda(\alpha + \beta)} \, ,$$

$$\pi_2 = \frac{\alpha \lambda}{\beta(\alpha + \mu) + \lambda(\alpha + \beta)} \, .$$

6.8.6 Netzwerke von Bedienungssystemen

Häufig benötigen Forderungen mehrere Bedienungen unterschiedlicher Art, so daß sie nach dem Verlassen einer Bedienungsstation noch andere in zufälliger oder vorgegebener Reihenfolge anlaufen müssen. Technologische Abläufe zur Herstellung von Halb- oder Fertigfabrikaten sind hier typische Beispiele. Allerdings ist hier die Abfolge und Art der erforderlichen Bedienungen im allgemeinen nicht zufällig. Sind jedoch unterschiedliche Forderungsströme zu bedienen, so führt dies zu unterschiedlichen Bedienungsanforderungen bezüglich Art und Reihenfolge der anzulaufenden Bedienungsstationen. Treffende Beispiele hierfür sind Rechner- und Kommunikationsnetze. Je nachdem, welche Daten zu beschaffen, zu verarbeiten und zu übertragen sind, werden unterschiedliche Terminals in unterschiedlicher Reihenfolge genutzt. Bei der Instandsetzung ausgefallener Maschinen ist je nach Art und Umfang des Schadens zu dessen Behebung die Inanspruchnahme von im allgemeinen mehreren Abteilungen eines Instandsetzungsbetriebs erforderlich. Auch Transport-

und Verladesysteme (zum Beispiel Güterbahnhöfe) passen in das Schema von Bedienungsnetzwerken.

Offene Bedienungsnetzwerke Die analytische Behandlung von Bedienungssystemen kann schon recht kompliziert werden, wenn man von den Voraussetzungen Poissonscher Forderungsstrom und exponentialverteilte Bedienzeiten abgeht; um vieles mehr aber die Behandlung von Bedienungsnetzwerken. Die folgenden Ausführungen beschränken sich daher auf die relativ einfach strukturierte Klasse der *Jackson-Bedienungsnetzwerke*. Diese ist durch folgende Voraussetzungen charakterisiert:

1) Das Bedienungsnetzwerk besteht aus n Bedienungsstationen (Knoten) $\mathbf{1, 2, ... , n}$.

2) Der Knoten i hat s_i Kanäle, $1 \leq s_i \leq \infty$.

3) Jeder Knoten hat unbeschränkt viele Warteplätze.

4) Die Bedienzeiten auf jedem Kanal des Knoten i sind voneinander unabhängig und identisch exponential mit dem Parameter μ_i verteilt. Darüberhinaus seien die Bedienungszeiten der Kanäle aller Knoten voneinander unabhängig.

5) Forderungen "von außen" können prinzipiell auf jedem der Knoten eintreffen. Der von außen auf den Knoten i eintreffende Forderungsstrom ist Poissonsch mit der Intensität λ_i. Die "äußeren" Forderungsströme aller Knoten seien voneinander unabhängig.

6) Wenn die Bedienung einer Forderung durch den Knoten i abgeschlossen wurde, verläßt diese das Netzwerk mit Wahrscheinlichkeit a_i oder geht mit Wahrscheinlichkeit p_{ij} zum Knoten j, um dort weiter bedient zu werden. Diese Wahrscheinlichkeiten seien unabhängig von der "Vorgeschichte" der Forderung.

7) Werden mit $\mathbf{P} = ((p_{ij}))$ die *Übergangsmatrix* und mit $\mathbf{E}$ die *Einheitsmatrix* bezeichnet, so existiere die inverse Matrix $(\mathbf{E} - \mathbf{P})^{-1}$ der Matrix $\mathbf{E} - \mathbf{P}$.

(Die Einheitsmatrix ist in der Hauptdiagonale nur mit Einsen und ansonsten nur mit Nullen besetzt.) Nach Definition der a_i und p_{ij} muß gelten

$$a_i + \sum_{j=1}^{n} p_{ij} = 1 \, . \tag{6.71}$$

Entsprechend der Beschreibung des Jackson-Bedienungsnetzwerks besteht der totale Inputstrom von Forderungen in einen beliebigen Knoten j aus zwei Teilströmen, nämlich 1) den Forderungen "von außen" und 2) den Forderungen "von innen", die von den anderen Knoten kommen. Es bezeichne α_j die (totale) Inputrate von Forderungen im Knoten j. Im stationären Regime muß die Outputrate von bedienten Forderungen des Knotens j gleich seiner Inputrate α_j sein. (Sonst könnten keine stabilen (zeitunabhängigen) Verhältnisse vorliegen.) Daher ist im stationären Regime $\alpha_i \, p_{ij}$ derjenige Anteil der "inneren Inputrate" des Knoten j, der vom Knoten i

kommt. Also ist $\sum_{i=1}^{n} \alpha_i\, p_{ij}$ die totale innere Inputrate des Knoten j. Infolgedessen muß im stationären Regime die Beziehung

$$\alpha_j = \lambda_j + \sum_{i=1}^{n} \alpha_i p_{ij}; \quad j = 1, 2, \ldots, n; \tag{6.72}$$

gelten. Werden die Vektoren $\alpha = (\alpha_1, \alpha_2, \ldots, \alpha_n)$ und $\lambda = (\lambda_1, \lambda_2, \ldots, \lambda_n)$ eingeführt, so läßt sich (6.72) eleganter in der Form

$$\alpha(\mathbf{E} - \mathbf{P}) = \lambda$$

schreiben. Somit ist der Vektor der totalen Inputintensitäten im stationären Regime gegeben durch

$$\alpha = \lambda\,(\mathbf{E} - \mathbf{P})^{-1}. \tag{6.73}$$

Die totalen In- und Outputströme eines jeden Knoten sind auch unter den gemachten Voraussetzungen im allgemeinen keine homogenen Poissonschen Prozesse!

$X_i(t)$ sei die zufällige Anzahl der Forderungen, die sich zum Zeitpunkt t im Knoten i befinden. Ihre Realisierungen werden mit x_i bezeichnet; $x_i = 0, 1, \ldots$ Der Zustand des Bedienungsnetzwerks zum Zeitpunkt t ist durch den Vektor

$$\mathbf{X}(t) = (X_1(t), X_2(t), \ldots, X_n(t))$$

gegeben. Seine Realisierungen sind $\mathbf{x} = (x_1, x_2, \ldots, x_n)$. Im folgenden interessieren die stationären Zustandswahrscheinlichkeiten

$$\pi_{\mathbf{x}} = \lim_{t \to \infty} P(\mathbf{X}(t) = \mathbf{x})$$

der Markovschen Kette $\{\mathbf{X}(t),\, t \geq 0\}$. Zur Charakterisierung ihrer Übergangsraten wird der n-dimensionale Vektor $\mathbf{e}_i$ eingeführt. Seine i-te Komponente ist gleich 1 und die übrigen sind gleich 0:

$$\mathbf{e}_i = (0, 0, \ldots, 0, 1, 0, \ldots, 0).$$
$$\phantom{\mathbf{e}_i = (}1\ 2\ \ldots\quad i\quad \ldots\ n$$

(Somit ist $\mathbf{e}_i$ die i-te Zeile der Einheitsmatrix $\mathbf{E}$). Alle Vektoren $\mathbf{x}$ lassen sich durch additive Überlagerung der $\mathbf{e}_1, \mathbf{e}_2, \ldots, \mathbf{e}_n$ darstellen. Insbesondere sind $\mathbf{x} + \mathbf{e}_i$ bzw. $\mathbf{x} - \mathbf{e}_i$ diejenigen Vektoren, die aus $\mathbf{x}$ dadurch hervorgehen, daß deren i-te Komponente um 1 erhöht bzw. vermindert wird. Ausgehend vom Zustand $\mathbf{x}$ kann die Markovsche Kette $\{X(t),\, t \geq 0\}$ in einem Schritt folgende Übergänge durchführen:

1) Trifft am Knoten i eine Forderung von außen ein, so geht die Markovsche Kette in den Zustand $\mathbf{x} + \mathbf{e}_i$ über.

2) Wird am Knoten i eine Bedienung beendet und verläßt die Forderung das Bedienungsnetzwerk, so erfolgt ein Übergang in den Zustand $\mathbf{x} - \mathbf{e}_i$.

3) Wird am Knoten i eine Bedienung beendet und wechselt diese Forderung zum Knoten j, so geht die Markovsche Kette in den Zustand $\mathbf{x} - \mathbf{e}_i + \mathbf{e}_j$ über.

Daher sind die Übergangsraten aus dem Zustand $\mathbf{x} = (x_1, x_2, \dots, x_n)$ gegeben durch

$$q_{\mathbf{x},\mathbf{x}+\mathbf{e}_i} = \lambda_i \, ,$$

$$q_{\mathbf{x},\mathbf{x}-\mathbf{e}_i} = \min(x_i, s_i)\,\mu_i\, a_i \, ,$$

$$q_{\mathbf{x},\mathbf{x}-\mathbf{e}_i+\mathbf{e}_j} = \min(x_i, s_i)\,\mu_i\, p_{ij} \, , \quad i \ne j \, .$$

Wegen (6.71) gilt $\sum p_{ij} = 1 - p_{ii} - a_i$, wobei über alle j mit $j \ne i$ summiert wird. Daher beträgt die Rate, den Zustand $\mathbf{x}$ zu verlassen,

$$q_{\mathbf{x}} = -\sum_{i=1}^{n} \lambda_i - \sum_{i=1}^{n} \mu_i\, (1 - p_{ii})\min(x_i, s_i)\,\mu_i \, .$$

Für alle $\mathbf{x} = (x_1, x_2, \dots, x_n)$ aus dem Zustandsraum $\mathbf{Z} = \{0, 1, \dots\}^n$ der Markovschen Kette $\{X(t),\ t \ge 0\}$ erfüllen die stationären Zustandswahrscheinlichkeiten $\pi_{\mathbf{x}}$ im Falle ihrer Existenz gemäß (6.28) das lineare Gleichungssystem

$$q_{\mathbf{x}}\,\pi_{\mathbf{x}} = \sum_{i=1}^{n} \lambda_i\, \pi_{\mathbf{x}-\mathbf{e}_i} + \sum_{i=1}^{n} a_i\, \mu_i\, \min(x_i + 1, s_i)\, \pi_{\mathbf{x}+\mathbf{e}_i}$$

$$+ \sum_{j=1}^{n} \sum_{\substack{i=1 \\ i \ne j}}^{n} a_i\, \mu_i\, \min(x_i + 1, s_i)\, p_{ij}\, \pi_{\mathbf{x}+\mathbf{e}_i-\mathbf{e}_j} \, . \tag{6.74}$$

Um die Lösung dieses Gleichungssystems in Verbindung mit der Normierungsbedingung

$$\sum_{\mathbf{x}\in\mathbf{Z}} \pi_{\mathbf{x}} = 1$$

zweckmäßig aufschreiben zu können, wird zunächst an die stationären Zustandswahrscheinlichkeiten eines Wartesystems vom Typ $M/M/s_i/\infty$ erinnert: Hat der Poissonsche Forderungsstrom die Intensität α_i und sind die Bedienungszeiten auf allen s_i Kanälen identisch exponential mit dem Parameter μ_i und dem Verkehrswert $\rho_i = \alpha_i/\mu_i$ verteilt, so lauten die stationären Zustandswahrscheinlichkeiten gemäß Abschnitt 6.8.2 für $\rho_i < s_i$:

$$\phi_i(j) = \begin{cases} \dfrac{1}{j!}\rho_i^{\,j}\,\phi_i(0) & \text{für } j = 1, 2, \dots, s_i - 1 \\[2ex] \dfrac{1}{s_i!\, s_i^{\,j-s_i}}\rho_i^{\,j}\,\phi_i(0) & \text{für } j = s_i, s_i + 1, \dots \end{cases}$$

mit

$$\phi_i(0) = \left[\sum_{j=0}^{s_i-1} \frac{1}{j!}\rho_i^{\,j} + \frac{\rho_i^{\,s_i}}{(s_i-1)!\,(s_i-\rho_i)} \right]^{-1} .$$

(Die Bezeichnung $\phi(j)$ für die Wahrscheinlichkeit des Zustands j im stationären Regime ist in diesem Zusammenhang üblich.) Die multiplikative Kopplung der stationären Zustandswahrscheinlichkeiten der Bedienungssysteme vom Typ $M/M/s_i/\infty$; $i = 1,2,\ldots n$; liefert die stationären Zustandswahrscheinlichkeiten des Bedienungsnetzwerkes:

> Erfüllt der durch (6.73) gegebene Vektor der totalen Inputintensitäten $\alpha = (\alpha_1,\alpha_2,\ldots,\alpha_n)$ die Bedingungen
>
> $$\alpha_i < s_i\mu_i\,; \quad i = 1,2,\ldots,n;$$
>
> so hat der Zustand $\mathbf{x} = (x_1,x_2,\ldots,x_n)$ im stationären Regime die Wahrscheinlichkeit
>
> $$\pi_{\mathbf{x}} = \prod_{i=1}^{n} \phi_i(x_i)\,, \qquad \mathbf{x} \in \mathbf{Z}\,. \tag{6.75}$$

Die stationäre Zustandsverteilung eines Jackson-Bedienungsnetzwerkes liegt also in *Produktform* vor. Man erkennt, daß sich jedes Bedienungssystem des Netzwerkes wie ein $M/M/s/\infty$ -Wartesystem <u>verhält</u>. Es ist aber im allgemeine <u>kein</u> Bedienungssystem dieses Typs; denn $\{X_i(t),\ t \geq 0\}$ ist im allgemeinen kein Geburts- und Todesprozeß. Insbesondere muß der Inputforderungsstrom nicht unbedingt ein homogener Poissonprozeß sein! Die Produktform (6.75) der stationären Zustandsverteilung beweist aber, daß die Warteschlangenlängen der n Bedienungssysteme des Netzwerkes im stationären Regime voneinander unabhängige Zufallsgrößen sind. Um sich davon zu überzeugen, daß die stationäre Zustandsverteilung eines Jackson-Bedienungsnetzwerkes tatsächlich die angegebene Produktform hat, setzt man (6.75) in das Gleichungssystem (6.74) ein. Unter Berücksichtigung von (6.71) und (6.72) gelangt man nach recht aufwendiger Rechnung zu einer Identität.

Beispiel 6.18 Den einfachsten Spezialfall eines Jackson-Bedienungsnetzwerkes erhält man für $n = 1$. Der Unterschied zum Bedienungssystem $M/M/s/\infty$ liegt darin, daß stets ein positiver Anteil von bedienten Forderungen wiederum Bedienungswünsche anmeldet. Es liegt also ein Bedienungssystem mit Rückkopplung (feedback) vor (Bild 6.16). Zum Beispiel wird ein Dienstleistungsbetieb unbefriedigend bediente Forderungen sehr schnell wiedersehen. Sind $a\,100\%$ der Forderungen mit ihrer Bedienung zufrieden, so verläßt eine Forderung mit Wahrscheinlichkeit a das System, während sie mit Wahrscheinlichkeit $p_{11} = 1 - a$ im System verbleibt, sich also wieder in die Warteschlange einreiht bzw. bei Vorhandensein eines freien Kanals sofort erneut bedient wird. Die totale Inputrate α in das System erfüllt wegen (6.71) die Bedingung

$$\alpha = \lambda + \alpha(1 - a).$$

(Auf die Indizierung der Parameter mit dem Index $i = 1$ kann hier und im folgenden verzichtet werden.) Daher ist

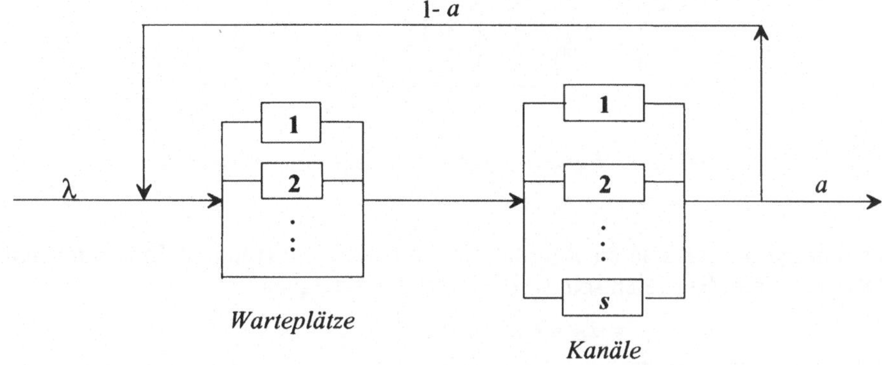

Bild 6.16 Bedienungssystem mit Rückkopplung

$$\alpha = \lambda/a \; .$$

Somit existiert eine stationäre Verteilung, wenn $\lambda/a < s\mu$ bzw. $\rho < as$ mit $\rho = \lambda/\mu$ ist. In diesem Fall betragen die stationären Zustandswahrscheinlichkeiten

$$\pi_j = \begin{cases} \dfrac{1}{j!}\left(\dfrac{\rho}{a}\right)^j \pi_0 & \text{für } j = 1, 2, \ldots, s-1 \\[2ex] \dfrac{1}{s!\,s^{j-s}}\left(\dfrac{\rho}{a}\right)^j \pi_0 & \text{für } j = s, s+1, \ldots \end{cases}$$

mit

$$\pi_0 = \left[\sum_{j=1}^{s-1} \frac{1}{j!}\left(\frac{\rho}{a}\right)^j + \frac{\left(\frac{\rho}{a}\right)^s}{(s-1)!\left(s-\frac{\rho}{a}\right)} \right]^{-1} .$$

Formal liegt also ein Bedienungssystem vom Typ $M/M/s/\infty$ (ohne Rückkopplung) vor, dessen Forderungsstrom die Intensität λ/a hat. $\square$

Beispiel 6.19 In technologischen Abläufen ist die Reihenfolge von Bearbeitungsschritten im allgemeinen fest vorgegeben. Daher haben in Reihe geschaltete Bedienungssysteme (tandem queueing systems) eine besondere praktische Bedeutung (Bild 6.17): Forderungen von außen erscheinen nur am Knoten **1** und zwar mit der Intensität $\lambda_1 = \lambda$. Sie durchlaufen die Knoten **1, 2, ... , n** in dieser Reihenfolge und verlassen dann das System. Daher gelten

$$\lambda_i = 0; \qquad i = 2, 3, \ldots, n;$$

$$p_{i,i+1} = 1; \quad i = 1, 2, \ldots, n-1;$$

$$a_n = 1; \qquad a_1 = a_2 = \cdots = a_{n-1} = 0 .$$

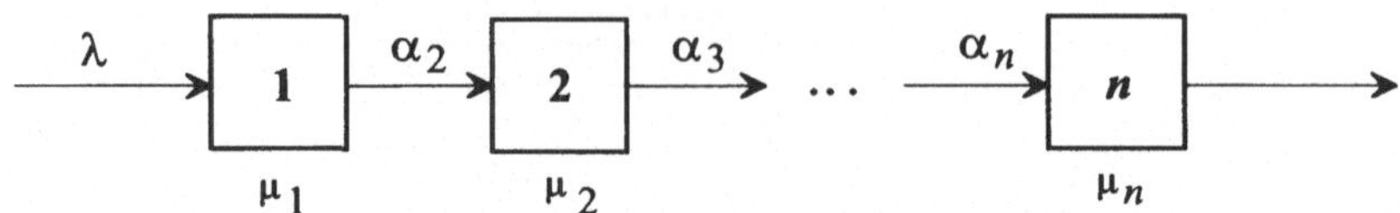

Bild 6.17　Serienschaltung von Bedienungssystemen

Daher müssen im stationären Regime gemäß (6.72) die (totalen) Inputintensitäten aller Knoten einander gleich sein ($\alpha_1 = \lambda$ ist ohnehin klar):

$$\alpha_1 = \alpha_2 = \cdots = \alpha_n = \lambda.$$

Im Fall einkanaliger Bedienungssysteme ($s_1 = s_2 = \cdots = s_n = 1$) existiert somit genau dann eine stationäre Zustandsverteilung, wenn

$$\rho_i = \lambda/\mu_i < 1 \quad \text{für alle } i = 1, 2, \ldots, n$$

bzw., damit gleichbedeutend,

$$\lambda < \min(\mu_1, \mu_2, \ldots, \mu_n)$$

gilt. ("Eine Kette ist so schwach wie ihr schwächstes Glied.") In diesem Fall beträgt die Wahrscheinlichkeit des Zustands $\mathbf{x} = (x_1, x_2, \cdots, x_n)$ im stationären Regime

$$\pi_{\mathbf{x}} = \prod_{i=1}^{n} \rho_i^{x_i}(1 - \rho_i); \quad \mathbf{x} \in \mathbf{Z}.$$

Natürlich kann auch bei einer Reihenschaltung von Bedienungssystemen Rückkopplung mit in die Modellierung einbezogen werden.　　□

Beispiel 6.20 In einem Instandsetzungsbetrieb treffen defekte Roboter eines Typs entsprechend einem Poissonschen Prozeß mit der Intensität $\lambda = 0,2\left[h^{-1}\right]$ ein. Der Betrieb besteht aus einer Annahmeabteilung, wo auch eine erste Fehlerdiagnose durchgeführt wird, sowie jeweils Abteilungen zur Prüfung bzw. Instandsetzung von Mechanik, Elektronik und Software. Im Resultat der Fehlerdiagnose in der Annahme gehen 60% der Roboter zur Mechanikabteilung sowie jeweils 20% zur Elektronik- bzw. Softwareabteilung. Nach der Instandsetzung der Mechanik verlassen 60% der Roboter den Betrieb, 30% gehen zur Elektronik (eventuell zum wiederholten Male) und 10% zur Softwareprüfung. Nach der Instandsetzung der Elektronik verlassen 70% der Roboter den Betrieb, 20% gehen zur Mechanik (eventuell zum wiederholten Mal), und 10% gehen zur Softwareprüfung. Nach erfolgter Beseitigung eventueller Softwarefehler verlassen alle Roboter den Betrieb.
In der graphischen Darstellung (Bild 6.18) haben die Knoten folgende Bedeutung:

> Annahme:　**1**　　Mechanik:　**2**
> Elektronik:　**3**　　Software:　**4**

Dementsprechend haben die nichtverschwindenden Übergangswahrscheinlichkeiten zwischen den Knoten aufgrund der prozentualen Vorgaben folgende Zahlenwerte:

$$p_{12} = 0,6; \quad p_{13} = 0,2; \quad p_{14} = 0,2; \quad a_1 = 0$$

$$p_{23} = 0,3; \quad p_{24} = 0,1; \quad a_2 = 0,6$$

$$p_{32} = 0,2; \quad\quad\quad\quad p_{34} = 0,1; \quad a_3 = 0,7$$

$$a_4 = 1$$

Die Bedienungsraten sind [in h^{-1}]:

$$\mu_1 = 1; \quad \mu_2 = 0,45; \quad \mu_3 = 0,4; \quad \mu_4 = 0,1.$$

Bild 6.18 veranschaulicht die möglichen Übergänge zwischen den Knoten. Die Kanten sind mit den entsprechenden Übergangswahrscheinlichkeiten bewertet.

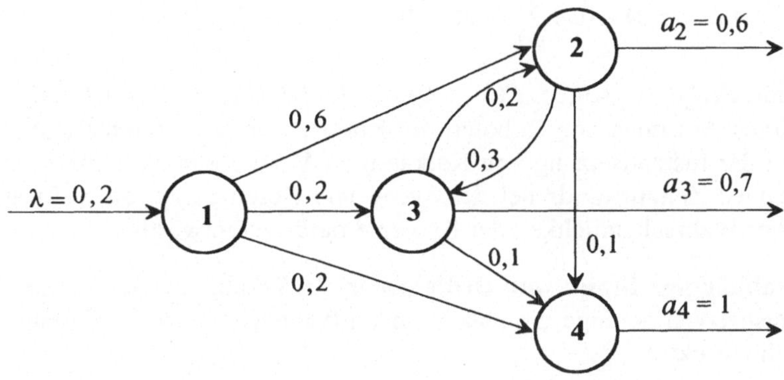

Bild 6.18 Reparaturbetrieb als Bedienungsnetzwerk (Beispiel 6.20)

Das Gleichungssystem (6.72) für die totalen Inputintensitäten lautet:

$$\alpha_1 = 0,2$$

$$\alpha_2 = 0,6\,\alpha_1 \quad\quad\quad + 0,2\,\alpha_3$$

$$\alpha_3 = 0,2\,\alpha_1 + 0,3\,\alpha_2$$

$$\alpha_4 = 0,2\,\alpha_1 + 0,1\,\alpha_2 + 0,1\,\alpha_3$$

Die Lösung ist (die Zahlen wurden zum Teil grob gerundet):

$$\alpha_1 = 0,20; \quad \alpha_2 = 0,135; \quad \alpha_3 = 0,08: \quad \alpha_4 = 0,06.$$

Daher betragen die Verkehrswerte $\rho_i = \alpha_i / \mu_i$; $i = 1,2,3,4$:

$$\rho_1 = 0,2; \quad \rho_2 = 0,3; \quad \rho_3 = 0,2; \quad \rho_4 = 0,6.$$

Werden wie im vorangegangenen Beispiel einkanalige Knoten vorausgesetzt, so ergeben sich gemäß (6.75) für $\mathbf{x} = (x_1, x_2, x_3, x_4)$ die stationären Zustandswahrscheinlichkeiten

$$\pi_{\mathbf{x}} = \prod_{i=1}^{4} \rho^{x_i}(1 - \rho_i)$$

bzw.

$$\pi_{\mathbf{x}} = 0,1792\,(0,2)^{x_1}\,(0,3)^{x_2}\,(0,2)^{x_3}\,(0,6)^{x_4}\;; \quad \mathbf{x} \in \mathbf{Z} = \{0, 1, \dots\}^{4}.$$

Insbesondere ist $\pi_{\mathbf{x}_0} = 0,1792$ mit $\mathbf{x}_0 = (0, 0, 0, 0)$ die Wahrscheinlichkeit dafür, daß sich kein Roboter des betreffenden Typs im Instandsetzungsbetrieb befindet. Die Wahrscheinlichkeit dafür, daß sich zumindest in der Annahme (Knoten **1**) ein Roboter befindet, beträgt

$$P(X_1 > 0) = 0,8 \sum_{i=1}^{\infty} (0,2)^{i} = 0,2.$$

Analog sind $P(X_2 > 0) = 0,3;\ P(X_3 > 0) = 0,2$ und $P(X_4 > 0) = 0,6$. (Die X_i sind die zufälligen Anzahlen von Robotern im Knoten i im stationären Regime.) Wenn es also bei der Instandsetzung von Robotern zu Verzögerungen kommt, so ist wegen des hohen Zeitaufwands bei der Suche und Beseitigung von Softwarefehlern mit höchster Wahrscheinlichkeit der Knoten **4** dafür verantwortlich . $\quad\Box$

Zustandsabhängige Input- und Bedienraten In Verallgemeinerung des Jackson-Bedienungsnetzwerks möge die äußere Ankunftsintensität von Forderungen in den Knoten i die Struktur

$$\lambda_i(k) = r_i\,\lambda(k) \quad \text{mit } r_1 + r_2 + \dots + r_n = 1$$

haben, wenn insgesamt k Forderungen im Netzwerk sind; $i = 0, 1, \dots$ Daher ist $\lambda(k)$ die totale Ankunftsrate von Forderungen in das System unter der Bedingung $X_1(t) + X_2(t) + \dots X_n(t) = k$. Die Bedienraten der Kanäle im Knoten i seien $\mu_i(x_i)$, wenn sich in i genau x_i Forderungen befinden. (Durch diesen allgemeinen Ansatz der Bedienrate können insbesondere unterschiedliche Anzahlen von Kanälen mit identischen Bedienungseigenschaften in den Knoten modelliert werden.) Ansonsten seien die Eigenschaften eines Jackson-Bedienungsnetzwerkes auch weiterhin erfüllt. Der zugehörige Markovsche Zustandsprozeß $\{X(t),\ t \geq 0\}$ sei irreduzibel. Das ist zum Beispiel dann der Fall, wenn für eine natürliche Zahl N die Bedingungen $\lambda(k) > 0$ für $k < N$ und $\lambda(k) = 0$ für $k \geq N$ erfüllt sind.

$(\alpha_1, \alpha_2, \dots, \alpha_n)$ sei die eindeutige Lösung des linearen Gleichungssystems

$$\alpha_j = r_j + \sum_{i=1}^{n} \alpha_i p_{ij}\,; \quad j = 1, 2, \dots, n.$$

Ferner seien $\phi_i(0) = 1$ und

$$\phi_i(j) = \prod_{m=1}^{j} \frac{\alpha_i}{\mu_i(m)}; \quad j = 1, 2, \dots$$

Für einen beliebigen Zustand $\mathbf{x} = (x_1, x_2, \dots, x_n)$ sei

$$|\mathbf{x}| = \sum_{i=1}^{n} x_i$$

die Gesamtzahl der Forderungen im Netzwerk. Dann lauten die stationären Zustandswahrscheinlichkeiten der Markovschen Kette $\{X(t), \, t \geq 0\}$

$$\pi_\mathbf{x} = \pi_{\mathbf{x}_0} \prod_{k=1}^{|\mathbf{x}|} \lambda(k) \prod_{i=1}^{n} \phi_i(x_i) \quad \text{für } \mathbf{x} \in \{\mathbf{x}; \, |\mathbf{x}| > 0\}$$

mit $\mathbf{x}_0 = (0, 0, 0, 0)$ und

$$\pi_{\mathbf{x}_0} = \left[1 + \sum_{\{\mathbf{x}; \, |\mathbf{x}|>0\}} \prod_{k=1}^{|\mathbf{x}|} \lambda(k) \prod_{i=1}^{n} \phi_i(x_i) \right]^{-1}.$$

Die stationären Zustandswahrscheinlichkeiten weisen also wieder eine *Produktform* auf. Trotzdem sind die Anzahlen $X_i(t)$ von Forderungen in den n Knoten nicht mehr voneinander unabhängig. Von der Richtigkeit der angegebenen stationären Zustandswahrscheinlichkeiten überzeugt man sich durch Einsetzen in das zugehörige Gleichungssystem (6.28).

Geschlossene Bedienungsnetzwerke In einem *geschlossenen Bedienungsnetzwerk* treffen keine Forderungen "von außen" in das Netz ein. Forderungen, deren Bedienung durch einen Knoten abgeschlossen wurde, verlassen das Netzwerk nicht, sondern haben sofort weitere Bedienungswünsche bei anderen Knoten. Die Anzahl der Forderungen im Netz bleibt somit konstant. Folgende Voraussetzungen seien erfüllt:

1) Das Netzwerk hat n Knoten, in denen sich insgesamt N Forderungen befinden.
2) Ist die Bedienung einer Forderung am Knoten i abgeschlossen, geht die Forderung mit Wahrscheinlichkeit p_{ij} zum Knoten j über. Nach Voraussetzung gilt

$$\sum_{i=1}^{n} p_{ij} = 1; \quad i = 1, 2, \dots, n. \tag{6.76}$$

3) Die diskrete Markovsche Kette mit dem Zustandsraum $\mathbf{Z} = \{1, 2, \dots, n\}$ und der Übergangsmatrix $\mathbf{P} = ((p_{ij}))$ sei irreduzibel. Daher hat sie eine stationäre Zustandsverteilung $\{\pi_1, \pi_2, \dots, \pi_n\}$, die gemäß (5.7) eindeutige Lösung des folgenden Gleichungssystems ist:

$$\pi_j = \sum_{i=1}^{n} p_{ij} \pi_j; \quad j = 1, 2, \dots, n; \quad \sum_{i=1}^{n} \pi_i = 1. \tag{6.77}$$

4) Die Bedienrate einer Forderung am Knoten i sei $\mu_i(x_i)$, wenn sich x_i Forderungen im Knoten i befinden.

Wie bei den offenen Bedienungsnetzwerken seien $X_i(t)$ die zufällige Anzahl der

Forderungen im Knoten i und $\mathbf{X}(t) = (X_1(t), X_2(t), \dots, X_n(t))$. Der Zustandsraum der Markovschen Kette $\{\mathbf{X}(t),\ t \geq 0\}$ ist

$$\mathbf{Z} = \left\{ \mathbf{x} = (x_1, x_2, \dots, x_n)\ \text{mit}\ \sum_{i=1}^{n} x_i = N\ \text{und}\ x_i = 0, 1, \dots, N \right\}. \quad (6.78)$$

$\mathbf{Z}$ enthält $\binom{n+N-1}{N}$ Elemente.

Wird wiederum mit $\mathbf{e}_i$ derjenige n-dimensionale Vektor bezeichnet, dessen i-te Komponente gleich 1 ist und dessen übrigen Komponenten gleich 0 sind, so hat die Markovsche Kette $\{\mathbf{X}(t),\ t \geq 0\}$ für $\mathbf{x} = (x_1, x_2, \dots, x_n) \in \mathbf{Z}$ die nichtverschwindenden Übergangsintensitäten

$$q_{\mathbf{x}, \mathbf{x} - \mathbf{e}_i + \mathbf{e}_j} = \mu_i(x_i) p_{ij}; \quad x_i \geq 1,\ i \neq j,$$

bzw.

$$q_{\mathbf{x} - \mathbf{e}_i + \mathbf{e}_j, \mathbf{x}} = \mu_j(x_j + 1) p_{ji}; \quad i \neq j,\ \mathbf{x} - \mathbf{e}_i + \mathbf{e}_j \in \mathbf{Z}.$$

Wegen (6.76) beträgt die Rate, den Zustand $\mathbf{x} = (x_1, x_2, \dots, x_n)$ zu verlassen

$$q_{\mathbf{x}} = \sum_{i=1}^{n} \mu_i(x_i)(1 - p_{ii}).$$

Daher erfüllt die stationäre Zustandsverteilung der Markovschen Kette $\{\mathbf{X}(t),\ t \geq 0\}$

$$\left\{ \pi_{\mathbf{x}} = \lim_{t \to \infty} P(\mathbf{X}(t) = \mathbf{x}),\ \mathbf{x} \in \mathbf{Z} \right\}$$

gemäß (6.28) das lineare Gleichungssystem

$$\sum_{i=1}^{n} \mu_i(x_i)(1 - p_{ii}) \pi_{\mathbf{x}} = \sum_{\substack{i,j=1 \\ i \neq j}}^{n} \mu_j(x_j + 1) p_{ji} \pi_{\mathbf{x} - \mathbf{e}_i + \mathbf{e}_j} \quad (6.79)$$

mit $\mathbf{x} = (x_1, x_2, \dots, x_n) \in \mathbf{Z}$. Hierbei sind alle $\pi_{\mathbf{x} - \mathbf{e}_i + \mathbf{e}_j}$ mit $\mathbf{x} - \mathbf{e}_i + \mathbf{e}_j \notin \mathbf{Z}$ gleich 0 zu setzen.

Es seien $\phi_i(0) = 1$ und

$$\phi_i(j) = \prod_{m=1}^{j} \left(\frac{\pi_i}{\mu_i(m)} \right); \quad i = 1, 2, \dots, n;\ j = 1, 2, \dots, N.$$

Die stationäre Wahrscheinlichkeit des Zustands $\mathbf{x} = (x_1, x_2, \dots, x_n) \in \mathbf{Z}$ beträgt

$$\pi_{\mathbf{x}} = c \prod_{i=1}^{n} \phi_i(x_i) \quad (6.80)$$

mit

$$c = \left[\sum_{\mathbf{y} \in \mathbf{Z}} \prod_{i=1}^{n} \phi_i(y_i) \right]^{-1}, \quad \mathbf{y} = (y_1, y_2, \dots, y_n).$$

Daß es sich bei (6.80) tatsächlich um die stationäre Zustandsverteilung der Markovschen Kette $\{X(t), t \geq 0\}$ handelt, verifiziert man wieder durch Einsetzen in das Gleichungssystem (6.79).

Beispiel 6.21 Es liege ein Bedienungsnetzwerk mit einkanaligen, in Serie geschalteten Knoten vor. Im Netzwerk befindet sich nur $N = 1$ Forderung. Diese Forderung wird von genau einem Knoten bedient und alle anderen $n - 1$ Knoten sind leer. Somit ist der Zustandsraum der zugehörigen Markovschen Kette $\{\mathbf{X}(t), t \geq 0\}$ gegeben durch $\mathbf{Z} = \{\mathbf{e}_1, \mathbf{e}_2, \ldots, \mathbf{e}_n\}$. Die Bedienrate des Knoten i sei $\mu_i = \mu_i(1)$; $i = 1, 2, \ldots, n$ (Bild 6.19).

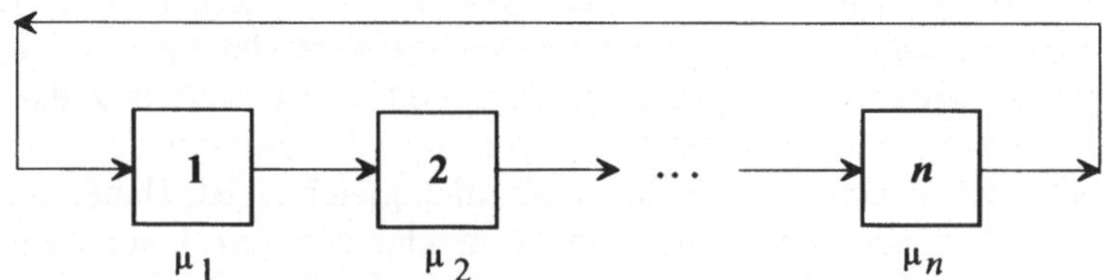

Bild 6.19 Geschlossene Serienschaltung von Bedienungssystemen

Die Übergangswahrscheinlichkeiten sind $p_{i,i+1} = 1$; $i = 1, 2, \ldots, n - 1$; $p_{n,1} = 1$. Infolgedessen hat das Gleichungssystem (6.77) die Lösung $\pi_i = 1/n$; $i = 1, 2, \ldots, n$. Damit sind

$$\phi_i(0) = 1 \quad \text{und} \quad \phi_i(1) = \frac{1}{n\mu_i}; \quad i = 1, 2, \ldots, n;$$

so daß sich

$$c = n \left[\sum_{i=1}^{n} \frac{1}{\mu_i} \right]^{-1}$$

ergibt. Also betragen die stationären Zustandswahrscheinlichkeiten

$$\pi_{\mathbf{e}_i} = \frac{1/\mu_i}{\displaystyle\sum_{i=1}^{n} \frac{1}{\mu_i}}; \quad i = 1, 2, \ldots, n.$$

Insbesondere liegt im Fall $\mu_i = \mu$; $i = 1, 2, \ldots, n$; eine Gleichverteilung vor:

$$\pi_{\mathbf{e}_i} = 1/n; \quad i = 1, 2, \ldots, n.$$

Sind allgemeiner $N \geq 1$ Forderungen im System, so beträgt unter sonst gleichen Bedingungen die stationäre Wahrscheinlichkeit von $\mathbf{x} = (x_1, x_2, \ldots, x_n)$

$$\pi_{\mathbf{x}} = \frac{(1/\mu_1)^{x_1} (1/\mu_2)^{x_2} \cdots (1/\mu_n)^{x_n}}{\displaystyle\sum_{\mathbf{y} \in \mathbf{Z}} \prod_{i=1}^{n} \left(\frac{1}{\mu_i}\right)^{y_i}},$$

wobei $\mathbf{Z}$ durch (6.78) gegeben ist. Unter der Voraussetzung $\mu_i = \mu;\; i = 1, 2, \dots, n;$ liegt wieder eine Gleichverteilung vor:

$$\pi_{\mathbf{x}} = \frac{1}{\binom{n + N - 1}{N}}, \quad \mathbf{x} \in \mathbf{Z}. \qquad \square$$

Beispiel 6.22 Ein Computersystem mit den Hauptbausteinen Zentraleinheit, Drukker und Diskettenlaufwerk sei gegeben. Ein Programm startet in der Zentraleinheit. Sobald die Rechenphase abgeschlossen ist, geht es mit Wahrscheinlichkeit α zum Diskettenlaufwerk bzw. mit Wahrscheinlichkeit $1-\alpha$ zum Drucker. Ausgehend vom Diskettenlaufwerk geht das Programm mit Wahrscheinlichkeit 1 in die Zentraleinheit. Vom Drucker geht das Programm erneut in die Zentraleinheit, oder es wird beendet. Wenn ein Programm beendet wird, so reiht sich unmittelbar danach sofort ein neues Programm in die Warteschlange zur Zentraleinheit ein, so daß die Anzahl der Programme im System stets konstant, nämlich gleich N, ist. Daher geht de facto auch vom Drucker jedes Programm mit Wahrscheinlichkeit 1 zur Zentraleinheit, wenn es nur um die Anzahlen von Programmen in den Knoten geht. Somit liegt ein einfacher Fall von *multiprogramming* vor mit N als *level of multiprogramming*.

Bild 6.20 zeigt die Konstellation von Zentraleinheit (Knoten **1**), Drucker (Knoten **2**) und Diskettenlaufwerk (Knoten **3**) als geschlossenes Bedienungsnetzwerk. Die Matrix der Übergangswahrscheinlichkeiten ist

$$\mathbf{P} = \begin{pmatrix} 0 & 1-\alpha & \alpha \\ 1 & 0 & 0 \\ 1 & 0 & 0 \end{pmatrix}.$$

so daß die Lösung des Gleichungssystems (6.77) lautet:

$$\pi_1 = 1/2; \quad \pi_2 = (1-\alpha)/2; \quad \pi_3 = \alpha/2.$$

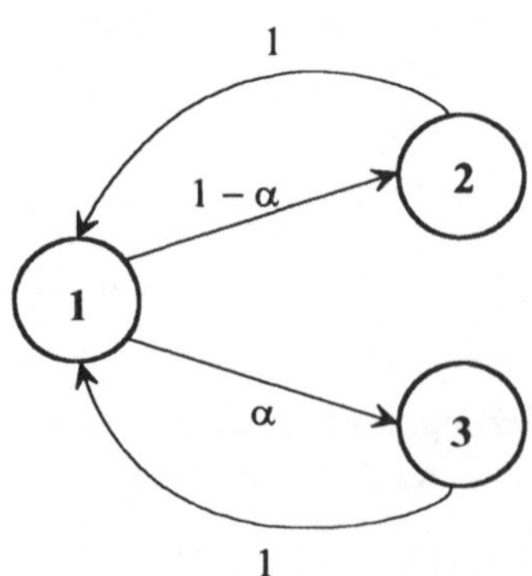

Bild 6.20 Computersystem als geschlossenes Bedienungsnetzwerk

Die Bedienraten der Knoten seien unabhängig von der Anzahl der dort vorhandenen Programme und gleich μ_1, μ_2 und μ_3. Dann sind

$$\phi_1(x_1) = \left(\frac{1}{2\mu_1}\right)^{x_1}, \quad \phi_2(x_2) = \left(\frac{1-\alpha}{2\mu_2}\right)^{x_2}, \quad \phi_3(x_3) = \left(\frac{\alpha}{2\mu_3}\right)^{x_3}.$$

Ein Zustand $\mathbf{x} = (x_1, x_2, x_3)$ mit $x_1 + x_2 + x_3 = N$ hat daher im stationären Regime die Wahrscheinlichkeit

$$\pi_{\mathbf{x}} = \frac{c}{2^N} \left(\frac{1}{\mu_1}\right)^{x_1} \left(\frac{1-\alpha}{\mu_2}\right)^{x_2} \left(\frac{\alpha}{\mu_3}\right)^{x_3}$$

mit

$$c = \frac{2^N}{\sum\limits_{\mathbf{y} \in \mathbf{Z}} \left(\frac{1}{\mu_1}\right)^{y_1} \left(\frac{1-\alpha}{\mu_2}\right)^{y_2} \left(\frac{\alpha}{\mu_3}\right)^{y_3}}.$$

Der Zustandsraum $\mathbf{Z}$ ist durch (6.78) mit $N = 3$ gegeben. $\qquad\qquad\square$

Anwendungsbezogene Darstellungen der Theorie der Bedienungsnetzwerke geben etwa *Saur, Chandy* (1981), *Gelenbe, Pujolle* (1987) und *Walrand* (1988).

6.9 Semi-Markovsche Prozesse

Entsprechend Abschnitt 6.7 werden die Übergänge zwischen den Zuständen einer stetigen homogenen Markovschen Kette durch die Übergangsmatrix $\mathbf{P} = ((p_{ij}))$ einer diskreten homogenen Markovschen Kette gesteuert. Die Verweildauer in einem Zustand ist exponentialverteilt und hängt nur von diesem (also nicht vom Folgezustand) ab. Da man bei praktischen Anwendungen nicht immer von exponentialverteilten Verweildauern in den Zuständen ausgehen kann, liegt es nahe, unter Beibehaltung des Übergangsmechanismus zwischen den Zuständen beliebig verteilte Verweildauern in den Zuständen zuzulassen. Man gelangt auf diese Weise zu den *semi-Markovschen Prozessen*. Die zeitliche Entwicklung eines semi-Markovschen Prozesses $\{X(t),\, t \geq 0\}$ mit dem Zustandsraum $\mathbf{Z} = \{0, 1, \dots\}$ verläuft auf folgende Weise:

Die Übergänge zwischen den Zuständen werden durch eine diskrete homogene Markovsche Kette $\{X_0, X_1, \dots\}$ mit dem Zustandsraum $\mathbf{Z}$ und der Übergangsmatrix $\mathbf{P} = ((p_{ij}))$ bestimmt. Startet der Prozeß im Zustand i_0, so wird zunächst entsprechend der Übergangsmatrix $\mathbf{P}$ der Folgezustand "ausgewürfelt". Ist dies der Zustand i_1, so verbleibt der Prozeß im Zustand i_0 die zufällige Zeit $Y_{i_0 i_1}$. Danach wird der auf i_1 folgende Zustand i_2 "ausgewürfelt" und der Prozeß verbleibt im Zustand i_1 die zufällige Zeit $Y_{i_1 i_2}$ u.s.w. Die Y_{ij} sind die *bedingten Verweildauern* des Prozesses im Zustand i unter der Bedingung, daß auf i der Zustand j folgt.

$\{X_0, X_1, ...\}$ ist ein in dem stochastischen Prozeß mit stetiger Zeit $\{X(t),\ t \geq 0\}$ *eingebetteter stochastischer Prozeß mit diskreter Zeit*, genauer, eine *eingebettete diskrete Markovsche Kette*. Sie beschreibt das Verhalten des semi-Markovschen Prozesses $\{X(t),\ t \geq 0\}$ an seinen Sprungpunkten, an denen also ein Übergang in einen anderen Zustand stattfindet. Jedoch ist auch der Übergang von i nach i möglich, wenn $p_{ii} > 0$ ist. Bezeichnet $T_0, T_1, ...$ die Folge der Sprungpunkte von $\{X(t),\ t \geq 0\}$, so gilt $X_n = X(T_n)$, $n = 0, 1, ...$ $X_0 = X(0)$ ist der Anfangszustand. Die Übergangswahrscheinlichkeiten p_{ij} lassen sich also in folgender Form schreiben:

$$p_{ij} = P(X(T_{n+1}) = j | X(T_n) = i); \quad n = 0, 1, ...$$

Die weitere Entwicklung eines semi-Markovschen Prozesses nach einem Sprung bei T_n hängt nur von $X(T_n)$ ab, aber nicht von der "Vorgeschichte" des Prozesses bis zum Zeitpunkt T_n.

Spezialfälle 1) Einfachster Spezialfall eines semi-Markovschen Prozesses ist der gewöhnliche Erneuerungsprozeß. In diesem Fall gibt es nur den Zustand "System arbeitet" bzw., allgemeiner formuliert, "Pausenzeit läuft". Wird dieser Zustand mit "1" bezeichnet, so gilt $p_{11} = 1$.

2) Ein alternierender Erneuerungsprozeß ist ein semi-Markovscher Prozeß mit dem Zustandsraum $\mathbf{Z} = \{0, 1\}$. Hierbei bedeuten

   0   System wird erneuert

   1   System arbeitet.

Die Übergangswahrscheinlichkeiten sind $p_{00} = 0$, $p_{01} = 1$, $p_{10} = 1$ und $p_{11} = 0$.

Es bezeichne $F_{ij}(t) = P(Y_{ij} \leq t)$ die Verteilungsfunktion der bedingten Verweildauer Y_{ij} des semi-Markovschen Prozesses im Zustand i. Die Verteilungsfunktion der *unbedingten Verweildauer* Y_i eines semi-Markovschen Prozesses im Zustand i ist wegen der Formel der totalen Wahrscheinlichkeit gegeben durch

$$F_i(t) = P(Y_i \leq t) = \sum_{j \in \mathbf{Z}} p_{ij} F_{ij}(t), \quad i \in \mathbf{Z}. \tag{6.81}$$

In diesem Abschnitt werden semi-Markovsche Prozesse unter folgenden Zusatzvoraussetzungen betrachtet:

1) Die eingebettete diskrete Markovsche Kette $X_0, X_1, ...$ habe eine stationäre Zustandsverteilung $\{\pi_0, \pi_1, ...\}$. Gemäß (5.7) ist sie Lösung des Gleichungssystems

$$\pi_j = \sum_{i \in \mathbf{Z}} p_{ij} \pi_i \, ,$$

$$1 = \sum_{i \in \mathbf{Z}} \pi_i \, . \tag{6.82}$$

Im Fall eines endlichen Zustandsraums reicht die Irreduzibilität der diskreten Markovschen Kette $X_0, X_1, \ldots$, um die Existenz einer stationären Zustandsverteilung zu gewährleisten .

2) Die Verteilungsfunktionen $F_i(t) = P(Y_i \leq t)$ der Verweildauern des Prozesses in den Zuständen i, $i \in \mathbf{Z}$, seien nicht arithmetisch (Definition 4.4).

3) Die mittleren Verweildauern $\mu_i = E(Y_i)$ des Prozesses in den Zuständen i seien beschränkt:

$$\mu_i = \int_0^\infty (1 - F_i(t))\, dt < \infty, \quad i \in \mathbf{Z}.$$

Ein Übergang des semi-Markovschen Prozesses in den Zustand i wird im folgenden als *i-Übergang* bezeichnet. Die zufällige Anzahl der i-Übergänge, die im Intervall $[0, t]$ stattfinden, sei $N_i(t)$. Dementsprechend ist $H_i(t) = E(N_i(t))$ die mittlere Anzahl der i-Übergänge in $[0, t]$. Dann gilt nach *Matthes* (1962) in Verallgemeinerung des Blackwellschen Erneuerungstheorems (Satz 4.4) für ein beliebiges $\tau > 0$

$$\lim_{t \to \infty} (H_i(t + \tau) - H_i(\tau)) = \frac{\tau\, \pi_i}{\sum\limits_{j \in \mathbf{Z}} \pi_j \mu_j}, \quad i \in \mathbf{Z}. \tag{6.83}$$

Nach einer hinreichend langen Zeitspanne hängt also die mittlere Anzahl der i-Übergänge in einem Zeitintervall nicht mehr von der Lage dieses Intervalls ab, sondern nur von seiner Länge. Der semi-Markovsche Erneuerungsprozeß "schwingt sich in ein stationäres Regime ein". Die folgenden Ausführungen und Anwendungen semi-Markovscher Prozesse beziehen sich nur auf das stationäre Regime. Entsprechend (6.83) treten je Zeiteinheit im Mittel

$$U_i = \frac{\pi_i}{\sum\limits_{j \in \mathbf{Z}} \pi_j \mu_j}$$

i-Übergänge auf. Daher beträgt der Zeitanteil, in dem sich der Prozeß im Zustand i befindet,

$$A_i = \frac{\pi_i\, \mu_i}{\sum\limits_{j \in \mathbf{Z}} \pi_j \mu_j}. \tag{6.84}$$

Infolgedessen ist

$$A_{\mathbf{Z}_0} = \frac{\sum\limits_{j \in \mathbf{Z}_0} \pi_j \mu_j}{\sum\limits_{j \in \mathbf{Z}} \pi_j \mu_j} \tag{6.85}$$

der Zeitanteil, in dem sich der Prozeß in einer Zustandsmenge $\mathbf{Z}_0 \subseteq \mathbf{Z}$ befindet. Mit anderen Worten, $A_{\mathbf{Z}_0}$ ist die Wahrscheinlichkeit dafür, den Prozeß in einem Zustand aus $\mathbf{Z}_0$ vorzufinden.

Sind ferner c_i die mittleren Kosten, die mit einem i-Übergang verbunden sind, so betragen die mittleren totalen (Übergangs-) Kosten je Zeiteinheit

$$K = \frac{\sum\limits_{j\in\mathbf{Z}} \pi_j c_j}{\sum\limits_{j\in\mathbf{Z}} \pi_j \mu_j} \,. \tag{6.86}$$

Man beachte, daß die Beziehungen (6.83) bis (6.86) nur von "unbedingten mittleren Verweildauern" in den Zuständen abhängen, was ihre praktische Anwendung im allgemeinen sehr erleichtert. Dieser Umstand wird in den folgenden Beispielen deutlich, die zum Teil bereits mit anderen Methoden behandelt wurden.

Beispiel 6.23 (*alternierender Erneuerungsprozeß*)   Wird wieder mit 0 der Erneuerungs- und mit 1 der Arbeitszustand bezeichnet, dann lautet das Gleichungssystem (6.82) (eine Gleichung is überflüssig und wird weggelassen)

$$\pi_0 = 0 \cdot \pi_0 + 1 \cdot \pi_1 \,,$$
$$1 = \quad \pi_0 + \quad \pi_1 \,.$$

Es folgt $\pi_0 = \pi_1 = 1/2$. Daher ist gemäß (6.84)

$$A_1 = \frac{\mu_1}{\mu_0 + \mu_1}$$

die Wahrscheinlichkeit dafür, daß sich der Prozeß im Arbeitszustand befindet. Das ist aber die bereits bekannte Beziehung (4.43). $\qquad\qquad\square$

Beispiel 6.24 (*altersabhängige Erneuerung*)   Ein System wird nach Ausfällen durch eine *Havarieerneuerung* wieder instandgesetzt. Wenn es ohne auszufallen eine vorgegebene Zeitspanne τ gearbeitet hat, wird eine *prophylaktische Erneuerung* durchgeführt. Vereinbarungsgemäß ist nach Abschluß der Instandsetzungsmaßnahme *Erneuerung* ein System "so gut wie neu".

Die Dauerverfügbarkeit des Systems unter dieser bereits im Beispiel 4.11 betrachteten Instandsetzungsstrategie wird nun vermittels der Beziehung (6.84) berechnet. Der zugrunde liegende semi-Markovsche Prozeß $\{X(t),\ t \ge 0\}$ hat den Zustandsraum $\mathbf{Z} = \{0, 1, 2\}$ mit:

    0   Das System arbeitet.

    1   Eine Havarieerneuerung läuft.

    2   Eine prophylaktische Erneuerung läuft.

Bezeichnet L die zufällige Lebensdauer des Systems, $F(t) = P(L \le t)$ die Verteilungsfunktion von T und $\bar{F}(t) = 1 - F(t) = P(L > t)$ die Überlebenswahrscheinlichkeit des Systems, so sind die nichtverschwindenden Übergangswahrscheinlichkeiten des Prozesses gegeben durch (Bild 6.21)

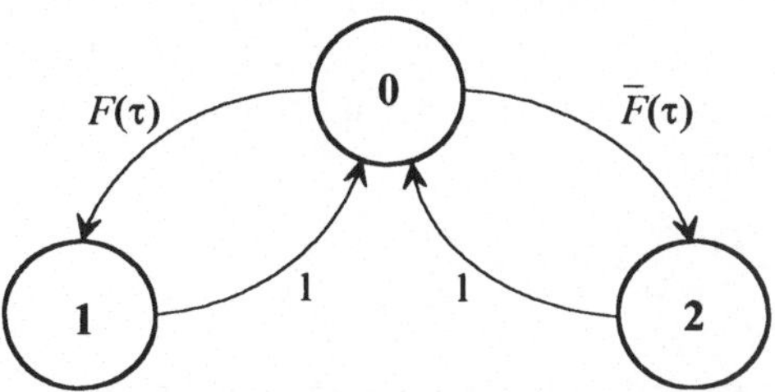

Bild 6.21 Übergangsgraph der altersabhängigen Erneuerung

$$p_{01} = F(\tau), \quad p_{02} = \bar{F}(\tau), \quad p_{10} = p_{20} = 1.$$

Somit lautet das Gleichungssystem (6.82), wenn auf eine Gleichung verzichtet wird,

$$\pi_0 = \pi_1 + \pi_2$$
$$\pi_1 = F(\tau)\pi_0$$
$$1 = \pi_0 + \pi_1 + \pi_2$$

Die Lösung ist

$$\pi_0 = \frac{1}{2}, \quad \pi_1 = \frac{1}{2}F(\tau), \quad \pi_1 = \frac{1}{2}\bar{F}(\tau).$$

Die zufällige Verweilzeit im Zustand 0 ist

$$Y_0 = \min(T,\tau).$$

Daher ist

$$\mu_0 = E(Y_0) = \int_0^\tau \bar{F}(t)\,dt.$$

Gemäß (6.84) beträgt die gesuchte Wahrscheinlichkeit $A_0 = A(\tau)$ dafür, das System im Arbeitszustand anzutreffen (= Dauerverfügbarkeit)

$$A(\tau) = \frac{\mu_0\pi_0}{\mu_0\pi_0 + \mu_1\pi_1 + \mu_2\pi_2} = \frac{\displaystyle\int_0^\tau \bar{F}(t)\,dt}{\displaystyle\int_0^\tau \bar{F}(t)\,dt + \mu_1 F(\tau) + \mu_2 \bar{F}(\tau)}. \tag{6.87}$$

Es ist interessant und praktisch bedeutsam, daß dieses Ergebnis nicht vom Verteilungstyp der Zeiten Y_1 und Y_2 für Havarie- bzw. prophylaktische Erneuerungen abhängt, sondern nur von deren Erwartungswerten μ_1 und μ_2. Bei konstanten Erneuerungszeiten d_h bzw. d_p folgt aus (6.87) das bereits im Beispiel 4.11 erzielte Ergebnis.

Sind die mittleren Erneuerungszeiten vernachlässigbar klein ($\mu_1 = \mu_2 = 0$), die mittleren Kosten c_1 bzw. c_2 für Havarie- bzw. prophylaktische Erneuerungen aber von Bedeutung, so betragen gemäß (6.86) die mittleren Erneuerungskosten je Zeiteinheit im stationären Regime

$$K(\tau) = \frac{c_1\pi_1 + c_2\pi_2}{\mu_0\pi_0} = \frac{c_1 F(\tau) + c_2\overline{F}(\tau)}{\int_0^\tau \overline{F}(t)\,dt}.$$

Analog zu den entsprechenden Erneuerungszeiten können c_1 und c_2 die Erwartungswerte beliebig verteilter Erneuerungskosten sein. Bezeichnet $\lambda(t)$ die Ausfallrate des Systems, so ist ein kostenoptimales Erneuerungsintervall $\tau = \tau*$ im Falle seiner Existenz Lösung der Gleichung $dK(\tau)/d\tau = 0$ bzw.

$$\lambda(\tau) \int_0^\tau \overline{F}(t)\,dt = \frac{1}{1-c} \tag{6.88}$$

mit $c = c_2/c_1$. Gilt $c < 1$ und ist $\lambda(t)$ unbeschränkt wachsend, existiert stets eine Lösung $\tau = \tau*$ dieser Gleichung.

Beim Vergleich der Gleichungen (4.54) und (6.88) wird deutlich, daß die Probleme der Maximierung der Dauerverfügbarkeit und der Minimierung der mittleren Erneuerungskosten je Zeiteinheit auf den gleichen Typ von Bestimmungsgleichungen für die optimalen Erneuerungsintervalle führen.   □

Beispiel 6.25 Ein System bestehe aus den n Elementen $e_1, e_2, \dots, e_n$, die alle gleichzeitig, aber unabhängig voneinander, arbeiten. Die Lebensdauern $L_1, L_2, \dots, L_n$ der Elemente seien exponentialverteilt mit den Parametern $\lambda_1, \lambda_2, \dots, \lambda_n$. Ihre Verteilungsfunktionen und Verteilungsdichten sind also gegeben durch

$$G_i(t) = 1 - e^{-\lambda_i t}, \qquad g_i(t) = \lambda_i e^{-\lambda_i t}, \quad t \ge 0; \quad i = 1, 2, \dots, n.$$

Fällt ein Element aus, unterbricht das System seine Arbeit. Das ausgefallene Element wird erneuert und unmittelbar nach Abschluß der Erneuerung wird das System wieder in Betrieb genommen. Eine Erneuerung von e_i erfordere im Mittel μ_i Zeiteinheiten. Während der Erneuerung eines Elements können die anderen nicht ausfallen. Werden $X(t) = 0$ gesetzt, wenn das System arbeitet und $X(t) = i$, wenn e_i erneuert wird, so ist $\{X(t), t \ge 0\}$ ein semi-Markovscher Prozeß mit dem Zustandsraum $\mathbf{Z} = \{0, 1, \dots, n\}$. (Eine Markovsche Kette liegt vor, wenn auch die Erneuerungszeiten der Elemente exponentialverteilt sind.) Seine bedingten Verweilzeiten im Zustand 0 sind $Y_{0i} = L_i$ mit den Verteilungsfunktionen $F_{0i}(t) = G_i(t)$; $i = 0,1, \dots, n$. Die unbedingte zufällige Verweilzeit des Prozesses im Zustand 0 ist

$$Y_0 = \min\{L_1, L_2, \dots, L_n\}.$$

Somit hat Y_0 die Verteilungsfunktion

$$F_0(t) = 1 - \overline{G}_1(t) \cdot \overline{G}_2(t) \cdots \overline{G}_n(t).$$

Mit $\lambda = \lambda_1 + \lambda_2 + ... + \lambda_n$ folgen

$$F_0(t) = 1 - e^{-\lambda t}, \quad t \geq 0, \quad \text{und} \quad \mu_0 = E(Y_0) = 1/\lambda.$$

Der Übergang vom Zustand 0 in den Zustand i erfolgt mit Wahrscheinlichkeit

$$p_{0i} = P(Y_0 = L_i)$$

$$= \int_0^\infty \bar{G}_1(x) \cdot \bar{G}_2(x) \cdots \bar{G}_{i-1}(x) \cdot \bar{G}_{i+1}(x) \cdots \bar{G}_n(x)\, g_i(x)\, dx$$

$$= \int_0^\infty e^{-(\lambda_1 + \lambda_2 + ... + \lambda_{i-1} + \lambda_{i+1} + ... + \lambda_n)x}\, \lambda_i\, e^{-\lambda_i x}\, dx$$

$$= \int_0^\infty e^{-\lambda x}\, \lambda_i\, dx.$$

Daher lauten die Übergangswahrscheinlichkeiten

$$p_{0i} = \frac{\lambda_i}{\lambda}, \quad p_{i0} = 1; \quad i = 1, 2, ..., n.$$

(Man verifiziert nun in diesem Spezialfall leicht die Beziehung (6.81)!) Somit hat das Gleichungssystem (6.82) die Gestalt

$$\pi_0 = \pi_1 + \pi_2 + ... + \pi_n$$

$$\pi_i = \frac{\lambda_i}{\lambda}\pi_0; \quad i = 1, 2, ..., n.$$

Die Lösung ergibt sich wegen $\pi_1 + \pi_2 + ... + \pi_n = 1 - \pi_0$ sofort zu

$$\pi_0 = \frac{1}{2}; \quad \pi_i = \frac{\lambda_i}{2\lambda}; \quad i = 1, 2, ..., n.$$

Gemäß (6.84) beträgt die Wahrscheinlichkeit dafür, das System im Arbeitszustand vorzufinden, also seine (Dauer-) Verfügbarkeit,

$$A_0 = \frac{1}{1 + \sum\limits_{i=1}^{n} \lambda_i \mu_i}.$$

Man erkennt: Die Verfügbarkeit des Systems wächst mit der mittleren Lebensdauer der Elemente und fällt mit steigenden mittleren Erneuerungszeiten. $\square$

Beispiel 6.26 Es wird das gleiche Modell wie im Beispiel 6.7 behandelt, jedoch unter allgemeineren Verteilungsannahmen: Ein System hat zwei verschiedene Ausfalltypen 1 und 2 (siehe Beispiel 6.7 wegen Motivation). Findet ein Typ 1-Ausfall statt, wird das System in den Typ 2-Ausfallzustand überführt. Der Typ 2-Ausfallzustand wird stets durch eine Erneuerung behoben, ungeachtet dessen, ob er direkt eingetreten ist oder über den Typ 1-Ausfallzustand herbeigeführt wurde. Daher sind drei Systemzustände zu unterscheiden (Bild 6.22):

0   System ist funktionstüchtig

1   Ausfallzustand vom Typ 1 liegt vor.

2   Ausfallzustand vom Typ 2 liegt vor.

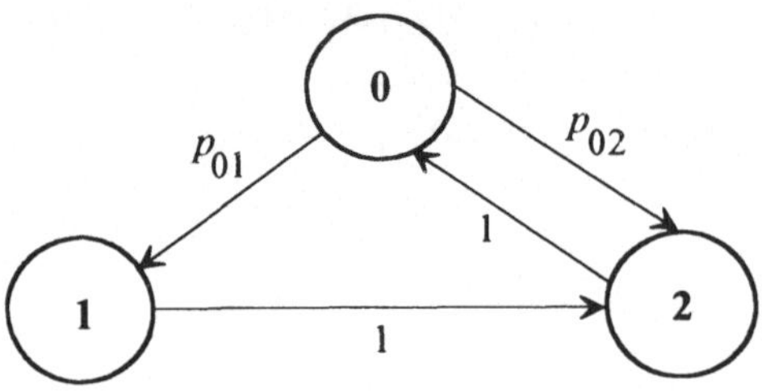

Bild 6.22 Übergangsgraph zu Beispiel 6.25

Die zufälligen Zeiten bis zum Eintreten eines Typ 1- bzw. Typ 2- Ausfalls L_1 und L_2 seien voneinander unabhängig und exponential mit den Parametern λ_1 bzw. λ_2 verteilt. Daher sind Verteilungsfunktion und Erwartungswert der (unbedingten) Verweildauer $Y_0 = \min(L_1, L_2)$ des Systems im Zustand 0 gegeben durch

$$F_0(t) = 1 - e^{-(\lambda_1 + \lambda_2)t}, \quad t \ge 0, \quad \text{und} \quad \mu_0 = \frac{1}{\lambda_1 + \lambda_2}.$$

Die positiven Übergangswahrscheinlichkeiten sind (siehe Beispiel 6.25)

$$p_{01} = P(L_1 < L_2) = \frac{\lambda_1}{\lambda_1 + \lambda_2},$$

$$p_{02} = P(L_1 > L_2) = \frac{\lambda_2}{\lambda_1 + \lambda_2},$$

$$p_{12} = 1, \quad p_{20} = 1.$$

Damit lautet das Gleichungssystem (6.82) (auf eine Gleichung wird verzichtet)

$$\pi_0 = \qquad\qquad \pi_2$$
$$\pi_1 = p_{01}\,\pi_0$$
$$1 = \qquad \pi_0 + \pi_1 + \pi_2$$

Die Lösung ist

$$\pi_0 = \pi_2 = \frac{\lambda_1 + \lambda_2}{3\lambda_1 + 2\lambda_2}, \qquad \pi_1 = \frac{\lambda_1}{3\lambda_1 + 2\lambda_2}.$$

Daher betragen die stationären Zustandswahrscheinlichkeiten des Systems

$$A_0 = \frac{1}{1+\lambda_1\mu_1 + (\lambda_1+\lambda_2)\mu_2} \qquad \text{(Dauerverfügbarkeit)}$$

$$A_1 = \frac{\lambda_1\mu_1}{1+\lambda_1\mu_1 + (\lambda_1+\lambda_2)\mu_2}$$

$$A_2 = \frac{(\lambda_1+\lambda_2)\mu_2}{1+\lambda_1\mu_1 + (\lambda_1+\lambda_2)\mu_2}$$

Es sei darauf hingewiesen, daß μ_1 und μ_2 die Erwartungswerte beliebig verteilter Verweilzeiten in den Zuständen 1 bzw. 2 sind. Werden etwa

$$\mu_1 = 1/\nu \quad \text{und} \quad \mu_2 = 1/\mu$$

gesetzt, so erhält man die im Beispiel 6.7 angegebenen stationären Zustandswahrscheinlichkeiten. (Man beachte, daß die dort angegebenen π_i den hier berechneten A_i entsprechen. Während im Beispiel 6.7 die π_i die stationären Zustandswahrscheinlichkeiten der primär interessierenden stetigen Markovschen Kette sind, sind sie in diesem Abschnitt die stationären Zustandswahrscheinlichkeiten einer eingebetteten diskreten Markovschen Kette.) Für die konkrete Anwendung des Modells in der Verkehrssicherungstechnik, auf die im Beispiel 6.7 hingewiesen wurde, ist Y_1 (= Verweilzeit im Zustand 1) eine reine Umschaltzeit, so daß gegebenenfalls näherungsweise $\mu_1 = 0$ gesetzt werden kann.

Die Berechnung der stationären Zustandswahrscheinlichkeiten dieses Systems ist auch dann vermittels (6.84) möglich, wenn L_1 und L_2 unter sonst gleichen Voraussetzungen beliebige Verteilungsfunktionen $G_1(t)$ und $G_2(t)$ mit den Dichten $g_1(t)$ und $g_2(t)$ haben. In diesem Fall gelten

$$\mu_0 = E(Y_0) = \int\limits_0^\infty \bar{G}_1(t)\bar{G}_2(t)\,dt,$$

$$p_{01} = P(L_1 < L_2) = \int\limits_0^\infty \bar{G}_2(t)g_1(t)\,dt,$$

$$p_{02} = P(L_1 > L_2) = 1 - p_{01} = \int\limits_0^\infty \bar{G}_1(t)g_2(t)\,dt.$$

Die Tatsache, daß die Gültigkeit der Beziehungen (6.84) bis (6.86) nicht an spezielle Verteilungstypen geknüpft ist, erweist sich als großer Vorteil der semi-Markovschen Prozesse und erschließt ihnen ein erheblich weiteres Anwendungsfeld als den Markovschen Prozessen.   □

Zeitabhängige Kenngrößen semi-Markovscher Prozesse werden zum Beispiel in *Gaede* (1977) und *Kulkarni* (1995) untersucht.

Aufgaben

6.1) Es seien $\mathbf{Z} = \{0, 1\}$ der Zustandsraum und

$$\mathbf{P}(t) = \begin{pmatrix} e^{-t} & 1 - e^{-t} \\ 1 - e^{-t} & e^{-t} \end{pmatrix}$$

die Matrix der Übergangswahrscheinlichkeiten eines stochastischen Prozesses $\{X(t), t \geq 0\}$ mit stetiger Zeit. Man prüfe, ob es sich bei $\{X(t), t \geq 0\}$ um eine homogene Markovsche Kette handeln kann!

6.2) Ein System arbeitet eine zufällige Zeit L. Nach seinem Ausfall wartet es eine zufällige Zeit W auf den Beginn der Erneuerung und wird anschließend in der zufälligen Zeit Z vollständig erneuert. L, W und Z sind exponential mit den Parametern λ, ν bzw. μ verteilt. Nach Abschluß der Erneuerung wird das System sofort wieder in Betrieb genommen. Dieser Vorgang wird unbeschränkt fortgesetzt. Die dabei auftretenden Lebens-, Warte- und Erneuerungszeiten sind voneinander unabhängig. Das System befindet sich im Zustand **0**, **1** bzw. **2**, wenn es arbeitet, wartet bzw. erneuert wird.
(1) Man erstelle den Übergangsgraphen der zugehörigen Markovschen Kette!
(2) Man berechne die zeitabhängigen Wahrscheinlichkeiten der Zustände **0**, **1** und **2** unter der Bedingung, daß zum Zeitpunkt $t = 0$ der Zustand **0** vorliegt!
(3) Man berechne die stationären Zustandswahrscheinlichkeiten!
(4) Man berechne die Dauerverfügbarkeit des Systems!

6.3) Ein System besteht aus 2 Elementen, die im Falle ihrer Funktionstüchtigkeit beide gleichzeitig arbeiten. Die Lebensdauern beider Elemente sind voneinander unabhängig und identisch exponential mit dem Parameter λ verteilt. Fällt ein Element aus, so arbeitet das andere weiter. Mit der Erneuerung des ausgefallenen Elements wird gewartet, bis auch das zweite ausgefallen ist. Dann beginnt die gemeinsame Erneuerung beider Elemente. Nach derem Abschluß werden beide Elemente gleichzeitig in Betrieb genommen. Die (gemein- same) Erneuerungsdauer ist exponential mit dem Parameter μ verteilt. Alle Lebens- und Erneuerungsdauern sind voneinander unabhängig. $X(t)$ sei die Anzahl der zum Zeitpunkt t arbeitenden Elemente.
(1) Man erstelle den Übergangsgraphen der Markovschen Kette $\{X(t), t \geq 0\}$!
(2) Man berechne die zeitabhängigen Zustandswahrscheinlichkeiten $p_i(t) = P(X(t) = i)$;
$i = 0, 1, 2$; unter der Bedingung $P(X(0) = 2) = 1$!
(3) Man berechne die stationären Zustandswahrscheinlichkeiten!

6.4) Die 10 Waschmaschinen eines öffentlichen Waschstützpunkts sind stets voll ausgelastet. Die Zeiten zwischen zwei Störungen einer Maschine sind exponential mit dem Erwartungswert 60 $[h]$ verteilt. Zur Behebung der Störungen stehen 2 Mechaniker zur Verfügung. Eine ausgefallene Maschine wird nur durch einen Mechaniker repariert. Der andere beschäftigt sich mit einer anderen ausgefallenen Maschine oder ist, falls eine solche nicht existiert, untätig. Die Reparaturdauern der Maschinen sind exponential mit dem Erwartungswert 8 $[h]$ verteilt. Alle Zeiten zwischen den Störungen sowie die Reparaturdauern sind unabhängig.
(1) Wieviel Prozent der Maschinen befinden sich im stationären Regime durchschnittlich im Arbeitszustand?
(2) Wieviel Prozent der Mechaniker sind im stationären Fall durchschnittlich untätig?

6.5) Unter sonst gleichen Voraussetzungen wird das doublierte System mit kalter Reserve von Beispiel 6.5 dadurch verallgemeinert, daß die Lebensdauern der Elemente exponential mit den Parametern λ_1 bzw. λ_2 verteilt sind.
Man beschreibe das Betriebsverhalten des Systems durch eine Markovsche Kette und erstelle den zugehörigen Übergangsgraphen!

6.6) Unter sonst gleichen Voraussetzungen wird das doublierte System von Beispiel 6.6 dadurch verallgemeinert, daß die Lebensdauern der Elemente exponential mit den Parametern λ_1 bzw. λ_2 verteilt sind.
Man beschreibe das Betriebsverhalten des Systems durch eine Markovsche Kette und erstelle den zugehörigen Übergangsgraphen!

6.7) Das System von Beispiel 6.7 wird in folgender Weise verallgemeinert: Wird der hemmende Zustand direkt vom Zustand 0 aus erreicht, so ist die zugehörige Erneuerungszeit exponential mit dem Parameter μ_0 verteilt. Wird der hemmende Zustand über den Zustand 1 aus erreicht, so ist die zugehörige Erneuerungszeit exponential mit dem Parameter μ_1 verteilt.
(1) Man beschreibe das Betriebsverhalten des Systems durch eine Markovsche Kette und erstelle den zugehörigen Übergangsgraphen!
(2) Man berechne die zugehörigen stationären Zustandswahrscheinlichkeiten!
(3) Mit welcher Wahrscheinlichkeit befindet sich das System beim Vorliegen des stationären Regimes im hemmenden Zustand?

6.8) Es liege ein doubliertes System mit kalter Reserve und einem Instandhaltungsmechaniker vor, wobei die Reparaturdauern ausgefallener Elemente einer Erlangverteilung der Ordnung $n = 2$ mit dem Parameter μ genügen. Ansonsten seien die Voraussetzungen des Beispiels 6.5 erfüllt.
(1) Man beschreibe das Betriebsverhalten des Systems durch eine Markovsche Kette und erstelle den zugehörigen Übergangsgraphen!
(2) Man berechne die stationären Zustandswahrscheinlichkeiten des Systems!
(3) Man skizziere die Dauerverfügbarkeit des Systems in Abhängigkeit von $\rho = \lambda/\mu$!

6.9) Ein reiner Geburtsprozeß hat die Geburtsraten $\lambda_0 = 2$, $\lambda_1 = 3$ und $\lambda_2 = \lambda_3 = 1$.
Unter der Voraussetzung $X(0) = 1$ berechne man $p_j(t)$ für $j = 0, 1, 2, 3$!

6.10) Ein linearer Geburtsprozeß mit den Geburtsraten $\lambda_j = j\lambda$; $j = 0, 1, \dots$; habe den Zustandsraum $\mathbf{Z} = \{0, 1, 2, \dots\}$.
(1) Unter der Voraussetzung $X(0) = 1$ berechne man die Verteilungsfunktion der zufälligen Zeit T_3 bis zum Erreichen des Zustands 3!
(2) Unter der Voraussetzung $X(0) = 1$ berechne man den Erwartungswert der zufälligen Zeit T_n bis zum Erreichen des Zustands n mit $n > 1$!

6.11) Die Anzahl physikalischer Teilchen eines Typs in einem vorgegebenen räumlichen Bereich entwickelt sich wie folgt: Zum Zeitpunkt $t = 0$ ist ein Teilchen vorhanden. Nach einer zufälligen, exponential mit dem Parameter λ verteilten Zeit Y zerfällt es in zwei Teilchen desselben Typs. Von diesen zerfällt jedes nach Ablauf einer jeweils zufälligen Zeit ebenfalls in zwei Teilchen desselben Typs u.s.w. Die jeweiligen Zeiten bis zum Zerfall der

Teilchen seien voneinander unabhängig und identisch wie Y verteilt.
Man berechne $P(X(t) = j)$ für $j = 1, 2, \ldots$ und $\lambda = 1$, wenn $X(t)$ die Anzahl der zum Zeitpunkt t vorhandenen Teilchen bezeichnet!

6.12) Ein reiner Todesprozeß hat die Todesraten $\mu_0 = 0$, $\mu_1 = 2$, $\mu_2 = 1$ und $\mu_3 = 3$.
Unter der Voraussetzung $X(0) = 3$ berechne man $p_j(t)$ für $j = 0, 1, 2, 3$!

6.13) Ein linearer Todesprozeß mit dem Zustandsraum $\mathbf{Z} = \{0, 1, 2, \ldots\}$ hat die Todesraten $\mu_j = j\mu$; $j = 0, 1, \ldots$.
(1) Unter der Voraussetzung $X(0) = 2$ berechne man die Verteilungsfunktion der zufälligen Zeit bis zum Erreichen des Zustands 0!
(2) Unter der Voraussetzung $X(0) = n$ mit $n > 1$ berechne man den Erwartungswert der zufälligen Zeit bis zum Erreichen des Zustands 0!

6.14) In einem Gasgemisch gibt es zum Zeitpunkt $t = 0$ unbeschränkt viele Moleküle vom Typ a und $2n$ Moleküle vom Typ b. Nach einer zufälligen, exponential mit dem Parameter μ verteilten Zeit verbindet sich ein beliebiges Molekül vom Typ b unabhängig von den anderen Molekülen dieses Typs zu einem Molekül ab.
(1) Wie lauten die Wahrscheinlichkeiten dafür, daß zum Zeitpunkt t noch genau j freie Moleküle vom Typ b in dem Gemisch sind?
(2) Wie groß ist der Erwartungswert der Zeit, bis sich die Anzahl der freien Moleküle vom Typ b halbiert hat?

6.15) Zum Zeitpunkt $t = 0$ besteht ein Kabel aus 5 identischen, intakten Drähten. Das Kabel ist einer konstanten Belastung von 100 kp ausgesetzt. Bei einer Belastung von a $[kp]$ genügt die Verteilungsfunktion der Lebensdauer (= Zeit bis zum Zerreißen) eines Drahtes einer Exponentialverteilung mit dem Erwartungswert $1/\mu = 1000/a$ $[h]$. Auch nach dem Zerreißen von Drähten erfolgt die Belastung der intakten Drähte durch die 100 kp gleichmäßig. Die Lebensdauern der Drähte können daher bei gegebener Anzahl als voneinander unabhängig und identisch verteilt vorausgesetzt werden.
(1) Mit welcher Wahrscheinlichkeit sind zum Zeitpunkt $t = 50$ $[h]$ noch j Drähte des Kabels intakt; $j = 0, 1, \ldots, 5$?
(2) Wie groß ist der Erwartungswert der Zeit bis zum vollständigen Riß des Kabels?

6.16)* Es sei $\{X(t), t \geq 0\}$ ein reiner Todesprozeß mit $X(0) = n$ und den positiven Todesraten $\mu_1, \mu_2, \ldots, \mu_n$. Man zeige: Ist Y eine von dem Todesprozeß unabhängige, exponential mit dem Parameter λ verteilte Zufallsgröße, so gilt

$$P(X(Y) = 0) = \prod_{i=1}^{n} \frac{\mu_i}{\mu_i + \lambda} \ !$$

6.17) Ein Geburts- und Todesprozeß habe den Zustandsraum $\mathbf{Z} = \{0, 1, \ldots, n\}$ und die Übergangsraten $\lambda_j = (n - j)\lambda$ und $\mu_j = j\mu$; $j = 0, 1, \ldots, n$.
Man bestimme seine stationären Zustandswahrscheinlichkeiten!

6.18) Man prüfe, ob bzw. wann ein Geburts- und Todesprozeß mit den Übergangsraten

$$\lambda_j = \frac{j}{j+1}\lambda \text{ und } \mu_j = \mu; \ j = 0, 1, \ldots; \ \lambda \leq \mu,$$

eine stationäre Zustandsverteilung hat!

6.19) Ein Geburts- und Todesprozeß habe die Übergangsraten

$$\lambda_j = (j+1)\lambda \quad \text{und} \quad \mu_j = j^2\mu; \; j = 0, 1, \ldots; \; 0 < \lambda < \mu.$$

Man zeige, daß eine stationäre Zustandsverteilung existiert und berechne diese!

6.20) Ein Prozeßrechner ist mit drei Terminals (zum Beispiel Meßgeräten) verbunden. Er kann gleichzeitig nur Daten von zwei Terminals verarbeiten. Ist der Rechner ausgelastet und hat auch das dritte Terminal eine Forderung, so muß diese in einem Puffer warten, bis die Daten wenigstens eines Terminals verarbeitet sind (FIFO-Bedienungsdisziplin). Die Terminals erzeugen Forderungen unabhängig davon, ob Rechner bzw. Puffer besetzt sind, und zwar in zufälligen Abständen, die voneinander unabhängig und exponential mit dem Parameter λ verteilt sind. Die Verarbeitungszeiten der Datensätze sind unabhängig von den Terminals und exponential mit dem Parameter μ verteilte Zufallsgrößen. Ein Datensatz geht verloren, wenn sowohl Rechner als auch Puffer besetzt sind. $X(t)$ sei die Anzahl der zum Zeitpunkt t im Rechner oder im Puffer insgesamt vorhandenen Datensätze.
(1) Man zeige, daß $\{X(t), t \geq 0\}$ ein Geburts- und Todesprozeß ist, ermittle seine Übergangsraten und den Übergangsgraphen!
(2) Man berechne im stationären Regime die Verlustwahrscheinlichkeit, also die Wahrscheinlichkeit dafür, daß ein erzeugter Datensatz verloren geht!
(3) Wie muß das Verhältnis $\rho = \lambda/\mu$ beschaffen sein, damit diese Verlustwahrscheinlichkeit kleiner als $0,01$ ausfällt?

6.21) Unter sonst gleichen Voraussetzungen wie in Aufgabe 6.20 wird angenommen, daß ein im Puffer gespeicherter Datensatz nach einer zufälligen Verweilzeit Z im Puffer nicht mehr aktuell ist und daher gelöscht wird, letztlich also verloren geht. Die Zeiten Z seien für alle wartenden Datensätze identisch exponential mit dem Parameter ν verteilt und unabhängig von allen Ankunfts- und Bedienungszeiten.
Man berechne im stationären Regime die totale Verlustwahrscheinlichkeit!

6.22) Unter sonst gleichen Voraussetzungen wie in Aufgabe 6.21 wird angenommen, daß vorhandene Datensätze nach einer exponential mit dem Parameter ν verteilten totalen Verweilzeit Z im Puffer und im Rechner nicht mehr aktuell sind und daher aus dem System entfernt werden. (Bedienungsunterbrechungen sind also möglich.)
Man berechne im stationären Regime die (totale) Verlustwahrscheinlichkeit!

6.23) In einer kleinen Tankstelle gibt es eine Zapfsäule für Dieselkraftstoff, zu der 2 Warteplätze gehören. Stündlich treffen durchschnittlich 15 potentielle Kunden für Dieselkraftstoff ein. Diese verlassen die Tankstelle sofort ohne zu zapfen, wenn bereits zwei Kunden auf Bedienung warten. Die zufällige Zeit, die ein Kunde die Zapfsäule blockiert, ist exponential mit dem Erwartungswert 5 [*min*] verteilt. Ankunfts- und Bedienungszeiten sind voneinander unabhängig. Wie groß ist im stationären Regime
(1) die Wahrscheinlichkeit dafür, daß ein potentieller Kunde die Tankstelle verläßt, ohne den gewünschten Diesel zu zapfen,
(2) die Wahrscheinlichkeit dafür, daß ein ankommender Kunde wartet?

6.24) Unter sonst gleichen Bedingungen wie in Aufgabe 6.23 habe eine Tankstelle 2 Zapfsäulen **1** und **2** für Dieselkraftstoff und 1 Warteplatz für beide Säulen gemeinsam. Ein Kunde zapft stets an Säule **1**, wenn diese frei ist.. Nur wenn Säule **1** besetzt ist und Säule **2** frei, zapft er an Säule **2**.

Man berechne im stationären Regime die Auslastungsgrade der beiden Säulen!

6.25) In einem zweikanaligen Verlustsystem treffen Forderungen gemäß einem homogenen Poissonschen Forderungsstrom mit der Intensität λ ein. Sind beide Kanäle frei, geht ein Forderung mit Wahrscheinlichkeit p zu Kanal 1 und mit Wahrscheinlichkeit $1 - p$ zu Kanal 2. Ansonsten wird, wenn vorhanden, der jeweils freie Kanal besetzt. Die Bedienungszeiten der Kanäle 1 und 2 sind voneinander unabhängig und exponential mit den Parametern μ_1 bzw. μ_2 verteilt.

(1) Man beschreibe das Betriebsverhalten des Systems durch eine Markovsche Kette mit dem Zustandsraum

$$\mathbf{Z} = \{(0, 0), (0, 1), (1, 0), (1, 1)\} \cdot$$

Hierbei bedeutet (i, j), daß im ersten Kanal i und im zweiten Kanal j Forderungen bedient werden.

(2) Man erstelle den Übergangsgraphen der Markovschen Kette!

(3) Man berechne die Auslastungsgrade der Kanäle im stationären Regime!

6.26) In einem einkanaligen Wartesystem treffen Forderungen gemäß einem homogenen Poissonschen Forderungsstrom mit der Intensität $\lambda = 30$ Forderungen je Stunde ein. Sind maximal drei Forderungen im System, werden diese in einer exponential mit dem Parameter $\mu = 0{,}5$ [*min*] verteilten Zeit bedient. Sind mehr Forderungen im System, verdoppelt sich die mittlere Bedienungsgeschwindigkeit des Kanals; die Länge der Bedienungsdauer bleibt jedoch exponentialverteilt.

(1) Man berechne die stationären Zustandswahrscheinlichkeiten des Systems!

(2) Man berechne die mittlere Länge der Warteschlange im stationären Regime!

6.27) An einem Taxistand treffen Kunden und Taxis entsprechend unabhängigen, homogenen Poissonprozessen mit den Intensitäten 20 bzw. 15 je Stunde ein. Ein Kunde, der bereits vier auf Beförderung wartende Kunden vorfindet, verläßt den Taxistand.

(1) Wieviel freie Taxis stehen im stationären Regime durchschnittlich am Stand?

(2) Wie groß ist im stationären Regime die mittlere Warteschlangenlänge?

6.28) An einer Bushaltestelle treffen Passagiere und Busse entsprechend unabhängigen, homogenen Poissonschen Forderungsströmen mit den Intensitäten λ bzw. μ ein. Befinden sich zur Ankunftszeit des Busses k Personen am Busstand, so fährt er mit $min(k, n)$ Personen weiter (n ist die Kapazität der Busse). $X(t)$ sei die Anzahl der zum Zeitpunkt t an der Haltestelle wartenden Personen.

(1) Man gebe die Übergangsgraphen der Markovschen Kette $\{X(t), t \geq 0\}$ an!

(2) Ist $\{X(t), t \geq 0\}$ ein Geburts- und Todesprozeß?

6.29) In ein Bedienungssystem vom Typ $M/M/1/\infty$ treffen Forderungen mit der Intensität λ ein. Solange weniger als n Forderungen auf Bedienung warten, bleibt der Bedienungskanal untätig. Mit dem Eintreffen der n-ten Forderung beginnt er mit der Bedienung und setzt diese solange fort, bis alle Forderungen, einschließlich eventuell neu hinzukommender, bedient sind. Danach wartet der Kanal wieder, bis die Warteschlange die Länge n erreicht hat u.s.w. Die mittlere Bedienungsdauer einer Forderung sei $1/\mu$. $X(t)$ sei die Anzahl der zum Zeitpunkt t im System befindlichen Forderungen.

(1) Man gebe den Übergangsgraphen der Markovschen Kette $\{X(t), t \geq 0\}$ an!

(2) Für $n = 2$ berechne man die stationären Zustandswahrscheinlichkeiten des Systems!

6.30) Zum Zeitpunkt $t = 0$ besteht ein Computersystem aus n unabhängig voneinander arbeitenden Rechnern. Fällt ein Rechner aus, so wird er durch eine automatisch arbeitende Schaltvorrichtung aus dem Verbund herausgelöst. Findet die Herauslösung eines Rechners nach dessem Ausfall nicht statt (dies geschehe mit Wahrscheinlichkeit p), so fällt das gesamte Computersystem aus. Falls noch i Rechner arbeiten, so sind deren Lebensdauern identisch exponential mit dem Parameter $(n + 1 - i)\lambda$ verteilt; $i = 1, 2,..., n$. Das System ist solange funktionstüchtig, wie mindestens ein funktionstüchtiger Rechner zur Verfügung steht und die Schaltvorrichtung im Bedarfsfalle fehlerfrei gearbeitet hat. $X(t)$ sei die zufällige Anzahl der zum Zeitpunkt t noch arbeitenden Rechner. Nach einer fehlerhaften Schaltung wird stets $X(0) = 0$ gesetzt.
(1) Man gebe den Übergangsgraphen der Markovschen Kette $\{X(t),\, t \geq 0\}$ an!
(2) Man berechne für $n = 2$ die mittlere Lebensdauer des Systems!

6.31) Für $n = 2$ wird das in Aufgabe 6.30 beschriebene Computersystem dahingehend verallgemeinert, daß eine ausgefallene Schaltvorrichtung in exponential mit dem Parameter μ verteilter Zeit vollständig erneuert wird. Ein Ausfall der Schaltvorrichtung wird erst dann entdeckt, wenn die Herauslösung eines defekten Rechners nicht glückt. Mit ihrer Erneuerung wird sofort begonnen.
(1) Man gebe den Übergangsgraphen der Markovschen Kette $\{X(t),\, t \geq 0\}$ an!
(2) Man berechne die mittlere Lebensdauer des Systems!
(3) Man berechne die Dauerverfügbarkeit des Systems!

6.32) An ein einkanaliges Wartesystem mit zwei Warteplätzen richten zwei unabhängige Poissonsche Forderungsströme 1 und 2 ihre Forderungen mit den Intensitäten λ_1 bzw. λ_2 (Typ 1- bzw. Typ 2- Forderungen). Forderungen vom Typ 2 verdrängen Typ 1- Forderungen von den Warteplätzen, aber unterbrechen nicht die eventuell laufende Bedienung einer Typ 1- Forderung. Befinden sich auf den Warteplätzen je eine Forderung beider Typen, so wird unabhängig von der Reihenfolge ihrer Ankunft stets die Typ 2- Forderung zuerst bedient. Die Zeitdauern zur Bedienung von Typ 1- bzw. Typ 2- Forderungen sind voneinander unabhängig und exponential mit den Parametern μ_1 bzw. μ_2 verteilt.
Man beschreibe den Betriebsprozeß des Systems durch eine homogene Markovsche Kette, bestimme die zugehörigen Übergangsraten und zeichne den Übergangsgraphen!

6.33) Ein Bedienungssystem besteht aus zwei in Reihe geschalteten Kanälen **1** und **2**. Im Kanal **1** trifft ein homogener Poissonscher Forderungsstrom mit der Intensität $\lambda = 10$ je Stunde ein. Eine Forderung geht verloren, wenn Kanal **1** besetzt ist. Eine vom Kanal **1** bediente Forderung geht zwecks Fortsetzung ihrer Bedienung zu Kanal **2**. Ist Kanal **2** besetzt, geht sie verloren. Die Bedienzeiten auf beiden Kanälen sind voneinander sowie vom Forderungsstrom unabhängig und exponential mit dem Erwartungswert $1/\mu = 4\ [min]$ verteilt.
(1) Wieviel Prozent der Forderungen werden vom Kanal **1** bedient?
(2) Wieviel Prozent der Forderungen werden von beiden Kanälen bedient?
(3) Wie lange verbleibt eine beliebige Forderung im Mittel im System?

6.34) Ein Bedienungsnetzwerk besteht aus drei Bedienungssystemen (Knoten) **1**, **2** und **3** vom Typ $M/M/1/0$. In die Bedienungssysteme gelangen Forderungen entsprechend homogenen Poissonprozessen mit den Intensitäten 4, 8 bzw. 12 je Stunde. Die Bedienungsdauern in den Systemen betragen im Mittel 4, 2 bzw. 1 $[min]$. Eine Forderung, deren Bedienung am Knoten **1** beendet ist, geht zu den Knoten **2** bzw. **3** oder verläßt das System, jeweils mit

gleicher Wahrscheinlichkeit. Eine Forderung, die den Knoten **2** verläßt, geht stets zum Knoten **3**. Ausgehend vom Knoten **3** geht eine Forderung zum Knoten **1** oder verläßt das System, jeweils mit den Wahrscheinlichkeiten 0,2 bzw. 0,8. Die Forderungsströme sowie die Bedienungszeiten seien voneinander unabhängig.
(1) Man prüfe, ob es sich um ein *Jackson-Netzwerk* handelt!
(2) Man beschreibe das Verhalten des Bedienungsnetzwerkes durch eine Markovsche Kette mit dem Zustandsraum $\mathbf{Z} = \left\{(i_1, i_2, i_3);\ i_j = 0, 1\right\}$, wobei i_j die Anzahl der Forderungen im Knoten j ist; $j = 1, 2, 3$!
(3) Man berechne die stationären Zustandswahrscheinlichkeiten des Netzwerkes!

6.35) Ein geschlossenes Bedienungsnetzwerk besteht aus drei Bedienungssystemen (Kno- ten), von denen ein jedes 2 Kanäle hat. Im Netzwerk befinden sich 2 Forderungen. Eine Forderung, deren Bedienung an einem Knoten beendet ist, geht jeweils mit Wahrscheinlichkeit 0,5 zu einem der beiden anderen Knoten. Jeder Kanal bedient eine Forderung in exponential mit dem Parameter μ verteilter Zeit. Alle Bedienzeiten sind voneinander unabhängig.

Mit welcher Wahrscheinlichkeit befinden sich im stationären Regime beide Forderungen in einem Kanal?

6.36) Ein Förderband arbeitet je nach Bedarf mit 3 verschiedenen Geschwindigkeitsstufen 1, 2 und 3; und zwar im Mittel je Stufe $\mu_1 = 45$, $\mu_2 = 30$ bzw. $\mu_3 = 12$ Stunden. Der Übergang von Stufe i nach Stufe j erfolgt mit Wahrscheinlichkeit p_{ij}. Die numerischen Werte der Übergangswahrscheinlichkeiten sind

$$p_{12} = 0,8;\quad p_{13} = 0,2;\quad p_{21} = p_{23} = 0,5;\quad p_{31} = 0,4 \text{ und } p_{32} = 0,6.$$

Vermittels Modellierung der Situation durch einen semi-Markovschen Prozeß berechne man die Zeitanteile, in denen das Förderband im stationären Regime mit den Geschwindigkeitsstufen 1, 2 bzw. 3 arbeitet!

6.37) Ein System arbeitet im Mittel 620 Stunden ohne auszufallen. Je nach dem zur Behebung eines Ausfalls erforderlichem Instandsetzungsaufwand werden zwei Ausfalltypen unterschieden. Die Behebung eines Ausfalls vom Typ 1 erfordert im Mittel 20 Stunden, während die Behebung eines Ausfalls vom Typ 2 im Mittel 40 Stunden erfordert. 20% aller Ausfälle gehören zum Typ 2. Zwischen der Lebensdauer und dem Ausfalltyp bestehe im vorliegenden Fall kein statistischer Zusammenhang. Nach jeder Instandsetzung, gleich nach welchem Ausfalltyp, ist das System "so gut wie neu". Das erneuerte System wird sofort wieder in Betrieb genommen und dieser Vorgang wird unbeschränkt fortgesetzt.
Man beschreibe den Betriebsprozeß des Systems durch einen semi-Markovschen Prozeß mit drei Zuständen, erstelle den Übergangsgraphen und berechne im stationären Fall die Zeitanteile, in denen die einzelnen Zustände vorliegen!

7 Wiener - Prozeß

7.1 Definition und Eigenschaften

Im Jahre 1828 veröffentlichte der englische Botaniker *R. Brown* seine Beobachtungen über die Bewegung von mikroskopisch kleinen organischen und anorganischen Teilchen in Flüssigkeiten. (Ursprünglich war er nur an dem Verhalten von Pollen in Flüssigkeiten interessiert, um den Befruchtungsvorgang von Blütenpflanzen zu erforschen.) Er stellte stets fest, daß die Teilchen -unabhängig von ihrer Beschaffenheit- in ständiger, scheinbar völlig regelloser Bewegung begriffen waren. Infolgedessen vermutete Brown anfangs sogar, daß er eine elementare Form von Leben gefunden hat, die allen Teilchen gemeinsam ist. Obwohl die "Irrfahrt" von Partikelchen in Flüssigkeiten bereits vor Brown beobachtet wurde, spricht man in diesem Zusammenhang generell von *Brownscher Bewegung*.

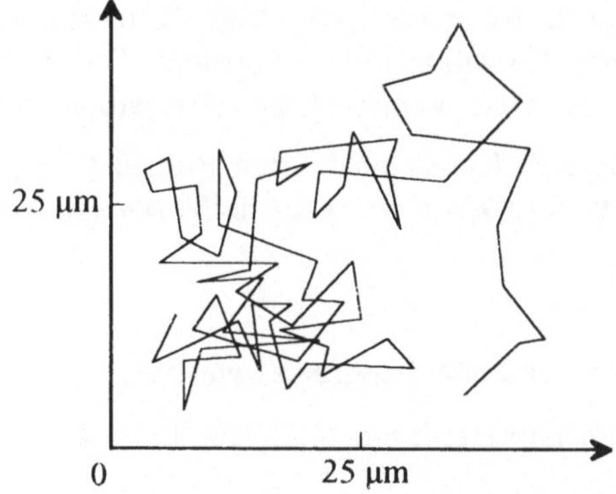

Bild 7.1 Trajektorie einer zweidimensionalen Brownschen Bewegung
bei Messungen im 30 sec - Abstand (*Perrin*, 1916)

Auch in der Folgezeit wurden entsprechende Versuche durchgeführt und quantitativ ausgewertet (Bild 7.1). Wird etwa die x-Koordinate eines Teilchens in Abhängigkeit von der Zeit aufgetragen, so zeigt Bild 7.2 einen typischen zeitlichen Verlauf.

Die ersten Ansätze zur mathematischen Modellierung der Brownschen Bewegung machten *Bachelier* (1900) und *Einstein* (1905). Beide stießen auf die Normalverteilung als adäquates Modell zur Beschreibung der eindimensionalen Brownschen Bewegung und wiesen erstmals auf den physikalischen Hintergrund der beobachteten Erscheinung hin: Sie erklärten die "chaotische" Bewegung mikroskopisch kleiner

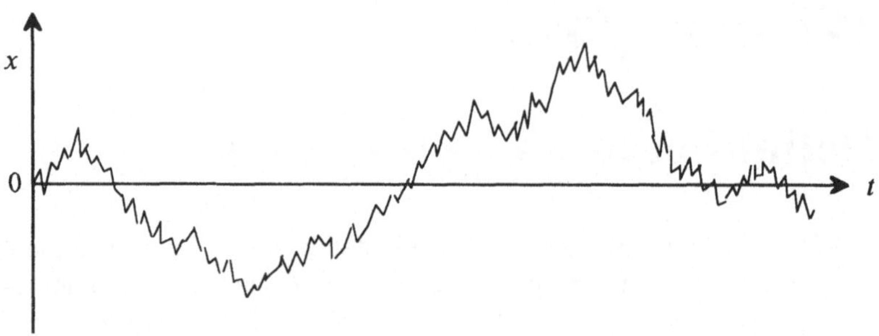

Bild 7.2 Eindimensionale Brownsche Bewegung

Teilchen in Flüssigkeiten, aber auch in Gasen, durch das massenhafte Bombardement der Teilchen durch die umgebenden Moleküle. Die streng mathematische Analyse und Formulierung der Brownschen Bewegung als stochastischen Prozeß begann mit den Arbeiten von *N. Wiener* (1918). Die zugehörige Klasse von stochastischen Prozessen wird daher vornehmlich in der deutschsprachigen Literatur nach ihm benannt, während man in der englischsprachigen Literatur zumeist schlechthin von *Brownscher Bewegung* (*Brownian motion*) spricht. Dieses Kapitel beschäftigt sich nur mit dem eindimensionalen Wiener-Prozeß (Brownian motion process).

Definition 7.1 (*Wiener-Prozeß*) Ein stochastischer Prozeß $\{X(t),\ t \geq 0\}$ mit stetiger Zeit und mit dem Zustandsraum $\mathbf{Z} = (-\infty,\ +\infty)$ heißt *Wiener-Prozeß,* wenn er folgende Eigenschaften hat:

1) $X(0) = 0$,

2) $\{X(t),\ t \geq 0\}$ hat stationäre und unabhängige Zuwächse,

3) für jedes $t > 0$ ist $X(t)$ normalverteilt mit $E(X(t)) = 0$ und $Var(X(t)) = \sigma^2 t$.   ●

Wegen der Stationarität der Zuwächse genügt die Differenz $X(t)-X(s)$ für $s,t \geq 0$ einer Normalverteilung mit dem Erwartungswert 0 und der Varianz $\sigma^2 |t-s|$:

$$X(t) - X(s) = N(0, \sigma^2 |t-s|). \tag{7.1}$$

Aufgrund der Unabhängigkeit seiner Zuwächse ist der Wiener-Prozeß *Markovsch.* Im Fall $\sigma = 1$ spricht man vom *standardisierten Wiener-Prozeß.*

Stetigkeit und Differenzierbarkeit Wegen

$$E\left(|X(t) - X(s)|^2\right) = Var(X(t) - X(s)) = \sigma^2 |t-s| \tag{7.2}$$

gilt

$$\lim_{h \to 0} E\left(|X(t+h) - X(t)|^2\right) = \lim_{h \to 0} \sigma^2 |h| = 0.$$

Folgerung *Der Wiener-Prozeß ist im Quadratmittel stetig.*

Es läßt sich sogar zeigen, daß die Menge derjenigen Trajektorien $x = x(t)$ eines Wiener-Prozesses, die Unstetigkeitsstellen haben, die Wahrscheinlichkeit 0 hat (im Sinne der Unstetigkeit bzw. Stetigkeit von reellen Funktionen). Eine äquivalente Formulierung dieses Sachverhalts ist: <u>Fast alle</u> Trajektorien eines Wiener-Prozesses sind stetig. Man wird also praktisch eine Trajektorie mit Unstetigkeitsstellen nicht beobachten. Um so überraschender mag es erscheinen, daß eine entsprechende Eigenschaft bezüglich der Differenzierbarkeit nicht gilt. Diesen Sachverhalt kann man sich vermittels (7.2) veranschaulichen: Für eine beliebige Realisierung $x = x(t)$ ist die Differenz $x(t+h) - x(h)$ etwa von der Größenordnung $\sigma\sqrt{h}$. Infolgedessen gilt

$$\frac{dx(t)}{dt} = \lim_{h \to 0} \frac{x(t+h) - x(t)}{h} \approx \lim_{h \to 0} \frac{\sigma\sqrt{h}}{h} = \infty.$$

Es liegt also die Vermutung nahe, daß die Trajektorien eines Wiener-Prozesses nicht differenzierbar sind. Genauer gilt (siehe etwa *Partzsch* (1984)):

Fast alle Trajektorien eines Wiener-Prozesses sind nirgends differenzierbar.

Unter der *Variation* einer Trajektorie (bzw. einer beliebigen Funktion) $x = x(t)$ im Intervall $[0, \tau]$ versteht man den Grenzwert

$$\lim_{n \to \infty} \sum_{k=1}^{2^n} \left| x\left(\frac{k\tau}{2^n}\right) - x\left(\frac{(k-1)\tau}{2^n}\right) \right|. \tag{7.3}$$

Aus der Nichtdifferenzierbarkeit der Trajektorien folgt, daß dieser Grenzwert nicht beschränkt sein kann. Man sagt daher, die Trajektorien sind von *unbeschränkter Variation*. Praktisch interessant wird diese Eigenschaft, wenn man sich vergegenwärtigt, daß der Grenzwert (7.3) wegen der Stetigkeit von $x = x(t)$ als Länge der Trajektorie im Intervall $[0, \tau]$ interpretiert werden kann. In einem noch so kleinen endlichen Intervall $[0, \tau]$ haben also fast alle Trajektorien eines Wiener-Prozesses eine unendliche Länge! Die Trajektorien eines Wiener-Prozesses müssen also -im Sinne der Struktur von Blatträndern- stark gezähnt, gesägt bzw. ähnlich beschaffen sein (wie es im Bild 7.2 ersichtlich ist), aber diese Strukturierung muß sich bis ins Infinitesimale fortsetzen, was natürlich graphisch nicht darstellbar ist. Das massenhafte und schnelle Bombardement von Teilchen in Flüssigkeiten oder Gasen durch die Moleküle des umgebenden Mediums lassen eine "glatte" Bewegungsbahn der Teilchen allerdings auch nicht erwarten. Jedoch impliziert die unbeschränkte Variation der Trajektorien, daß sich die Teilchen im Medium mit unendlich großer Geschwindigkeit bewegen, was Zweifel daran erwecken muß, ob der Wiener-Prozeß ein adäquates Modell zur mathematischen Beschreibung der Brownschen Bewegung darstellt. Die praktische Bedeutung des Wiener-Prozesses ist allerdings auch nicht vordergründig darauf zurückzuführen, daß er ursächlich als mathematisches

Modell der Brownschen Bewegung entwickelt wurde. Wichtiger sind seine Anwendungen in der Zeitreihenanalyse zur Prognose wirtschaftlicher, technischer, soziologischer und anderer Vorgänge; etwa im Finanzwesen (Modellierung der zufälligen Schwankungen von Aktienkursen), in der Zuverlässigkeitstheorie (Verschleißmodellierung) und in der Kommunikationstheorie (Modellierung von speziellen stochastischen Signalen, insbesondere von Rauschvorgängen).

Wiener-Prozeß und zufällige Irrfahrt Im Hinblick auf den physikalischen Hintergrund des Wiener-Prozesses ist es kaum verwunderlich, daß er im engen Zusammenhang mit der zufälligen Irrfahrt eines Teilchens auf der reellen Achse steht. In Modifikation der im Beispiel 5.1 beschriebenen zufälligen Irrfahrt wird nun angenommen, daß ausgehend von $x = 0$ ein Teilchen nach jeweils Δt Zeiteinheiten um Δx Längeneinheiten nach rechts bzw. links springt; und zwar jeweils mit Wahrscheinlichkeit 1/2. Ist $X(t)$ die Lage des Teilchens zum Zeitpunkt t, so gelten bei diesem Bewegungsablauf $X(0) = 0$ und

$$X(t) = (X_1 + X_2 + \cdots + X_{[t/\Delta t]})\,\Delta x \tag{7.4}$$

mit

$$X_i = \begin{cases} +1, & \text{wenn der } i\text{-te Sprung nach rechts erfolgt} \\ -1, & \text{wenn der } i\text{-te Sprung nach links erfolgt} \end{cases} .$$

Hierbei ist $[t/\Delta t]$ die größte ganze Zahl, die kleiner oder gleich $t/\Delta t$ ist. Die X_i sind voneinander unabhängig und gemäß

$$P(X_i = 1) = P(X_i = -1) = 1/2$$

verteilt. Wegen

$$E(X_i) = 0 \quad \text{und} \quad Var(X_i) = 1$$

gilt aufgrund von (7.4), (1.38) und (1.40)

$$E(X(t)) = 0; \quad Var(X(t)) = (\Delta x)^2\,[t/\Delta t]. \tag{7.5}$$

Das Ziel besteht nun darin, das Verhalten des Prozesses $\{X(t),\, t \ge 0\}$ für $\Delta x \to 0$ sowie $\Delta t \to 0$ zu untersuchen. Um ein sinnvolles Ergebnis zu erhalten, werden Δx und Δt so gewählt, daß für eine positive Konstante σ die Beziehung $\Delta x = \sigma\sqrt{\Delta t}$ gilt. Dann hat der aus dem Grenzübergang $\Delta t \to 0$ resultierende stochastische Prozeß $\{X(t),\, t \ge 0\}$ gemäß (7.5) die Eigenschaften

$$E(X(t)) = 0\,, \quad Var(X(t)) = \sigma^2 t\,.$$

Ferner hat er aufgrund seiner Konstruktion unabhängige und homogene Zuwächse. Wegen des zentralen Grenzwertsatzes ist $X(t)$ darüberhinaus für alle $t > 0$ normalverteilt. Infolgedessen ist der Prozeß $\{X(t),\, t \ge 0\}$ der "infinitesimalen zufälligen Irrfahrt" ein Wiener-Prozeß.

Mehrdimensionale und bedingte Verteilungen Es sei $\{X(t),\ t \ge 0\}$ ein Wiener-Prozeß. Seine eindimensionalen Verteilungsdichten, also die Dichten von $X(t)$, werden mit $f_t(x)$ bezeichnet. Gemäß Eigenschaft 3) von Definition 7.1 ist

$$f_t(x) = \frac{1}{\sqrt{2\pi t}\ \sigma}\, e^{-\frac{x^2}{2\sigma^2 t}}, \quad t > 0. \tag{7.6}$$

Bezeichnet $f_{s,t}(x_1, x_2)$ die gemeinsame Verteilungsdichte des zufälligen Vektors $(X(s),\ X(t))$ mit $0 < s < t$, so ist sie charakterisiert durch (s. Abschn. 1.3.1)

$$f_{s,t}(x_1, x_2)\, dx_1 dx_2 = P(X(s) = x_1,\ X(t) = x_2)\, dx_1 dx_2\,.$$

Wegen

$$P(X(s) = x_1,\ X(t) = x_2)\, dx_1 dx_2 = P(X(s) = x_1,\ X(t) - X(s) = x_2 - x_1)\, dx_1 dx_2$$

folgt aus der Unabhängigkeit der Zuwächse sowie aufgrund der Tatsache, daß die Differenz $X(t) - X(s)$ gemäß (7.1) die Verteilungsdichte $f_{t-s}(x)$ hat,

$$f_{s,t}(x_1, x_2)\, dx_1 dx_2 = P(X(s) = x_1)\, P(X(t) - X(s) = x_2 - x_1)\, dx_1 dx_2$$

$$= f_s(x_1) f_t(x_2 - x_1)\, dx_1 dx_2\,.$$

Also ist

$$f_{s,t}(x_1, x_2) = f_s(x_1) f_{t-s}(x_2 - x_1)\,. \tag{7.7}$$

Setzt man (7.6) ein, ergibt sich nach identischen Umformungen

$$f_{s,t}(x_1, x_2) = \frac{1}{2\pi\sigma^2 \sqrt{s(t-s)}}\, \exp\left\{ -\frac{1}{2\sigma^2 s(t-s)} \left(t x_1^2 - 2s x_1 x_2 + s x_2^2 \right) \right\}. \tag{7.8}$$

Vergleicht man diese Dichte mit der im Beispiel 1.4 (Seite 27) angegebenen Dichte der zweidimensionalen Normalverteilung, so folgt für $0 < s < t$: Der zufällige Vektor $(X(s),\ X(t))$ genügt einer zweidimensionalen Normalverteilung mit dem Korrelationskoeffizienten $\rho = +\sqrt{s/t}$. Daher sind

$$\rho(s, t) = +\sqrt{s/t}$$

die Korrelationsfunktion und gemäß (1.34)

$$K(s, t) = Cov(X(s), X(t)) = \sigma^2 s, \quad 0 < s \le t. \tag{7.9}$$

die Kovarianzfunktion des Wiener-Prozesses.

Die Kovarianzfunktion des Wiener-Prozesses läßt sich allerdings leichter direkt berechnen. Wegen der Unabhängigkeit der Zuwächse gilt nämlich für $0 < s < t$

$$Cov(X(s),\ X(t) - X(s)) = 0\,.$$

Daher ist

$$Cov(X(s), X(t)) = Cov(X(s), X(s) + X(t) - X(s))$$

$$= Cov(X(s), X(s)) + Cov(X(s), X(t) - X(s))$$

$$= Cov(X(s), X(s))$$

$$= Var(X(s)).$$

Wegen $Var(X(s)) = \sigma^2 s$ ergibt sich wiederum die Kovarianzfunktion (7.9).

Es seien nun $0 < s < t$ und $X(t) = b$. Dann ist die bedingte Dichte von $X(s)$ unter der Bedingung $X(t) = b$ gemäß (1.29) gegeben durch

$$f_{X(s)}(x|X(t) = b) = \frac{f_{s,t}(x,b)}{f_t(b)}. \tag{7.10}$$

Das Einsetzen von (7.6) und (7.8) liefert

$$f_{X(s)}(x|X(t) = b) = \frac{1}{\sqrt{2\pi \frac{s}{t}(t-s)}\,\sigma}\, \exp\left\{-\frac{1}{2\sigma^2 \frac{s}{t}(t-s)}\left(x - \frac{s}{t}b\right)^2\right\}. \tag{7.11}$$

Das ist aber die Dichte einer normalverteilten Zufallsgröße mit den Parametern

$$E(X(s)|X(t) = b) = \frac{s}{t}b \quad \text{und} \quad Var(X(s)|X(t) = b) = \sigma^2 \frac{s}{t}(t-s). \tag{7.12}$$

Man erkennt, daß die bedingte Varianz bei $s = t/2$ ihr Maximum annimmt.

Es sei nun $0 < t_1 < t_2 < ... < t_n < \infty$. Gesucht ist die n-dimensionale Verteilungsdichte $f_{t_1,t_2,...,t_n}(x_1, x_2, ..., x_n)$ des zufälligen Vektors $(X(t_1), X(t_2), ..., X(t_n))$. Wegen der unabhängigen, normalverteilten Zuwächse des Wiener-Prozesses hat diese Dichte in Verallgemeinerung von (7.7) die Struktur:

$$f_{t_1,t_2,...,t_n}(x_1, x_2, ..., x_n) = f_{t_1}(x_1) f_{t_2-t_1}(x_2 - x_1)...f_{t_n-t_{n-1}}(x_n - x_{n-1}),$$

wobei $f_t(x)$ durch (7.6) gegeben ist. Man erhält

$$f_{t_1,t_2,...,t_n}(x_1, x_2, ..., x_n) = \frac{\exp\left\{-\frac{1}{2}\left[\frac{x_1^2}{t_1} + \frac{(x_2-x_1)^2}{t_2-t_1} + ... + \frac{(x_n-x_{n-1})^2}{t_n-t_{n-1}}\right]\right\}}{(2\pi)^{n/2}\,\sigma^n\, \sqrt{t_1(t_2 - t_1)...(t_n - t_{n-1})}}. \tag{7.13}$$

Wie im zweidimensionalen Fall kann man sich prinzipiell durch Umformungen dieser Dichte davon überzeugen, daß der zufällige Vektor $(X(t_1), X(t_2), ..., X(t_n))$ einer n-dimensionalen Normalverteilung genügt. Man kann sich aber den damit verbundenen beträchtlichen Rechenaufwand ersparen; denn dieser Sachverhalt folgt unmittelbar aus Satz 1.1, weil sich jedes $X(t_i)$ als Summe unabhängiger, normalverteilter Zufallsgrößen (Zuwächse) in folgender Weise darstellen läßt:

$$X(t_i) = X(t_1) + (X(t_2) - X(t_1)) + ... + (X(t_i) - X(t_{i-1})); \quad i = 2, 3, ..., n.$$

Daher ist der Wiener-Prozeß ein *Gaußscher Prozeß* im Sinne der folgenden Definition.

Definition 7.2 (*Gaußscher Prozeß*) Ein stochastischer Prozeß $\{X(t),\, t \in \mathbf{T}\}$ ist ein *Gaußscher Prozeß*, wenn für beliebige Vektoren $(t_1, t_2, \ldots, t_n)$ mit $t_i \in \mathbf{T}$ und $t_1 < t_2 < \ldots < t_n$; $n = 1, 2, \ldots$; die zufälligen Vektoren $(X(t_1), X(t_1), \ldots, X(t_n))$ einer n-dimensionalen Normalverteilung genügen. ●

Alle mehrdimensionalen Verteilungen eines Gaußschen Prozesses sind also mehrdimensionale Normalverteilungen. Entsprechend Beispiel 1.5 (Seite 30) genügt es, zur vollständigen Beschreibung eines Gaußschen Prozesses seine Trendfunktion und seine Kovarianzfunktion zu kennen. Da die Trendfunktion eines Wiener-Prozesses identisch 0 ist, gilt:

> *Der Wiener-Prozeß ist durch seine Kovarianzfunktion (7.9) vollständig charakterisiert.*

Brownsche Brücke Unter der *Brownschen Brücke* $\{X(t),\, t \in [0,1]\}$ versteht man den auf den Parameterbereich $\mathbf{T} = [0 \le t \le 1]$ beschränkten Wiener-Prozeß, der neben $X(0) = 0$ auch die Bedingung $X(1) = 0$ erfüllt. Ihre eindimensionalen Verteilungsdichten betragen gemäß (7.11)

$$f_{X(t)}(x) = \frac{1}{\sqrt{2\pi\, t(1-t)}\,\sigma} \exp\left\{ -\frac{x^2}{2\sigma^2\, t(1-t)} \right\}, \quad 0 < t < 1.$$

Insbesondere sind

$$E(X(t)) = 0, \quad Var(X(t)) = \sigma^2\, t(1-t), \quad 0 \le t \le 1.$$

Die zweidimensionale Verteilungsdichte der Brownschen Brücke wird vermittels der Formel

$$f_{t_1,t_2}(x_1,x_2) = \frac{f_{t_1,t_2,t_3}(x_1,x_2,0)}{f_{t_3}(0)}$$

mit $t_1 = s$, $t_2 = t$ und $t_3 = 1$ unter Berücksichtigung von (7.6) und (7.13) berechnet (siehe Abschnitt 1.3.2):

$$f_{s,t}(x_1,x_2) = \frac{\exp\left\{ -\frac{1}{2}\left[\frac{t}{s(t-s)}x_1^2 - \frac{2}{t-s}x_1 x_2 + \frac{1-s}{(t-s)(1-t)}x_2^2 \right] \right\}}{2\pi\sigma^2 \sqrt{s(t-s)(1-t)}}, \quad 0 < s < t < 1.$$

Durch Vergleich mit Beispiel 1.4 (Seite 27) stellt man fest: Korrelationsfunktion und Kovarianzfunktion der Brownschen Brücke lauten

$$\rho(s,t) = \frac{s(1-t)}{t(1-s)}, \quad K(s,t) = \sigma^2 s(1-t), \quad 0 < s < t < 1.$$

Da es sich bei der Brownschen Brücke um einen Gaußschen Prozeß handelt, dessen Trendfunktion identisch 0 ist, ist sie wie der Wiener-Prozeß durch ihre Kovarianzfunktion eindeutig bestimmt.

7.2 Niveauüberschreitung

Der Wiener-Prozeß startet definitionsgemäß stets bei $X(0) = 0$. Es sei $L(a)$ der zufällige Zeitpunkt, an dem der Wiener-Prozeß erstmals nach dem Zeitpunkt $t = 0$ den Wert a annimmt. $L(a)$ heißt *Ersterreichungszeit*. (Eine solche wurde bereits im Abschnitt 4.7 für kumulative stochastische Prozesse eingeführt.) Für eine beliebige Trajektorie $x = x(t)$ des Wiener-Prozesses gilt also $x(L(a)) = a$. Wegen der Stetigkeit der Trajektorien ist das Tupel $(a, L(a))$ eindeutig bestimmt (Bild 7.3).

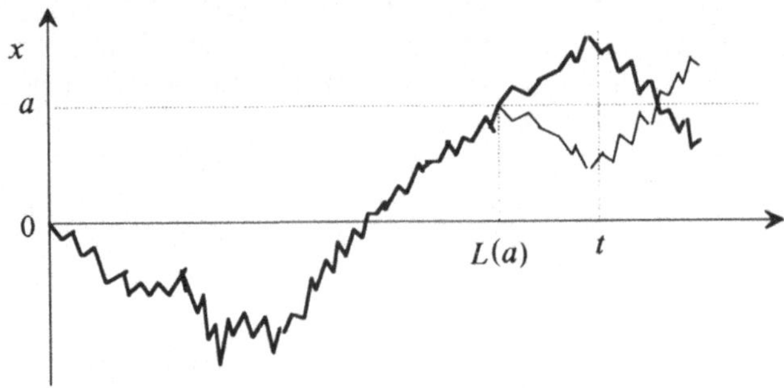

Bild 7.3 Veranschaulichung von Ersterreichungszeit und Spiegelungsprinzip

Das Ziel besteht in der Bestimmung der Verteilungsfunktion von $L(a)$. Wegen der Formel der totalen Wahrscheinlichkeit gilt für $a > 0$

$$P(X(t) \geq a) = P(X(t) \geq a | L(a) \leq t)\, P(L(a) \leq t)$$
$$+ P(X(t) \geq a | L(a) > t)\, P(L(a) > t). \tag{7.14}$$

In dieser Beziehung verschwindet der zweite Summand, da infolge der Definition von $L(a)$ die bedingte Wahrscheinlichkeit $P(X(t) \geq a | L(a) > t)$ für alle $t > 0$ gleich 0 sein muß. Ferner gilt

$$P(X(t) \geq a | L(a) \leq t) = \frac{1}{2}; \tag{7.15}$$

denn wegen $X(L(a)) = a$ befindet sich der Wiener-Prozeß nach dem Zeitpunkt $L(a)$

aus Symmetriegründen mit gleicher Wahrscheinlichkeit über oder unter der Geraden $x(t) \equiv a$. Man kann sich diesen Sachverhalt auch an Bild 7.3 veranschaulichen: Zwei Trajektorien des Wiener-Prozesses, die bis zum Erreichen des Wertes a zusammenfallen und nach dem Zeitpunkt $L(a)$ durch Spiegelung an der Geraden $x(t) \equiv a$ auseinander hervorgehen, haben die gleiche Chance, realisiert zu werden. Diese heuristische Beweisführung ist als *Spiegelungsprinzip* (*Reflektionsprinzip*) bekannt. Somit folgt aus (7.14), (7.15) und (7.6)

$$F_{L(a)}(t) = P(L(a) \le t)$$

$$= 2\,P(X(t) \ge a)$$

$$= \frac{2}{\sqrt{2\pi t}\,\sigma} \int\limits_{a}^{\infty} e^{-\frac{x^2}{2\sigma^2 t}}\, dx \; .$$

Da wiederum aus Symmetriegründen die Verteilungen von $L(a)$ für positive und negative a übereinstimmen müssen, gilt allgemein

$$F_{L(a)}(t) = \frac{2}{\sqrt{2\pi t}\,\sigma} \int\limits_{|a|}^{\infty} e^{-\frac{x^2}{2\sigma^2 t}}\, dx, \quad t > 0 \; .$$

Der durch diese Verteilungsfunktion definierte Verteilungstyp ist ein Spezialfall der *inversen Gaußverteilung*, deren allgemeine Struktur im Abschnitt 7.3.3 eingeführt wird. Den Zusammenhang mit der Normalverteilung (Gaußverteilung) erkennt man nach Ausführung der Substitution $u^2 = x^2/(\sigma^2\, t)$:

$$F_{L(a)}(t) = \frac{2}{\sqrt{2\pi}} \int\limits_{\frac{|a|}{\sigma\sqrt{t}}}^{\infty} e^{-u^2/2}\, du \; , \quad t > 0 \; .$$

Also hat die Verteilungsfunktion der Ersterreichungszeit $L(a)$ die Form

$$F_{L(a)}(t) = 2\left[1 - \Phi\!\left(\frac{|a|}{\sigma\sqrt{t}}\right)\right], \quad t > 0, \tag{7.16}$$

wobei $\Phi(u)$ wie üblich die Verteilungsfunktion der normierten Normalverteilung ist. Differentiation nach t liefert die Verteilungsdichte von $L(a)$:

$$f_{L(a)}(t) = \frac{|a|}{\sqrt{2\pi}\,\sigma\, t^{3/2}} \exp\left\{-\frac{a^2}{2\sigma^2 t}\right\}, \quad t > 0 \; . \tag{7.17}$$

Bild 7.4 zeigt den qualitativen Verlauf von $f_{L(a)}(t)$ in Abhängigkeit von der positiven Konstanten $\alpha = |a|/\sigma$.

Erwartungswert und Varianz von $L(a)$ existieren nicht.

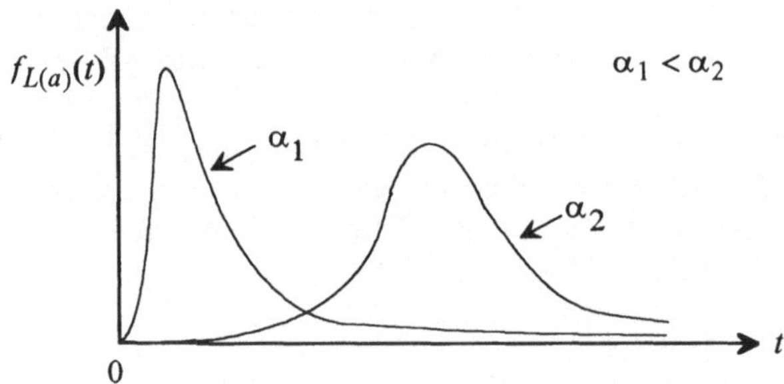

Bild 7.4 Qualitativer Verlauf der Dichte der Ersterreichungszeit

Als Folgerung aus dem erzielten Ergebnis erhält man die Wahrscheinlichkeitsverteilung von

$$M(t) = \max \{X(s),\ 0 \le s \le t\}\ , \qquad (7.18)$$

also des Maximums des Wiener-Prozesses im Intervall $[0, t]$: Für $t > 0$ gilt

$$1 - F_{M(t)}(x) = P(M(t) \ge x)$$

$$= P(L(x) \le t)$$

$$= 2\left[1 - \Phi\!\left(\frac{x}{\sigma\sqrt{t}}\right)\right],\quad x \ge 0\ .$$

Also lautet die Verteilungsfunktion von $M(t)$ für gegebenes $t > 0$:

$$F_{M(t)}(x) = 2\,\Phi\!\left(\frac{x}{\sigma\sqrt{t}}\right) - 1\ ,\quad x \ge 0\ . \qquad (7.19)$$

Die zugehörige Dichte ist

$$f_{M(t)}(x) = \frac{2}{\sqrt{2\pi t}\,\sigma}\, e^{-x^2/(2\sigma^2 t)},\quad x \ge 0\ . \qquad (7.20)$$

Daher genügt $M(t)$ einer *Rayleighverteilung*.

Beispiel 7.1 Ein Sensor zur Messung hoher Temperaturen zeigt im Mittel die wahre Temperatur an. Im Laufe der Nutzungsdauer verschlechtert sich jedoch die Anzeigegenauigkeit, die zu Beginn fast 100%-ig ist. Es sei $X(t)$ die zufällige Abweichung der zum Zeitpunkt t angezeigten Temperatur von der tatsächlichen Temperatur. Statistische Untersuchungen haben gezeigt, daß $X(t)$ für alle $t > 0$ normalverteilt ist mit dem Erwartungswert 0 und der Varianz $0{,}01t$. Insbesondere ist

$$\sigma = \sqrt{Var(X(1))} = 0,1 \left[\frac{{}^0C}{\sqrt{24\,h}}\right].$$

Es ist zu berechnen, mit welcher Wahrscheinlichkeit die Abweichung des Meßergebnisses von der wahren Temperatur den kritischen Wert -5 ^{0}C im Verlaufe eines Jahres (Garantiezeitraum) erreicht. Mit der Ersterreichungszeit $L(-5)$ des kritischen Wertes ist die gesuchte Wahrscheinlichkeit gemäß (7.16) gegeben durch

$$P(L(-5) < 365) = P(L(5) < 365)$$

$$= F_{L(5)}(365) = 2\left[1 - \Phi\left(\frac{5}{0,1\sqrt{365}}\right)\right]$$

$$= 2\left[1 - \Phi(2,617)\right]$$

$$= 0,009.$$

Der Sensor ist nach einer Zeit $\tau_{0,05}$ auszutauschen, wenn er vor dem Zeitpunkt $\tau_{0,05}$ mit Wahrscheinlichkeit 0,05 den kritischen Wert von -5 ^{0}C erreicht. Gemäß (7.16) erfüllt $\tau_{0,05}$ die Gleichung

$$2\left[1 - \Phi\left(\frac{5}{0,1\sqrt{\tau_{0,05}}}\right)\right] = 0,05$$

bzw.

$$\frac{5}{0,1\sqrt{\tau_{0,05}}} = \Phi^{-1}(0,975) = 1,96.$$

Es folgt

$$\tau_{0,05} = 651 \; [Tage] . \qquad\qquad\qquad \square$$

Neben den Ersterreichungszeiten $L(a)$ bzw. $L(b)$ interessiert auch die zufällige Zeit $L(a,b)$, bis der Wiener-Prozeß erstmals einen Wert a oder b erreicht; $a > 0, b < 0$.

Beispiel 7.2 $\{X(t), t \geq 0\}$ sei ein Wiener-Prozeß. Gesucht ist die Wahrscheinlichkeit

$$P(L(a) < L(b)) = P(X(L(a,b)) = a)$$

dafür, daß der Prozeß den Wert a vor dem Wert b erreicht; $a > 0, b < 0$.

Ein einfacher <u>heuristischer</u> Zugang zu dieser Wahrscheinlichkeit ist der folgende: Weil die Trendfunktion des Wiener-Prozesses identisch 0 ist, gilt unter der Bedingung $L(a,b) = t$

$$0 = E(X(t))$$

$$= a\,P(X(t) = a) + b\,P(X(t) = b)$$

$$= aP(X(t) = a) + b\left[1 - P(X(t) = a)\right].$$

Es folgt $P(X(t) = a) = |b|/(a + |b|)$. Da diese Beziehung für alle Realisierungen t von $L(a,b)$ besteht, schließt man, daß generell

$$P(L(a) < L(b)) = P(X(L(a,b)) = a) = |b|/(a + |b|) \tag{7.21}$$

gilt. Gibt etwa $X(t)$ den kumulativen Gewinn bzw. Verlust eines Spielers an, den er nach t Zeiteinheiten erzielt hat und bricht er das Spiel bei einem Gewinn von a bzw. bei einem Verlust seines Einsatzes von b Geldeinheiten ab, so ist (7.21) die Wahrscheinlichkeit dafür, daß er das Spiel mit Gewinn beendet. Oder bezüglich des vorangegangen Beispiels: Die Wahrscheinlichkeit dafür, daß der Sensor zuerst $10\,^0C$ mehr anzeigt, bevor er $2\,^0C$ zuwenig anzeigt, ist $2/(10+2) = 1/6$. $\square$

Ohne Beweis sei eine interessante Eigenschaft des Erwartungswertes von $L(a,b)$ angegeben:

$$E(L(a,b)) = \frac{1}{\sigma^2}\, E(X^2(L(a,b))).$$

Daher gilt gemäß (7.21)

$$E(L(a,b)) = \frac{1}{\sigma^2}\Big[a^2 P(L(a) < L(b)) + b^2 P(L(a) > L(b)) \Big]$$

$$= \frac{1}{\sigma^2}\Big[a^2\, \frac{|b|}{a+|b|} + b^2\, \frac{a}{a+|b|} \Big].$$

Also ist

$$E(L(a,b)) = \frac{1}{\sigma^2}\, a\, |b|\,.$$

Im Unterschied zu den Erwartungswerten von $L(a)$ bzw. $L(b)$ existiert also der Erwartungswert von $L(a,b)$. Wird etwa im Beispiel 7.1 für $X(t)$ der Toleranzbereich $\left[-5\,^0C,\ 5\,^0C\right]$ vorgegeben, so verläßt $X(t)$ diesen Bereich im Mittel erstmals nach $E(Y(-5,5)) = 25/0,01 = 2500$ Tagen.

Beispiel 7.3 Gesucht ist die Wahrscheinlichkeit $p_{[1,t]}$ dafür, daß der Wiener-Prozeß $\{X(t),\ t \geq 0\}$ im Intervall $[1, t]$, $1 < t$, mindestens einmal die x-Achse schneidet.

Unter der Bedingung $X(1) = a$ mit $a > 0$ erhält man für die gesuchte Wahrscheinlichkeit aus Symmetriegründen sowie wegen (7.20)

$$P(X(s) = 0 \quad \text{für ein } 1 < s \leq t | X(1) = -a)$$

$$= P(X(s) = 0 \quad \text{für ein } 1 < s \leq t | X(1) = a)$$

$$= P(X(s) \leq -a \ \text{für ein } 0 < s \leq t - 1)$$

$$= P(X(s) \geq a \quad \text{für ein } 0 < s \leq t - 1)$$

$$= P(M(t - 1) \geq a)$$

$$= \frac{2}{\sqrt{2\pi(t-1)}\,\sigma} \int\limits_a^\infty e^{-\frac{x^2}{2\sigma^2(t-1)}}\,dx\,.$$

Wird diese Wahrscheinlichkeit über alle $a > 0$ gemittelt (die negativen a werden durch Multiplikation mit dem Faktor 2 berücksichtigt) erhält man für die gesuchte Wahrscheinlichkeit

$$p_{[1,t]} = 2 \int_0^\infty P(X(s) = 0 \text{ für ein } 1 < s \le t \,|\, X(1) = a) f_{X(1)}(a)\,da$$

$$= 2 \int\limits_0^\infty \frac{2}{\sqrt{2\pi(t-1)}\,\sigma} \int\limits_a^\infty e^{-\frac{x^2}{2\sigma^2(t-1)}} \; \frac{1}{\sqrt{2\pi}\,\sigma} e^{-\frac{a^2}{2\sigma^2}}\,dx\,da\,.$$

Die Substitutionen $u = \dfrac{x}{\sqrt{t-1}\,\sigma}$ bzw. $v = \dfrac{a}{\sigma}$ im inneren bzw. äußeren Integral liefern

$$p_{[1,t]} = \frac{2}{\pi} \int\limits_0^\infty \int\limits_{\frac{v}{\sqrt{t-1}}}^\infty e^{-\frac{u^2+v^2}{2}}\,du\,dv\,.$$

Dieses Doppelintegral berechnet man am einfachsten durch Übergang zu den Polarkoordinaten (r, ϕ): Dem Integrationsbereich $\left\{ 0 < v < \infty,\ \dfrac{v}{\sqrt{t-1}} < u < \infty \right\}$ entspricht in Polarkoordinaten der Bereich $\left\{ 0 < r < \infty,\ \arctan\dfrac{1}{\sqrt{t-1}} < \phi < \dfrac{\pi}{2} \right\}$. Daher ist

$$p_{[1,t]} = \frac{2}{\pi} \int\limits_0^\infty \int\limits_{\arctan\frac{1}{\sqrt{t-1}}}^\infty e^{-r^2/2}\, r\,d\phi\,dr$$

$$= \frac{2}{\pi} \left[\frac{\pi}{2} - \arctan\frac{1}{\sqrt{t-1}} \right] \int\limits_0^\infty r\,e^{-r^2/2}\,dr$$

$$= 1 - \frac{2}{\pi} \arctan\frac{1}{\sqrt{t-1}}$$

$$= \frac{2}{\pi} \arccos\frac{1}{\sqrt{t}}\,.$$

Wählt man als Zeiteinheit τ mit $0 < \tau < t$, so ergibt sich hieraus sofort die Wahrscheinlichkeit $p_{[\tau,t]}$ dafür, daß der Wiener-Prozeß im Intervall $[\tau, t]$ mindestens einmal die x-Achse schneidet:

$$p_{[\tau,t]} = \frac{2}{\pi} \arccos\sqrt{\frac{\tau}{t}}\,. \qquad\qquad \square$$

7.3 Transformationen des Wiener-Prozesses

7.3.1 Elementare Transformationen

Durch Transformation des Wiener-Prozesses gelangt man zu stochastischen Prozessen, die zum Teil eine erhebliche eigenständige Bedeutung haben. Interessant sind aber auch Transformationen, die wiederum zum Wiener-Prozeß führen. Der folgende Satz faßt drei derartige Transformationen zusammen.

Satz 7.1 Ist $\{X(t), \, t \geq 0\}$ ein standardisierter Wiener-Prozeß, so sind auch die folgenden stochastischen Prozesse standardisierte Wiener-Prozesse:

(1) $\{U(t), \, t \geq 0\}$ mit $U(t) = c\,X(t/c^2)$, $c > 0$;

(2) $\{V(t), \, t \geq 0\}$ mit $V(t) = X(t+h) - X(h)$, $h > 0$;

(3) $\{W(t), \, t \geq 0\}$ mit $W(t) = \begin{cases} t\,X(1/t) & \text{für} \quad t > 0 \\ 0 & \text{für} \quad t = 0 \end{cases}$.

Beweis Der Nachweis wird über die Verifikation der Eigenschaften 1) bis 3) von Definition 7.1 geführt.
Sicher gilt $U(0) = V(0) = 0$. Wegen (7.25) gilt aber auch $W(0) = 0$. Da der Wiener-Prozeß unabhängige, normalverteilte Zuwächse hat, haben auch die Prozesse (1) bis (3) diese Eigenschaft. Die Trendfunktionen der Prozesse (1) bis (3) sind offensichtlich identisch 0. Um die Stationarität der Zuwächse nachzuweisen, genügt es daher zu zeigen, daß die Varianzen der Zuwächse der Prozesse (1) bis (3) in einem beliebigen Intervall $[s, \, t]$ mit $s < t$ gleich $t - s$ sind:

$$(1) \quad Var(U(t) - U(s)) = E([U(t) - U(s)]^2)$$

$$= E(U^2(t)) - 2Cov(U(s)U(t)) + E(U^2(s))$$

$$= c^2\left[E(X^2(t/c^2)) - 2Cov(X(s/c^2), X^2(t/c^2)) + E(X^2(s/c^2)) \right]$$

$$= c^2\left[\frac{t}{c^2} - 2\frac{s}{c^2} + \frac{s}{c^2} \right] = t - s.$$

$$(2) \quad Var(V(t) - V(s)) = E([X(t+h) - X(s+h)]^2)$$

$$= (t+h) - 2(s+h) + (s+h) = t - s.$$

$$(3) \quad Var(W(t) - W(s)) = E([t\,X(1/t) - s\,X(1/s)]^2)$$

$$= t^2 \cdot \frac{1}{t} - 2st \cdot \frac{1}{t} + s^2 \cdot \frac{1}{s} = t - s. \qquad \blacksquare$$

Satz 7.2 $\{X(t),\, t \geq 0\}$ sei ein standardisierter Wiener-Prozeß. Dann gilt mit Wahrscheinlichkeit 1

$$\lim_{t \to \infty} \frac{1}{t} X(t) = 0. \tag{7.22}$$

Beweis Für ganzzahliges $t = n$ läßt sich $X(t)$ als Summe unabhängiger, identisch verteilter Zufallsgrößen darstellen:

$$X(n) = (X(1) - X(0) + (X(2) - X(1)) + \ldots + (X(n) - X(n-1)).$$

Daher gilt wegen des starken Gesetzes der großen Zahlen mit Wahrscheinlichkeit 1

$$\lim_{n \to \infty} \frac{1}{n} X(n) = 0. \tag{7.23}$$

Für $n = 0, 1, \ldots$ sei $M(n) = \max_{t \in [n,\, n+1)} |X(t) - X(n)|$.

Für jedes $a > 0$ gilt aus Symmetriegründen sowie wegen (7.20)

$$P(M(n) \geq a) = \frac{4}{\sqrt{2\pi}} \int_a^\infty e^{-x^2/2} dx \leq \frac{4}{\sqrt{2\pi}} \int_a^\infty e^{-x\,a/2} dx$$

$$= \frac{8}{a\sqrt{2\pi}} e^{-a^2/2}.$$

Wird $a = 2\sqrt{\ln(n+1)}$ gesetzt, folgt

$$P(M(n) \geq 2\sqrt{\ln(n+1)}\,) \leq \frac{8}{2\sqrt{2\pi \ln(n+1)}\,(n+1)^2}.$$

Es bezeichne I_n die Indikatorfunktion des Ereignisses "$M(n) \geq 2\sqrt{\ln(n+1)}$":

$$I_n = \begin{cases} 1, & \text{wenn } M(n) \geq 2\sqrt{\ln(n+1)} \\ 0, & \text{wenn } M(n) < 2\sqrt{\ln(n+1)} \end{cases} ; \quad n = 0, 1, \ldots$$

Ferner sei

$$I = \sum_{n=0}^{\infty} I_n.$$

Da $P(M(n) \geq 2\sqrt{\ln(n+1)}\,)$ für hinreichend große n stets kleiner als $1/(n+1)^2$ ist, muß $E(I) < \infty$ gelten. Infolgedessen kann das Ereignis "$M(n) \geq 2\sqrt{\ln(n+1)}$" mit Wahrscheinlichkeit 1 nur endlich oft eintreten. Daher ist

$$\lim_{n \to \infty} \frac{1}{n} M(n) = 0. \tag{7.24}$$

Insgesamt folgt aus (7.23) und (7.24), wenn n mit t gemäß $n \leq t < n+1$ unbeschränkt wächst, die Behauptung des Satzes:

$$\frac{1}{t} |X(t)| \leq \frac{1}{n} |X(t)| \leq \frac{1}{n} (|X(n)| + M(n)) \to 0. \qquad \blacksquare$$

Wird in der Beziehung (7.22) t durch $1/t$ substituiert, so ist der Grenzübergang $t \to \infty$ dem Grenzübergang $t \to 0$ äquivalent. Also gilt mit Wahrscheinlichkeit 1

$$\lim_{t \to 0} t\, X(1/t) = 0 . \tag{7.25}$$

Wegen (7.22) muß der Wiener-Prozeß $\{X(t), t \geq 0\}$ mit Wahrscheinlichkeit 1 in jedem Intervall $[\tau \leq t < \infty)$ mindestens einmal (und daher sogar abzählbar unendlich oft) die x-Achse schneiden. Da aber $\{W(t) = t\, X(1/t), t \geq 0\}$ auch ein Wiener-Prozeß ist, hat er die gleiche Eigenschaft. Infolgedessen muß der "Ausgangsprozeß" $\{X(t), t \geq 0\}$ in jeder noch so kleinen Umgebung $(0 < t \leq \tau]$ des Nullpunkts die x-Achse ebenfalls abzählbar unendlich oft schneiden.

7.3.2 Ornstein-Uhlenbeck-Prozeß

Bereits im Abschnitt 7.1 wurde darauf hingewiesen, daß die Trajektorien eines Wiener-Prozesses nirgends differenzierbar sind. Infolgedessen haben Teilchen, wenn ihre Bewegung im umgebenden Medium Flüssigkeit oder Gas durch einen Wiener-Prozeß modelliert wird, stets eine unendliche Geschwindigkeit. Zur Überwindung dieser Situation entwickelten *Ornstein* und *Uhlenbeck* ein stochastisches Modell speziell für die Geschwindigkeit der Teilchen. Es spielt daher in der statistischen Mechanik eine gewisse Rolle.

Definition 7.3 $\{X(t), t \geq 0\}$ sei ein Wiener-Prozeß mit dem Parameter σ. Dann heißt der durch

$$V(t) = e^{-\alpha t} X(e^{2\alpha t})$$

mit $\alpha > 0$ definierte stochastische Prozeß $\{V(t), -\infty < t < \infty\}$ *Ornstein-Uhlenbeck-Prozeß*.   ●

Vermittels (7.6) rechnet man leicht nach, daß $V(t)$ die Dichte

$$f_{V(t)}(x) = \frac{1}{\sqrt{2\pi}\,\sigma}\, e^{-\frac{x^2}{2\sigma^2}}, \quad -\infty < x < \infty,$$

hat. Somit genügt $V(t)$ einer Normalverteilung mit den Parametern

$$E(V(t)) = 0, \quad Var(V(t)) = \sigma^2 . \tag{7.26}$$

Insbesondere genügt $V(t)$ einer standardisierten Normalverteilung, wenn ein standardisierter Wiener-Prozeß zugrunde liegt. Da ein $\{X(t), t \geq 0\}$ Gaußscher Prozeß ist, gehört auch der Ornstein-Uhlenbeck-Prozeß zu dieser Klasse. (Das ist wieder eine Folgerung aus Satz 1.1.) Somit sind auch die mehrdimensionalen Verteilungen des Ornstein-Uhlenbeck-Prozesses mehrdimensionale Normalverteilungen. Ferner besteht eine eineindeutige Korrespondenz zwischen den Trajektorien des Wiener-

Prozesses mit dem zugehörigen Ornstein-Uhlenbeck-Prozeß. Infolgedessen ist mit dem Wiener-Prozeß auch der Ornstein-Uhlenbeck-Prozeß Markovsch.

Die Trendfunktion des Ornstein-Uhlenbeck-Prozesses ist wegen (7.26) identisch 0. Seine Kovarianzfunktion lautet

$$K(s,t) = \sigma^2 e^{-2\alpha(t-s)}, \quad s \leq t, \tag{7.27}$$

wie die folgende Rechnung zeigt:

$$
\begin{aligned}
K(s,t) &= Cov\,(V(s), V(t)) = E(V(s)V(t)) \\
&= e^{-\alpha(s+t)} E(X(e^{2s})X(e^{2t})) \\
&= e^{-\alpha(s+t)} Cov\,(X(e^{2\alpha s}), X(e^{2\alpha t})) \\
&= e^{-\alpha(s+t)} \sigma^2 e^{2\alpha s} = \sigma^2 e^{2\alpha(t-s)}.
\end{aligned}
$$

(Beim Übergang von der vorletzten zur letzten Zeile wurde von (7.9) Gebrauch gemacht.) Insbesondere ergibt sich für $s = t$ die bereits bekannte Varianz σ^2 von $V(t)$.

Folgerung Der Ornstein-Uhlenbeck-Prozeß ist stationär im weiteren Sinn. Als Gaußscher Prozeß ist er damit auch stationär im engeren Sinn.

Somit ist der Ornstein-Uhlenbeck-Prozeß ein aus dem instationären Wiener-Prozeß durch Zeittransformation und Normierung hervorgegangener stationärer Prozeß. Wesentliche Unterschiede zum Wiener-Prozeß sind die folgenden: 1) Der Ornstein-Uhlenbeck-Prozeß hat keine unabhängigen Zuwächse. 2) Die Trajektorien des Ornstein-Uhlenbeck-Prozesses sind bezüglich des Quadratmittels überall differenzierbar.

7.3.3 Wiener-Prozeß mit Drift

Definition 7.4 Ein stochastischer Prozeß $\{W(t), t \geq 0\}$ mit unabhängigen Zuwächsen heißt *Wiener-Prozeß mit Drift,* wenn er folgende Eigenschaften hat:

1) $W(0) = 0$,

2) Jeder Zuwachs ist $W(t) - W(s)$ ist normalverteilt mit dem Erwartungswert $\mu(t - s)$ und der Varianz $\sigma^2|t - s|$. ●

Eine äquivalente Erklärung ist die folgende: $\{W(t), t \geq 0\}$ ist ein Wiener-Prozeß mit Drift, wenn $W(t)$ die Struktur

$$W(t) = \mu t + X(t)$$

hat. Hierbei ist $\{X(t), t \geq 0\}$ ein Wiener-Prozeß mit $\sigma^2 = Var(X(1))$ und μ ist eine beliebige Konstante, die *Driftparameter* genannt wird.

Ein Wiener -Prozeß mit Drift entsteht also durch additive Überlagerung des Wiener -Prozesses mit einem deterministisch wachsenden bzw. fallenden Anteil. Dieser deterministische Anteil ist mit seiner Trendfunktion identisch:

$$m(t) = \mu t .$$

Die eindimensionalen Verteilungsdichten des Wiener-Prozesses mit Drift sind

$$f_{W(t)}(x) = \frac{1}{\sqrt{2\pi t}\,\sigma}\, e^{-\frac{(x-\mu t)^2}{2\sigma^2 t}} ; \quad -\infty < x < \infty,\ t > 0. \tag{7.28}$$

Wiener-Prozesse mit Drift treten dort auf, wo die zeitliche Entwicklung einer von der Sache her linear wachsenden bzw. fallenden (driftenden) Kenngröße durch zufällige Einflüsse ständig gestört wird. Beispiele hierfür können Verschleißparameter und Instandhaltungsaufwendungen während der Nutzungsdauer eines Systems, Kapitalzuwächse, Produktivitätsentwicklungen sowie physikalische Rauschvorgänge sein.

Wegen der genannten Anwendungsmöglichkeiten spielen Probleme der Niveauüberschreitung bei Wiener-Prozessen mit Drift eine große Rolle. Ist $a > 0$ ein vorgegebener Wert und $\mu > 0$, so sei $L(a)$ die Ersterreichungszeit des Wertes a durch einen Wiener-Prozeß mit Drift. Da es sich um einen Gaußschen Prozeß mit unabhängigen, stationären Zuwächsen handelt, besteht folgender prinzipieller Zusammenhang zwischen den Verteilungsdichten von $W(t)$ und $L(a)$:

$$f_{L(a)}(t) = \frac{a}{t}\, f_{W(t)}(a) .$$

(Bezüglich allgemeinerer Voraussetzungen für die Gültigkeit dieses Sachverhalts siehe *Franz* (1977)). Also lautet die Verteilungsdichte von $L(a)$:

$$f_{L(a)}(t) = \frac{a}{\sqrt{2\pi}\,\sigma\, t^{3/2}}\, \exp\left\{ -\frac{(a-\mu t)^2}{2\sigma^2 t} \right\}, \quad t > 0. \tag{7.29}$$

Aus Symmetriegründen erhält man die Dichte der Ersterreichungszeit $L_w(a)$ des Wertes a unter der Bedingung $W(0) = w$ mit $a > w$ aus (7.29) einfach dadurch, daß dort a durch $a - w$ ersetzt wird. (7.29) ist die Dichte der *inversen Gaußverteilung* mit den Parametern μ, σ^2 und a. Für $\mu = 0$ erhält man den bereits eingeführten Spezialfall (7.17). Sind $a < 0$ und $\mu < 0$, so hat $L(a)$ die Dichte (7.29), wenn dor a und μ durch $|a|$ bzw. $|\mu|$ ersetzt werden.

Erwartungswert und Varianz der invers gaußverteilten Zufallsgröße $L(a)$ errechnen sich zu

$$E(L(a)) = \frac{a}{\mu}, \qquad Var(L(a)) = \frac{a\sigma^2}{\mu^3} . \tag{7.30}$$

Im Unterschied zur Ersterreichungszeit von a durch den Wiener-Prozeß, also im Fall $\mu = 0$, existieren jetzt Erwartungswert und Varianz von $L(a)$.

Sind $F_{L(a)}(t)$ die Verteilungsfunktion von $L(a)$ und $\bar{F}_{L(a)}(t) = 1 - F_{L(a)}(t)$, dann liefert die Integration von (7.29) für $a > 0$ und $\mu > 0$

$$\bar{F}_{L(a)}(t) = \Phi\left(\frac{a - \mu t}{\sqrt{t}\,\sigma}\right) - e^{-2a\mu}\,\Phi\left(-\frac{a + \mu t}{\sqrt{t}\,\sigma}\right), \quad t > 0 . \tag{7.31}$$

Ist der zweite Summand in (7.31) im Vergleich zum ersten hinreichend klein, so erhält man ein interessantes Ergebnis: Die bereits im Satz 4.10 im Zusammenhang mit der Niveauüberschreitung kumulativer stochastischer Prozesse aufgetretene Birnbaum-Saunders-Verteilung stimmt in diesem Fall näherungsweise mit der inversen Gaußverteilung überein.

Die Laplace-Transformierte von $f_{L(a)}(t)$ errechnet sich zu

$$E(e^{-sL(a)}) = \int_0^\infty e^{-st} f_{L(a)}(t)\,dt = e^{-\frac{a}{\sigma^2}\left(\sqrt{2\sigma^2 s + \mu^2} - \mu\right)} . \tag{7.32}$$

Es seien nun $a > 0$ und $b < 0$ sowie $\mu \neq 0$. Dann erreicht der Wiener-Prozeß mit Drift den Wert a vor dem Wert b mit Wahrscheinlichkeit (*Kannan* (1979))

$$P(L(a) < L(b)) = \frac{1 - e^{-2\mu b/\sigma^2}}{e^{-2\mu a/\sigma^2} - e^{-2\mu b/\sigma^2}} . \tag{7.33}$$

Allgemeiner gilt unter der Bedingung $W(0) = w$ mit $b < w < a$

$$P(L(a) < L(b)\,|\,W(0) = w) = \frac{e^{-2\mu w/\sigma^2} - e^{-2\mu b/\sigma^2}}{e^{-2\mu a/\sigma^2} - e^{-2\mu b/\sigma^2}} .$$

Es sei

$$M = \max_{t \in (0, \infty)} W(t) .$$

Strebt b gegen $-\infty$, so strebt (7.33) gegen die Wahrscheinlichkeit dafür, daß der Wiener-Prozeß mit Drift überhaupt einmal den Wert a überschreitet, also gegen die Wahrscheinlichkeit des Ereignisses "$M > a$":

$$\lim_{b \to -\infty} P(L(a) < L(b)) = P(M > a) .$$

Für $\mu > 0$ erhält man $P(M > a) = 1$, während sich im Fall $\mu < 0$

$$P(M > a) = e^{-\frac{2|\mu|}{\sigma^2} a} , \quad a > 0 , \tag{7.34}$$

ergibt. M ist also exponential mit dem Parameter $\lambda = 2|\mu|/\sigma^2$ verteilt.

Beispiel 7.4 Ein Aktienanteil koste zum Zeitpunkt t

$$Z(t) = z_0 + W(t) \tag{7.35}$$

Euron, wobei $\{W(t),\ t \geq 0\}$ ein Wiener-Prozeß mit Drift mit dem negativen Driftparameter μ ist. Der Anfangspreis ist also $Z(0) = z_0$. Ein Kapitalanleger erwirbt zum Zeitpunkt $t = 0$ das Recht, an einem beliebigen späteren, von ihm zu bestimmenden Zeitpunkt den Anteil für z_0 *Euron* zu kaufen, und zwar unabhängig vom jeweiligen Marktwert. Die Frage ist, wann bzw. ob er von dieser Möglichkeit Gebrauch machen soll. Obwohl der Wert des Aktienanteils in der Tendenz fallend ist, erhofft sich der Anleger durch den Erwerb der Option, von den zufälligen Kursschwankungen nach oben profitieren zu können. Es wird eine unbeschränkte (hinreichend große) Laufzeit der Aktie vorausgesetzt.

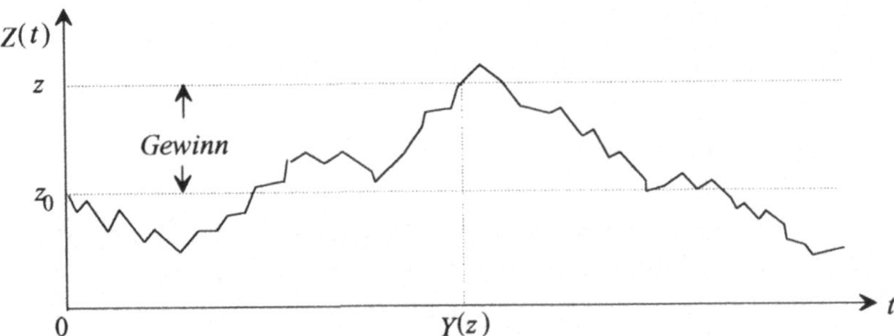

Bild 7.5　Gewinnrealisierung durch zufällige Kursschwankungen

Wenn der Anleger das Aktienpaket an dem Zeitpunkt kauft, an dem dieses zum erstenmal z *Euron* kostet, $z > z_0$, erzielt er den Gewinn $z - z_0$. (Hierbei wird unterstellt, daß er seinen Anteil gleich weiterverkauft.) Bei dieser Strategie beträgt sein mittlerer Gewinn

$$G(z) = (z - z_0)\,p(z) + 0 \cdot (1 - p(z)) = (z - z_0)\,p(z) ,$$

wobei $p(z)$ die Wahrscheinlichkeit dafür ist, daß der Preis überhaupt einmal das Niveau z erreicht. Diese Wahrscheinlichkeit ist aber wegen der unbeschränkten Laufzeit durch (7.34) mit $a = z - z_0$ gegeben. Also ist, wenn

$$\lambda = 2|\mu|/\sigma^2$$

gesetzt wird,

$$G(z) = (z - z_0)\,e^{-\lambda\,(z - z_0)} . \tag{7.36}$$

Aus der Bedingung $dG(z)/dz = 0$ erhält man das optimale $z = z^*$ zu

$$z^* = z_0 + 1/\lambda . \tag{7.37}$$

Der zugehörige maximale mittlere Gewinn ist

$$G(z^*) = 1/\lambda e . \tag{7.38}$$

Je größer der Varianzparameter σ^2 und je kleiner der mittlere Wertverlust je Zeiteinheit μ ausfallen, umso höher ist der zu erwartende Gewinn.

Diskontierter Gewinn Ist ein Diskontfaktor $\alpha > 0$ zu berücksichtigen, so hat der Gewinn $z - z_0$ des Anlegers, wenn er ihn nach t Zeiteinheiten realisiert, nur noch den Wert $e^{-\alpha t}(z - z_0)$. (Je später ein Gewinn realisiert wird, umso größer sind die Verluste, die man durch verspätete neuerliche gewinnbringende Anlage des Kapitals in Kauf nehmen muß.) Bei der hier diskutierten Option fällt der Gewinn genau dann an, wenn der Preis des Aktienanteils erstmals den Wert z erreicht. Dies geschieht zum zufälligen Zeitpunkt $L(z - z_0)$, wenn $W(t)$ erstmals den Wert $z - z_0$ annimmt. Also beträgt der zufällige diskontierte Gewinn $(z - z_0)\, e^{-\alpha L(z - z_0)}$, so daß der mittlere diskontierte Gewinn durch

$$G_\alpha(z) = (z - z_0)\int_0^\infty e^{-\alpha t} f_{L(z-z_0)}(t)\, dt \tag{7.39}$$

gegeben ist. Hierbei ist $f_{L(z-z_0)}(t)$ durch (7.29) mit $a = z - z_0$ gegeben. Das Integral in (7.39) ist formal die Laplace-Transformierte von $f_{L(z-z_0)}(t)$ an der Stelle $s = \alpha$. Infolgedessen beträgt der mittlere diskontierte Gewinn wegen (7.32)

$$G_\alpha(z) = (z - z_0) \exp\left\{ -\frac{z - z_0}{\sigma^2}\left(\sqrt{2\sigma^2\alpha + \mu^2} - \mu \right) \right\}. \tag{7.40}$$

Die funktionellen Strukturen von (7.36) und (7.40) stimmen überein. Also sind bei Diskontierung die optimalen Kenngrößen ebenfalls durch (7.37) und (7.38) gegeben, wenn dort die Konstante λ ersetzt wird durch

$$\gamma = \frac{1}{\sigma^2}\left(\sqrt{2\sigma^2\alpha + \mu^2} - \mu \right). \tag{7.41}$$

Im Fall der Diskontierung liegt auch bei positivem Driftparameter μ ein sinnvolles Optimierungsproblem vor. (Welche inhaltliche Erklärung gibt es dafür?) $\quad\square$

Beispiel 7.5 Da die Trajektorien eines stochastischen Prozesses $\{Z(t),\, t \geq 0\}$ der Struktur (7.35) bei negativem Driftparameter mit Wahrscheinlichkeit 1 früher oder später im negativen Bereich verlaufen, ist er zur Modellierung der zeitlichen Entwicklung von Aktienpreisen nicht uneingeschränkt geeignet. Daher wird jetzt der Ansatz (7.35) durch den folgenden ersetzt:

$$Z(t) = z_0\, e^{W(t)}.$$

Ansonsten bleibt die Problemstellung unter den sonstigen Voraussetzungen und Bezeichnungen von Beispiel 7.4 erhalten. Insbesondere ist der Preis des Aktienanteils zum Zeitpunkt $t = 0$ wiederum gleich z_0.

Das Ereignis "$Z(t) \geq z$" mit $z > z_0$ ist äquivalent zu

$$W(t) \geq \ln \frac{z}{z_0}.$$

Die Wahrscheinlichkeit dafür, daß der Preis des Aktienanteils überhaupt einmal das Niveau z erreicht, beträgt daher gemäß (7.34)

$$p(z) = e^{-\lambda \ln \frac{z}{z_0}} = \left(\frac{z_0}{z}\right)^{\lambda}.$$

Daher erzielt der Anleger, wenn er seinen Aktienanteil verkauft, sobald dieser den Wert z erreicht hat, den mittleren Gewinn

$$G(z) = (z - z_0)\left(\frac{z_0}{z}\right)^{\lambda}.$$

Das optimale $z = z^*$ ist gleich

$$z^* = \frac{\lambda}{\lambda - 1} z_0. \tag{7.42}$$

Um $z^* > z_0$ zu gewährleisten, muß nachträglich noch $\lambda = 2|\mu|/\sigma^2 > 1$ vorausgesetzt werden. Der zugehörige maximale mittlere Gewinn ist

$$G(z^*) = \frac{(\lambda - 1)^{\lambda - 1}}{\lambda^{\lambda}} z_0. \tag{7.43}$$

Diskontierter Gewinn Der Gewinn $z - z_0$ fällt genau dann an, wenn $W(t)$ erstmals den Wert $\ln \frac{z}{z_0}$ erreicht. Man erhält nun analog zum vorangegangenen Beispiel mit der durch (7.41) definierten Konstante γ den mittleren diskontierten Gewinn zu

$$G_\alpha(z) = (z - z_0)\left(\frac{z_0}{z}\right)^{\gamma}.$$

Auch in diesem Beispiel haben die mittleren Gewinnkosten in den Fällen ohne oder mit Diskontierung die gleiche funktionelle Struktur. Infolgedessen ergeben sich die optimalen Kenngrößen bezüglich $G_\alpha(z)$ aus (7.42) und (7.43) einfach dadurch, daß dort λ durch γ ersetzt wird. Um die Forderung $\gamma > 1$ zu gewährleisten, muß $2(\alpha - \mu) > \sigma^2$ erfüllt sein. (Bei Diskontierung des Gewinns muß der Fall $\mu > 0$ nicht ausgeschlossen werden.) $\square$

In den Beispielen 7.4 und 7.5 wurde das gleiche Ziel, aber unter unterschiedlichen Modellvoraussetzungen, verfolgt. Je nach den Konstellationen der eingehenden Modellparameter μ, σ und z_0 können die ermittelten Optimalwerte weit voneinander entfernt liegen. Der möglichst adäquaten Anpassung des mathematischen Modells an die vorliegende praktische Situation kommt daher entscheidende Bedeutung zu.

Der dem Beispiel 7.5 zugrunde liegende stochastische Prozeß $\{Z(t), t \geq 0\}$ mit

$$Z(t) = e^{W(t)}$$

ist auch als *geometrischer Wiener-Prozeß mit Drift* bekannt. Da $W(t)$ einer Normalverteilung genügt, ist der Erwartungswert von $(Z(t))^s$ gleich der momenterzeugenden Funktion von $W(t)$. Diese lautet (siehe zum Beispiel *Beichelt* (1995)):

$$E\left(e^{s\,W(t)}\right) = \exp\left\{s\,t\left(\mu + \tfrac{1}{2}\sigma^2 s\right)\right\}.$$

Für $s = 1$ erhält man den Erwartungswert von $Z(t)$:

$$E(Z(t)) = e^{t\,(\mu + \sigma^2/2)}\,. \tag{7.44}$$

Das zweite Moment ergibt sich für $s = 2$:

$$E(Z^2(t)) = e^{2\,t\,(\mu + \sigma^2)}.$$

Wegen (1.10) ist

$$Var(Z(t)) = e^{t\,(2\mu + \sigma^2)}(e^{t\,\sigma^2} - 1)\,.$$

Eine weitere interessante Anwendung des geometrischen Wiener-Prozesses mit Drift bringt das folgende Beispiel.

Beispiel 7.6 Ein System wird zum Zeitpunkt $t = 0$ in Betrieb genommen. Die Summe aller Aufwendungen für die Instandhaltung des Systems im Intervall $[0, t]$ sei $A(t)$. Dementsprechend ist $Z(t) = A(t)/t$ die *Instandhaltungskostenrate*. Das System wird durch ein neues, äquivalentes ersetzt, sobald $Z(t)$ einen kritischen Wert z erreicht. Ein neues System koste stets c *Euron*. Wird dieser Prozeß unbeschränkt fortgesetzt, stellt sich im Laufe der Zeit die mittlere Betriebskostenrate (= mittlere Ersetzungs- plus Instandhaltungskosten je Zeiteinheit)

$$K(z) = z + \frac{c}{E(L_Z(z))}$$

ein, wobei $L_Z(z)$ die zufällige Ersterreichungszeit von z durch $Z(t)$ ist. Man beweist diese Beziehung leicht vermittels des starken Gesetzes der großen Zahlen. Das Ziel besteht in der Ermittlung eines bezüglich $K(z)$ optimalen $z = z^*$, wenn die Instandhaltungskostenrate gegeben ist durch

$$Z(t) = z_0\, e^{W(t)} \tag{7.45}$$

und der Wiener-Prozeß mit Drift $\{W(t),\, t \geq 0\}$ die Parameter $\mu > 0$ und σ hat.
Da $Z(t)$ den Wert z genau dann erreicht, wenn $W(t)$ den Wert $\ln z/z_0$ annimmt, gilt gemäß (7.30) die Beziehung $E(L_Z(z)) = \dfrac{\ln z/z_0}{\mu}$. Also ist

$$K(z) = z + \frac{\mu c}{\ln z/z_0}\,.$$

Das optimale $z = z^*$ ist Lösung der Gleichung $dK(z)/dz = 0$ bzw.

$$z\,(\ln z/z_0)^2 = c\,\mu\,.$$

Daher beträgt die minimale mittlere Betriebskostenrate je Zeiteinheit

$$K(z^*) = z^* + \sqrt{\mu c\, z^*}\,.$$

Ökonomische Nutzungsdauer Wird das System nach einer vorgegebenen Nutzungsdauer τ durch ein äquivalentes neues ersetzt, entstehen bei unbeschränkter Fortsetzung dieses Prozesses je Zeiteinheit im Durchschnitt die mittleren Betriebskosten

$$K(\tau) = E(Z(\tau)) + \frac{c}{\tau}\,.$$

Die *ökonomische Nutzungsdauer* eines Systems ist diejenige Nutzungsdauer $\tau = \tau*$, bei deren Anwendung die mittlere Betriebskostenrate $K(\tau)$ ihr (absolutes) Minimum annimmt. Unter der Voraussetzung (7.45) ist $E(Z(\tau))$ gemäß (7.44) durch

$$E(Z(\tau)) = z_0\, e^{\beta\tau} \quad \text{mit} \quad \beta = \mu + \sigma^2/2$$

gegeben. Daher ist in diesem Fall $\tau*$ die eindeutige Lösung der Gleichung

$$\tau^2\, e^{\beta\tau} = \frac{c}{z_0\beta}\ .$$

Die zur ökonomischen Nutzungsdauer gehörige mittlere Betriebskostenrate beträgt

$$K(\tau^*) = \frac{c}{\tau^*}\left(1 + \frac{1}{\beta\tau^*}\right).$$

Von praktischer Bedeutung ist ein Vergleich der minimalen mittleren Betriebskostenraten $K(z^*)$ und $K(\tau*)$. Zum Beispiel erhält man für

$$c = 10\,000\ Euron, \quad z_0 = 2\ Euron/h\,,$$

$$\mu = 0,0002\,; \quad \sigma = 0,1$$

die Optimalwerte $z^* = 4,0415\ Euron/h$ sowie $\tau* = 3053\ h$. Die zugehörigen mittleren Betriebskostenraten betragen

$$K(z^*) = 6{,}885\ Euron/h \quad \text{und} \quad K(\tau*) = 7{,}567\ Euron/h\,.$$

Die Organisation der Instandhaltung auf der Grundlage des optimalen Limits für die Instandhaltungskostenrate reduziert also im Vergleich zur Anwendung der ökonomischen Nutzungsdauer die Betriebskosten um durchschnittlich 10%. Dieses Ergebnis ist durchaus anschaulich, da durch Anwendung von z^* gegenüber $\tau*$ den individuellen zufälligen Schwankungen je Instandhaltungszyklus Rechnung getragen wird. Insbesondere treten unterschiedlich lange Zyklen auf. $\square$

Punktschätzungen Im allgemeinen werden Verteilungsparameter vermittels Realisierungen der zughörigen Zufallsgrößen geschätzt. Ist aber eine invers gaußverteilte Zufallsgröße Ersterreichungszeit eines beobachtbaren Wiener-Prozesses mit Drift, dann lassen sich ihre Verteilungsparameter vermittels Abtasten von ein oder mehreren Trajektorie des Prozesses schätzen. Auf dieser Grundlage werden im folgenden die Maximum-Likelihood-Schätzwerte $\hat{\mu}$ und $\hat{\sigma}^2$ für die Parameter μ und σ^2 eines Wiener-Prozesses mit Drift bzw., damit gleichbedeutend, für die Verteilungsparameter μ und σ^2 einer zugehörigen, invers gaußverteilten Ersterreichungszeit angegeben.

Gegeben seien n Trajektorien, die bei voneinander unabhängigen Abläufen ein und desselben Wiener-Prozesses mit Drift beobachtet wurden:

$$w_i = w_i(t);\ \ i = 1, 2, ..., n\,.$$

Der Anfangswert $W(0) = w$ des Prozesses sei konstant (und bekannt), so daß

$$w_i(0) = w; \quad i = 1, 2, \ldots, n;$$

gilt. Die Werte der i-ten Trajektorie werden an den Zeitpunkten

$$t_{i1}, \ t_{i2}, \ldots, t_{im_i} \quad \text{mit} \quad 0 < t_{i1} < t_{i2} < \ldots < t_{im_i}; \quad i = 1, 2, \ldots, n,$$

gemessen. (Die Trajektorien werden "abgetastet".) Die Meßwerte seien

$$w_{ij} = w(t_{ij}); \quad j = 1, 2, \ldots, m_i; \quad i = 1, 2, \ldots, n.$$

Zunächst wird vorausgesetzt, daß an jeder Trajektorie mindestens zwei Messungen erfolgen ($m_i \geq 2$). Insgesamt werden an den Trajektorien m Messungen vorgenommen:

$$m = \sum_{i=1}^{n} m_i.$$

Ferner seien für alle $i = 1, 2, \ldots, n$

$$\Delta w_{ij} = w_{ij} - w_{ij-1}; \quad \Delta t_{ij} = t_{ij} - t_{ij-1}; \quad j = 2, 3, \ldots, m_i.$$

Damit sind die Maximum-Likelihood-Schätzwerte gegeben durch

$$\hat{\mu} = \frac{\sum\limits_{i=1}^{n} w_{im_i} - n\,w}{\sum\limits_{i=1}^{n} t_{im_i}},$$

$$\hat{\sigma}^2 = \frac{1}{m}\left\{ \sum_{i=1}^{n} \frac{(w_{i1} - \hat{\mu}t_{i1} - w)^2}{t_{i1}} + \sum_{i=1}^{n} \sum_{j=2}^{m_i} \frac{(\Delta w_{ij} - \hat{\mu}\Delta t_{ij})^2}{\Delta t_{ij}} \right\}. \tag{7.46}$$

Es bestätigt sich der anschaulich klare Sachverhalt, daß zur Schätzung von μ nur der gemeinsame Anfangswert w und die jeweils zuletzt erhobenen Tupel (t_{im_i}, w_{im_i}) jeder Trajektorie benötigt werden.

Spezialfall $n = 1$ Es wird also nur eine Trajektorie des Prozesses der Schätzung zugrunde gelegt. Diese werde an den Zeitpunkten $t_1, t_2, \ldots, t_m$ abgetastet. Die gemessenen Werte seien $w_1, w_2, \ldots, w_m$. Mit

$$\Delta t_j = t_j - t_{j-1} \quad \text{und} \quad \Delta w_j = w_j - w_{j-1}$$

sind Schätzwerte gegeben durch

$$\hat{\mu} = \frac{w_m - w}{t_m},$$

$$\hat{\sigma}^2 = \frac{1}{m-2}\left\{ \frac{(w_1 - \hat{\mu}t_1 - w)^2}{t_1} + \sum_{j=2}^{m} \frac{(\Delta w_j - \hat{\mu}\Delta t_j)^2}{\Delta t_j} \right\}. \tag{7.47}$$

Spezialfall $m_i = 1$; $i = 1, 2, \ldots, n$ Es liegen also n Trajektorien zugrunde, aber an jeder wird nur eine Messung vorgenommen. Daher ist $m = n$. Schätzwerte sind

$$\hat{\mu} = \frac{\sum\limits_{i=1}^{m} w_i - m\,w}{\sum\limits_{i=1}^{m} t_i},$$

$$\hat{\sigma}^2 = \frac{1}{m-2} \sum_{i=1}^{m} \frac{(w_i - \hat{\mu}\,t_i - w)^2}{t_i}. \qquad (7.48)$$

Hinweis Bei Spezialisierung von (7.46) auf die betrachteten Fälle $n = 1$ bzw. $m_i = 1$ müßte sowohl in (7.47) als auch in (7.48) anstelle von $1/(m - 2)$ der Faktor $1/m$ stehen. Jedoch läßt sich zeigen, daß (7.47) und (7.48) Realisierungen erwartungstreuer Schätzfunktion für σ^2 sind.

Ist der Anfangswert $W(0) = w$ nicht bekannt, so kann er ebenfalls geschätzt werden. Sein Maximum-Likelihood-Schätzwert ist

$$\hat{w} = \frac{\sum\limits_{i=1}^{n} w_{i\,1}\, t_{i\,1}^{-1} - n \sum\limits_{i=1}^{n} w_{i\,m_i} \left(\sum\limits_{i=1}^{n} t_{i\,m_i} \right)^{-1}}{\sum\limits_{i=1}^{n} t_{i\,1}^{-1} - n^2 \left(\sum\limits_{i=1}^{n} t_{i\,m_i} \right)^{-1}}.$$

In den angegebenen Schätzwerten für μ und σ^2 ist dann w durch $\hat{w}$ zu ersetzen. Die bei dieser Substitution aus (7.47) bzw. (7.48) entstehenden Schätzwerte sind ebenfalls Realisierungen erwartungstreuer Schätzfunktionen für σ^2.

Beispiel 7.7 *Pieper* (1988) hat im Verlaufe einer Nutzungsdauer von 11355 Stunden die Verschleißhöhen von 35 Zylinderlaufbuchsen eines Typs, wie sie in Schiffsdieselmotoren Anwendung finden, an jeweils einem Zeitpunkt gemessen. Als Schätzwerte für w, μ und σ^2 ergaben sich

$$\hat{w} = 36,145 \;\mu m$$

$$\hat{\mu} = 0,0029 \;\mu m/h$$

$$\hat{\sigma}^2 = 0,137 \;\mu m^2/h$$

Für die Verschleißhöhe $Z(t)$ zum Zeitpunkt t wird die Gültigkeit des Ansatzes

$$Z(t) = 36,145 + 0,0029\,t + X(t) \qquad (7.49)$$

unterstellt, wobei $\{X(t),\, t \geq 0\}$ ein Wiener-Prozeß mit dem Parameter $\sigma^2 = 0,137$ ist.

Hinweis Ist der Modellansatz (7.49) richtig, so muß die Testfunktion

$$T(t) = \frac{Z(t) - 0,0029\,t - 36,145}{\sqrt{0,137\,t}}$$

für alle t und damit für alle t_i, an denen Messungen durchgeführt wurden, gemäß Eigenschaft 3) von Definition 7.1 standardisiert normalverteilt sein. Das kann etwa durch den Chi-Quadrat-Anpassungstest nachgeprüft werden.

Ist $a = 1000$ μm eine kritische obere Schranke für die Verschleißhöhe, bei derem Überschreiten ein *Driftausfall* eintritt, dann sind Schätzwerte für Erwartungswert, Varianz und Standardabweichung der Ersterreichungszeit $L = L(1000)$ gemäß den Formeln (7.30) gegeben durch

$$E(L) \approx \frac{1000-36{,}145}{0{,}0029} = 332364 \ [h],$$

$$Var(L) \approx \frac{(1000-36{,}145)\cdot 0{,}137}{(0{,}0029)^3} = 5{,}41425 \cdot 10^9 \ \left[h^2\right],$$

$$\sqrt{Var(L)} \approx 73581 \ [h].$$

Schließlich soll noch berechnet werden, nach welcher Zeitspanne die Zylinderlaufbuchsen prophylaktisch ausgetauscht werden müssen, um den Driftausfall einer Laufbuchse mit einer vorgegebenen Sicherheitswahrscheinlichkeit ε ausschließen zu können. Mit der durch (7.31) gegebenen Überlebenswahrscheinlichkeit ist daher $t = \hat{\tau}_\varepsilon$ so zu bestimmen, daß $\bar{F}(\hat{\tau}_\varepsilon) = \varepsilon$ gilt. Da der zweite Summand in (7.31) wegen des Faktors

$$e^{-2(a-\hat{w})\hat{\mu}} \approx e^{-5{,}6}$$

vernachlässigbar klein ausfällt, ist $t = \hat{\tau}_\varepsilon$ mit $\hat{a} = a - \hat{w}$ in ausreichender Näherung Lösung der Gleichung

$$\Phi\left(\frac{\hat{a}-\hat{\mu}t}{\sqrt{t}\ \hat{\sigma}}\right) = \varepsilon. \tag{7.50}$$

Bezeichnet u_ε das ε-Quantil der standardisierten Normalverteilung, läßt sich Gleichung (7.50) in der äquivalenten Form

$$\frac{\hat{a}-\hat{\mu}t}{\sqrt{t}\ \hat{\sigma}} = u_\varepsilon$$

schreiben. Die Lösung ist

$$\hat{\tau}_\varepsilon = \frac{\hat{a}}{\hat{\mu}} + \frac{1}{2}\left(\frac{u_\varepsilon\hat{\sigma}}{\hat{\mu}}\right)^2 - \frac{u_\varepsilon\hat{\sigma}}{\hat{\mu}}\sqrt{\frac{\hat{a}}{\hat{\mu}} + \left(\frac{u_\varepsilon\hat{\sigma}}{\hat{\mu}}\right)^2}.$$

Wird eine Sicherheitswahrscheinlichkeit von $\varepsilon = 0{,}95$ gefordert, so ergibt sich mit den berechneten Schätzwerten wegen $u_{0{,}95} = 1{,}65$

$$\hat{\tau}_{0{,}95} = 225\,282 \ [h].$$

Eine Zylinderlaufbuchse wird also in den ersten 225 282 Betriebsstunden die kritische Verschleißhöhe von 1000 μm nur mit Wahrscheinlichkeit 0,05 erreichen. $\square$

Wiener-Prozesse mit Drift wurden erstmals von *Schrödinger* (1915) und *Smolu-chowski* (1915) betrachtet. Beide geben auch die Verteilungsdichte (7.29) der Erst-erreichungszeit an. Die Bezeichnung *inverse Gaußverteilung* für diesen Vertei-lungstyp wurde von *Tweedie* (1956) eingeführt. Tabelliert wurde sie von *Folks* und *Chhikara* (1978). Als Verteilung einer Ersterreichungszeit hat die inverse Gaußver-teilung naturgemäß erhebliche Bedeutung als Lebensdauerverteilung von Systemen bei Drifausfällen (*Pieper/Tiedge* (1983)). Neben den Beispielen 7.4 und 7.5 be-trachtete *Taylor* (1967/68) noch andere Modelle zur zeitlichen Entwicklung von Aktienkursen auf der Basis von Wiener-Prozessen mit Drift. Eine Literaturübersicht über weitere Anwendungsbeispiele dieser Prozesse geben *Folks/Chhikara* (1989): Verteilung des Füllstands einer Talsperre, der Dauer von Streiks, der Beschäfti-gungszeiten von Arbeitnehmern in einem Unternehmen, Verteilung der Zeit bis zum vollständigen Verbrauch einer bestimmten Menge eines Konsumguts (auch ei-ne Ersterreichungszeit!), Verteilung der Windgeschwindigkeit, Verteilung von Ern-teerträgen, Verteilung der durch Havarien verursachten Kosten.

7.3.4 Integraltransformationen

Integrierter Wiener-Prozeß   Ist $\{X(t), t \geq 0\}$ eine Wiener-Prozeß, so sind fast alle seiner Trajektorien $x = x(t)$ im Quadratmittel stetig. (Wegen einer Erklä-rung von "fast alle" siehe Seite 269). Infolgedessen existieren die Integrale

$$u(t) = \int_0^t x(y)\,dy \tag{7.51}$$

für fast alle Trajektorien $x = x(t)$. Diese Integrale sind Realisierungen des *zufälli-gen Integrals*

$$U(t) = \int_0^t X(y)\,dy. \tag{7.52}$$

$U(t)$ symbolisiert das Integral über fast alle Trajektorien eines Wiener-Prozesses, wobei deren jeweiliges Auftreten durch die Wahrscheinlichkeitsverteilung des Wie-ner-Prozesses bestimmt wird. Der durch $\{U(t), t \geq 0\}$ definierte stochastische Pro-zeß heißt *integrierter Wiener-Prozeß*. Für praktische Anwendungen kann er dann in Betracht gezogen werden, wenn beobachtete Trajektorien "geglätteter" erscheinen als die des Wiener-Prozesses.

Wegen der Definition des (Riemannschen) Integrals gilt für $0 = t_0 < t_1 < ... < t_n = t$ und $\Delta t_i = t_i - t_{i-1}$; $i = 1, 2, ..., n$

$$U(t) = \lim_{\substack{n \to \infty \\ \Delta t_i \to 0}} \left\{ \sum_{i=1}^n (X(t_i) - X(t_{i-1}))\Delta t_i \right\}.$$

$U(t)$ ist somit als Grenzwert einer Summe unabhängiger, normalverteilter Zufalls-größen selbst normalverteilt. Allgemeiner gilt wegen Satz 1.1 sogar, daß der integrierte Wiener-Prozeß ein Gaußscher Prozeß entsprechend der Definition 7.2 ist. (Grenzübergänge beziehen sich hier und im folgenden auf Konvergenz im Quadratmittel!) Infolgedessen ist der integrierte Wiener-Prozeß durch Trend- und Kovarianzfunktion eindeutig bestimmt. Seine Trendfunktion ist identisch 0:

$$m(t) = E\left(\int_0^t X(y)\,dy\right) = \int_0^t E(X(y))\,dy \equiv 0.$$

Für die Kovarianzfunktion ergibt sich im Fall $s \leq t$ unter Beachtung von (7.9)

$$Cov(U(s), U(t)) = E\left\{\int_0^s X(z)\,dz \int_0^t X(y)\,dy\right\}$$

$$= \int_0^s \int_0^t E(X(z)\,X(y))\,dy\,dz$$

$$= \int_0^s \int_0^t Cov(X(y), X(z))\,dy\,dz$$

$$= \sigma^2 \int_0^s \int_0^t \min(y, z)\,dy\,dz$$

$$= \sigma^2 \int_0^s \int_0^y z\,dz\,dy + \sigma^2 \int_0^s \int_y^t y\,dz\,dy$$

$$= \sigma^2 \int_0^s \tfrac{1}{2} y^2\,dy + \sigma^2 \int_0^s y\,(t - y)\,dy.$$

Es folgt

$$Cov(U(s), U(t)) = \frac{\sigma^2}{6}(3t - s)s^2, \quad s \leq t.$$

Insbesondere ergibt sich für $s = t$ die Varianz zu

$$Var(U(t)) = \frac{\sigma^2}{3} t^3.$$

Der integrierte Wiener-Prozeß ist also nicht stationär. Es läßt sich jedoch zeigen, daß der durch $V(t) = U(t + \tau) - U(t)$ definierte stochastische Prozeß $\{V(t),\, t \geq 0\}$ für alle $\tau > 0$ diese Eigenschaft hat. (Man beachte, daß bei Gaußschen Prozessen Stationarität im engeren sowie im weiteren Sinn einander äquivalent sind.)

Weißes Rauschen Wie bereits im Abschnitt 7.1 ausgeführt, sind fast alle Trajektorien des Wiener-Prozesses nirgends differenzierbar. Ein stochastischer Prozeß der Form $\{Z(t),\, t \geq 0\}$ mit

$$Z(t) = \frac{dX(t)}{dt} = X'(t) \quad \text{bzw.} \quad dX(t) = Z(t)\,dt \tag{7.53}$$

kann daher nicht -wie üblich- über den Differentialquotienten eingeführt werden. Jedoch ist eine sinnvolle Erklärung analog zur Definition des Riemann-Stieltjes-Integrals möglich. Dazu geht man von einer beliebigen, im Intervall $[a,\ b]$ stetig differenzierbaren Funktion $f(t)$ und einer Zerlegung dieses Intervalls vermittels einer Folge $t_0, t_1, \ldots, t_n$ mit

$$a = t_0 < t_1 < \ldots < t_n = b \quad \text{und} \quad \Delta t_i = t_i - t_{i-1}; \quad i = 1, 2, \ldots, n;$$

aus. Das *stochastische Integral* $\int_a^b f(t)\, dX(t)$ wird durch den Grenzwert

$$\int_a^b f(t)\, dX(t) = \lim_{\substack{n \to \infty \\ \Delta t_i \to 0}} \left\{ \sum_{i=1}^n f(t_{i-1})\, [X(t_i) - X(t_{i-1})] \right\}. \tag{7.54}$$

definiert. Zur Vereinfachung dieser Definition wird die Summe in (7.54) folgendermaßen geschrieben:

$$\sum_{i=1}^n f(t_{i-1})\,(X(t_i) - X(t_{i-1})) = f(b)X(b) - f(a)X(a) - \sum_{i=1}^n X(t_i)[f(t_i) - f(t_{i-1})].$$

Der Grenzübergang auf beiden Seiten entsprechend (7.54) liefert

$$\int_a^b f(t)\, dX(t) = f(b)\, X(b) - f(a)\, X(a) - \int_a^b X(t)\, df(t). \tag{7.55}$$

Die Beziehung (7.55) erinnert an die Formel der partiellen Integration. Sie wird gewöhnlich als Definition des stochastischen Integrals gegenüber (7.54) bevorzugt. Als Grenzwert einer Summe unabhängiger, normalverteilter Zufallsgrößen genügt auch das stochastische Integral einer Normalverteilung. Seinen Erwartungswert erhält man unmittelbar aus (7.55):

$$E\left(\int_a^b f(t)\, dX(t) \right) = 0. \tag{7.56}$$

Ferner gilt wegen $Var(X(t) - X(s)) = \sigma^2 |t - s|$

$$Var\left(\sum_{i=1}^n f(t_{i-1})\, [X(t_i) - X(t_{i-1})] \right) = \sum_{i=1}^n f^2(t_{i-1})\, Var\,(X(t_i) - X(t_{i-1}))$$

$$= \sigma^2 \sum_{i=1}^n f^2(t_{i-1})(t_i - t_{i-1})$$

$$= \sigma^2 \sum_{i=1}^n f^2(t_{i-1})\, \Delta t_i.$$

Der Grenzübergang wie in (7.54) liefert die Varianz des stochastischen Integrals

$$Var\left(\int_a^b f(t)\, dX(t) \right) = \sigma^2 \int_a^b f^2(t)\, dt. \tag{7.57}$$

Vermittels (7.55) wird nun folgende Definition gegeben:

Definition 7.3 (*Weißes Rauschen*) Ein stochastischer Prozeß $\{Z(t),\ t \geq 0\}$ heißt *weißes Rauschen*, wenn er auf beliebige, in beliebigen Intervallen $[a, b]$ stetig differenzierbare Funktionen $f(t)$ wie folgt wirkt:

$$\int_a^b f(t)\, Z(t)\, dt = f(b)\, X(b) - f(a)\, X(a) - \int_a^b X(t)\, df(t). \tag{7.58}$$

Hierbei ist $\{X(t),\ t \geq 0\}$ der Wiener-Prozeß.   ●

Die Bezeichnung "weißes Rauschen" kann erst im folgenden Kapitel motiviert werden.

Würde die erste Ableitung von $X(t)$ existieren, so wäre die Beziehung (7.58) mit $Z(t) = dX(t)/dt$, bzw., damit gleichbedeutend, mit $Z(t)\,dt = d\,X(t)$ ohnehin erfüllt. Das in Definition 7.3 eingeführte $Z(t)$ ist somit als "verallgemeinerte Ableitung" von $X(t)$ zu interpretieren; denn sie existiert auch dann, wenn die Differentialquotienten nicht existieren. Aber auch diese Interpretation ist wenig geeignet, das inhaltliche Verständnis für das weiße Rauschen zu fördern. Daher soll noch die Kovarianzfunktion des weißen Rauschens berechnet werden. Dazu ist die Einführung zweier spezieller Funktionen zweckmäßig:

Die *Diracsche Deltafunktion* $\delta(t)$ ist definiert durch

$$\delta(t) = \lim_{h \to 0} \begin{cases} 1/h & \text{für } -h/2 \le t \le +h/2 \\ 0 & \text{sonst} \end{cases} \tag{7.59}$$

Anschaulicher, aber etwas lascher geschrieben, gilt also

$$\delta(t) = \begin{cases} \infty & \text{für } t = 0 \\ 0 & \text{sonst} \end{cases}.$$

Die Diracsche Deltafunktion hat eine wichtige Eigenschaft, die ebenfalls ihrer Definition zugrunde gelegt werden könnte: Für eine beliebige stetige Funktion $f(t)$ gilt

$$\int_{-\infty}^{+\infty} f(t)\,\delta(t - t_0)\,dt = f(t_0). \tag{7.60}$$

Der Beweis ist leicht erbracht:

$$\int_{-\infty}^{+\infty} f(t)\,\delta(t - t_0)\,dt = \int_{-\infty}^{+\infty} f(t + t_0)\,\delta(t)\,dt = \lim_{h \to 0} \int_{-h/2}^{+h/2} f(t + t_0)\,\frac{1}{h}\,dt$$

$$= \frac{1}{2}\left\{ \lim_{h \to 0} \frac{F(t_0 + h/2) - F(t_0)}{h/2} + \lim_{h \to 0} \frac{F(t_0) - F(t_0 - h/2)}{h/2} \right\}$$

$$= \frac{1}{2}\{f(t_0) + f(t_0)\} = f(t_0),$$

wobei $F(t)$ eine Stammfunktion von $f(t)$ ist.

Die *Heavyside-Funktion* $H(t)$ ist definiert durch

$$H(t) = \begin{cases} 1 & \text{für } t \ge 0 \\ 0 & \text{für } t < 0 \end{cases}. \tag{7.61}$$

Offenbar kann die Diracsche Deltafunktion <u>formal</u> als erste Ableitung der Heavyside-Funktion betrachtet werden, wenn einer Sprungstelle ein unbeschränkter Anstieg zugeordnet wird:

$$\delta(t) = \frac{dH(t)}{dt} \, . \tag{7.62}$$

Unterstellt man, daß auch bei verallgemeinerten ersten Ableitungen die Reihenfolge von Differentiation und Integration vertauscht werden kann, erhält man für die Kovarianzfunktion des weißen Rauschens

$$Cov(Z(s), Z(t)) = Cov\left(\frac{\partial X(s)}{\partial s}, \frac{\partial X(t)}{\partial t}\right)$$

$$= \frac{\partial}{\partial s}\frac{\partial}{\partial t} Cov(X(s), X(t))$$

$$= \frac{\partial}{\partial s}\frac{\partial}{\partial t} \min(s, t)$$

$$= \frac{\partial}{\partial s} H(s - t) \, .$$

Also ist

$$K(s, \, t) = Cov(Z(s), Z(t)) = \delta(s - t) \, .$$

Da $K(s, \, t)$ ein Maß für die statistische Abhängigkeit zwischen $Z(s)$ und $Z(t)$ ist, gibt es also auch für noch so kleine positive Abstände $|s - t|$ keine Abhängigkeit zwischen $Z(s)$ und $Z(t)$.

Hinweis $\{N(t), \, t \geq 0\}$ sei ein beliebiger Zählprozeß entsprechend Definition 3.1. Die zu zählenden Ereignisse treffen an den zufälligen Zeitpunkten $T_1, \, T_2, \ldots$ ein. Vermittels der Heavyside-Funktion läßt sich $N(t)$ in folgender Form schreiben:

$$N(t) = \sum_{i=1}^{\infty} H(t - T_i) \, .$$

Wegen (7.62) hat man daher für die verallgemeinerte erste Ableitung von $N(t)$ die formale Schreibweise

$$\frac{dN(t)}{dt} = \sum_{i=1}^{\infty} \delta(t - T_i) \, .$$

Bild 7.6 zeigt den "Verlauf" von $N'(t) = dN(t)/dt$. (Alle Pfeile erstrecken sich bis ins Unendliche.)

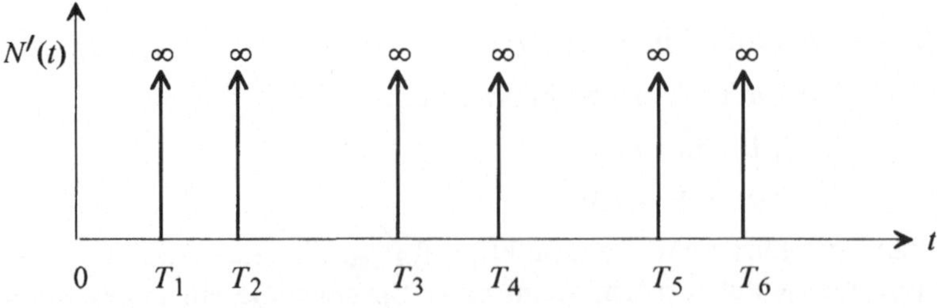

Bild 7.6 Veranschaulichung der "ersten Ableitung" eines Zählprozesses

Beispiel 7.8 Es seien $\{N(t),\ t \ge 0\}$ der homogene Poissonprozeß mit dem Parameter λ und $\{S(t),\ t \ge 0\}$ das im Beispiel 3.4 behandelte Schrotrauschen:

$$S(t) = \sum_{i=1}^{N(t)} h(t - T_i),$$

wobei $h(t)$ allgemein die Reaktion des Systems auf die zu den Zeitpunkten T_i eintreffenden Poissonereignisse beschreibt. (In diesem Zusammenhang wurde der unterliegende Zählprozeß in den Beispielen 2.9 und 3.4 als *Impulsprozeß* bezeichnet.) Speziell soll der bereits im Beispiel 2.9 angeführte Fall für das Auftreten des Schrotrauschens in Vakuumröhren etwas genauer betrachtet werden: In der Vakuumröhre wird ein Stromstoß ausgelöst, sobald die Kathode ein Elektron emittiert. Bezeichnen e die Ladung eines Elektrons und z die Zeit vom Übergang eines Elektrons von der Kathode zur Anode, so beträgt der durch ein Elektron induzierte Stromstoß

$$h(t) = \begin{cases} \dfrac{\alpha e}{z^2} t & \text{für} \quad 0 \le t \le z \\[2mm] 0 & \text{sonst} \end{cases},$$

wobei α eine röhrenspezifische Konstante ist. Daher ist $S(t)$ der zum Zeitpunkt t in der Röhre insgesamt fließende Strom. Das Campbellsche Theorem in der Form (3.16) liefert die Kovarianzfunktion von $S(t)$:

$$K(s,t) = \begin{cases} \dfrac{\lambda(\alpha e)^2}{3z}\left[1 - \dfrac{3|s-t|}{2z} + \dfrac{|s-t|^3}{2z^3} \right] & \text{für} \quad |s-t| \le z \\[2mm] 0 & \text{sonst} \end{cases}.$$

Wegen

$$\lim_{z \to 0} K(s,t) = \delta(s-t)$$

verhält sich das Schrotrauschen für hinreichend kleine Übergangszeiten z näherungsweise wie das weiße Rauschen. $\qquad\qquad\square$

Aufgaben

Bezeichnung In allen Aufgaben ist $\{X(t),\ t \ge 0\}$ der Wiener-Prozeß mit $Var(X(1)) = \sigma^2$.

7.1) Man zeige, daß die durch (7.6) gegebene Verteilungsdichte $f_t(x)$ von $X(t)$ der *Wärmeleitungsgleichung* $\dfrac{\partial f_t(x)}{\partial t} = c\,\dfrac{\partial^2 f_t(x)}{\partial x^2}$ mit einer Konstanten c genügt!

7.2) Man weise nach, daß die bedingte Verteilungsdichte von $X(t)$ unter der Bedingung $X(s) = y$ gegeben ist durch

$$f_t(x|X(s)=y) = \frac{1}{\sqrt{2\pi(t-s)}\,\sigma}\exp\left(-\frac{1}{2(t-s)\sigma^2}(x-y)^2 \right), \quad 0 \le s < t!$$

7.3) Man zeige, daß der durch $B(t) = X(t) - t\,X(1)$ definierte stochastische Prozeß $\{B(t),\ 0 \le t \le 1\}$ die Brownsche Brücke ist!

7.4) Es sei $\{B(t),\ 0 \le t \le 1\}$ die Brownsche Brücke. Man zeige, daß der durch

$$X(t) = (t+1)B\left(\frac{t}{t+1}\right)$$

definierte stochastische Prozeß $\{X(t),\ t \ge 0\}$ der standardisierte Wiener-Prozeß ist!

7.5) Welcher Wahrscheinlichkeitsverteilung genügt die Summe $X(s) + X(t)$?

7.6) Man zeige, daß für eine natürliche Zahl n die Summe $S(n) = X(1) + X(2) + \ldots + X(n)$ den Erwartungswert 0 und die Varianz

$$Var(S(n)) = \frac{n(n+1)(2n+1)}{6}\,\sigma^2$$

hat!

7.7) Man zeige, daß der für ein beliebiges, aber festes τ definierte stochastische Prozeß $\{V(t),\ t \ge 0\}$ mit $V(t) = X(t+\tau) - X(t)$ stationär ist!

7.8) Man zeige, daß der Ornstein-Uhlenbeck-Prozeß keine unabhängigen Zuwächse hat!

7.9) Ein Partikel springt auf der reellen Achse nach jeweils Δt Zeiteinheiten unabhängig von den vorangegangenen Sprüngen um $\Delta x = \sigma\sqrt{\Delta t}$ Längeneinheiten nach rechts bzw. links; und zwar mit den Wahrscheinlichkeiten

$$p = \frac{1}{2}\left(1 + \frac{\mu}{\sigma}\sqrt{\Delta t}\right) \quad \text{bzw.} \quad 1-p \quad \text{mit} \quad \sqrt{\Delta t} \le \left|\frac{\sigma}{\mu}\right|,\ \sigma > 0.$$

Man zeige, daß für $\Delta t \to 0$ die Lage des Teilchens zum Zeitpunkt t durch einen Wiener-Prozeß mit Drift beschrieben werden kann!

7.10) Es sei $\{W(t),\ t \ge 0\}$ ein Wiener-Prozeß mit Drift mit den Parametern μ und $\sigma = 1$. Man beweise die Beziehung

$$E\left(\int_0^t [W(s)]^2\,ds\right) = \frac{t}{2}(t + 2\mu)\,!$$

7.11) Man zeige, daß für $c > 0,\ d > 0$ gilt

$$P(X(t) \le c\,t + d \text{ für alle } t \ge 0) = 1 - e^{2cd/\sigma^2}\,!$$

Hinweis Man nutze die Beziehung (7.34)!

7.12) Ein Aktienanteil kostet zum Zeitpunkt $t = 0$ genau z_0 *Euron*. Unter sonst gleichen Bedingungen und Modellvoraussetzungen wie im Beispiel 7.4 erwirbt der Kapitalanleger zum Zeitpunkt $t = 0$ für z_1 *Euron* das Recht, diesen Aktienanteil an einem beliebigen Zeitpunkt $t \ge 0$ verkaufen. Man prüfe in den Fällen
(1) ohne Diskontierung und
(2) mit Diskontierung,
ob bzw. unter welchen Voraussetzungen an z_1 mit $z_1 < z_0$ eine optimale Verkaufsstrategie existiert, die dem Anleger einen mittleren Gewinn sichert, der größer als $z_0 - z_1$ ist!

Hinweis $z_0 - z_1$ ist der Gewinn des Anlegers, wenn er von seiner Option bereits zum Zeitpunkt $t = 0$ Gebrauch macht.

7.13) Man behandele die in Aufgabe 7.12 formulierte Problematik unter Zugrundelegung der Modellvoraussetzungen von Beispiel 7.5!

7.14) Ein Spekulant besitzt einen Aktienanteil, der den aktuellen Martwert z_0 hat. Der Wert des Aktienanteils entwickelt sich gemäß einem Wiener-Prozeß mit Drift mit dem positiven Driftparameter μ. Der Spekulant hat den Anteil in den nächsten τ Zeiteinheiten zu verkaufen.

Was ist seine optimale Verkaufsstrategie bezüglich des undiskontierten Gewinns?

7.15) Es seien $\sigma = 1$ und $U(t) = \int_0^t X(s)\,ds$.
(1) Man berechne die Kovarianzfunktion von $X(t)$ und $U(t)$!
(2) Man beweise die folgenden Beziehungen:

$$E(U(t)|X(t) = x) = \frac{tx}{2}, \qquad Var(U(t)|X(t) = x) = \frac{t^3}{12}\,!$$

Hinweis Man nutze die Tatsache, daß $X(t)$ und $U(t)$ einer gemeinsamen Normalverteilung genügen!

7.16) Man zeige, daß für $\sigma = 1$ mit einer beliebigen Konstanten α

$$E\left(e^{\alpha\,U(t)}\right) = e^{\alpha^2 t^3/6}$$

gilt, wobei $U(t)$ wie in Aufgabe 7.15 definiert ist!

Hinweis Man nutze die momenterzeugende Funktion der Normalverteilung!

8 Spektralanalyse stationärer Prozesse

8.1 Grundlagen

Ein stationärer stochastischer Prozeß zweiter Ordnung und seine Kovarianzfunktion lassen sich vermittels seiner Spektralfunktion bzw. Spektraldichte darstellen. Diese Darstellungen entsprechen den Fouriertransformationen deterministischer Funktionen. Sie haben sich in zahlreichen technisch-physikalischen Anwendungen als ausserordentlich nützliche analytische Hilfsmittel erwiesen. Zudem liefern sie einen leistungsfähigen analytischen Zugang zur Modellierung von stationären Zeitreihen, so daß sie zum Beispiel auch in den Wirtschaftswissenschaften von Bedeutung sind.

Aus inhaltlichen und formalen Gründen ist es in diesem Kapitel zweckmäßig, von reellen zu komplexen stochastischen Prozessen überzugehen. Ist $\{X(t), t \in \mathbf{R}\}$ mit $\mathbf{R} = (-\infty, +\infty)$ ein komplexer stochastischer Prozeß, so läßt sich $X(t)$ mit $i = \sqrt{-1}$ in der Form

$$X(t) = Y(t) + iZ(t)$$

schreiben. Hierbei sind $\{Y(t), t \in \mathbf{R}\}$ und $\{Z(t), t \in \mathbf{R}\}$ zwei reellwertige stochastische Prozesse. Die Wahrscheinlichkeitsverteilung von $X(t)$ ist also durch die gemeinsame Wahrscheinlichkeitsverteilung des zufälligen Vektors $(Y(t), Z(t))$ gegeben. Trend- und Kovarianzfunktion des Prozesses $\{X(t), t \geq 0\}$ sind definiert durch

$$m(t) = E(X(t)) = E(Y(t)) + iE(Z(t)) , \tag{8.1}$$

$$K(s, t) = Cov(X(s), X(t)) = E\left([X(s) - E(X(s))]\left[\overline{X(t) - E(X(t))}\right]\right) . \tag{8.2}$$

Für reelle $X(t)$ fällt diese Definition mit (2.4) bzw. (2.6) zusammen.

Bezeichnung Wie üblich werden mit $\bar{z} = a - ib$ die *konjugiert komplexe Zahl* zu $z = a + ib$ und mit $|z| = \sqrt{z\bar{z}} = \sqrt{a^2 + b^2}$ der *absolute Betrag* von z bezeichnet.

Analog zu Definition 2.2 ist ein komplexer stochastischer Prozeß $\{X(t), t \in \mathbf{R}\}$ *stationär im weiteren Sinne*, wenn er mit einer komplexen Konstanten m folgende Eigenschaften hat:

1) $m(t) \equiv m$

2) $K(s, t) = K(0, t - s).$

In diesem Fall werden wie bei den reellen Prozessen $\tau = t - s$ sowie $K(\tau) = K(0, t - s)$ gesetzt.

Ein *komplexer stochastischer Prozeß zweiter Ordnung* liegt vor, wenn gilt

$$E(|X(t)|^2) < \infty \ \text{ für } \ t \in \mathbf{R}.$$

Ergodizität Ist ein stochastischer Prozeß $\{X(t),\ t \in \mathbf{R}\}$ stationär im engeren Sinn, so erwartet man für fast alle seiner Trajektorien $x(t) = y(t) + iz(t)$ die Gültigkeit von

$$m = E(X(t_0)) = \lim_{T \to \infty} \frac{1}{2T} \int_{-T}^{T} x(t)\,dt, \quad t_0 \in \mathbf{R}. \tag{8.3}$$

Die Integraldarstellung von m in (8.3) nutzt zur Berechnung des Erwartungswerts die volle, in <u>einer</u> Trajektorie des Prozesses enthaltene Information aus. Dagegen wird bei der Schätzung von m auf der Grundlage von $m = E(X(t_0))$ von mehreren Trajektorien ausgegangen, die aber nur an ein und demselben Zeitpunkt t_0 abgetastet werden. Stehen insgesamt N Trajektorien $x_k(t)$ zur Verfügung, die bei voneinander unabhängigen Abläufen des Prozesses beobachtet wurden, so gilt

$$m = \lim_{N \to \infty} \frac{1}{N} \sum_{k=1}^{N} x_k(t_0). \tag{8.4}$$

Die Eigenschaft (8.3) hat eine einfache physikalische Deutung: Das Mittel an einem fixierten Zeitpunkt ist gleich dem Mittel über einem längeren Zeitbereich. Man interpretiert die Gültigkeit von (8.3) verbal als *Ortsmittel ist gleich Zeitmittel*. Das ist die in den Anwendungen interessierende Eigenschaft der *ergodischen stationären Prozesse*. Für die Kovarianzfunktion derartiger Prozesse hat man analog zur Trendfunktion neben (8.2) für fast alle Trajektorien $x = x(t)$ des Prozesses auch die Darstellung

$$K(\tau) = \lim_{T \to \infty} \frac{1}{2T} \int_{-T}^{+T} [x(t) - m][\overline{x(t+\tau) - m}]\,dt. \tag{8.5}$$

Auf die genaue Definition ergodischer, im engeren Sinne stationärer Prozesse muß hier verzichtet werden. In der technischen Fachliteratur versteht man unter der Ergodizität eines stationären Prozesses häufig einfach das Vorliegen der Eigenschaften (8.3) bzw. (8.5). Die Anwendung der Formel (8.5) ist immer dann zweckmäßig, wenn a priori eine kontinuierliche (graphische) Aufzeichnung der Trajektorie eines ablaufenden stationären ergodischen Prozesses erfolgt. Mit der Vergrößerung des Beobachtungszeitraums $[-T, +T]$ verbessert sich der Schätzwert für $K(\tau)$.

Vereinbarung In diesem Kapitel werden ausschließlich im weiteren Sinne stationäre Prozesse zweiter Ordnung betrachtet. Auf das Attribut "im weiteren Sinne" wird daher stets verzichtet. Ebenso werden nur Prozesse auftreten, deren Trendfunktion identisch 0 ist.

Wegen dieser Vereinbarung vereinfacht sich die Darstellung (8.2) der Kovarianzfunktion zu

$$K(\tau) = K(t, t+\tau) = E(X(t)\overline{X(t+\tau)}). \tag{8.6}$$

Im folgenden werden die *Eulerschen Formeln* benötigt:

$$e^{\pm ix} = \cos x \pm i \sin x. \tag{8.7}$$

Durch Auflösung nach $\sin x$ und $\cos x$ erhält man

$$\sin x = \frac{1}{2i}\left(e^{ix} - e^{-ix}\right), \quad \cos x = \frac{1}{2}\left(e^{ix} + e^{-ix}\right). \tag{8.8}$$

8.2 Prozesse mit diskretem Spektrum

Beginnend mit dem einfachsten Fall wird in diesem Abschnitt an die allgemeine Struktur stationärer Prozesse mit diskretem Spektrum herangeführt. Prozesse dieser Art sind stets ergodisch.

Es sei $\{X(t),\ t \geq 0\}$ ein stochastischer Prozeß der Struktur

$$X(t) = X\Omega(t), \tag{8.9}$$

wobei X eine komplexe Zufallsgröße und $\Omega(t)$ eine komplexe Funktion sind. Damit eine echte Zeitabhängigkeit vorhanden ist, wird $\Omega(t)$ als nicht identisch konstant vorausgesetzt. Daher sind für die Stationarität des Prozesses die Bedingungen

$$E(X) = 0 \quad \text{und} \quad E(|X|^2) < \infty$$

notwendig. Ferner darf die Funktion

$$E(X(t)\overline{X(t+\tau)}) = \Omega(t)\overline{\Omega(t+\tau)}\, E(X^2) \tag{8.10}$$

wegen (8.5) nicht von t abhängen. Für $\tau = 0$ folgt daraus, daß

$$\Omega(t)\overline{\Omega(t)} = |\Omega(t)|^2 = \text{konstant}$$

sein muß. Infolgedessen hat $\Omega(t)$ die Struktur

$$\Omega(t) = |\Omega(t)|\, e^{i\,\omega(t)}, \tag{8.11}$$

wobei $\omega(t)$ eine <u>reelle</u> Funktion ist. Wird (8.11) in (8.10) substituiert, folgt, daß die Differenz $\omega(t + \tau) - \omega(t)$ nicht von t abhängen darf. Infolgedessen müssen für differenzierbare $\omega(t)$ die Beziehungen

$$\frac{d}{dt}[\omega(t+\tau) - \omega(t)] = 0$$

bzw., damit gleichbedeutend,

$$\frac{d}{dt}\,\omega(t) = \text{konstant}$$

gelten. Also hat $\omega(t)$ mit zwei Konstanten ω und ϕ die Struktur $\omega(t) = \omega t + \phi$. (Diese Beziehung gilt auch dann, wenn nur die Stetigkeit von $\omega(t)$ gefordert wird.) Es folgt

$$\Omega(t) = |\Omega(t)|\, e^{i\,(\omega t + \phi)}\,.$$

Wird im Ansatz (8.9) die Zufallsgröße X mit der Konstanten $e^{i\phi}$ multipliziert und die entstandene Zufallsgröße $Xe^{i\phi}$ wiederum mit X bezeichnet, so erhält man das gewünschte Resultat in der folgenden Form:

> *Ein stochastischer Prozeß $\{X(t),\ t \geq 0\}$ der Struktur (8.9) ist genau dann stationär im weiteren Sinn, wenn*
>
> $$X(t) = X\,e^{i\,wt} \tag{8.12}$$
>
> *mit $E(X) = 0$ und $E(|X|^2) < \infty$ gilt.*

Die zugehörige Kovarianzfunktion lautet, wenn $s = E(|X|^2)$ gesetzt wird,

$$K(\tau) = s\,e^{-i\,\omega\tau}\,.$$

Hinweis Physikalisch gesehen ist der Parameter s bis auf einem von der jeweiligen Schwingung unabhängigen Proportionalitätsfaktor gleich der mittleren Energie der Schwingung je Zeiteinheit (= mittlere Leistung).

Der Realteil $Y(t)$ eines stochastischen Prozesses $\{X(t),\ t \in \mathbf{R}\}$ der Form (8.12) beschreibt wegen (8.7) eine Kosinusschwingung, deren Amplitude und Phase zufällig sind. Seine Trajektorien haben daher die Struktur

$$y(t) = a\,\cos(\omega t + \phi)\,,$$

wobei a und ϕ Realisierungen von eventuell abhängigen Zufallsgrößen A und Φ sind. Der Parameter ω ist die *Kreisfrequenz* der Schwingung.

In Verallgemeinerung des bislang betrachteten Falls wird nun eine Linearkombination zweier stationärer Prozesse der Struktur (8.12) betrachtet:

$$X(t) = X_1 e^{i\,\omega_1 t} + X_2 e^{i\,\omega_2 t}\,. \tag{8.13}$$

Hierbei sind X_1 und X_2 zwei komplexe Zufallsgrößen mit dem Erwartungswert 0 und ω_1 und ω_2 zwei konstante Parameter mit $\omega_1 \neq \omega_2$. Die Kovarianzfunktion des stochastischen Prozesses $\{X(t),\ t \in \mathbf{R}\}$ der Form (8.13) ist

$$
\begin{aligned}
K(t, t+\tau) &= E(X(t)\,\overline{X(t+\tau)})\\[2mm]
&= E\!\left(\left[X_1 e^{i\,\omega_1 t} + X_2 e^{i\,\omega_2 t}\right]\!\left[\bar{X}_1 e^{-i\,\omega_1(t+\tau)} + \bar{X}_2 e^{-i\,\omega_2(t+\tau)}\right]\right)\\[2mm]
&= E\!\left(\left[X_1\bar{X}_1\,e^{-i\,\omega_1\tau} + X_1\bar{X}_2\,e^{i\,(\omega_1-\omega_2)t - i\,\omega_2\tau}\right]\right)\\[2mm]
&\quad + E\!\left(\left[X_2\bar{X}_1\,e^{-i\,\omega_2\tau} + X_2\bar{X}_2\,e^{i\,(\omega_2-\omega_1)t - i\,\omega_1\tau}\right]\right).
\end{aligned}
$$

Somit ist der Prozeß $\{X(t),\ t \in \mathbf{R}\}$ genau dann stationär, wenn X_1 und X_2 unkorreliert sind. (Zwei komplexe Zufallsgrößen X_1 und X_2 mit dem Erwartungswert 0 sind *unkorreliert*, wenn $E(X_1\bar{X}_2) = 0$ bzw., damit gleichbedeutend, $E(\bar{X}_1 X_2) = 0$ ist.) Seine Kovarianzfunktion lautet in diesem Fall

$$K(\tau) = s_1\, e^{-i\,w_1\tau} + s_2\, e^{-i\,w_2\tau} \tag{8.14}$$

mit

$$s_1 = E\left(|X_1|^2\right), \quad s_2 = E\left(|X_2|^2\right).$$

Im Unterschied zu einem stationären stochastischen Prozeß der Struktur (8.12), der stets komplex ist, kann ein stationärer Prozeß der Struktur (8.13) auch reell sein. Um dies zu erkennen, werden

$$X_1 = \tfrac{1}{2}(A + iB) \quad \text{und} \quad X_2 = \bar{X}_1 = \tfrac{1}{2}(A - iB) \quad \text{sowie} \quad \omega_1 = -\omega_2 = \omega$$

gesetzt, wobei A und B zwei reelle Zufallsgrößen mit dem Erwartungswert 0 sind. Dann folgt durch Einsetzen in (8.13) unter Berücksichtigung von (8.8)

$$X(t) = A\cos\omega t - B\sin\omega t\,.$$

Sind A und B darüberhinaus unkorreliert, so erhält man die Kovarianzfunktion aus (8.14) mit $s = E(|X_1|^2) = E(|X_2|^2)$ zu

$$K(\tau) = 2\,s\cos\omega\tau\,.$$

Es liegt nun nahe, vom Ansatz (8.13) zum Ansatz

$$X(t) = \sum_{k=1}^{n} X_k e^{i\,\omega_k t} \tag{8.15}$$

mit $\omega_j \neq \omega_k$ für $j \neq k$; $i, j = 1, 2, \ldots, n$; überzugehen. Sind die X_k paarweise unkorreliert und haben sie den Erwartungswert 0, dann zeigt man, ausgehend von dem eben erzielten Resultat, am einfachsten induktiv, daß der stochastische Prozeß $\{X(t),\ t \in \mathbf{R}\}$ im weiteren Sinne stationär ist. Seine Kovarianzfunktion lautet

$$K(\tau) = \sum_{k=1}^{n} s_k e^{i\,\omega_k \tau} \tag{8.16}$$

mit

$$s_k = E\left(|X_k|^2\right); \ k = 1, 2, \ldots, n\,.$$

Insbesondere gilt

$$K(0) = E\left(|X(t)|^2\right) = \sum_{k=1}^{n} s_k\,. \tag{8.17}$$

Die Schwingung $X(t)$ ist eine additive Überlagerung von n harmonischen Schwingungen. Ihre durchschnittliche Energie je Zeiteinheit ist gemäß (8.17) gleich der Summe der durchschnittlichen Energien je Zeiteinheit der Einzelschwingungen.

(Damit ein Ansatz der Form (8.15) reell ist, müssen n gerade und je zwei der X_k einander konjugiert komplex sein.)

Es sei nun $X_1, X_2, \ldots$ eine abzählbar unendliche Folge unkorrelierter komplexer Zufallsgrößen mit $E(X_k) = 0$; $k = 1, 2, \ldots$; und

$$\sum_{k=1}^{\infty} E\left(|X_k|^2\right) = \sum_{k=1}^{\infty} s_k < \infty. \tag{8.18}$$

Unter diesen Voraussetzungen liefert der Ansatz

$$X(t) = \sum_{k=1}^{\infty} X_k e^{i\omega_k t} \tag{8.19}$$

mit $\omega_j \neq \omega_k$ für $j \neq k$ einen im weiteren Sinne stationären Prozeß $\{X(t), t \in \mathbf{R}\}$ mit der Kovarianzfunktion

$$K(\tau) = \sum_{k=1}^{\infty} s_k e^{i\omega_k \tau}. \tag{8.20}$$

Die Mengen $\{\omega_1, \omega_2, \ldots, \omega_n\}$ bzw. $\{\omega_1, \omega_2, \ldots\}$ bilden das *Spektrum* der durch (8.15) bzw. (8.19) definierten stochastischen Prozesse $\{X(t), t \in \mathbf{R}\}$. Liegen die ω_k alle dicht an einem Wert ω, so spricht man von einem *Schmalband-Prozeß* (Bild 8.1), streuen sie aber in einem weiten Bereich, liegt ein *Weitband-Prozeß* vor (Bild 8.2).

Die Kovarianzfunktion stationärer Prozesse mit diskretem Spektrum hat nicht die im Bild 2.5 gezeigte Eigenschaft, für $|\tau| \to \infty$ gegen 0 zu streben. Man kann jedoch zeigen, daß sich bezüglich der Konvergenz im Quadratmittel ein beliebiger stationärer Prozeß $\{X(t), t \geq 0\}$ in einem noch so großen endlichen Intervall $[-T \leq t \leq +T]$ beliebig gut durch eine stationären Prozeß der Struktur (8.15), also durch additive Überlagerung unkorrelierter zufälliger harmonischer Schwingungen, approximieren läßt

Die Kovarianzfunktion (8.20) kann, wenn von der Eigenschaft (7.60) der Diracschen Deltafunktion $\delta(t)$ Gebrauch gemacht wird, auch in folgender Form geschrieben werden:

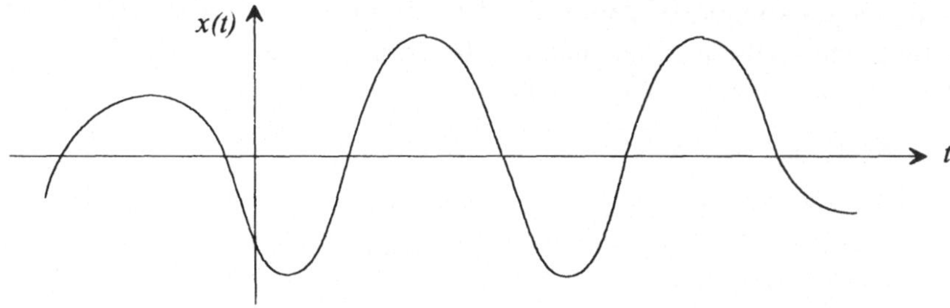

Bild 8.1 Trajektorie eines reellen Schmalbandprozesses

Bild 8.2 Trajektorie eines reellen Breitbandprozesses für große n

$$K(\tau) = \sum_{k=1}^{\infty} s_k \int_{-\infty}^{+\infty} e^{i\,\omega\tau}\, \delta(\omega - \omega_k)\, d\omega\,.$$

Also gilt

$$K(\tau) = \int_{-\infty}^{+\infty} e^{i\,\omega\tau}\, s(\omega)\, d\omega\,, \qquad\qquad (8.21)$$

wenn formal

$$s(\omega) = \sum_{k=1}^{\infty} s_k\, \delta(\omega - \omega_k) \qquad\qquad (8.22)$$

gesetzt wird. Die (verallgemeinerte) Funktion $s(\omega)$ ist die *Spektraldichte* des stationären Prozesses. $K(\tau)$ ist formal die Fourier-Transformierte von $s(\omega)$. Im folgenden Abschnitt werden stationäre Prozesse behandelt, deren Kovarianzfunktion die Struktur (8.21) mit einer (stückweise) stetigen Funktion $s(\omega)$ hat.

8.3 Prozesse mit stetigem Spektrum

8.3.1 Spektralzerlegung der Kovarianzfunktion

$\{X(t),\ t \in \mathbf{R}\}$ sei ein komplexer stationärer Prozeß mit der Kovarianzfunktion $K(\tau)$. Dann existiert eine reelle, nichtfallende und beschränkte Funktion $S(\omega)$ derart, daß sich $K(\tau)$ in folgender Form darstellen läßt:

$$K(\tau) = \int_{-\infty}^{+\infty} e^{i\,\omega\tau}\, dS(\omega)\,. \qquad\qquad (8.23)$$

(Diese grundlegende Beziehung ist mit den Namen *Bochner*, *Khinchin* und *Wiener* verknüpft.) $S(\omega)$ heißt *Spektralfunktion* des Prozesses. Wegen der Definition der Kovarianzfunktion gilt für alle t

$$K(0) = S(\infty) - S(-\infty) = E(|X(t)|^2) < \infty\,.$$

Die Spektralfunktion ist nur bis auf eine additive Konstante c eindeutig bestimmt. Gewöhnlich wird c so gewählt, daß $S(-\infty) = 0$ gilt.

Existiert die erste Ableitung $s(\omega) = dS(\omega)/d\omega$ der Spektralfunktion, so ist $s(\omega)$ die *Spektraldichte* des Prozesses. Die Kovarianzfunktion eines stationären Prozesses ist somit (gegebenenfalls bis auf eine Konstante) weiter nichts als die Fourier-Transformierte seiner Spektraldichte:

$$K(\tau) = \int_{-\infty}^{+\infty} e^{i\,\omega\tau}\, s(\omega)\, d\omega. \tag{8.24}$$

Da $S(\omega)$ nichtfallend und beschränkt ist, hat $s(\omega)$ die Eigenschaften

$$s(\omega) \geq 0, \qquad \int_{-\infty}^{+\infty} s(\omega)\, d\omega < \infty. \tag{8.25}$$

Umgekehrt läßt sich zeigen, daß es zu jeder Funktion $s(\omega)$ mit den Eigenschaften (8.25) einen stationären Prozeß gibt, dessen Spektraldichte $s(\omega)$ ist.

Die Menge $\{\omega, s(\omega) > 0\}$ einschließlich ihrer Randpunkte bildet das (*stetige* bzw. *kontinuierliche*) *Spektrum* des Prozesses. (Man beachte: Bei konkreten Rechnungen ist in den Integralen (8.24) und (8.25) nur über das Spektrum zu integrieren!) Analog zu (8.17) ist bis auf den Faktor $1/\pi$

$$K(0) = S(+\infty) - S(-\infty) = \int_{-\infty}^{+\infty} s(\omega)\, d\omega$$

die durchschnittliche Leistung der Schwingung.

Bemerkung Häufig wird auch die Funktion $f(\omega) = s(\omega)/\pi$ als Spektraldichte eingeführt. In diesem Fall ist das Integral $\int_{-\infty}^{+\infty} f(\omega)\, d\omega$ ohne Einschränkung die durchschnittliche Leistung der Schwingung.

In der Praxis bereitet die Bestimmung der Kovarianzfunktion im allgemeinen weniger Schwierigkeiten als die der Spektraldichte. Daher ist die Inversion der Beziehung (8.24) von Bedeutung. Die Inversion ist stets möglich, wenn die aus der Theorie der Fourier-Transformation bekannte Bedingung

$$\int_{-\infty}^{+\infty} |K(t)|\, dt < \infty \tag{8.26}$$

erfüllt ist. Inhaltlich besagt diese Bedingung, daß $K(\tau)$ für $|\tau| \to \infty$ hinreichend schnell gegen 0 gehen muß. Für die in der Elektrotechnik und insbesondere in der Kommunikationstheorie auftretenden stationären Prozesse ist dieser Sachverhalt im allgemeinen erfüllt. Unter der Voraussetzung (8.26) gilt

$$s(\omega) = \frac{1}{2\pi} \int_{-\infty}^{+\infty} e^{-i\,\omega t}\, K(t)\, dt. \tag{8.27}$$

Integration von (8.27) über das Intervall $[\omega_1, \omega_2]$, $\omega_1 < \omega_2$, liefert

$$S(\omega_2) - S(\omega_1) = \frac{i}{2\pi} \int_{-\infty}^{+\infty} \frac{e^{-i\,\omega_2 t} - e^{-i\,\omega_1 t}}{t}\, K(t)\, dt. \tag{8.28}$$

Bemerkung Diese Formel gilt auch dann, wenn die Spektraldichte nicht existiert; allerdings uneingeschränkt nur mit der Zusatzvereinbarung, daß an einer Sprungstelle ω_0 der Spektralfunktion

$$S(\omega_0) = \frac{1}{2}[S(w_0+0) - S(\omega_0 - 0)]$$

gesetzt wird.

Reeller stationärer Prozeß

Da für reelle Prozesse $K(\tau) = K(-\tau)$ ist, gilt

$$K(\tau) = [K(\tau) + K(-\tau)]/2.$$

Wird in diese Beziehung die Darstellung (8.24) der Kovarianzfunktion eingesetzt und von (8.8) Gebrauch gemacht, ergibt sich

$$K(\tau) = \int_{-\infty}^{+\infty} \cos\omega\tau \, s(\omega)\, d\omega.$$

Wegen $\cos\omega\tau = \cos(-\omega\tau)$ läßt sich diese Beziehung etwas vereinfachen:

$$K(\tau) = 2\int_0^{+\infty} \cos\omega\tau \, s(\omega)\, d\omega. \tag{8.29}$$

Analog erhält man aus (8.27) die Spektraldichte in der Form

$$s(\omega) = \frac{1}{2\pi} \int_{-\infty}^{+\infty} \cos\omega t \, K(t)\, dt$$

bzw., wegen $s(\omega) = s(-\omega)$ damit gleichbedeutend,

$$s(\omega) = \frac{1}{\pi} \int_0^{+\infty} \cos\omega t \, K(t)\, dt. \tag{8.30}$$

Auch bei reellen Prozessen ist es häufig zweckmäßiger, anstelle von (8.29) und (8.30) mit den allgemeineren Formeln (8.24) und (8.27) zu rechnen.

Für den Anwender ist *Korrelationszeit* τ_0 von Interesse:

$$\tau_0 = \frac{1}{K(0)} \int_0^{\infty} K(t)\, dt \quad \text{bzw.} \quad \tau_0 = \frac{\pi\, s(0)}{2\int_0^{\infty} s(\omega)\, d\omega}. \tag{8.31}$$

Für $|\tau| \le \tau_0$ gibt es eine nennenswerte Korrelation (Abhängigkeit) zwischen $X(t)$ und $X(t+\tau)$. Sie klingt für wachsende $|\tau|$ mit $|\tau| > \tau_0$ rasch ab.

Beispiel 8.1 Die doppelt unendliche zufällige Folge $\{\dots, -X_1, X_0, +X_1, \dots\}$ habe die Struktur $X_t = a_t X$ mit $t = 0, \pm 1, \pm 2, \dots$; wobei X eine komplexe Zufallsgröße mit $E(X) = 0$ sowie $Var(X) = \sigma^2$ ist und die a_t komplexe Zahlen sind. Analog zur Diskussion des Ansatzes (8.9) im Abschnitt 8.2 zeigt man, daß unter diesen Voraussetzungen die zufällige Folge $\{\dots, -X_1, X_0, +X_1, \dots\}$ genau dann im weiteren Sinne stationär ist, wenn die a_t mit einer Konstanten ω gegeben sind durch

$$a_t = e^{it\omega}; \quad t = 0, \pm 1, \dots$$

Also sind im stationären Fall die X_t harmonische Schwingungen mit zufälliger Amplitude und Phase sowie konstanter Kreisfrequenz ω. Da $e^{it\omega} = e^{it(\omega+2k\pi)}$ für alle ganzzahligen t und k gilt, kann ω auf den Bereich $[-\pi, +\pi]$ beschränkt werden. Daher nimmt die Darstellung (8.24) der Kovarianzfunktion in diesem Spezialfall folgende Form an:

$$K(\tau) = \int_{-\pi}^{+\pi} e^{i\tau\omega} s(\omega)\,d\omega; \quad \tau = 0, \pm 1, \dots \tag{8.32}$$

Unter der (8.26) entsprechenden Voraussetzung $\sum_{\tau=-\infty}^{+\infty} K(\tau) < \infty$ errechnet man die zugehörige Spektraldichte vermittels der "diskreten Version" der Formel (8.27):

$$s(\omega) = \frac{1}{2\pi} \sum_{\tau=-\infty}^{+\infty} e^{-i\tau\omega} K(\tau). \tag{8.33}$$

Werden die X_t als reell und unkorreliert vorausgesetzt, erhält man die im Beispiel 2.10 eingeführte *rein zufällige Folge* mit $K(0) = \sigma^2$ und $K(\tau) = 0$ für $\tau = \pm 1, \pm 2, \dots$ In diesem Fall ist die Spektraldichte konstant: $s(\omega) = \sigma^2/2\pi$. $\qquad\square$

Beispiel 8.2 Mit reellen Konstanten a und c, $|a| < 1$, sei

$$K(\tau) = c\,a^{|\tau|}; \quad \tau = 0, \pm 1, \dots$$

Eine Kovarianzfunktion dieser Struktur hat etwa die im Beispiel 2.14 eingeführte autoregressive stationäre Folge erster Ordnung. Die Berechnung der zugehörigen Spektraldichte erfolgt vermittels (8.33):

$$s(\omega) = \frac{1}{2\pi} \sum_{\tau=-\infty}^{\infty} K(\tau)\,e^{-i\tau\omega}$$

$$= \frac{c}{2\pi}\left[\sum_{\tau=-\infty}^{-1} a^{-\tau} e^{-i\tau\omega} + \sum_{\tau=0}^{\infty} a^{\tau} e^{-i\tau\omega} \right]$$

$$= \frac{c}{2\pi}\left[\sum_{\tau=1}^{\infty} a^{\tau} e^{i\tau\omega} + \sum_{\tau=0}^{\infty} a^{\tau} e^{-i\tau\omega} \right].$$

Also ist

$$s(\omega) = \frac{c}{2\pi}\left[\frac{a\,e^{i\omega}}{1 - a\,e^{i\omega}} + \frac{1}{1 - a\,e^{-i\omega}} \right].$$

Beispiel 8.3 Es sei

$$K(\tau) = a e^{-b|\tau|}, \quad a > 0,\ b > 0. \tag{8.34}$$

Beispiel 3.2 (zufälliges Telegraphensignal) beweist, daß stationäre Prozesse mit einer Kovarianzfunktion dieser Struktur existieren. Da die Bedingung (8.26) erfüllt ist, kann die zugehörige Spektraldichte $s(\omega)$ vermittels Formel (8.27) berechnet werden:

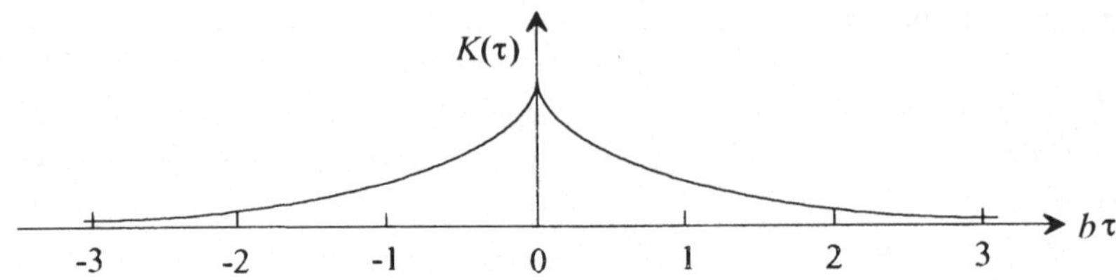

Bild 8.3　Verlauf der Kovarianzfunktion von Beispiel 8.3

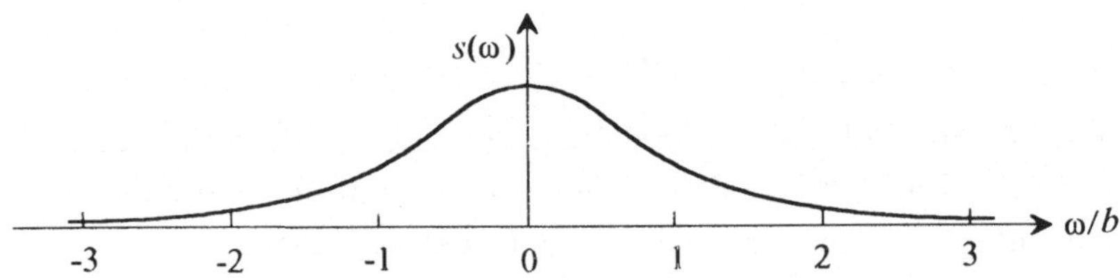

Bild 8.4　Verlauf der Spektraldichte von Beispiel 8.3

$$s(\omega) = \frac{1}{2\pi} \int_{-\infty}^{+\infty} e^{-i\omega t}\, a e^{-b|t|}\, dt$$

$$= \frac{a}{2\pi} \left\{ \int_{-\infty}^{0} e^{(b-i\omega)t}\, dt + \int_{0}^{\infty} e^{-(b+i\omega)t}\, dt \right\}$$

$$= \frac{a}{2\pi} \left\{ \frac{1}{b-i\omega} + \frac{1}{b+i\omega} \right\} .$$

Also ist

$$s(\omega) = \frac{ab}{\pi(\omega^2 + b^2)} .$$

Die Korrelationszeit errechnet sich aus (8.31) zu $\tau_0 = 1/b$. Dieses analytische Ergebnis steht im Einklang mit Bild 8.3. In den Anwendungen wird die Kovarianzfunktion (8.34) wegen ihrer einfachen Struktur häufig auch dann unterstellt, wenn sie allenfalls näherungsweise den Gegebenheiten entspricht.　　□

Beispiel 8.4　Es sei

$$K(\tau) = \begin{cases} a(T - |\tau|) & \text{für} \quad |\tau| \le T \\ 0 & \text{für} \quad |\tau| > T \end{cases} , \quad a > 0,\ T > 0. \tag{8.35}$$

Eine Kovarianzfunktion dieser Struktur trat im Beispiel 2.8 der zufällig verzögerten Pulskodemodulation auf (Bilder 2.8 und 8.5).

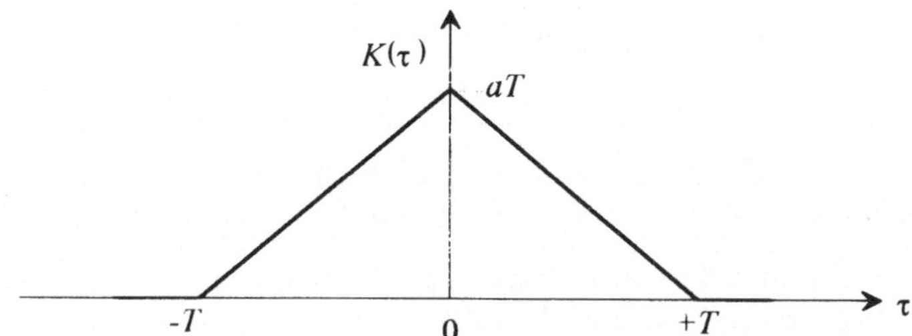

Bild 8.5 Verlauf der Kovarianzfunktion von Beispiel 8.4

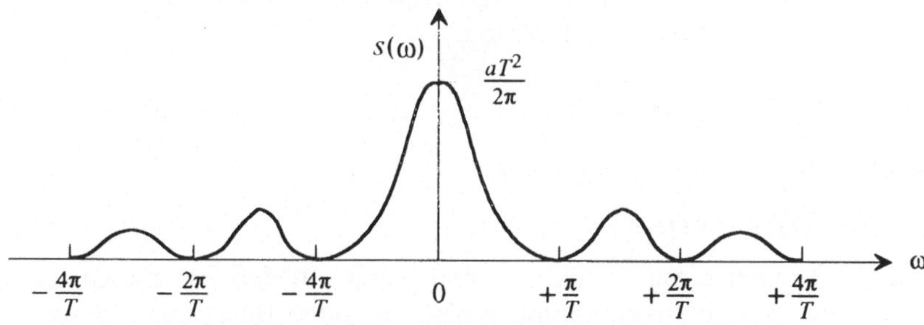

Bild 8.6 Verlauf der Spektraldichte von Beispiel 8.4

Die zugehörige Spektraldichte wird vermittels (8.27) berechnet:

$$s(\omega) = \frac{a}{2\pi} \int\limits_{-T}^{+T} e^{-i\omega t}\,(T - |t|)\,dt$$

$$= \frac{a}{2\pi}\left\{ T \int\limits_{-T}^{+T} e^{-i\omega t}\,dt - \int\limits_{0}^{+T} t\,e^{+i\omega t}\,dt - \int\limits_{0}^{+T} t\,e^{-i\omega t}\,dt \right\}$$

$$= \frac{a}{2\pi}\left\{ \frac{2T}{\omega} \sin\omega T - 2 \int\limits_{0}^{T} t\,\cos\omega t\,dt \right\}.$$

Es folgt

$$s(\omega) = \frac{a}{\pi}\,\frac{1 - \cos\omega T}{\omega^2}.$$

Bild 8.6 zeigt den Verlauf von $s(\omega)$. $\qquad\qquad\qquad\qquad\qquad\qquad\qquad\square$

Die vorangegangenen Beispiele sollten nicht zu der Schlußfolgerung führen, daß jede Funktion $K(\tau)$, die für $|\tau| \to \infty$ gegen 0 strebt, auch Korrelationsfunktion eines stationären Prozesses sein kann. Eine leichte Modifikation von (8.35) liefert schon ein Gegenbeispiel:

$$K(\tau) = \begin{cases} a\left(T-\tau^2\right) & \text{für} \quad |\tau| \leq T \\ 0 & \text{für} \quad |\tau| > T \end{cases} , \quad a > 0, \ T > 0 .$$

Die gemäß (8.27) gebildete Funktion $s(\omega)$ hat nicht die Eigenschaften (8.25) und kann somit nicht Spektraldichte eines stationären Prozesses sein.

Setzt man in (8.27) anstelle von $K(t)$ die Delta-Funktion $\delta(t)$ ein (sie erfüllt ja die Bedingung (8.26)), so ergibt sich nach (7.60)

$$s(\omega) = \frac{1}{2\pi} \int_{-\infty}^{+\infty} e^{-i\omega t} \, \delta(t) \, dt \equiv \frac{1}{2\pi} .$$

Die formale Inversion dieser Beziehung entsprechend (8.24) liefert eine komplexe Darstellung der Diracschen Deltafunktion:

$$\delta(t) = \frac{1}{2\pi} \int_{-\infty}^{+\infty} e^{i\,wt} \, dt . \tag{8.36}$$

Beispiel 8.5 Gegeben sei die Funktion

$$K(\tau) = a \cos \omega_0 \tau .$$

Kovarianzfunktionen dieser Struktur traten bereits in den Beispielen 2.5 und 2.6 auf. Für die zugehörige Spektraldichte erhält man unter Berücksichtigung von (8.8):

$$s(\omega) = \frac{a}{2\pi} \int_{-\infty}^{+\infty} e^{-i\omega t} \cos \omega_0 t \, dt$$

$$= \frac{a}{4\pi} \int_{-\infty}^{+\infty} e^{-i\omega t} \left(e^{i\omega_0 t} - e^{-i\omega_0 t} \right) dt$$

$$= \frac{a}{4\pi} \left\{ \int_{-\infty}^{+\infty} e^{i(\omega_0 - \omega)t} \, dt + \int_{-\infty}^{+\infty} e^{-i(\omega_0 + \omega)t} \, dt \right\} .$$

Die Anwendung von (8.36) ergibt nun sofort eine symbolische Darstellung der Spektraldichte (Bild 8.7):

$$s(\omega) = \frac{a}{2} \{ \delta(\omega_0 - \omega) + \delta(\omega_0 + \omega) \} . \tag{8.37}$$

Integration unter Berücksichtigung von (7.60) liefert die zugehörige Spektralfunktion (Bild 8.8):

$$S(\omega) = \begin{cases} 0 & \text{für} \quad \omega \leq -\omega_0 \\ a/2 & \text{für} \quad -\omega_0 < \omega \leq \omega_0 \\ a & \text{für} \quad \omega > \omega_0 \end{cases}$$

Es handelt sich um eine Treppenfunktion. $\square$

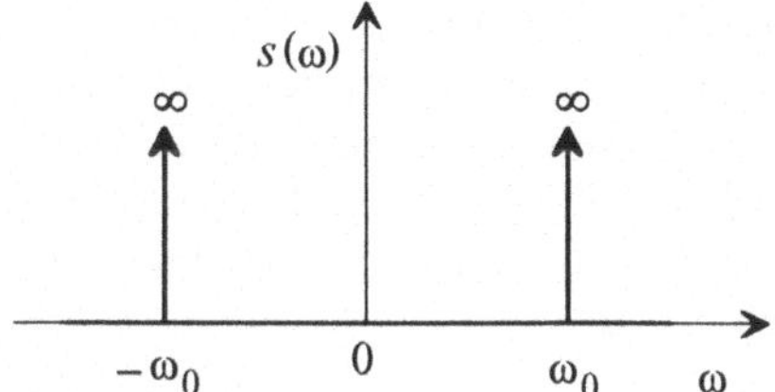

Bild 8.7 "Spektraldichte" von Beispiel 8.5

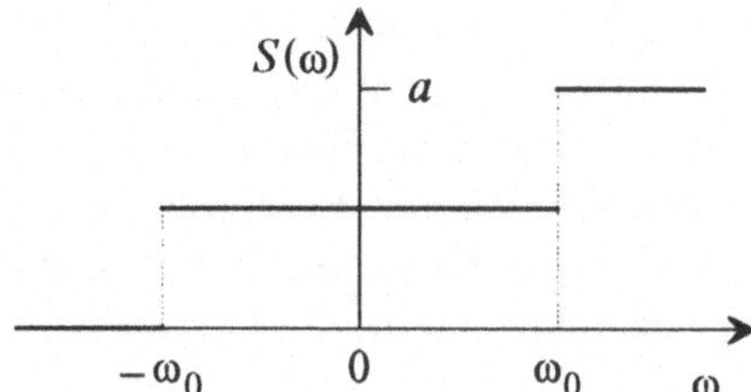

Bild 8.8 Spektralfunktion von Beispiel 8.5

Bemerkung Da im Beispiel 8.5 die Kovarianzfunktion für $|\tau| \to \infty$ nicht gegen 0 strebt, ist die Bedingung (8.26) zur Anwendung von (8.27) nicht erfüllt. Diese Tatsache motiviert das Auftreten der Diracschschen Deltafunktion in (8.37). Die Darstellung (8.37) der Spektraldichte ist daher ebenso wie (8.22) nur als formale Schreibweise anzusehen; es sei denn, man ist mit der Theorie der verallgemeinerten Funktionen (Funktionale) vertraut. Die Zweckmäßigkeit der Nutzung solcher formaler Schreibweisen auf der Grundlage der Diracschen Deltafunktion wurde bereits im Abschnitt 7.3 deutlich.

Im folgenden Beispiel ist $K(\tau)$ das Produkt der in den Beispielen 8.3 und 8.5 betrachteten Kovarianzfunktionen stationärer Prozesse. Nach einem allgemeingültigen Sachverhalt existiert daher auch ein stationärer Prozeß, dessen Kovarianzfunktion $K(\tau)$ ist.

Beispiel 8.6 $K(\tau)$ habe mit $a > 0$, $b > 0$ und $\omega_0 > 0$ die Form einer exponentiell gedämpften Kosinusschwingung:

$$K(\tau) = a\, e^{-b\,|\tau|} \cos\omega_0\tau . \tag{8.38}$$

Die Bedingung (8.26) ist erfüllt, so daß die zugehörige Spektraldichte gemäß (8.27) berechnet werden kann:

$$s(\omega) = \frac{a}{\pi} \int_0^\infty e^{-bt} \cos\omega t \, \cos\omega_0 t \, dt$$

$$= \frac{a}{2\pi} \int_0^{+\infty} e^{-bt} [\cos(\omega - \omega_0)t + \cos(\omega + \omega_0)t]dt .$$

Daher ist

$$s(\omega) = \frac{ab}{2\pi} \left\{ \frac{1}{b^2 + (\omega - \omega_0)^2} + \frac{1}{b^2 + (\omega + \omega_0)^2} \right\} .$$

Kovarianzfunktionen des Typs (8.38) werden in der Praxis häufig zur (eventuell approximativen) Modellierung stationärer Prozesse genutzt, wenn die beobachteten Kovarianzfunktionen ihr Vorzeichen wechseln. Ein Beispiel hierfür ist das Fading von Radiosignalen, die durch eine Radaranlage empfangen werden. $\square$

Weißes Rauschen Im Abschnitt 7.3 (Definition 7.3) wurde das weiße Rauschen $\{Z(t), t \geq 0\}$ als <u>reeller</u> stationärer Prozeß mit stetiger Zeit vermittels des Wiener-Prozesses eingeführt. Formal konnte dieser Prozeß wie die (nichtexistierende) erste Ableitung des Wiener-Prozesses behandelt werden. Dies führte zu der Schlußfolgerung, daß seine Kovarianzfunktion bis auf einen konstanten Faktor c, der hier mit $2\pi s_0$ bezeichnet wird, die Diracsche Deltafunktion ist:

$$K(\tau) = 2\pi s_0 \, \delta(\tau) \,.$$

Damit liefern die Beziehungen (8.27) und (7.60) die Spektraldichte des weißen Rauschens zu

$$s(\omega) = \frac{1}{2\pi} \int_{-\infty}^{+\infty} e^{-i\omega t} \, 2\pi s_0 \, \delta(t) \, dt \equiv s_0 \,.$$

Hieraus ergibt sich eine weitere Möglichkeit der Charakterisierung des weißen Rauschens:

> *Das weiße Rauschen ist ein reeller stationärer Prozeß, dessen Spektraldichte konstant ist.*

Die Spektraldichte des weißen Rauschens erfüllt demnach nur die erste der Bedingungen (8.25). Infolgedessen kann der stationäre Prozeß des weißen Rauschens in der Praxis nicht existieren; denn seine durchschnittliche Leistung wäre wegen

$$\int_{-\infty}^{+\infty} s(\omega) \, d\omega = \infty$$

unendlich groß. Trotzdem hat das weiße Rauschen eine große praktische Bedeutung bei der approximativen quantitativen Beschreibung zahlreicher physikalischer und technischer stochastischer Vorgänge. Man kann den Begriff des weißen Rauschens in seiner Bedeutung etwa vergleichen mit dem auch nur in der Theorie existierenden physikalischen Begriff der Punktmasse.

Wegen $K(\tau) = c\,\delta(\tau)$ besteht auch für dem Betrage nach noch so kleine τ keine Korrelation zwischen $Z(t)$ und $Z(t+\tau)$. Somit ist das weiße Rauschen als "vollkommen zufälliger" stochastischer Prozeß das stetige Analogon zur "rein zufälligen Folge", die bereits im Abschnitt 2.4.2 als *diskretes weißes Rauschen* bezeichnet wurde, und die, wie im Beispiel 8.1 gezeigt wurde, ebenfalls eine konstante Spektraldichte hat.

Die Bezeichnung "weißes Rauschen" resultiert aus einem nicht voll gerechtfertigten Vergleich mit dem Spektrum des weißen Lichts. Dieses hat zwar eine Breitbandstruktur, aber die Frequenzen sind allenfalls näherungsweise gleichmäßig über die Bandbreite verteilt.

Ein stationärer Prozeß $\{Z(t), t \geq 0\}$ kann immer dann näherungsweise als weißes Rauschen angesehen werden, wenn die Kovarianz zwischen $Z(t)$ und $Z(t+\tau)$ für wachsende $|\tau|$ extrem schnell gegen 0 strebt. Bezeichnet $Z(t)$ beispielsweise die Schwankungen des absoluten Betrags der Kraft, die auf ein Teilchen in einer Flüssigkeit zum Zeitpunkt t wirkt und die zu dessen *Brownscher Bewegung* führt, so resultiert diese Kraft aus den etwa 10^{21} Zusammenstößen des Teilchens je Sekunde mit Molekülen der Flüssigkeit (durchschnittliche Temperatur- und Größenverhältnisse vorausgesetzt). Daher sind $Z(t)$ und $Z(t+\tau)$ praktisch unabhängig (unkorreliert), wenn $|\tau|$ von der Größenordnung 10^{-18} Sekunden ist. Wird etwa eine Kovarianzfunktion vom Typ $K(\tau) = e^{-b|\tau|}$, $b > 1$ (Beispiel 8.3), unterstellt, so müßte b größer als $10^{-17}\,\text{sec}^{-1}$ sein. Ein ähnlich schneller Abfall der Kovarianzfunktion liegt vor, wenn $\{Z(t),\ t \geq 0\}$ die Schwankungen der elektromotorischen Kraft in einem Leiter modelliert, die durch die thermale Bewegung von Elektronen verursacht wird. Auf den Fall der Stromstärkeschwankungen in Vakuumröhren, die durch die zufälligen Emmissionszeitpunkte von Elektronen durch die Kathode verursacht werden, wurde bereits im Beispiel 7.8 hingewiesen.

Man kann sich das weiße Rauschen als Folge von extrem spitzen Pulsen vorstellen, die in kürzesten zufälligen Zeitabständen aufeinander folgen und unabhängige, identisch verteilte Amplituden haben. Die Zeiten, in denen die Pulse steigen bzw. fallen, sind für Meßinstrumente zu kurz, um registriert werden zu können. Darüberhinaus sind die Reaktionszeiten der Meßinstrumente so groß, daß bereits während einer Reaktionszeit eine riesige Anzahl nichtregistrierbarer Pulse auftritt (Bild 8.9).

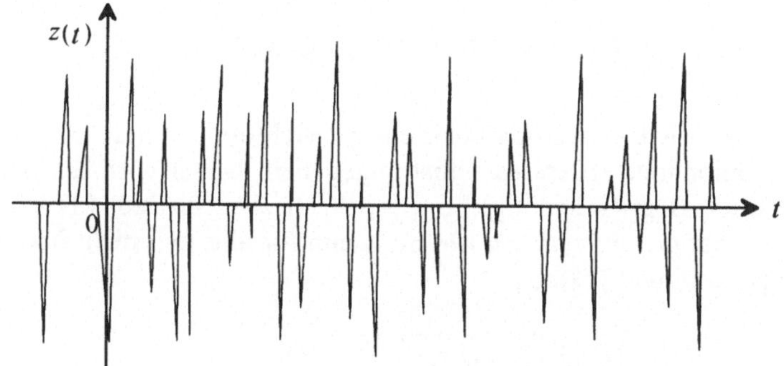

Bild 8.9 Veranschaulichung des weißen Rauschens (eine Trajektorie)

Beispiel 8.7 (*bandbegrenztes weißes Rauschen*) Ein stationärer Prozeß mit konstanter Spektraldichte $s(\omega) = s_0$ für alle $\omega \in (-\infty, +\infty)$ kann, wie bereits ausgeführt, praktisch nicht existieren. Wohl aber ist ein stationärer Prozeß mit folgender Spektraldichte möglich (Bild 8.10 (a)):

$$s(\omega) = \begin{cases} s_0 & \text{für} \quad -w/2 \leq \omega \leq +w/2 \\ 0 & \qquad\qquad\qquad \text{sonst} \end{cases}$$

Die zugehörige Kovarianzfunktion errechnet sich vermittels (8.8) zu

$$K(\tau) = \int_{-w/2}^{+w/2} e^{i\,\omega\tau}\, s_0\, d\omega = 2 s_0 \,\frac{\sin \frac{w\tau}{2}}{\tau}$$

(Bild 8.10 (b)). Die durchschnittliche Leistung dieses Prozesses ist proportional zu $K(0) = s_0 w$. Der Parameter w ist die *Bandbreite* des Prozesses.

Das weiße Rauschen erweist sich als Grenzprozeß des bandbeschränkten weißen Rauschens für $w \to \infty$.   □

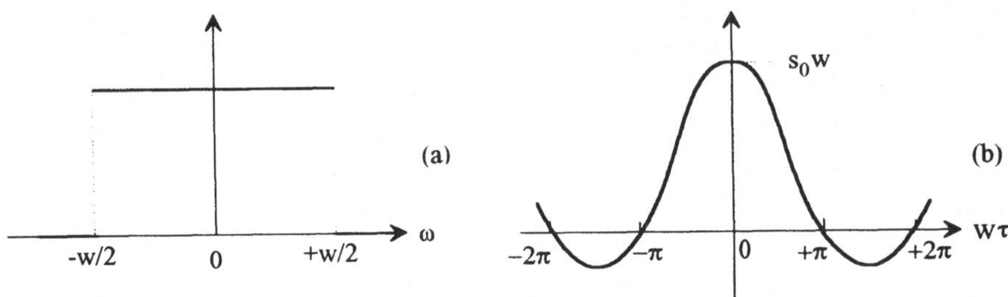

Bild 8.10 Spektraldichte (a) und Kovarianzfunktion (b) des bandbeschränkten weißen Rauschens

8.3.2 Spektralzerlegung des Prozesses*

Der Vollständigkeit halber werden noch einige wichtige Resultate zur Spektralzerlegung eines stationären Prozesses selbst angegeben. Dabei wird ein bislang noch nicht eingeführter Begriff benötigt: Ein stochastischer Prozeß $\{Y(x), x \in \mathbf{R}\}$ mit $\mathbf{R} = \{-\infty, +\infty\}$ hat *orthogonale Zuwächse*, wenn für alle sich nicht überschneidende Intervalle $[x_1, x_2)$ und $[x_3, x_4)$

$$E\Big([Y(x_2) - Y(x_1)]\big[\overline{Y(x_4) - Y(x_3)}\big]\Big) = 0$$

gilt. Somit hat ein reeller stochastischer Prozeß mit unabhängigen Zuwächsen, dessen Trendfunktion identisch 0 ist, stets orthogonale Zuwächse.

Es sei nun wie bisher $\{X(t), t \in \mathbf{R}\}$ mit $\mathbf{R} = \{-\infty, +\infty\}$ ein stationärer komplexer Prozeß zweiter Ordnung, dessen Trendfunktion identisch 0 ist. Dann existiert ein Prozeß zweiter Ordnung $\{U(\omega), \omega \in \mathbf{R}\}$ mit orthogonalen Zuwächsen, so daß sich $X(t)$ folgendermaßen darstellen läßt:

$$X(t) = \int_{-\infty}^{+\infty} e^{i\,\omega t}\, dU(\omega). \tag{8.39}$$

Der Prozeß $\{U(\omega), \omega \in \mathbf{R}\}$ ist der zu $\{X(t), t \in \mathbf{R}\}$ gehörige *Spektralprozeß*. Er ist bis auf eine additive Konstante eindeutig bestimmt. Wird diese Konstante so gewählt, daß $P(U(-\infty) = 0) = 1$ gilt, dann bestehen folgende Zusammenhänge zwi-

schen dem Prozeß $\{U(\omega), \omega \in \mathbf{R}\}$ und der im vorangegangenen Abschnitt eingeführten Spektralfunktion $S(\omega)$:

$$E(U(\omega)) \equiv 0, \quad E\left(|(U(\omega)|^2\right) = S(\omega), \quad E\left(|(dU(\omega)|^2\right) = dS(\omega).$$

Die Struktur (8.39) stationärer Prozesse und ihr Zusammenhang zur Spektralanalyse der Kovarianzfunktion wurden zuerst von *A. N. Kolmogorov* aufgezeigt. Man erkennt die Analogie zwischen den Darstellungen (8.19) und (8.39):

$$X(t) = \sum_{k=1}^{\infty} e^{i\omega_k t} X_k, \qquad X(t) = \int_{-\infty}^{+\infty} e^{i\omega t} dU(\omega).$$

Der Orthogonalität des Prozesses $\{U(t), t \geq 0\}$ entspricht im Fall des diskreten Spektrums die Unkorreliertheit der X_k.

Analog zu (7.54) ist das *stochastische Fourier-Stieltjes-Integral* in (8.39) wie folgt definiert: Ein endliches Intervall $[a, b]$ wird vermittels $a = \omega_0 < \omega_1 < ... < \omega_n = b$ partitioniert, und es wird

$$\Delta \omega_k = \omega_k - \omega_{k-1}; \quad k = 1, 2, ..., n;$$

gesetzt. Dann gilt bezüglich der Konvergenz im Quadratmittel

$$\int_{-\infty}^{+\infty} e^{i\omega t} dU(\omega) = \lim_{\substack{a \to -\infty \\ b \to +\infty}} \lim_{\substack{n \to +\infty \\ \Delta \omega_k \to 0}} \sum_{k=1}^{n} e^{i\omega_{k-1} t} [U(\omega_k) - U(\omega_{k-1})].$$

Man erkennt aus dieser Grenzbeziehung die Struktur eines stationären Prozesses: Er resultiert aus der additiven Überlagerung harmonischer Schwingungen, wobei die Anteile der Schwingungen in den Frequenzbereichen zufällig sind und durch den Spektralprozeß $\{U(\omega), \omega \in \mathbf{R}\}$ bestimmt werden. (Die Frequenz ω_{k-1}, die stellvertretend für alle Frequenzen des Bereichs $[\omega_{k-1}, \omega_k)$ steht, erhält das zufällige Gewicht $U(\omega_k) - U(\omega_{k-1})$).

Analog zu (8.28) ergibt sich durch Inversion der Darstellung (8.39) der Spektralprozeß in Abhängigkeit vom Ausgangsprozeß in der Form

$$U(\omega_2) - U(\omega_1) = \frac{i}{2\pi} \int_{-\infty}^{+\infty} \frac{e^{-i\omega_2 t} - e^{-i\omega_1 t}}{t} X(t) \, dt.$$

Ist $\{X(t), t \geq 0\}$ ein reeller, im weiteren Sinne stationärer stochastischer Prozeß, dann erlaubt er eine Spektraldarstellung in folgender Form:

$$X(t) = \int_0^{\infty} \cos \omega t \, dU(\omega) + \int_0^{\infty} \sin \omega t \, dV(\omega).$$

Hierbei sind $\{U(t), t \geq 0\}$ und $\{V(t), t \geq 0\}$ voneinander unabhängige Prozesse zweiter Ordnung mit orthogonalen Zuwächsen, deren Trendfunktion identisch 0 ist. Bezüglich der Konvergenz im Quadratmittel sind sie gegeben durch

$$U(\omega) = \frac{1}{2\pi} \int\limits_{-\infty}^{+\infty} \frac{\sin \omega t}{t} X(t)\, dt,$$

$$V(\omega) = \frac{1}{2\pi} \int\limits_{-\infty}^{+\infty} \frac{1 - \cos \omega t}{t} X(t)\, dt.$$

Praktische Bedeutung hat die Spektraldarstellung stochastischer Prozesse vor allem dann, wenn $\{X(t),\ t \in \mathbf{R}\}$ Eingangssignal eines linearen Filters ist sowie bei der Prognose der zeitlichen Entwicklung von stationären Prozessen (*Helstrom* (1984), *Ochi* (1990)).

Aufgaben

8.1) Ein stochastischer Prozeß $\{X(t),\ t \in \mathbf{R}\}$ sei durch $X(t) = A\cos(\omega t + \Phi)$ gegeben, wobei $E(A) = 0$ gilt und Φ in $[0, 2\pi]$ gleichverteilt ist. A und Φ seien voneinander unabhängige Zufallsgrößen.
Man prüfe, ob Formel (8.5) die Kovarianzfunktion des im weiteren Sinne stationären Prozesses $\{X(t),\ t \in \mathbf{R}\}$ liefert!
Hinweis Die Kovarianzfunktion dieses Prozesses wurde im Beispiel 2.5 berechnet.

8.2) Ein im weiteren Sinne stationärer Prozeß mit stetiger Zeit hat die Kovarianzfunktion

$$K(\tau) = \sigma^2\, e^{-\alpha|\tau|} \left[\cos \beta\, \tau - \frac{\alpha}{\beta}\, \sin \beta |\tau| \right].$$

Man zeige, daß seine Spektraldichte gegeben ist durch

$$s(\omega) = \frac{2\sigma^2 \alpha \omega^2}{\pi \left[\omega^2 + \alpha^2 + \beta^2 - 4\beta^2 \omega^2 \right]}\,!$$

8.3) Ein im weiteren Sinne stationärer Prozeß mit stetiger Zeit hat die Kovarianzfunktion

$$K(\tau) = \sigma^2\, e^{-\alpha|\tau|} \left[\cos \beta\, \tau + \frac{\alpha}{\beta}\, \sin \beta |\tau| \right].$$

Man zeige, daß seine Spektraldichte gegeben ist durch

$$s(\omega) = \frac{2\sigma^2 \alpha (\alpha^2 + \beta^2)}{\pi \left[\omega^2 + \alpha^2 - \beta^2 + 4\alpha^2 \beta^2 \right]}\,!$$

8.4) Ein im weiteren Sinne stationärer Prozeß mit stetiger Zeit hat die Kovarianzfunktion

$$K(\tau) = a\, e^{-b\tau^2}; \quad a > 0,\ b > 0.$$

Man zeige, daß seine Spektraldichte gegeben ist durch

$$s(\omega) = \frac{a}{2\sqrt{\pi b}}\, e^{-\omega^2/4b}\,!$$

8.5) Der stochastische Prozeß $\{V(t),\ t \geq 0\}$ sei durch $V(t) = X(t+1) - X(t)$ definiert, wobei $\{X(t),\ t \geq 0\}$ der standardisierte Wiener-Prozeß ist.

Man zeige, daß die Spektraldichte des im weiteren Sinne stationären Prozesses $\{V(t),\ t \geq 0\}$ proportional zu $(1 - \cos\omega)/\omega^2$ ist!

8.6)* Der stochastische Prozeß $\{V(t),\ t \geq 0\}$ sei durch

$$V(t) = \int_{-\infty}^{t} e^{-\alpha(t-u)}\, dX(u), \quad \alpha > 0,$$

definiert, wobei $\{X(t),\ t \geq 0\}$ der standardisierte Wiener-Prozeß ist.

Man zeige, daß der Prozeß $\{V(t),\ t \geq 0\}$ stationär im weiteren Sinne ist und gebe eine Integraldarstellung seiner Spektraldichte an!

8.7)* $\{X(t),\ t \geq 0\}$ sei ein Gaußscher Prozeß, der der Markov-Eigenschaft genügt.

Man zeige, daß die Kovarianzfunktion solcher Prozesse die Struktur $K(\tau) = a\,e^{-b|\tau|}$ hat und berechne die zugehörige Spektraldichte!

8.8) Man zeige, daß kein im weiteren Sinne stationärer Prozeß existieren kann, dessen Kovarianzfunktion durch

$$K(\tau) = \begin{cases} a(T - \tau^2) & \text{für } |\tau| \leq T \\ 0 & \text{für } |\tau| > T \end{cases}, \quad \tau \in (-\infty, +\infty),$$

gegeben ist!

8.9) Ein im weiteren Sinne stationärer Prozeß mit stetiger Zeit habe die Spektraldichte

$$s(\omega) = \sum_{k=1}^{n} \frac{\alpha_k}{\omega^2 + \beta_k^2}, \quad \alpha_k > 0.$$

Man zeige, daß seine Kovarianzfunktion gegeben ist durch

$$K(\tau) = \pi \sum_{k=1}^{n} \frac{\alpha_k}{\beta_k} e^{-\beta_k |\tau|}\ !$$

8.10) Ein im weiteren Sinne stationärer Prozeß mit stetiger Zeit habe die Spektraldichte

$$s(\omega) = \begin{cases} 0 & \text{für } |\omega| < \omega_0 \text{ oder } |\omega| > 2\omega_0 \\ a^2 & \text{für } \omega_0 \leq |\omega| < 2\omega_0 \end{cases}, \quad \omega_0 > 0.$$

Man zeige, daß seine Kovarianzfunktion gegeben ist durch

$$K(\tau) = 2a^2 \sin\omega_0\tau\, \frac{2\cos\omega_0\tau - 1}{\tau}\ !$$

Anhang 1: Landausches Ordnungssymbol

Das Landausche Ordnungssymbol $o(x)$ ist folgendermaßen definiert:

Eine Funktion $g(x)$ ist $o(x)$ für $x \to a$ bzw., damit gleichbedeutend,
$g(x) = o(x)$ für $x \to a$ (lies: $g(x)$ ist klein o von x für x gegen a), wenn

$$\lim_{x \to a} \frac{g(x)}{x} = 0$$

gilt. (In diesem Buch tritt nur der Fall $a = 0$ auf.)

Äquivalent dazu ist die folgende Erklärung: Für eine gegebene reelle Zahl a ist $o(x)$
eine beliebige Funktion, von der nur gefordert wird, daß sie der Bedingung

$$\lim_{x \to a} \frac{o(x)}{x} = 0$$

genügt. Eine Funktion, die $o(x)$ ist, geht somit für $x \to a$ "schneller gegen 0" als die
Gerade $y = x$. Als Beispiele mögen dienen:

1) Die Funktion $g(x) = x^2$ ist $o(x)$ für $x \to 0$; denn es gilt

$$\lim_{x \to 0} \frac{g(x)}{x} = \lim_{x \to 0} \frac{x^2}{x} = \lim_{x \to 0} x = 0.$$

2) Die Funktion $g(x) = \sqrt{x}$ ist nicht $o(x)$ für $x \to 0$; denn es gilt

$$\lim_{x \to 0} \frac{g(x)}{x} = \lim_{x \to 0} \frac{\sqrt{x}}{x} = \lim_{x \to 0} \frac{1}{\sqrt{x}} = \infty.$$

3) Die Funktion $g(x) = \sin x$ ist nicht $o(x)$ für $x \to 0$; denn es gilt

$$\lim_{x \to 0} \frac{g(x)}{x} = \lim_{x \to 0} \frac{\sin x}{x} = 1.$$

Wichtige Eigenschaften sind:

1) $g_1(x)$ und $g_2(x)$ seien $o(x)$ für $x \to a$. Dann hat auch die Summe $g_1(x) + g_2(x)$
diese Eigenschaft, da gilt

$$\lim_{x \to a} \frac{g_1(x) + g_2(x)}{x} = \lim_{x \to a} \frac{g_1(x)}{x} + \lim_{x \to a} \frac{g_2(x)}{x} = 0 + 0 = 0.$$

2) $g(x)$ sei $o(x)$ für $x \to a$. Dann hat für eine beliebige Konstante c auch das Produkt $c\,g(x)$ diese Eigenschaft, da gilt:

$$\lim_{x \to a} \frac{c\,g(x)}{x} = c \lim_{x \to a} \frac{g(x)}{x} = 0.$$

Anhang 2: Diracsche Deltafunktion und Heavyside-Funktion

Die *Diracsche Deltafunktion* $\delta(t)$ ist definiert durch

$$\delta(t) = \lim_{h \to 0} \begin{cases} 1/h & \text{für} \quad -h/2 \le t \le +h/2 \\ 0 & \text{sonst} \end{cases} \;,\quad h > 0.$$

Eine kürzere Schreibweise ist

$$\delta(t) = \begin{cases} \infty & \text{für} \quad t = 0 \\ 0 & \text{sonst} \end{cases}.$$

Eine komplexe Darstellung der Diracschen Deltafunktion ist

$$\delta(t) = \frac{1}{2\pi} \int_{-\infty}^{+\infty} e^{i\omega t}\, dt.$$

Für eine beliebige stetige Funktion $f(t)$ gilt

$$\int_{-\infty}^{+\infty} f(t)\, \delta(t - t_0)\, dt = f(t_0).$$

Die *Heavyside-Funktion* ist definiert durch

$$H(t) = \begin{cases} 1 & \text{für} \quad t \ge 0 \\ 0 & \text{für} \quad t < 0 \end{cases}.$$

Die Diracsche Deltafunktion kann formal als Ableitung der Heavyside-Funktion angesehen werden, wenn einer Funktion an ihren Sprungstellen ein unendlicher Anstieg zugeordnet wird:

$$\delta(t) = H'(t).$$

Ist $F(t)$ eine stückweise konstante Funktion mit Sprüngen der Höhe 1 an den Stellen $t_1, t_2, \ldots$; dann lassen sie und ihre "Ableitung" sich wie folgt schreiben (Bild):

$$F(t) = \sum_{k=1}^{\infty} H(t - t_k) \quad \text{bzw.} \quad F'(t) = \sum_{k=1}^{\infty} \delta(t - t_k).$$

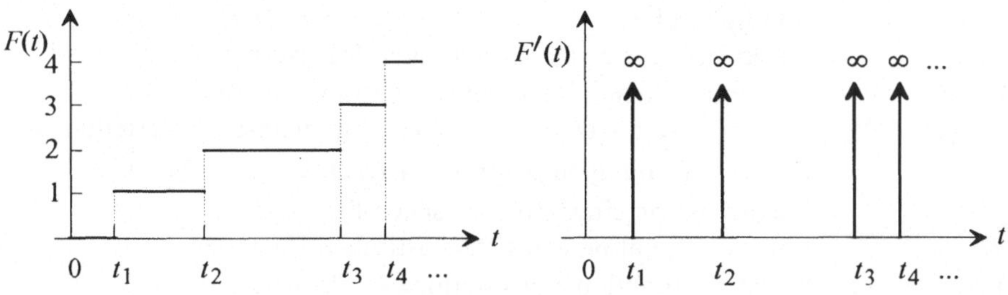

Symbole und Abkürzungen

□ ■ ●	Ende eines Beispiels, eines Satzes bzw. einer Definition
$f(t) \equiv c$	$f(t) = c$ <u>für alle</u> t aus einem gegebenen Bereich **T** (lies: f ist identisch konstant c in **T**). Insbesondere ist f eine Konstante, wenn **T** der Definitionsbereich von f ist.
$f * g$	Faltung zweier Funktionen f und g
$f^{*(n)}$	n-te Faltungspotenz von f
$\hat{f}(s), \quad L\{f\}$	Laplace-Transformierte einer Funktion f
$o(x)$	Landausches Ordnungssymbol
$\delta(x)$	Diracsche Deltafunktion

Wahrscheinlichkeitstheorie

$X, \; Y, \; Z$	Zufallsgrößen
$E(X), \; Var(X)$	Erwartungswert, Varianz von X
$f_X(x), \; F_X(x)$	Verteilungsdichte, Verteilungsfunktion von X
$\lambda(x), \; \Lambda(x)$	Ausfallrate, integrierte Ausfallrate
$\phi(x), \; \Phi(x)$	Verteilungsdichte, Verteilungsfunktion einer standardisiert normalverteilten Zufallsgröße
$f_{\mathbf{X}}(x_1, x_2, \ldots, x_n), \quad F_{\mathbf{X}}(x_1, x_2, \ldots, x_n)$	gemeinsame Verteilungsdichte, -funktion des zufälligen Vektors $\mathbf{X} = (X_1, X_2, \ldots, X_n)$
$Cov(X, Y)$	Kovarianz von X und Y
$\rho(X, Y)$	Korrelationskoeffizient von X und Y
$M(z)$	z-Transformierte einer diskreten Zufallsgröße bzw. Wahrscheinlichkeitsverteilung (momenterzeugende Funktion)

Stochastische Prozesse

$\{X(t), t \in \mathbf{T}\}$	stochastischer Prozeß mit stetigem Parameterbereich **T**
$\{X_t, t \in \mathbf{T}\}$	stochastischer Prozeß mit diskretem Parameterbereich **T**, zufällige Folge
Z	Zustandsraum eines stochastischen Prozesses
$f_t(x), \; F_t(x)$	Verteilungsdichte, Verteilungsfunktion von $X(t)$
$f_{t_1, t_2, \ldots, t_n}(x_1, x_2, \ldots, x_n), \quad F_{t_1, t_2, \ldots, t_n}(x_1, x_2, \ldots, x_n)$	gemeinsame Verteilungsdichte, Verteilungsfunktion von $(X(t_1), X(t_2), \ldots, X(t_n))$
$m(t)$	Trendfunktion eines stochastischen Prozesses
$K(s, t)$	Kovarianzfunktion eines stochastischen Prozesses
$K(\tau)$	Kovarianzfunktion eines stationären Prozesses

$\rho(s,t)$	Korrelationsfunktion eines stochastischen Prozesses
$X(t_2) - X(t_1)$	Zuwachs eines stochastischen Prozesses
$\{N(t),\ t \geq 0\}$	Zählprozeß, insbesondere Erneuerungszählprozeß
$\{T_1, T_2, \dots\}$	Impulsprozeß
$H(t),\ H_1(t)$	Erneuerungsfunktion eines gewöhnlichen, modifizierten Erneuerungsprozesses
$R(t),\ V(t)$	Rückwärts-, Vorwärtsrekurrenzzeit
$A(t),\ A$	Momentan-, Dauerverfügbarkeit (stationäre Verfügbarkeit)
$L(x)$	Ersterreichungzeit des Werts x durch einen kumulativen stochastischen Prozeß (Niveauüberschreitungszeit)
$p_{ij},\ p_{ij}^{(m)}$	einstufige, m-stufige Übergangswahrscheinlichkeiten einer homogenen, diskreten Markovschen Kette
$\mathbf{P}$	Matrix der Übergangswahrscheinlichkeiten
$f_{ij}^{(n)}$	Ersterreichungswahrscheinlichkeit (des Zustands j aus i nach n Schritten)
f_{ii}^*	Rückkehrwahrscheinlichkeit (in den Zustand i)
$p_{ij}(t)$	Übergangswahrscheinlichkeiten einer homogenen, stetigen Markovschen Kette
$q_{ij},\ q_i$	bedingte, unbedingte Übergangsintensitäten einer homogenen, stetigen Markovschen Kette
$\{\pi_i;\ i \in \mathbf{Z}\}$	stationäre Zustandsverteilung einer Markovschen Kette
$\lambda_j,\ \mu_j$	Geburts-, Todesraten
ρ	Korrelationskoeffizient, Verkehrswert (Abschnitt 6.8)
W	Wartezeit in einem Bedienungssystem
L	zufällige Lebensdauer, Warteschlangenlänge
$L(a),\ L(a,b)$	Ersterreichungzeit des Werts a bzw. eines der Werte a oder b durch einen Wiener-Prozeß (mit oder ohne Drift)
$\{W(t),\ t \geq 0\}$	Wiener-Prozeß mit Dift
μ	Driftparameter eines Wiener-Prozesses mit Drift
$\mathbf{R}$	reelle Achse $(-\infty, +\infty)$
$\{Z(t),\ t \geq 0$ bzw. $t \in \mathbf{R}\}$	stochastischer Prozeß des (stetigen) weißen Rauschens
ω	Kreisfrequenz
$\phi,\ \Phi$	Phase, zufällige Phase
$s(\omega),\ S(\omega)$	Spektraldichte, Spektralfunktion eines stationären Prozesses
$\mathbf{S}$	Spektrum, $\mathbf{S} = \{\omega;\ s(\omega) > 0\}$
w	Bandbreite, $w = \sup\limits_{\omega \in \mathbf{S}} \omega - \inf\limits_{\omega \in \mathbf{S}} \omega$

Literaturverzeichnis

Alsmeyer, G. (1991): Erneuerungstheorie. B.G. Teubner, Stuttgart.

Andél, J. (1984): Statistische Analyse von Zeitreihen. Akademie-Verlag, Berlin.

Bachelier, L. (1900): Theorie de la speculation. Ann. Sci. Ec. Norm. Super.,17, 3, 21-26.

Beichelt, F. (1993): Zuverlässigkeits- und Instandhaltungstheorie. B.G. Teubner, Stuttgart.

Beichelt, F. (1995): Stochastik für Ingenieure - Eine Einführung in die Wahrscheinlichkeitstheorie und Mathematische Statistik. B.G. Teubner, Stuttgart.

Beichelt, F.; Franken, P. (1984): Zuverlässigkeit und Instandhaltung - Mathematische Methoden. Carl Hanser - Verlag, München-Wien.

Beveridge, W. H. (1921): Weather and harvest cycles. Econ. J., 31, 429-452.

Brown, R. (1828): A brief account of microscopial observations made in the months of June, July, and August, 1827, on particles contained in the pollen of plants; and on the general existence of active molecules in organic and inorganic bodies. Phil. Mag., Series 2, No. 4, 161-173.

Chhikara, R. S.; Folks, J. L. (1988): The Inverse Gaussian Distribution. Marcel Dekker, Inc., New York, Basel.

Chung, K. L. (1960): Markov Chains with Stationary Transition Probabilities. Springer-Verlag, Berlin.

Cramér, H.; Leadbetter, M. R. (1967): Stationary and Related Stochastic Processes. Wiley, New York.

Einstein, A. (1905): Über die von der molekularkinetischen Theorie der Wärme geforderte Bewegung von in ruhenden Flüssigkeiten suspendierten Teilchen. Ann. Phys., 17, 549-560.

Feller, W. (1971): An Introduction to Probability Theory and its Applications, vol. II (2nd ed.). Wiley, New York.

Fischer, K. (1984): Zuverlässigkeits- und Instandhaltungstheorie. Transpress-Verlag für Verkehrswesen, Berlin.

Fischer, K.; Hertel, G. (1990): Bedienungsprozesse im Transportwesen - Grundlagen und Anwendungen der Bedienungstheorie. Transpress -Verlag für Verkehrswesen, Berlin.

Folks, J. L.; Chhikara, R. S. (1978): The inverse Gaussian distribution and its statistical application-a review. J. Royal Stat. Soc., B 40, 263-289.

Franken, P. (1963): Utočnenije pridelnoj teoremy dlja superpozicii nezavisimych processov vosstanovlenija. Teor. Verojatn. i Primen., 8, 341-349.

Franz, J. (1977): Niveaudurchgangszeiten zur Charakterisierung sequentieller Schätzverfahren. Mathem. Operationsforsch. u. Statistik, Ser. Statistics, 8, 499-510.

Gaede, K. W. (1977): Zuverlässigkeit. Mathematische Modelle. Carl Hanser Verlag, München-Wien.

Gardner, W. A. (1989): Introduction to Random Processes with Applications to Signals and Systems. Mc Graw-Hill Publishing Company, New York.

Gelenbe, E.; Pujolle, G. (1987): Introduction to Queueing Networks. Wiley, New York.

Gnedenko, B.W.; Beljajew, J. K.; Solowjew, A. D. (1968): Mathematische Methoden der Zuverlässigkeitstheorie I. Akademie-Verlag, Berlin.

Gnedenko, B. W.; König, D. (1983, 1984): Handbuch der Bedienungstheorie I, II. Akademie-Verlag, Berlin.

Gut, A. (1990): Cumulative shock models. Adv. Appl. Prob., 22, 504-506.

Hellstrom, C. W. (1984): Probability and Stochastic Processes for Engineers. Macmillan Publishing Company, New York; Collier Macmillan Publishers, London.

Jaglom, A. M. (1962): An Introduction to the Theory of Stationary Random Functions. Prentice-Hall, Englewood Cliffs.

Kannan, D. (1979): An Introduction to Stochastic Processes. North Holland; New York, Oxford.

Karlin, S.; Taylor, H. M. (1994): An Introduction to Stochastic Modeling. Academic Press, New York.

Kulkarni, V. G. (1995): Modeling and Analysis of Stochastic Systems. Chapman & Hall, London, New York.

Lawler, G. F. (1995): Introduction to Stochastic Processes. Chapman & Hall, London, New York.

Mac Donald, D. K. C. (1962): Noise and Fluctuations. Wiley, New York.

Matthes, K. (1962): Ergodizitätseigenschaften rekurrenter Ereignisse I. Mathem. Nachr., 24, 109-119.

Ochi, M. K. (1990): Applied Probability and Stochastic Processes in Engineering and Physical Sciences. Wiley, New York.

Partzsch, L. (1984): Vorlesungen zum eindimensionalen Wienerschen Prozeß. B.G. Teubner, Leipzig.

Perrin, J. (1916): Atoms. Van Nostrand, Princeton.

Pieper, V. (1988): Zuverlässigkeitsuntersuchungen auf der Grundlage von Niveau-überschreitungsuntersuchungen bei stochastischen Prozessen und der Modellierung von Abnutzungsvorgängen. Dissertation (B). TU Magdeburg.

Pieper, V.; Tiedge, J. (1983): Zuverlässigkeitsmodelle auf der Grundlage stochastischer Modelle von Verschleißprozessen. Mathem. Operationsf. u. Statistik, Ser. Statistics, 14, 485-502.

Ross, S. M. (1979): Applied Probability Models with Optimization Applications. Holden-Day, San Francisco.

Ross, S. M. (1989): Introduction to Probability Models (4th ed.) . Academic Press, New York.

Saur, C. H.; Chandi, K. M. (1981): Computer Systems Perfomance Modeling. Prentice Hall, Englewood Cliffs.

Schrödinger, E. (1915): Zur Theorie der Fall- und Steigversuche an Teilchen mit Brownscher Bewegung. Physikal. Zeitschr.,16, 289-295.

Smoluchowski, M. (1915): Notiz über die Berechnung der Brownschen Molekular-bewegung bei der Ehrenhaft-Millikanschen Versuchsanordnung. Physik. Zeitschr., 16, 318-321.

Taylor, H. (1967/68): Evaluating a call-option and optimal timing strategy in the stock market. Management Science, 12, 111-120.

Tijms, H. C. (1994): Stochastic Models - An Algorithmic Approach. Wiley, New York.

Tweedie, M. C. K. (1956): Some statistical properties of inverse Gaussian distributions. Virginia J. Sci., 7, 160-165.

Walrand, J. (1988): An Introduction to Queueing Networks. Prentice Hall, Englewood Cliffs.

Wiener, N. (1923): Differential space ... , J. Math. and Phys., 2, 131-174.

Sachwörterverzeichnis